建筑……
分析与控制

Seismic Analysis and Control of Building Structures

李宏男　霍林生　主编

高等教育出版社·北京

内容提要

随着学科的发展，建筑结构的抗震分析与控制已经成为土木工程及相关领域的重要组成部分。本书全面论述了工程地震、结构抗震分析和减震控制3方面的内容，共分为3篇。第一篇介绍了工程地震的基本内容，主要内容包括地震学基础、地震激励模型以及时程分析中地震波的选择，这些内容为后续章节奠定了基础。第二篇介绍了建筑结构抗震分析，主要内容包括结构抗震设计原理以及结构线弹性、静力弹塑性、动力弹塑性地震反应分析。第三篇介绍了结构被动减震控制方法（基础隔震、调谐减震、耗能减震），以及主动、半主动和智能控制方法。

本书可作为相关专业研究生和高年级本科生的教学用书，也可供土木建筑、水利工程、海洋与船舶工程、工程力学及有关方面的科研人员参考。

图书在版编目(CIP)数据

建筑结构抗震分析与控制/李宏男，霍林生主编.--北京：高等教育出版社，2022.3

ISBN 978-7-04-057635-1

Ⅰ.①建… Ⅱ.①李… ②霍… Ⅲ.①建筑结构-防震设计 Ⅳ.①TU352.104

中国版本图书馆 CIP 数据核字(2022)第 019867 号

JIANZHU JIEGOU KANGZHEN FENXI YU KONGZHI

策划编辑 刘占伟　责任编辑 任辛欣　封面设计 王凌波　版式设计 杨 树
插图绘制 李沛蓉　责任校对 胡美萍　责任印制 朱 琦

出版发行	高等教育出版社	网　　址	http://www.hep.edu.cn
社　　址	北京市西城区德外大街4号		http://www.hep.com.cn
邮政编码	100120	网上订购	http://www.hepmall.com.cn
印　　刷	三河市骏杰印刷有限公司		http://www.hepmall.com
开　　本	787mm×1092mm 1/16		http://www.hepmall.cn
印　　张	24.5		
字　　数	440千字	版　　次	2022年3月第1版
购书热线	010-58581118	印　　次	2022年3月第1次印刷
咨询电话	400-810-0598	定　　价	99.00元

物 料 号　57635-00

前言

我国地处环太平洋地震带和欧亚地震带之间，是世界上遭受地震灾害最严重的国家之一。地震会导致各类建(构)筑物倒塌和损坏、设备和设施损坏、交通和通信中断、其他生命线工程设施等被破坏，以及由此引起的火灾、爆炸、瘟疫、有毒物质泄漏、放射性污染、场地破坏等还会造成人畜伤亡和财产损失。因此，结构的抗震性能对于结构的安全性以及突发情况下结构的承载力起着至关重要的作用，结构抗震相关的知识内容也一直是土木工程领域的主要课程。为应对世界范围内新一轮的科技革命和产业变革对工程教育的改革和发展所提出的新的挑战，我国在“卓越工程师教育培养计划”的基础上，又进一步提出“新工科”建设的重大行动计划。在新工科建设的背景下，如何与其他新型学科进行融合从而赋予“结构抗震”课程新的活力，是作者撰写本书的初衷。

本书根据作者为结构工程和防灾减灾与防护工程专业研究生讲授的“结构抗震分析与控制”“结构动力学”和“地震工程学”，以及土木工程专业本科生的“建筑结构抗震设计”和“结构力学”等课程，并结合作者多年的研究成果编写而成。书中全面阐述了工程地震、结构抗震分析和结构减震控制等内容。书中内容涉及广泛，共分为 3 篇。第一篇介绍了工程地震的基本内容，主要内容包括地震学基础、多维地震动模型、多点地震动激励模型以及时程分析中地震波的选择。第二篇介绍了结构抗震分析方法，其中第 5 章首先介绍了结构抗震设计原理，包括静力理论、反应谱理论、动力理论和基于性能的抗震设计理论 4 个方面；第 6—8 章详细讲述了结构线弹性地震反应分析、结构静力弹塑性地震反应分析和结构动力弹塑性地震反应分析方法。第三篇介绍了结构减震控制方法，其中，第 9—11 章分别介绍了结构被动减震控制方法，主要内容包括基础隔震、调谐减震、耗能减震；第 12 章介绍了主动、半主动以及智能控制方法，主要内容包括半主动变刚度、变阻尼控制，磁流变阻尼器控制系统，压电摩擦阻尼器控制系统，形状记忆合金阻尼器控制系统等。

本书由李宏男担任主编，霍林生担任副主编。第 1 章由李超(大连理工大学)负责编写，第 2 章由李宏男(大连理工大学)负责编写，第 3 章由国巍(中南大学)负责编写，第 4 章由张锐(大连交通大学)负责编写，第 5 章由李宏男(大连理工大学)负责编写，第 6 章由付兴(大连理工大学)负责编写，第 7 章由董志骞(大连理工大学)负责编写，第 8 章由李钢(大连理工大学)负责编写，第 9 章由李宏男(大连理工大学)负责编写，第 10 章由霍林生(大连理工大学)负责编写，第11章由李宏男和李钢（大连理工大学）负责编写，第12章由霍林生（大连理工大学）负责编写。

应该指出的是，结构抗震分析与控制的内容十分丰富，书中难免挂一漏万，对此，我们将在今后的研究和教学中逐步充实和完善。本书的出版得到了大连理工大学“新工科”精品教材研究生教材建设项目（2018-034）的资助，在此表示感谢。

由于作者水平有限，书中难免有疏漏及错误之处，衷心希望读者批评、指正。

李宏男，霍林生

2020年4月于大连

目录

第一篇　工程地震

第二篇 结构抗震分析

第一篇　工 程 地 震

第 1 章 地震学基础

1.1 地震成因与类型

1.1.1 地震成因

地震是地球上的一种自然现象,有关地震成因的研究已有上百年历史[1-4],早期的地震成因研究倾向于断层破裂学说(弹性回跳学说),后期的观点则侧重于板块构造学说[5-11]。这两个观点并不矛盾,区别主要在于出发点不同,前者是以局部机制为出发点,后者则是以宏观背景为出发点来论述震源机制的[5-11]。

1. 弹性回跳学说

从断层局部破裂机制来论述地震成因的弹性回跳学说是 20 世纪初提出的,这一学说最初是根据 1906 年旧金山 8.3 级大地震发生前后横跨圣安德烈斯断层的一些侧标位移实测数据(图 1.1)得出的。测量发现:断层两侧的测点一直在缓慢地移动;而在大地震后的复测中发现,测线沿断层出现了最大断距达 6.4 m 的错动。这可以证明,1906 年旧金山地震是由于长约 960 km 的圣安德烈斯断层发生错动所导致的。

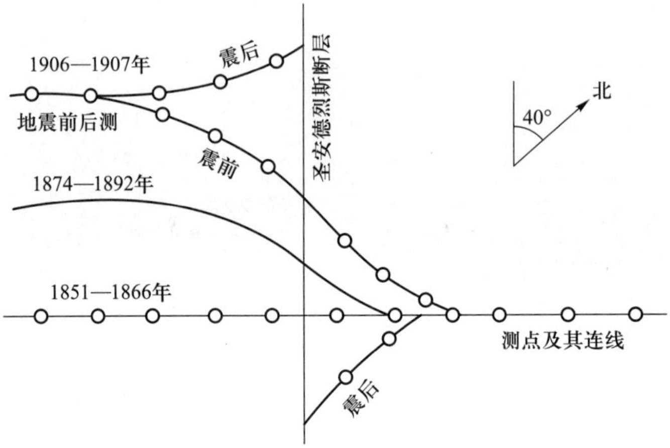

图 1.1　旧金山地震前后横跨圣安德烈斯断层基线变化示意图

弹性回跳学说认为：① 地壳是由弹性的、有断层的岩层组成；② 地壳变形产生的能量以弹性应变能的形式在断层及其附近岩层中长期积累；③ 当弹性应变能积累并且岩层变形达到一定程度时，断层上某一点两侧的岩体会发生相对位移错动，使沿断层的邻近点随之发生位移，以致断层两侧岩体向相反方向突然滑动，使断层上长期积累的弹性应变能突然释放，从而产生地震；④ 地震发生后，在应变能的作用下发生变形的岩体又重新恢复至没有变形时的状态。

2. 改进的弹性回跳学说

20 世纪 60 年代中期，根据岩石力学的实验结果，学者们又改进了弹性回跳学说，发展了黏滑学说，使得解释局部震源机制的断层学说得到了完善。弹性回跳学说认为，断层发生错动时，会把全部积累的应变能释放完，震后，震源基本处于无应力状态；而黏滑学说则提出：每一次断层发生错动时只释放了积累的总应变能中的一小部分，而剩余部分则被断层面上很大的动摩擦力所平衡。地震后，断层两侧仍有摩擦力使之固结，并可以再积累应力而发生较大的地震，该观点在地震序列事件中得到了证实。

3. 板块构造学说

弹性回跳学说对地壳为何发生运动以及弹性应变能怎样得以积聚等宏观原因没有给出解释，而板块构造学说则对此给出了说明。

板块构造学说以海底扩张学说为基础，该学说认为：地幔上部软流层的物质由海岭涌出，推着软流层上厚约 100 km 的岩石层在水平方向移动，形成新的海底并造成海底扩张现象，岩石圈运动的动力来自地幔物质的对流，对流发生于软流层，作用于岩石层的底部。大部分物质在海岭下部形成上升流，如图 1.2 所示；岩石层在海沟处又插入另一部分岩石层之下，返回软流层，形成下降流。

这样,在海岭带与海沟带之间便形成地幔对流体,地幔对流体对板块的作用使板块仿佛坐在传送带上一般,被载运而缓慢漂移。

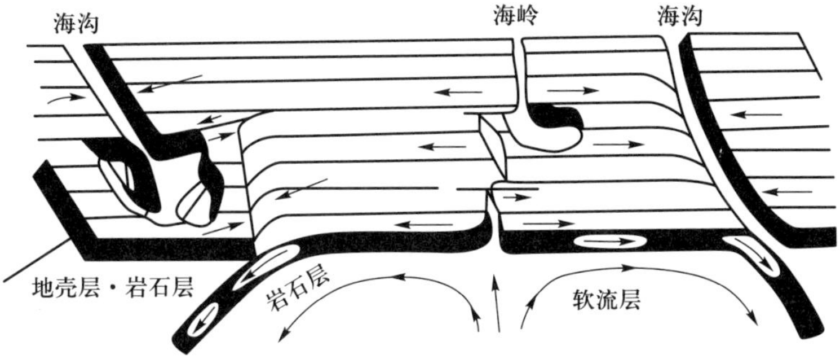

图 1.2 板块运动

地幔软流物质的涌出与对流促成了板块的构造运动,当两个板块相遇时,其中一个板块俯冲插入另一板块之下,在板块俯冲过程中,由于板块内产生的复杂应力状态,引起其本身与附近地壳和岩石层的脆性破裂而发生地震,这就是全球大部分地震均发生在板块边缘及其附近的原因。另一方面,软流层与板块之间的界面是很不平坦的,而且软流层本身仍具有较大刚度,导致板块内部产生复杂的应力状态和不均匀变形,这是发生板内地震的根本原因。而板块内的岩体断层则提供了发生地震的内在条件。据统计,全球 85% 左右的地震发生于板块边界带上,仅有 15% 左右的发生于大陆内部或板块内部。

世界上的主要地震带有两条:环太平洋地震带与欧亚地震带。环太平洋地震带基本上是太平洋沿岸大陆海岸线的连线,全世界 75% 左右的地震发生于这一地震带。欧亚地震带是东西走向的地震带,是全球中、深源地震的多发地区,全世界 22% 左右的地震发生于这一地震带。另外在大西洋、印度洋等大洋中部也有呈条状分布的地震带。我国位于欧亚大陆东南部,挟住于西太平洋地震带和地中海-喜马拉雅地震带之间,受太平洋板块、印度板块和菲律宾海板块的挤压,存在多条地震断裂带,其中不少地区的地震相当活跃,导致近年来大震不断,并且发震频率相当高。根据 4 000 余年的地震历史资料记载,除浙江、江西两省外,我国绝大部分地区都发生过震级较大的破坏性地震。除西藏、台湾位于世界的两大地震带以外,我国强烈地震地区主要分布在南北地震带和东西地震带。南北地震带宽度较大,少则几十千米,最宽处甚至达到几百千米,地震带全长 2 000 多千米,北端位于宁夏贺兰山,经过六盘山,经四川中部直到云南东部。该地震带构造十分复杂,国内许多强震均发生于该地震带,如 1920 年宁夏海原 8.5 级地震、1739 年银川 8.0 级地震、1973 年炉霍 7.9 级地震、1970 年通海 7.7 级地震,以及 1976 年松潘 7.2 级地震。我国东西走向的地震带有两条:北面的一条从宁夏贺兰山向东延伸，沿陕北、晋北以及河北北部的狼山、阴山、燕山山脉，一直到辽宁的千山山脉；另一条东西方向的地震带横贯整个国土，西起帕米尔高原，沿昆仑山东进，顺沿秦岭，直至安徽境内的大别山。地震的空间分布对小地震几乎无规律可循，但较大地震的震中则呈条状分布，而且基本上是沿板块的边缘分布的，这从一个侧面支持了弹性回跳理论。

1.1.2　地震类型

如果将相互关联的一系列地震按照时间顺序排列起来，即可构成一个完整的地震序列，包括前震、主震和余震[1,12-15]。主震是指地震序列中一次较大的地震，前震是发生在主震之前并与主震相关的地震，余震则是发生在主震之后的地震。根据地震历史记录，地震序列包括3种基本类型：① 主震余震型，其特点是主震释放能量最大，伴以相当数目的余震和不完整的前震，典型的有1975年海城大地震、1976年唐山大地震等；② 震群型，其特点是主要能量通过多次较强地震进行释放，并伴以大量的小震，如1966年邢台地震、1988年澜沧—耿马地震等；③ 单发型，其特点是主震突出，前震与余震很少，如1976年内蒙古和林格尔地震。以上3类地震中，主震余震型约占60%，震群型约占30%，单发型仅占10%左右[1,12-15]。

根据地震成因，可分为构造地震、火山地震、陷落地震和诱发地震4类[1,12-15]。构造地震是指由于板块之间复杂的构造活动以及断裂活动而发生的地震。火山地震是指由于火山喷发时，岩浆猛烈冲击起地面时引起的地震。陷落地震是地表地下溶洞、废旧矿井突然塌陷而造成大规模的陷落和崩塌，导致小范围的地震。诱发地震是指由于人为活动（如矿山开发、水库蓄水、深井抽液等）引起的地震。上述4种地震中，构造地震数量占地震总数的90%以上，构造地震破坏性最大、影响最广、发生也最频繁，是工程抗震设防的主要研究对象。

根据震源深度，地震又可分为：浅源地震（震源深度小于或等于70 km），占地震总数的72.5%；深源地震（震源深度大于300 km），仅占地震总数的4%，目前观测到的最大震源深度为720 km；以及中源地震（震源深度在70 km至300 km之间），占地震总数的23.5%。

1.2　地震波

1.2.1　地球介质的基本假定

地震波传播的基本理论假定：岩石在高温高压下具有一定的流变性能，在地质应力的长期作用下,岩石的黏弹性或流变性是主要的,但是在极短期迅速变化的动力作用下,岩石则表现为弹性的,而黏滞作用的影响可以用能量损耗的概念来加以修正。因此,地球介质可以被认为是均匀的、各向同性的、完全弹性的。

1.2.2 波动方程

在均匀、各向同性、无阻尼弹性的介质内,质点运动必须满足的基本方程有[8-10]以下3类。

平衡方程:

$$
\begin{aligned}
&\rho\frac{\partial^2 u}{\partial t^2}+\frac{\partial\sigma_x}{\partial x}+\frac{\partial\tau_{yx}}{\partial y}+\frac{\partial\tau_{zx}}{\partial z}=0\\
&\rho\frac{\partial^2 v}{\partial t^2}+\frac{\partial\tau_{xy}}{\partial x}+\frac{\partial\sigma_y}{\partial y}+\frac{\partial\tau_{zy}}{\partial z}=0\\
&\rho\frac{\partial^2 w}{\partial t^2}+\frac{\partial\tau_{xz}}{\partial x}+\frac{\partial\tau_{yz}}{\partial y}+\frac{\partial\sigma_z}{\partial z}=0
\end{aligned}
\tag{1.1}
$$

几何方程:

$$
\begin{aligned}
&\varepsilon_x=\frac{\partial u}{\partial x},\quad \gamma_{xy}=\frac{\partial u}{\partial y}+\frac{\partial v}{\partial x}\\
&\varepsilon_y=\frac{\partial v}{\partial y},\quad \gamma_{yz}=\frac{\partial v}{\partial z}+\frac{\partial w}{\partial y}\\
&\varepsilon_z=\frac{\partial w}{\partial z},\quad \gamma_{zx}=\frac{\partial w}{\partial x}+\frac{\partial u}{\partial z}
\end{aligned}
\tag{1.2}
$$

本构方程:

$$
\begin{aligned}
&\sigma_x=2G\varepsilon_x+\lambda\varepsilon_{\mathrm{v}},\quad \tau_{xy}=G\gamma_{xy}\\
&\sigma_y=2G\varepsilon_y+\lambda\varepsilon_{\mathrm{v}},\quad \tau_{yz}=G\gamma_{yz}\\
&\sigma_z=2G\varepsilon_z+\lambda\varepsilon_{\mathrm{v}},\quad \tau_{zx}=G\gamma_{zx}
\end{aligned}
\tag{1.3}
$$

式中,u、v和w分别表示质点在x、y和z 3个方向的位移;σ_x、σ_y和σ_z分别表示质点在x、y和z 3个方向的应力;ε_x、ε_y和ε_z分别表示质点在x、y和z 3个方向的应变;τ_{ij}和γ_{ij}($i=x,y,z;j=x,y,z$)分别表示作用在垂直于i轴的平面上沿着j轴方向的剪应力和剪应变;ρ为介质密度;E和G为介质的弹性模量和剪切模量;$\lambda=\dfrac{Ev}{(1+v)(1-2v)}$和$\mu=\dfrac{E}{2(1+v)}=G$为拉梅常量;$v$为泊松比;$t$为时间;

$\varepsilon_{\mathrm{v}}=\dfrac{\partial u}{\partial x}+\dfrac{\partial v}{\partial y}+\dfrac{\partial w}{\partial z}$为体积应变。

根据小变形弹性力学理论,将本构方程中的应变通过几何方程由位移表示出来,再将所得的应力表达式代入平衡方程,可以导出用位移表示的质点的运动方程为

$$
\begin{aligned}
\rho\frac{\partial^2 u}{\partial t^2}&=(\lambda+\mu)\frac{\partial \varepsilon_{\mathrm{v}}}{\partial x}+\mu\nabla^2 u\\
\rho\frac{\partial^2 v}{\partial t^2}&=(\lambda+\mu)\frac{\partial \varepsilon_{\mathrm{v}}}{\partial y}+\mu\nabla^2 v\\
\rho\frac{\partial^2 w}{\partial t^2}&=(\lambda+\mu)\frac{\partial \varepsilon_{\mathrm{v}}}{\partial z}+\mu\nabla^2 w
\end{aligned}
\tag{1.4}
$$

式中,$\nabla^2=\dfrac{\partial^2}{\partial x^2}+\dfrac{\partial^2}{\partial y^2}+\dfrac{\partial^2}{\partial z^2}$为拉普拉斯算子。

为求解式(1.4),构造两个势函数,一个为标量势 ϕ,一个为矢量势 $\psi=[\psi_x\quad\psi_y\quad\psi_z]$,位移 u、v 和 w 与这两个势函数的关系为

$$
\begin{aligned}
u&=\frac{\partial \phi}{\partial x}+\frac{\partial \psi_z}{\partial y}-\frac{\partial \psi_y}{\partial z}\\
v&=\frac{\partial \phi}{\partial y}+\frac{\partial \psi_x}{\partial z}-\frac{\partial \psi_z}{\partial x}\\
w&=\frac{\partial \phi}{\partial z}+\frac{\partial \psi_y}{\partial x}-\frac{\partial \psi_x}{\partial y}
\end{aligned}
\tag{1.5}
$$

将式(1.5)代入式(1.4)可以得到用势函数表达的运动方程:

$$
\begin{aligned}
\nabla^2\phi&=\frac{\rho}{\lambda+2\mu}\frac{\partial^2\phi}{\partial t^2}=\frac{1}{\alpha^2}\frac{\partial^2\phi}{\partial t^2}\\
\nabla^2\psi_i&=\frac{\rho}{\mu}\frac{\partial^2\psi_i}{\partial t^2}=\frac{1}{\beta^2}\frac{\partial^2\psi_i}{\partial t^2},\quad i=x,y,z
\end{aligned}
\tag{1.6}
$$

式中,$\alpha=\sqrt{(\lambda+2\mu)/\rho}=v_{\mathrm{P}}$为纵波的波速;$\beta=\sqrt{\mu/\rho}=v_{\mathrm{S}}$为横波的波速。可见纵波的波速与介质的密度和弹性模量有关,而横波的波速与介质的密度和剪切模量有关。因为液体和气体中不可能发生切应变,所以横波不能在液体和气体中传播。

将式(1.5)代入体积应变的表达式可得

$$\varepsilon_{\mathrm{v}}=\frac{\partial u}{\partial x}+\frac{\partial v}{\partial y}+\frac{\partial w}{\partial z}=\nabla^2\phi \tag{1.7}$$

将式(1.5)代入即绕 x、y 和 z 轴的转动分量 $\varphi_{\mathrm{g}x}$、$\varphi_{\mathrm{g}y}$ 和 $\varphi_{\mathrm{g}z}$ 的表达式可得

$$\begin{aligned}
\varphi_{\mathrm{g}x}&=\frac{1}{2}\left(\frac{\partial w}{\partial y}-\frac{\partial v}{\partial z}\right)=\frac{1}{2}\left[\frac{\partial^2\psi_y}{\partial x\partial y}+\frac{\partial^2\psi_z}{\partial z\partial x}-\left(\frac{\partial^2}{\partial y^2}+\frac{\partial^2}{\partial x^2}\right)\psi_x\right]\\
\varphi_{\mathrm{g}y}&=\frac{1}{2}\left(\frac{\partial u}{\partial z}-\frac{\partial w}{\partial x}\right)=\frac{1}{2}\left[\frac{\partial^2\psi_z}{\partial y\partial z}+\frac{\partial^2\psi_x}{\partial x\partial y}-\left(\frac{\partial^2}{\partial z^2}+\frac{\partial^2}{\partial x^2}\right)\psi_y\right]\\
\varphi_{\mathrm{g}z}&=\frac{1}{2}\left(\frac{\partial v}{\partial x}-\frac{\partial u}{\partial y}\right)=\frac{1}{2}\left[\frac{\partial^2\psi_x}{\partial z\partial x}+\frac{\partial^2\psi_y}{\partial y\partial x}-\left(\frac{\partial^2}{\partial x^2}+\frac{\partial^2}{\partial y^2}\right)\psi_z\right]
\end{aligned} \tag{1.8}$$

可以看到,体积应变 ε_{v} 仅与标量势有关,转动分量 $\varphi_{\mathrm{g}x}$、$\varphi_{\mathrm{g}y}$ 和 $\varphi_{\mathrm{g}z}$ 仅与矢量势有关,因此体积应变和转动分量也满足运动方程(1.6)。

1.2.3 弹性波的传播

地震波可以分为体波和面波。体波包含纵波(primary wave,简称 P 波)和横波或称剪切波(secondary wave,简称 S 波),S 波还包括 SV 波(shear vertical wave)和 SH 波(shear horizontal wave);面波则包含瑞利波(Rayleigh wave,简称 R 波)和勒夫波(Love wave,简称 L 波)[8-10,16-18]。

1. P 波(纵波)

设在一无限空间中有一平面波沿 x 方向传播,根据定义,纵波只产生压张性的位移而不产生旋转位移,即 $\psi_i=0$ 或 $\varphi_{\mathrm{g}i}=0(i=x,y,z)$,容易证明[8-10,16-18]:

$$\begin{aligned}
&\phi(\text{或 }\varepsilon_{\mathrm{v}})=f_1(x-\alpha t)+f_2(x+\alpha t)\\
&\psi_i(\text{或 }\varphi_{\mathrm{g}i})=0,\quad i=x,y,z
\end{aligned} \tag{1.9}$$

式中,f_1 为沿 x 轴正方向传播的波;f_2 为沿 x 轴负方向传播的波。ϕ 值在 x 等于常数的平面上,故为平面波;又由于用 ϕ 表示的位移或应力状态满足旋度 $\nabla\times\nabla\phi=0$ 的条件,故为无旋波。由于这一纵波的 ϕ 值仅为 x 的函数,而与 y 和 z 无关,而且 $\psi_i=0(i=x,y,z)$,所以有 $u\neq0,v=w=0$。这表明,纵波的振方向与波的传播方向一致。

2. S 波(横波,剪切波)

设在一无限空间中有一平面波沿 x 方向传播,可以将横波理解为弹性体发生纯剪切变形,体积应变为 0,即 $\varepsilon_{\mathrm{v}}=0$,容易证明[8-10,16-18]:

$$\begin{aligned}
&\psi_y=f_1(x-\beta t)+f_2(x+\beta t)\\
&\psi_x=\psi_z=\phi=\varepsilon_{\mathrm{v}}=0
\end{aligned} \tag{1.10}$$

且满足式(1.6)。由于 ψ_y 值在 x=常数的平面上,故为平面波;又由于 $\varepsilon_v=0$,因此只有形状的改变而无体积的改变。由式(1.5)可知,$u=v=0,w\neq0$,即此波只有沿 z 轴的位移,所以它的振动方向(z 轴)与波的传播方向(x 轴)相垂直。由于 x-z 平面是垂直平面,则这种波就称为 SV 波(shear vertical wave)。

也可以取

$$\begin{aligned}&\psi_z=f_1(x-\beta t)+f_2(x+\beta t)\\&\psi_x=\psi_y=\phi=\varepsilon_v=0\end{aligned} \tag{1.11}$$

这时,有 $u=w=0,v\neq0$,即只有沿 y 轴的位移,故它的振动方向沿 y 轴,即与波的传播方向 x 轴相垂直的方向。由于 x-y 平面是水平面,这种波称为 SH 波(shear horizontal wave)。

但是,若取

$$\begin{aligned}&\psi_x=f_1(x-\beta t)+f_2(x+\beta t)\\&\psi_y=\psi_z=\phi=\varepsilon_v=0\end{aligned} \tag{1.12}$$

则 $u=v=w=0$,即全部位移分量均等于 0,这表明不存在振动方向与波的传播方向一致的横波。

3. R 波(瑞利波)

如果介质是均匀无限空间,则只可能存在上述体波(P 波和 S 波)。如果存在界面,由于界面两侧的介质性能不同,并且界面处必须满足应力平衡和变形连续条件,因此就可能产生其他类型的波。面波是指沿介质表面及其附近传播的波,包括瑞利波与勒夫波,二者都是在自由表面或界面处产生的。由于地壳表层物质的形成年代有所不同等原因,使地壳呈层状结构,因而更易产生面波[8-10,16-18]。

设自由表面中波的传播方向为 x_1 轴,原点取在自由表面,z 轴垂直于地表面,向介质内为正,y 轴在地表面中。设势函数为

$$\begin{aligned}&\phi(x,z,t)=f_1(z)\exp[\mathrm{i}k(x-c_R t)]\\&\psi_y(x,z,t)=f_2(z)\exp[\mathrm{i}k(x-c_R t)]\end{aligned} \tag{1.13}$$

式中,k 为波数,$k=2\pi/l=\omega/c_R$;l 为波长;ω 为圆频率;c_R 为瑞利波波速;i 为虚数符号,$\mathrm{i}^2=-1$。

将式(1.13)代入式(1.6),可得以下微分方程:

$$\begin{aligned}&\frac{\mathrm{d}^2f_1}{\mathrm{d}z^2}-(k^2-k_\alpha^2)f_1=0\\&\frac{\mathrm{d}^2f_2}{\mathrm{d}z^2}-(k^2-k_\beta^2)f_2=0\end{aligned} \tag{1.14}$$

式中，$k_\alpha=\omega/\alpha=\omega/v_{\mathrm{P}}$；$k_\beta=\omega/\beta=\omega/v_{\mathrm{S}}$。

在 $z\to\infty$ 处，考虑到波的振幅必须有限，得

$$\begin{aligned}\phi&=A\exp(-\sqrt{k^2-k_\alpha^2}z)\cdot\exp[\mathrm{i}k(x-c_{\mathrm{R}}t)]=A\exp(-akz)\cdot\exp[\mathrm{i}k(x-c_{\mathrm{R}}t)]\\ \psi_2&=B\exp(-\sqrt{k^2-k_\beta^2}z)\cdot\exp[\mathrm{i}k(x-c_{\mathrm{R}}t)]=B\exp(-bkz)\cdot\exp[\mathrm{i}k(x-c_{\mathrm{R}}t)]\end{aligned}\tag{1.15}$$

式中，$a=\sqrt{1-c_{\mathrm{R}}^2/v_{\mathrm{P}}^2}$；$b=\sqrt{1-c_{\mathrm{R}}^2/v_{\mathrm{S}}^2}$

在自由表面处，有边界条件：

$$\sigma_z|_{z=0}=0\quad \tau_{xz}|_{z=0}=0$$

可得

$$\begin{aligned}(1+b^2)A+\mathrm{i}2bB=0\\ -\mathrm{i}2aA+(1+b^2)B=0\end{aligned}\tag{1.16}$$

式(1.16)中，A 和 B 具有非零解的条件是系数行列式为 0，可得

$$(1+b^2)^2-4ab=0\tag{1.17}$$

或写成

$$\left(2-\frac{c_{\mathrm{R}}^2}{v_{\mathrm{S}}^2}\right)^2=4\sqrt{1-\frac{c_{\mathrm{R}}^2}{v_{\mathrm{S}}^2}}\cdot\sqrt{1-\frac{c_{\mathrm{R}}^2}{v_{\mathrm{P}}^2}}\tag{1.18}$$

将式(1.18)两边平方后整理可得

$$\left(\frac{c_{\mathrm{R}}}{v_{\mathrm{S}}}\right)^6-8\left(\frac{c_{\mathrm{R}}}{v_{\mathrm{S}}}\right)^4+\left(24-16\frac{v_{\mathrm{S}}^2}{v_{\mathrm{P}}^2}\right)\left(\frac{c_{\mathrm{R}}}{v_{\mathrm{S}}}\right)^2-16\left(1-\frac{v_{\mathrm{S}}^2}{v_{\mathrm{P}}^2}\right)=0\tag{1.19}$$

式(1.19)可进一步改写为

$$\left(\frac{c_{\mathrm{R}}}{v_{\mathrm{S}}}\right)^6-8\left(\frac{c_{\mathrm{R}}}{v_{\mathrm{S}}}\right)^4+8\times\frac{2-\upsilon}{1-\upsilon}\left(\frac{c_{\mathrm{R}}}{v_{\mathrm{S}}}\right)^2-\frac{8}{1-\upsilon}=0\tag{1.20}$$

式(1.19)是关于$(c_{\mathrm{R}}/v_{\mathrm{S}})^2$的 3 次方程，在 $0<c_{\mathrm{R}}<v_{\mathrm{S}}<v_{\mathrm{P}}$中至少存在一个正根。给定一个泊松比 υ 值，可以确定对应的瑞利波波速值，记为 v_{R}。图 1.3 给出了 $v_{\mathrm{R}}/v_{\mathrm{S}}$和 $v_{\mathrm{R}}/v_{\mathrm{P}}$随泊松比 υ 的变化曲线。式(1.15)的解可以近似表达为

$$v_{\mathrm{R}}\approx\frac{0.862+1.14\upsilon}{1+\upsilon}v_{\mathrm{S}}\tag{1.21}$$

通过势函数可求得动位移为

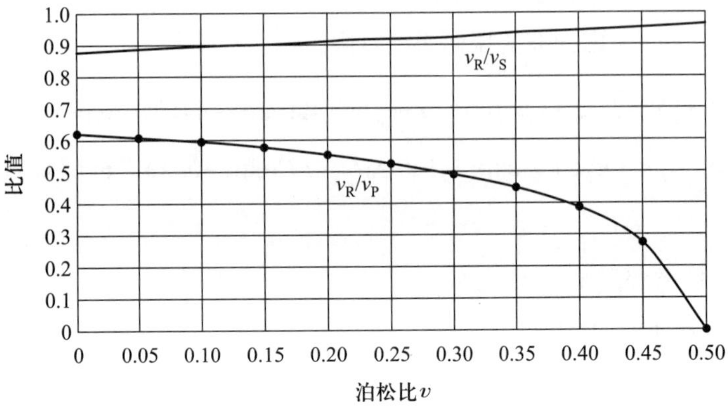

图 1.3　v_R/v_S和 v_R/v_P随泊松比 v 的变化曲线

$$\begin{aligned} u &= \mathrm{i}f_1(z)\cdot\exp[\mathrm{i}k(x-c_R t)] \\ v &= 0 \\ w &= \mathrm{i}f_2(z)\cdot\exp[\mathrm{i}k(x-c_R t)] \end{aligned} \tag{1.22}$$

其中

$$\begin{aligned} f_1(z) &= -Ak\cdot\left[\exp(-akz)-\frac{1+b^2}{2b}\exp(-bkz)\right] \\ f_2(z) &= Ak\cdot\left[-a\exp(-akz)-\frac{1+b^2}{2b}\exp(-bkz)\right] \end{aligned} \tag{1.23}$$

只考虑式(1.22)位移分量的实部,则有

$$\frac{u^2}{f_1^2(z)}+\frac{w^2}{f_2^2(z)}=1 \tag{1.24}$$

这表明,质点的运动轨迹为 x-z 平面内的一个椭圆,它沿 x 方向(水平向)和 z 方向(竖向)的轴长分别为$f_1(z)$和 $f_2(z)$。因此,瑞利波是一种椭圆极化波。

当泊松比 $v=0.25$ 时,瑞利波的运动轨迹如图 1.4(a)所示,水平向的位移振幅比[$U(z)/U(0)$]和竖向位移振幅比[$W(z)/U(0)$]沿深度与波长的比值(z/l)的变化如图 1.4(b)所示。其中,z 表示地表以下的深度,l 是波长,$U(0)$是地表振动的位移幅值,$U(z)$ 表示地表以下深度 z 处的水平向振动幅值,$W(z)$表示地表以下深度 z 处的竖向振动幅值。由图 1.4 可以看出,水平向位移沿竖向变化时发生变号,这意味着从变号处开始,质点的运动轨迹由逆进的椭圆变为顺进的椭圆。瑞利波的振幅大,且在地表以垂直运动为主,它的衰减很快,在一个波长(l)后即衰减 1/5 左右。瑞利波是体波到达地表面后经反射叠加所形成的，不出现在震中附近，大约在震中距大于 $v_R h/\sqrt{v_P^2-v_S^2}$ 后才出现（h 为震源深度）。

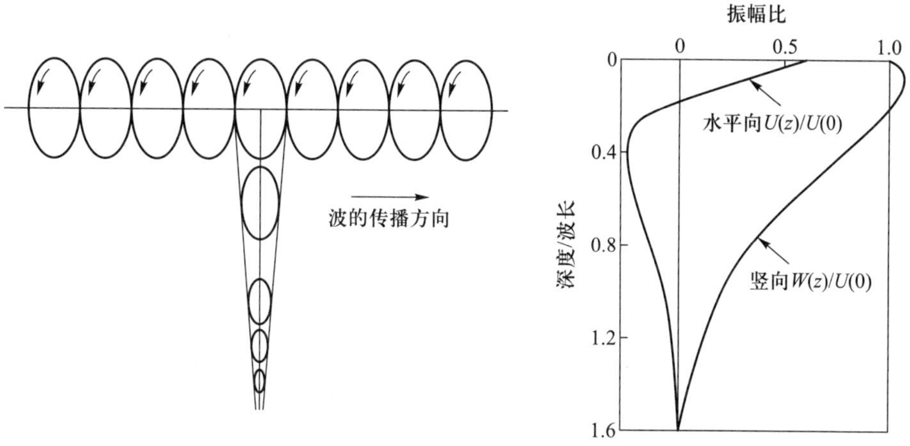

(a) 地表点的轨迹　　(b) 瑞利波特性

图 1.4　瑞利波地表点的运动轨迹以及水平向和竖向位移沿土层深度的变化

4. L 波（勒夫波）

勒夫波是在实际地震观测中被发现的另外一种面波，由勒夫（Love）从理论上证明了它的存在。勒夫波存在的条件是：半无限空间上存在松软的水平覆盖层。勒夫波是一种 SH 波，它的传播类似于蛇行运动，质点在与波传播方向相垂直的水平向内做剪切型振动。勒夫波具有两个重要的特点：一是质点的水平向振动与波行进方向耦合后会产生水平扭矩分量，二是其波速取决于波动频率，故而勒夫波具有频散性[8-10,16-18]。

设坐标原点在覆盖层与下卧半无限体的界面上，x 轴为波的传播方向，z 轴为竖向，向无限体内为正，覆盖层厚度为 H。设位移函数为

$$\begin{aligned} &v(x,z,t)=f_1(z)\exp[\mathrm{i}k(x-c_L t)], \quad -H\leqslant z<0 \\ &v(x,z,t)=f_2(z)\exp[\mathrm{i}k(x-c_L t)], \quad z\geqslant 0 \\ &u=w=0 \end{aligned} \tag{1.25}$$

式中，c_L 为勒夫波波速，$c_L=\omega/k$，k 为波数。

根据自由表面 $z=-H$ 及覆盖层与下卧半无限体的界面 $z=0$ 处的边界条件，以及 $z=\infty$ 处振幅 $f_2(\infty)$ 应有界，可得勒夫波存在的物理条件为

$$v_2\sqrt{1-\frac{c_L^2}{v_{S2}^2}}=v_1\sqrt{\frac{c_L^2}{v_{S2}^2}-1}\tan\left(\frac{\omega H}{c_L}\sqrt{\frac{c_L^2}{v_{S1}^2}-1}\right) \tag{1.26}$$

式中，v_{S1}、v_1 和 v_{S2}、v_2 分别为覆盖层和下卧半无限层的剪切波速及泊松比。

由此可见，如果 $v_{S1}<c_L<v_{S2}$，即可满足式(1.26)。即勒夫波的存在条件为覆盖层剪切波速小于下卧半无限层剪切波速。

5. 频散关系与群速度

均匀弹性介质中的 P 波或 S 波只有一个波速，它完全取决于传播介质的特性。然而，在成层弹性介质中存在频散关系，面波的传播不能只用一个传播速度描述，即波速 c、频率 ω 和波数 k 三者之间存在关系 $c=\omega/k$。可见，不同水平波数或不同频率的简谐面波的传播速度是不同的。每个简谐面波的波速 c 称为相速度。

波动最重要的特征是波动能量的传播，而能量的传播不依赖于相速度，因此相速度 c 并不是描述面波传播的理想波动参数。由于频散关系的存在，一群波数 k 或频率 ω 接近的简谐面波叠加将形成一个波包，波包的传播速度不同于单个简谐面波的相速度。由于在频率相同的情况下，波动的能量取决于振幅，所以波包的传播速度就是波动能量的传播速度，因此，称波包的传播速度为群速度 c_g。

1.3　地震灾害

1.3.1　地震灾害概况

地震灾害是地震作用于人类社会形成的社会事件，具有突发性和毁灭性。地震作用是否成灾或成灾大小，取决于地震本身、受灾对象以及人与自然状况。地震灾害造成的人员伤亡和经济损失是十分惨重的，特别是在经济迅猛发展和人口高度集中化的现代都市，地震所造成的影响更加巨大。据不完全统计：20 世纪全世界地震死亡人数达 170 万人，占各类自然灾害死亡人数的 54%，直接经济损失达 4 100 亿美元，间接经济损失超过万亿美元。其中，城市地震造成的死亡人数约占 61%，经济损失约占 85%；同时，地震瞬间的巨大灾难也给人们精神上带来强烈的恐惧。我国仅 1955 年以来造成严重破坏的 7 级以上地震就有 20 次，如表 1.1 所示。

下面介绍几次国内外强震的震害实例，目的在于对地震的宏观现象有粗略认识。

1. 2008 年 5 月 12 日四川汶川 8.0 级特大地震

汶川地震是我国新中国成立以来破坏性最强、波及范围最广、灾害损失最大、救灾难度最大的一次地震，同时带来滑坡、崩塌、泥石流、堰塞湖等严重次生灾害。地震波及周边十多个省市，灾区总面积约 50 万平方千米，其中极重灾区

表 1.1 中国 7 级以上地震(1955 年以来)

序号	发震地区	发震时间/(年、月、日)	震级/M	震中烈度	受灾面积/km^2	死亡人数/人	伤残人数/人	倒塌房屋/间
1	康定	1955.4.14	7.5	9	5 000	84	224	636
2	乌恰	1955.4.15	7.0	9	16 000	18	—	200
3	邢台	1966.3.22	7.2	10	23 000	8 064	8 613	1 191 643
4	渤海	1969.7.18	7.4		—	9	300	15 290
5	通海	1970.1.5	7.7	10	1 777	15 621	26 783	338 456
6	炉霍	1973.2.6	7.9	10	6 000	2 199	2 743	47 100
7	永善	1974.5.11	7.1	9	2 300	1 641	1 600	66 000
8	海城	1975.2.4	7.3	9	920	1 328	4 292	1 113 515
9	龙陵	1976.5.29	7.6	9	—	73	279	48 700
10	唐山	1976.7.28	7.8	11	32 000	242 769	164 851	3 219 186
11	松潘	1976.8.16	7.2	8	5 000	38	34	5 000
12	乌恰	1985.8.23	7.4	8	526	70	200	30 000
13	耿马	1988.11.6	7.2,7.6	9	91 732	743	7 751	2 242 800
14	丽江	1996.2.3	7.0	9	10 900	311	3 706	480 000
15	集集	1999.9.21	7.6	11	—	2 470	11 300	—
16	汶川	2008.5.12	8.0	11	440 000	69 227/17 923*	374 638	7 789 100
17	玉树	2010.4.14	7.1	>9	>20 000	2 698/270*	12 135	
18	雅安	2013.4.20	7.0	9	30 000	196	11 470	—
19	于田	2014.2.12	7.3	9	50 000	—	—	67
20	九寨沟	2017.8.8	7.0	9	18 295 (6 度及以上面积)	25	525	76

注:加“ * ”的为失踪人数。

和重灾区的县市有 51 个、乡镇 1 271 个、行政村 14 565 个，总面积 132 596 平方千米。此次地震人员伤亡极其惨重，截至 2008 年 8 月 21 日 12 时，国务院抗震救灾总指挥部授权发布，确认 69 227 人遇难，17 923 人失踪，374 643 人受伤；城乡住房大面积倒塌，四川省北川县城、汶川县映秀镇、绵竹市汉旺镇等部分城镇和大量村庄几乎被夷为平地，倒塌房屋 778.91 万间，损坏房屋 2 459 万间；基础设施损毁极其严重，交通、电力、通信、供水、供气等系统大面积瘫痪，震中地区周围的 16 条国道、省道干线公路和宝成线等 6 条铁路受损中断；大量自然文化遗产破坏严重，生态环境遭到重创。由于此次地震重灾区多为交通不便的高山峡谷地区，加之地震造成交通、通信中断，导致救援人员、物资、车辆和大型救援设备无法及时进入，给抗震救灾带来了极大的困难。

2. 2010 年 4 月 14 日青海玉树 7.1 级地震

青海玉树地震受灾面积有 2 万多平方千米，重灾区面积达 4 000 多平方千米；造成 2 698 人遇难，270 人失踪；居民住房大量倒塌，学校、医院等公共服务设施严重损毁，部分公路沉陷、桥梁坍塌，供电、供水、通信设施遭受破坏；农牧业生产设施受损，牲畜大量死亡，商贸、旅游、金融、加工企业损失严重；山体滑坡、崩塌，生态环境受到严重威胁。

3. 2011 年 3 月 11 日日本东北部海域 9.0 级特大地震

2011 年 3 月 11 日，日本东北部海域发生 9.0 级特大地震并引发海啸。海啸波及日本太平洋沿岸的大多数地区，造成日本福岛第一核电站发生严重的核泄漏事故，根据国际核事件分级表，福岛核事故被定为最高级 7 级。日本政府将福岛第一核电站周围 20 km 区域设为禁止进入的“警戒区”，并要求核电站周围 20~30 km 范围内的居民在室内避难。截至 2012 年 2 月 27 日，此次地震及其引发的海啸已确认造成约 15 800 人死亡、约 3 300 人失踪，经济损失估计 12 万亿至 17 万亿日元。

从地震工程学的角度出发，地震灾害可以划分为直接震害与间接震害。直接震害表示地震带来的人员伤亡与财产损失，间接震害指地震之后发生的其他次生灾害。直接灾害又包括地表破坏和工程结构的破坏，其中地表破坏引起的震害属于静力作用，是由于地表破坏产生的相对位移引起的结构破坏，而工程结构振动破坏属动力作用，是由振动产生的结构物的惯性力引起的，造成两者破坏的原因不同。

1.3.2　地表变形

常见的地表变形主要包括：地面裂缝、山体滑坡、地面水平变形以及竖向隆起下沉等，地表变形会导致地面建筑与工程设施发生破坏，并形成灾害。地面裂缝主要分两类，一类是由于地震时地面剧烈震动产生的惯性力使土层内产生过大拉应力，导致地面开裂；另一类是由于地震活断层的相对错动引起的地面开裂，这种裂缝走向与断层一致，长度可以达到几十至几百千米，称为构造地裂缝。地面裂缝若穿过房屋会造成墙和基础的断裂和错动，严重时甚至会造成房屋倒塌，同时大大加重了地下管道的震害。

大规模地表断裂是造成严重灾害的主要原因。当建筑物建于活动断裂带上时，很有可能因断层活动造成结构物破坏，而且这种灾害是无法抗拒的。据史料记载，1999 年土耳其伊兹米特 M_s7.4 级地震发生在北安那托利亚断层和西部地震区交汇处，地震造成大规模地表破裂，破裂带从伊兹米特东侧穿过萨帕贾湖一直向东北向延伸，总长达 170～180 km。中国地震局赴土耳其现场考察实测数据显示，此次地震地表破裂带最大宽度达 51 m，最大断距达 3.8 m，走滑段上的最大垂直断距为 0.6 m。在沿地表破裂带走向近 200 km 的范围内，人口伤亡率、房屋破坏与倒塌率差别不大，与震中区域几乎相同，而在垂直破裂带走向上，远离破裂带 100～200 m 以外的房屋破坏和倒塌率迅速下降。1999 年我国台湾集集 M_w7.6 级地震是由车笼埔断层发生由东向西的逆冲错动造成的，发震断层及其两侧几十米范围内的建筑物均夷为平地。2001 年 11 月 14 日青海与新疆交界处昆仑山 M_s8.1 级地震所产生的地面破裂带全长为 426 km，宽达数米至数百米，是近 50 年来在我国大陆发生的震级最大、地表破裂最长的地震事件。2008 年四川汶川 M_s8.0 级地震发生在龙门山断裂带西南段，地震破裂面南段以逆冲为主兼具右旋走滑分量，北段以右旋走滑为主兼具逆冲分量，地壳深部的岩石中产生一条长约 300 千米、深达 30 千米的大断裂，形成沿映秀-北川断裂分布的地表破裂带。地表变形与地震是共生的现象，如河北唐山 7.6 级地震产生了大范围、大幅度的地壳水平变形和竖向变形，地面最大水平变形超过 3 m、地面最大竖向沉降超过 1.5 m，地面各点水平变形的大小随其与断层的距离的增大而减小，水平变形的方向显示断层两侧地壳有明显的右旋平推错动[6]。

砂土液化也是引起地面变形的主要原因之一。地震引起的饱和砂土振动孔隙水压力达到上覆土压力时，松散的饱和砂土将完全丧失抗剪能力，此时夹带大量泥沙的地下水从地下喷出，形成喷砂冒水现象。如果饱和砂土层埋深较浅，地基承载力会急剧下降，甚至完全损失，导致结构物迅速下沉、倾斜，引起严重的破坏。1976 年我国的唐山地震、1999 年土耳其伊兹米特地震、1999 年我国台湾集集地震和 2008 年汶川地震都发生了大量的喷砂冒水现象。图 1.5 是汶川地震中砂土液化的一个实例。地震时饱和软土在体积不变的条件下因剪切变形产生的沉陷称为软弱土层震陷，震陷不均匀会导致结构物开裂、倾斜、倒塌，如唐山地震发生时天津某住宅楼震陷近 40 cm[19]。

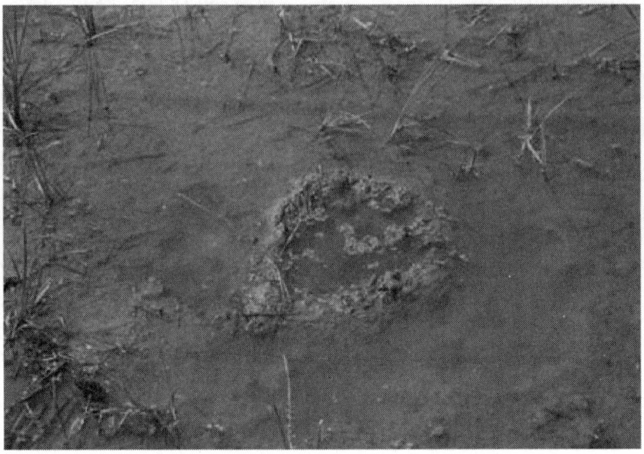

图 1.5　汶川地震中的砂土液化

1.3.3　工程结构的破坏

工程结构的破坏和倒塌是地震灾害最主要的表现，也是造成人员伤亡和财产损失的主要原因之一。由地震波引起的地面运动通过基础传到结构物，从而引起结构本身的振动，当振动产生的动应力超过结构构件抗力时，就会导致结构物破坏，特别是结构自振周期与地震动周期一致而产生共振时破坏更为严重。

工程结构的破坏情况随结构类型和抗震措施的不同而有所不同，各类结构物的震害形式总结如下。框架结构常见的震害形式有：框架梁和柱裂缝、框架节点损坏、框架填充墙损坏。砖混结构、砌体结构或砖木结构常见的震害形式有：纵、横墙交叉处裂缝，楼梯间损坏，圈梁和构造柱损坏，纵横墙连接损坏，外墙整体向外倾倒，出屋面构件损坏。桥梁结构的常见的震害形式有：岸坡滑动，桥头下沉，墩台向河心移位，桥孔缩短，墩台折断，桥墩移位或倾斜，桥面结构脱落、折断、落梁。铁路常见的震害形式有：路堤下沉、开裂、坍塌、错落，路堤破坏引起的钢轨扭曲，钢轨轨缝拉大，钢轨拉断。供水、供电、供气、交通、电信等生命线工程常见的震害形式有：地裂缝或错动、地基液化引起的地下管线开裂、接头错位，变压器倾倒或输电塔架破坏。水库土石坝常见的震害形式有：坝顶、上下游坝坡和马道纵向裂缝、横向裂缝，坝体变形、滑移、滑坡，下游边坡和坝脚渗水、管涌。

1.3.4　次生灾害

地震引发次生灾害的主要形式有火灾、水灾、毒气泄漏、疫病蔓延、海啸与环境污染以及滑坡、崩塌、泥石流等地质灾害，人员伤亡与经济损失等。震害资料表明，次生灾害也是重要的地震灾害，特别是人口稠密、经济发达的大城市，地震次生灾害的危害有时甚至比直接灾害更大。例如：地震时电器短路引燃煤气等物质引发火灾，大坝堤岸等倒塌或震裂引发水灾，路桥、机场等交通运输系统的破坏会造成交通中断，通信系统与互联网的中断造成信息灾难，管道、贮存设备的破坏会导致毒气泄漏，卫生情况的恶化会导致疫病蔓延等。所以，大中城市和特大城市、地质环境比较脆弱的山区城市和沿海城市应特别重视对次生灾害的防御。

1.4 地震震级

地震震级是表示地震本身大小的一个指标，它是地震能量释放多少的尺度。目前常用的震级类型有 4 种：地方震级（M_L）、体波震级（m_b和 m_B）、面波震级（M_s）和矩震级（M_w）[7]。前 3 种震级是通过测量地震波中某个频率地震波的幅度来衡量地震相对大小的。矩震级 M_w是由基本的物理参数所计算的震级，描述了地震破裂面上滑动量的大小，一般通过波形反演的方法计算。

Richter[20]首先提出了震级的概念，他选取南加州一组具有代表性的地震，根据各个测站所测得的最大振幅 B 的对数与对应的震中距 Δ 绘制了一组 $\lg B$-Δ关系曲线，且认为这些曲线是近似平行的。然后绘制一条基准地震的关系曲线，该曲线与上述关系曲线平行，且通过 $\Delta=100$ km，$B_0=1$ μm 这一点。若把基准地震定义为 $M_L=0$，那么地震的地方震级 M_L就可以定义为

$$M_L=\lg B-\lg B_0 \tag{1.27}$$

式中，B_0表示标准地震仪（周期为 0.8 s，阻尼系数为 0.8，静态放大倍数为2 800）在震中距 Δ 处记录到的最大振幅（以 μm 为单位）；B_0表示基准地震关系曲线在 Δ 处的最大振幅。

由于标准地震仪的自振周期仅为 0.8 s，对于周期大于 0.5 s 的地震动，记录逐步变小，因此只适用于记录短周期的地震动分量，也就是近震。可是，人们在大部分情况下只能在较远的台站记录到地震事件，当震中距大于 2 000 km 时，地震波的主要成分是面波，周期约为 20 s，对应于瑞利（Rayleigh）波速和勒夫（Love）波群速最小值。为此，Gutenberg 等[21]仿照地方震级的定义将震级测定方法推广到远震，提出了面波震级 M_s，其定义为

$$M_s=\lg A-\lg A_0 \tag{1.28}$$

式中，A 表示周期为 20 s 的面波最大地面位移（以 μm 为单位），取两水平分量

矢量和的最大值；A_0根据震中距、每千米的吸收系数、测站场地条件、观测设备等因素确定。

我国规定，对公众发布时一律使用面波震级 M_s，并采用郭履灿等提出的公式计算[22]：

$$M_s = \lg(A/T)_{max} + 1.66\lg\Delta + 3.5 \tag{1.29}$$

式中，A 表示面波地震动两个水平向位移矢量和的振幅，单位是 μm；T 表示相应的周期，单位为 s；$(A/T)_{max}$ 表示 A/T 的最大值；Δ 表示震中距，不同震中距选用的地震面波周期范围是 3～25 s。

我国历史地震震级也采用面波震级，地方震级与面波震级的经验关系为

$$M_s = 1.13M_L - 1.08 \tag{1.30}$$

面波震级这一定义的优点在于面波在地球任何地方衰减大致相同，所以采用的 $\lg A_0$ 值可用于全世界。其缺点是不能用于深源地震，因为只有浅源强震才能产生以 20 s 周期为主的面波。因此，Gutenberg[23]又提出了适用于深源地震的体波震级 m_b 的定义：

$$m_b = \lg(A/T)_{max} - \overline{Q}(\Delta, h) \tag{1.31}$$

式中，A 表示体波竖向或水平分量最大地面位移（以 μm 为单位），一般用周期为 1 s 左右的 P 波地震动竖向分量；T 表示记录中与 A 相应的周期；$\overline{Q}(\Delta, h)$ 表示标定函数，与震中距和震源深度有关。如果用中等周期和长周期地震仪的记录来确定体波震级，则记为 m_B。

现有资料研究表明，大小不同的地震的频谱组成是由震源的力学特性决定的，如断层面的长度、应力降，断裂的位错时间函数等参数不同，则谱的大小、形状也不相同。震级只是由某一频段内的地震动分量决定的，而与其他频率分量无关。如 M_L 是用 1 s 左右的 S 波的振幅来度量地震大小的，M_s 是用浅源地震的 20 s 左右的面波振幅度量地震大小的，m_b 是用 1 s 左右的地震体波振幅来度量地震大小的，m_B 是用 5 s 左右的地震体波振幅来度量地震大小的。当采用这样窄频带地震动分量定义震级时，就出现了如下两个现象。首先，同一地震可以有多个震级，如 M_L 和 M_s，M_L 相同的地震可能具有不同的 M_s。也就是说，两个地震的 M_L 相同，只表明这两个地震周期为 1 s 左右的地震动分量相等，但其中周期为几秒至几十秒的地震动分量很可能不同。因此，采用震级代表地震的大小是片面的。其次，对于大地震，会出现震级饱和的现象。例如，1906 年旧金山地震与 1960 年智利地震有相同的面波震级 $M_s = 8\frac{1}{4}$，但是，前者的断裂面积

仅为 6×10^3 km^2,断层位错为 4 m;后者的断裂面积约为 1.5×10^5 km^2,断层位错为 20 m,前者分别为后者的 1/25 和 1/5,这一现象与高频地震动的饱和有关。M_L、M_s和 m_b都有饱和的可能性,而用高频分量来定义的震级 M_L和 m_b则首先达到饱和。为解决这一问题,Hanks 和 Kanamori[24] 提出了矩震级 M_w的概念,他们建议用地震矩 M_0来计算地震波辐射能量 E_s:

$$E_s=\frac{\Delta\sigma}{2\mu}M_0 \tag{1.32}$$

式中,$\Delta\sigma$ 表示应力降;μ 表示拉梅常量。

将式(1.32)代入 Gutenberg 和 Richter 提出的震级 M 与能量 E_s的经验关系:

$$\lg E_s=1.5M+11.8 \tag{1.33}$$

采用适当的 μ 和 $\Delta\sigma$ 值,即得矩震级 M_w:

$$M_w=\frac{2}{3}\lg M_0-10.7 \tag{1.34}$$

当 $M_w=3\sim7$ 时,$M_w=M_L$;当 $M_w=5\sim7.5$ 时,$M_w=M_s$;当 $M_w>7.5$ 时,矩震级大于 M_L和 M_s。

地震参数应根据多个地震台站的记录进行测定,由于台站的方位和距离不同,所测得的地震参数也不同,所用地震台站的记录越多,测定的地震参数越准确,一般取各个测站的平均值作为一次地震的震级。地震波在地球内部的传播速度大约是 6.5 km/s,它从震源到地震台需要一定的时间,但对于地震救援来说,需要在最短的时间内把地震发生的时间、地点和震级向政府与公众发布。因此,根据地震数据处理的规定,地震参数的测定分两个阶段,第一阶段是地震速报,使用最先接收到的地震台站的观测数据进行快速地震参数的测定,并及时发布地震信息。第二阶段是精细分析,利用所有收集到的地震台站记录进行地震参数的进一步分析,给出最终修订结果,并编辑出版地震观测报告,用于后续的科学研究。通常,地震的速报参数和修订参数是不同的。例如,2011 年 3 月 11 日的东日本大地震,我国的速报震级为 M_s8.6,修订震级为 M_s9.0;美国初定震级为 M_s8.8,修订震级为 M_s9.0;日本气象厅测定震级为 M_s7.9,修订震级为 M_s9.0。

1.5 地震烈度

1.5.1 地震烈度及其用途

地震烈度起源很早,距今有大约 200 年的历史,这个名词来源于英文

"Intensity",有"强度"之意,既可用来表示震害这种宏观现象的强弱程度,也可用来表示地震动加速度、速度和位移这类物理量的大小,许多国家和地区直到现在仍在继续使用[25]。

在我国,地震烈度(简称为烈度)是用来表示地震震害的强弱程度的。对于地震工程工作者来说,地震烈度是通过震害强弱程度来反映地震动大小的。总之,地震烈度就是对一定地点地震强烈程度的总体评价,既可作为抗震防灾的标准,又可作为研究地震的工具。此外,地震烈度也可以代表地面上一定范围内的综合现象,是地面在该范围内的总量或平均值的概念。为此,刘恢先[26]定义:地震烈度是地震时一定地点的地面震动强弱程度的尺度,是针对该地点范围内的平均水平而言的。应当指出,烈度既然是一个平均的概念,那么它的高低和它所关联的地面范围的大小是密切相关的。一般来讲,如果地面范围取得愈大,评出的最高烈度就愈低。所以,评定烈度要选取一个标准大小的地面范围。这个标准应该选取多大?在农村可以以自然村为单位,在城市可以分区进行烈度的评定,但面积以不超过一平方千米为宜。

在我国地震工作中,地震烈度这一概念的用途有下列几种:

(1) 地震发生后,需要通过烈度的分布和大小来估计震害的分布、震中、震级和震源深度等地震参数,以便政府部门和社会公众了解各地区的灾情;

(2) 在抗震防灾工作中,以烈度作为一般建筑物和工程设施的设防标准,需要按烈度进行地震区划,或预报一定地点可能遭遇的烈度,从而粗略地规定地震动设计参数;

(3) 在地震现场,用烈度来评价地震的强烈程度,并以烈度为背景总结震害经验,为地震工作者提供一种宏观尺度来描述地震影响的大小。

1.5.2　地震烈度表

具有地震烈度含意的等级划分出现在 16 世纪中叶的欧洲,但是具有现代形式的地震烈度表则是由 Sieberg 在 1874 年提出的,在多次地震的实践和人们反复修改后才大体定型,目前依然在不断地被完善。在烈度表的发展过程中,主要围绕以下几个问题进行了反复研究[6,8-10,25,27,28]:

(1) 分为几个等级以及如何划分。开始建议划分为 5 级、7 级、9 级、10 级、12 级和 16 级,19 世纪以来,除了日本的烈度表仍然采用从 0~7 度的 8 级划分外,其余大都划分为 10 级,即从 1~10 度;但到 20 世纪,则发展为 12 级划分,即为 1~12 度,其差别是将过去最高一级扩展为 3 个等级——10、11 和 12 度。烈度划分的关键问题在于如何能使划分明确。经过长期的实践,人们发现对于 1~5度的低烈度,较灵敏的指标是人感觉上的差别;对于 6~10 度的中等烈度,人已无法分辨,而结构物的破坏状态可以作为较好的指标;当烈度高于 10 度时，便只能根据地表的断层现象来判断。

（2）是否需要一个全球统一的地震烈度表。为了方便对比世界各地的地震烈度，一些研究者试图编制国际通用的地震烈度表。1964 年，由麦德维捷夫（Medvegev）、施蓬霍伊尔（Sponheuer）和卡尔尼克（Karnik）共同编制了麦德维捷夫-施蓬霍伊尔-卡尔尼克（Medvegev-Sponheuer-Karnik，MSK）烈度表，这在欧洲各国范围内得到了广泛的应用[6,8-10,25,27,28]。可由于各地区的建筑结构有其传统特色，如日本有较多的木结构和石-木结构房屋，中国有较多传统的穿斗式木构架结构，很多地区甚至以土坯房屋为主，MSK 烈度表显然不适用于日本和中国的这些结构类型。因此，现在很多国家和地区仍然使用着依照各自烈度指标编制的地震烈度表。

（3）如何把烈度的宏观标志和地面运动的物理量对应起来，从而赋予烈度一个量的概念。1888 年 Holden 首先提出采用等效地震加速度最大值与烈度相联系，此后，日本大森房吉等也做了相应的尝试[6,8-10,25,27,28]。1952 年，苏联学者根据当时得到的一部分强地震加速度记录，用简单方法给不同烈度规定了地震动的加速度、速度、位移的尺度，MSK 烈度表沿用了这一结果。中国 1980 年修订的地震烈度表，根据独立的研究做了相似的规定。但迄今为止，由于不同研究者给出不同的公式，且所有公式的离散性都很大，因此，地震烈度仍是按宏观现象评定，不考虑地震动加速度的大小。

从实际情况来看，烈度过小的地震不会对工程结构造成实质的影响，烈度过高又超过人们可以经济地防御地震的范围。因此现有的实际等震线图都是从 12 级划分中的 5 度开始直到 10 度，并包括可感范围（相当于 3 度左右）。在地震工程中，最关心的烈度范围是 6～10 度，且大多是根据低矮建筑的震害评定的。

《中国地震烈度表》（GB/T 17742—2008）[28]利用大量已有的震害资料和地震烈度评定经验，参考国外地震烈度表，并利用汶川地震部分震害资料，对 1999 年首次发布的《中国地震烈度表》（GB/T 17742—1999）进行了修订，增加了评定地震烈度的房屋类型，修改了在地震现场不便操作或不常出现的评定指标，规定地震烈度的评定指标包括：人的感觉、房屋震害程度、其他震害现象、水平向地震动参数。表 1.2 给出了《中国地震烈度表》（GB/T 17742—2008），应用该地震烈度表时应注意以下几点：

（1）评定地震烈度时，Ⅰ度～Ⅴ度应以地面以及底层房屋中的人的感觉和其他震害现象为主；Ⅵ度～Ⅹ度应以房屋震害为主，参照其他震害现象，当用房屋震害程度与平均震害指数评定结果不同时，应以震害程度评定结果为主，并综合考虑不同类型房屋的平均震害指数；Ⅺ度和Ⅻ度应综合房屋震害和地表震害现象。

（2）以下 3 种情况的地震烈度评定结果，应做适当调整：

（a）当采用高楼上人的感觉和器物反应评定地震烈度时，要适当降低评定值；

（b）当采用低于或高于Ⅶ度抗震设计房屋的震害程度和平均震害指数评定地震烈度时，要适当降低或提高评定值；

（c）当采用建筑质量特别差或特别好房屋的震害程度和平均震害指数评定地震烈度时，要适当降低或提高评定值。

（3）平均震害指数可以在调查区域内用普查或随机抽查的方法确定。当计算的平均震害指数值位于表 1.2 中地震烈度对应的平均震害指数重叠搭接区间时，可参照其他判别指标和震害现象综合判定地震烈度。

（4）农村可按自然村，城镇可按街区为单位进行地震烈度评定，面积以 1 km^2 为宜。

（5）当有自由场地强震动记录时，水平向地震动峰值加速度和峰值速度可作为综合评定地震烈度的参考指标。

房屋破坏等级分为基本完好、轻微破坏、中等破坏、严重破坏和毁坏 5 类，其定义和对应的震害指数如下所列。

（1）基本完好：承重和非承重构件完好，或个别非承重构件轻微损坏，不加修理可继续使用；对应的震害指数范围为[0,0.10)。

（2）轻微破坏：个别承重构件出现可见裂缝，非承重构件有明显裂缝，不需要修理或稍加修理即可继续使用；对应的震害指数范围为[0.10,0.30)。

（3）中等破坏：多数承重构件出现轻微裂缝，部分有明显裂缝，个别非承重构件破坏严重，需要一般修理后可使用；对应的震害指数范围为[0.30,0.55)。

（4）严重破坏：多数承重构件破坏较严重，非承重构件局部倒塌，房屋修复困难；对应的震害指数范围为[0.55,0.85)。

（5）毁坏：多数承重构件严重破坏，房屋结构濒于崩溃或已倒毁，已无修复可能；对应的震害指数范围为[0.85,1.00]。

1998 年版的《欧洲地震烈度表》[29]（European macroseismic scale, EMS）对烈度的定义包括：① 人的感受；② 对物体及环境的影响；③ 代表对建筑物的破坏。各等级的烈度具体定义如下：

（1）Ⅰ度——无感。

（a）即使在最有利的环境中，无人有感觉。

（b）对物体和环境无影响。

（c）建筑物无破坏。

（2）Ⅱ度——几乎无感。

表 1.2 《中国地震烈度表》(GB/T 17742—2008)

地震烈度	人的感觉	房屋震害			其他震害现象	水平向地震动参数	
		类型	震害程度	平均震害指数		峰值加速度/(m/s^2)	峰值速度/(m/s)
Ⅰ	无感	—	—	—	—	—	—
Ⅱ	室内个别静止中的人有感觉	—	—	—	—	—	—
Ⅲ	室内少数静止中的人有感觉	—	门、窗轻微作响	—	悬挂物微动	—	—
Ⅳ	室内多数人、室外少数人有感觉,少数人梦中惊醒	—	门、窗作响	—	悬挂物明显摆动,器皿作响	—	—
Ⅴ	室内绝大多数人、室外多数人有感觉,多数人梦中惊醒	—	门窗、屋顶、屋架颤动作响,灰土掉落,个别房屋墙体抹灰出现细微裂缝,个别屋顶烟囱掉砖	—	悬挂物大幅度晃动,不稳定器物摇动或翻倒	0.31 0.22~0.44	0.03 0.02~0.04
Ⅵ	多数人站立不稳,少数人惊逃户外	A	少数中等破坏,多数轻微破坏和/或基本完好	0~0.11	家具和物品移动;河岸和松软土出现裂缝,饱和砂层出现喷砂冒水;个别独立砖烟囱轻度裂缝	0.63 0.45~0.89	0.06 0.05~0.09
		B	个别中等破坏,少数轻微破坏,多数基本完好				
		C	个别轻微破坏,大多数基本完好	0~0.08			

续表

地震烈度	人的感觉	房屋震害			其他震害现象	水平向地震动参数	
		类型	震害程度	平均震害指数		峰值加速度/(m/s^2)	峰值速度/(m/s)
Ⅶ	大多数人惊逃户外，骑自行车的人有感觉，行驶中的汽车驾乘人员有感觉	A	少数严重破坏和/或毁坏，多数中等和/或轻微破坏	0.09～0.31	物体从架子上掉落；河岸出现塌方，饱和砂层常见喷水冒砂，松软土地上地裂缝较多；大多数独立砖烟囱中等破坏	1.25 0.90～1.77	0.13 0.10～0.18
		B	少数中等破坏，多数轻微破坏和/或基本完好				
		C	少数中等和/或轻微破坏，多数基本完好	0.07～0.22			
Ⅷ	多数人摇晃颠簸，行走困难	A	少数毁坏，多数严重和/或中等破坏	0.29～0.51	干硬土上出现裂缝，饱和砂层绝大多数喷砂冒水；大多数独立砖烟囱严重破坏	2.50 1.78～3.53	0.25 0.19～0.35
		B	个别毁坏，少数严重破坏，多数中等和/或轻微破坏				
		C	少数严重和/或中等破坏，多数轻微破坏	0.20～0.40			
Ⅸ	行动的人摔倒	A	多数严重破坏或/和毁坏	0.49～0.71	干硬土上多处出现裂缝，可见基岩裂缝、错动，滑坡、塌方常见；独立砖烟囱多数倒塌	5.00 3.54～7.07	0.50 0.36～0.71
		B	少数毁坏，多数严重和/或中等破坏				

续表

地震烈度	人的感觉	房屋震害			其他震害现象	水平向地震动参数	
		类型	震害程度	平均震害指数		峰值加速度/(m/s^2)	峰值速度/(m/s)
Ⅸ	行动的人摔倒	C	少数毁坏和/或严重破坏,多数中等和/或轻微破坏	0.38~0.60	干硬土上多处出现裂缝,可见基岩裂缝、错动,滑坡、塌方常见;独立砖烟囱多数倒塌	5.00 3.54~7.07	0.50 0.36~0.71
Ⅹ	骑自行车的人会摔倒,处不稳状态的人会摔离原地,有抛起感	A	绝大多数毁坏	0.69~0.91	山崩和地震断裂出现;基岩上拱桥破坏;大多数独立砖烟囱从根部破坏或倒毁	10.00 7.08~14.14	1.00 0.72~1.41
		B	大多数毁坏				
		C	多数毁坏和/或严重破坏	0.58~0.80			
Ⅺ	—	A	绝大多数毁坏	0.89~1.00	地震断裂延续很大;大量山崩滑坡	—	—
		B					
		C		0.78~1.00			
Ⅻ	—	A	几乎全部毁坏	1.00	地面剧烈变化,山河改观	—	—
		B					
		C					

注:1. 表中数量词:个别为10%以下;少数为10%~45%,多数为40%~70%;大多数为60%~90%;绝大多数为80%以上。
2. 表中的房屋类型:A类:木构架和土、石、砖墙建造的旧式房屋;B类:未经抗震设防的单层或多层砖砌体房屋;C类:按照Ⅶ度抗震设防的单层或多层砖砌体房屋。
3. 表中的震害指数是反映房屋震害程度的定量指标,以0~1.00之间的数字表示由轻到重的震害程度;平均震害指数是同类房屋震害指数的加权平均值,即各级震害的房屋所占比例与其相应的震害指数的乘积之和。
4. 表中给出的峰值加速度和峰值速度是参考值,括弧内给出的是变动范围。

（a）仅仅有极少数（小于 1%）处于静止状态和室内处于特殊敏感位置上的可能感觉到颤动。

（b）对物体和环境无影响。

（c）建筑物无破坏。

（3）Ⅲ度——弱有感。

（a）一些室内人员有感，处于静止状态的人可感觉到晃动或轻微摇晃。

（b）悬挂物体轻微摆动。

（c）建筑物无破坏。

（4）Ⅳ度——有感。

（a）室内许多人有感，室外极个别人有感，一些人被惊醒，摇晃程度适中，不可怕，目击者感到建筑物、房间或床、椅轻微晃动或摇摆。

（b）瓷器、玻璃器皿、门和窗作响，悬挂物晃动，在某些情况下可见轻质家具摇晃，木制品嘎嘎作响。

（c）建筑物无破坏。

（5）Ⅴ度——强有感。

（a）室内大多数人有感，室外很少人有感。一些人受惊吓而奔向户外。许多人从梦中被惊醒。目击者感到整个建筑物、房间或家具在强烈摇晃或摇摆。

（b）悬挂物体摇晃明显；瓷器和玻璃器皿发出强烈碰撞声，小型且顶部较重或放置不稳的物体可能发生移动或倾倒，门和窗被晃得来回关闭。一些情况下窗户玻璃发生破碎，容器中的装满的液体晃会发生振荡溢出，室内动物变得烦躁不安。

（c）一些少数易损性等级为 A 和 B 的建筑物造成 1 级破坏。

（6）Ⅵ度——轻微破坏。

（a）室内大多数人有感，室外许多人有感。一部分人很难保持平衡，许多人惊慌失措跑出户外。

（b）正常稳定的小构件可能掉落，家具可能移位。某些情况下盆和玻璃器皿可能打碎，圈养的动物（即使在户外的）表现得惊慌不安。

（c）许多易损性等级为 A 和 B 的建筑物遭到 1 级破坏，少数易损性等级为 A 和 B 的建筑物的破坏达到 2 级。一些易损性等级为 C 的建筑物的破坏达到 1 级。

（7）Ⅶ度——中等破坏。

（a）大多数居民受到惊吓并试图逃到户外，许多人难以站稳，特别是处于楼上的居民。

（b）家具移位，顶部沉重的家具翻倒。大量物品从架子上掉落。容器、缸和池中的水溅出。

（c）许多易损性等级为A的建筑物中遭受3级破坏，少数遭到4级破坏。许多易损性等级为B级的建筑物遭受2级破坏，少数遭到3级破坏。一些易损性等级为C的建筑物遭受2级破坏。少数易损性等级为D级的建筑物遭到1级破坏。

（8）Ⅷ度——严重破坏。

（a）许多人即使在户外也难以站稳。

（b）家具倾翻，电视机、打印机等物品掉地，有时墓碑产生移动、扭转或翻倒。

（c）许多易损性等级为A的建筑物遭受4级破坏，少数遭到5级破坏。许多易损性等级为B的建筑物中遭受3级破坏，少数遭受4级破坏。许多易损性等级为C的建筑物遭受2级破坏，少数遭受3级破坏。少数易损性等级为D的建筑物遭受2级破坏。

（9）Ⅸ度——毁坏。

（a）普遍感到惊慌，人们不由自主地摔倒在地。

（b）许多界碑和柱状物倾倒或扭转，松软地面呈现波动。

（c）许多易损性等级为A的建筑物遭受5级破坏。许多易损性等级为B的建筑物遭受4级破坏，少数遭受5级破坏。许多易损性等级为C的建筑物遭受3级破坏，少数遭受4级破坏。许多易损性等级为D的建筑物遭受2级破坏，少数遭受3级破坏。许多易损性等级为E的建筑物遭受2级破坏。

（10）Ⅹ度——严重毁坏。

绝大多数易损性等级为A的建筑物中遭受5级破坏。许多易损性等级为B的建筑物遭受5级破坏。许多易损性等级为C的建筑物遭受4级破坏，少数遭受5级破坏。许多易损性等级为D的建筑物遭受3级破坏，少数遭受4级破坏。许多易损性等级为E的建筑物遭受2级破坏，少数遭受3级破坏。许多易损性等级为F的建筑物遭受2级破坏。

（11）Ⅺ度——倒塌。

绝大多数易损性等级为B的建筑物中遭受5级破坏。绝大多数易损性等级为C的建筑物遭受4级破坏，许多遭受5级破坏。许多易损性等级为D的建筑物遭受4级破坏，少数遭受5级破坏。许多易损性等级为E的建筑物遭受3级破坏，少数遭受4级破坏。许多易损性等级为F的建筑物遭受2级破坏，少数遭受3级破坏。

（12）Ⅻ度——完全倒塌。

所有易损性等级为A和B的建筑，以及几乎所有易损性等级为C的建筑物被摧毁。绝大多数易损性等级为D、E和F的建筑物被摧毁，地震影响达到可以想象的最大程度。

目前在美国使用的是修正的麦卡利烈度表(modified Mercalli scale, MMS)。它是由美国地震学家哈里·伍德和弗兰克·诺依曼于 1931 年编制的。这个烈度表由不断增加的烈度等级组成,从不可察觉的震动到灾难性的破坏,用罗马数字表示。它没有数学依据,而是根据观察到的效果进行主观的排序,此处烈度被定义为地震对地球表面的影响。修正的麦卡利烈度表(MMS)如表 1.3 所示。

表 1.3　修正的麦卡利烈度表

Ⅰ	无感,只有少数人在特别有利的条件下才会感觉到
Ⅱ	只有少数静止的人有感,尤其是在建筑物的上层时;敏感的悬挂物可能会摆动
Ⅲ	室内的人感觉非常明显,尤其是在建筑物的上层时;许多人没有意识到是地震;汽车可能会轻微摇晃,类似于卡车通过时的振动
Ⅳ	在室内的人大多能感觉到,在室外则很少能感觉到;晚上能惊醒一些人;盘子、窗户、门被扰动;墙壁发出噼啪的声音,感觉就像重型卡车撞楼;汽车明显地摇晃
Ⅴ	几乎每个人都能感觉到,许多人都被惊醒;一些盘子、窗户损坏;不稳定物体倾覆;钟摆可能会停止
Ⅵ	所有人都感到害怕;一些沉重的家具移动了,一些石膏掉落,轻微损坏
Ⅶ	在设计和施工良好的建筑物中产生可忽略的损坏,在建造良好的普通建筑物中产生可忽略的轻微损坏或中度损坏;在建造不良或设计不良的建筑物中造成不可忽略的损坏;一些烟囱损坏
Ⅷ	造成特殊设计结构轻微损坏;普通实体建筑发生严重损坏,部分倒塌;建筑质量差的建筑物发生严重损坏。石柱、工厂烟囱、柱子、纪念碑、墙壁倒塌;沉重的家具倾覆
Ⅸ	造成特殊设计结构相当大的损坏;设计良好的框架结构倾斜;大量建筑物损坏严重,局部倒塌;建筑物脱离地基
Ⅹ	一些建造良好的木结构被摧毁;大部分的砖石结构和框架结构地基被摧毁;钢轨弯曲
Ⅺ	很少有砌石结构保持直立;桥梁被毁;铁轨严重弯曲
Ⅻ	全部摧毁

1.5.3　关于地震烈度的不同观点

各个时期的研究者对地震烈度的理解不尽相同,河角广认为,地震烈度就是根据人体感觉来表示一定地点的地震动强度的尺度[30]；李善邦认为，地震烈度是指一个地方受地震动影响所表现出来的强弱程度[31]；Richter 认为，地震烈度是指一定地点的震动[32]；Steinbrugge 认为，地震烈度是衡量地震影响的一种尺度[33]；Newmark 与 Rosenblueth 认为，地震烈度是地震作用在局部区域破坏性程度的量度[34]；《欧洲地震烈度表》认为，地震烈度是依据一定地区所观察到的影响对地面震动强烈程度的分级；《中国地震烈度表》指出，地震烈度是地震引起的地面震动及其影响的强弱程度。

刘恢先[26]认为，地震烈度可以从两种不同角度来定义：一种是反映地震后果的，一种是反映地震作用的。前一种适宜于救灾工作，后一种适宜于预防工作。为了救灾，地震烈度应按地震破坏的轻重分级；为了预防，烈度应按地震破坏作用的大小分级。由此可见，Steinbrugge 对烈度的定义是反映地震后果的，李善邦对烈度的定义不很明确，其余几个烈度定义都是反映地震作用的。

学术界和工程界对地震烈度存在不同的看法。一种看法是，烈度这个概念是很有用的。另一种看法是，对宏观烈度这个概念持怀疑态度，甚至否定它在工程上的意义。例如，有人认为，宏观烈度作为抗震标准非常含混，要求改进宏观烈度来达到工程使用的目的是达不到的，因而认为宏观烈度这个概念在工程上没有什么用处，工程设计时完全可以摈弃这个概念，而直接采用地震动参数进行设计。实际上，这种看法没有考虑下列问题。

(1) 历史地震资料都是宏观烈度资料，地震动参数的预测目前还不能完全脱离宏观烈度资料的验证。原因是强震观测资料不足，理论计算是建立在许多假定之上的，很难提供经得起事实考验的预测，需要有宏观烈度资料来进行验证。

(2) 地震动参数不是抗震设计的一切基础，抗震设计在很大程度上依赖于震害经验，而一般震害经验都是以烈度资料为背景进行总结的。

(3) 烈度概念的运用与地震动参数的观测和理论计算并无矛盾，可以相辅为用，摒弃这个概念有害无益。

(4) 烈度是人们在抗震工作中一个便于理解的概念，而普通民众对地震动参数大小的含义是不容易理解的。因此，取消烈度这个概念对民间抗震是不利的。

(5) 作为地震强弱的总评价，在各项建设的规划工作和抗震防灾工作中，地震烈度这个概念都是非常有用的。

《建筑抗震设计规范》(GB 50011—2010)[35]和《建筑边坡工程技术规范》(GB 50330—2002)[36]均保留了地震烈度这个概念，因此地震烈度仍然是我国目前抗震设防的主要依据。

1.5.4　地震烈度分布图或等震线图

当强烈地震发生后，人们会在地图上用不同颜色表示和研究一次地震影响的强弱分布。随着地震烈度表的出现，则可以按地震烈度表对已发生的地震绘制等震线图。受历史记载的详细程度所限以及烈度表的定性本质，可将等震线图定义为“一次地震造成的地震烈度分布图”。通常，地震烈度随震中距的增加而减小，等震线是封闭的，且线内地区的地震烈度等于或高于某烈度值，线外地区的地震烈度低于此烈度值。有烈度资料的地点越多，等震线的轮廓愈精确。在正常情况下，两条相邻等震线之间的地区应具有同一烈度。如果同一烈度区内有高于或低于正常烈度的地点，则等震线按烈度的基本情况绘制，同时，还需要在图上标明各资料点的实际烈度，以备使用者参考。例如，一烈度区内高烈度或低烈度的异常点连接成片可勾画出高烈度或低烈度异常区。按同样方式绘制出所有不同烈度的等震线就构成了一次地震的等震线图，这是表达地震影响的最简洁的方式。

等震线的精度并不是很高。因为地震烈度的分布非常不均匀，再加上绘图者的主观因素，对于同一次地震，不同人可以绘制出很不相同的等震线图。由此可见，资料不足时，主观因素会起到很大的作用。

1.5.5　地震烈度分布的影响因素

1.5.5.1　震源影响

震源是指一次地震时的应变能释放区[6,8-10]。地震时，震源体内突然产生断裂面，断裂面两侧产生错位，并从震源区以地震波的形式向外释放出巨大的能量。地震的影响有两个方面：地表变形和地震动。

1. 震源错位引起的地表变形

震源处的断裂使积累的应变能得到释放，断裂面两侧分别向相反方向错位，引起地表面出现水平与竖向的位错或相对位移，位移可达数米，建于其上的任何结构物只能随之变形而无法制止这种变形[6,8-10]。因此，跨越断层两侧的结构物常发生拉裂、变形、破坏，甚至倒塌。在陡坡悬崖发生断裂时，常导致大滑坡和山崩；若滑坡体上下存在结构物，必随滑坡坠毁或为滑坡体所击毁、掩埋。

2. 震源体释放的地震动能量

如图 1.6 所示，如果把震源释能体简化为断裂面 $ABCD$，则地表震动能的分布近似为椭圆形。图 1.6(b)表示地下纵剖面，图 1.6(a)表示地表面。图中，断裂面长为 L、宽为 B，中心为 O_2，O_2在地表的投影为 C_2。AD 为断裂面与地表面的交线，图 1.6(a)中的曲线是等震动能量线。

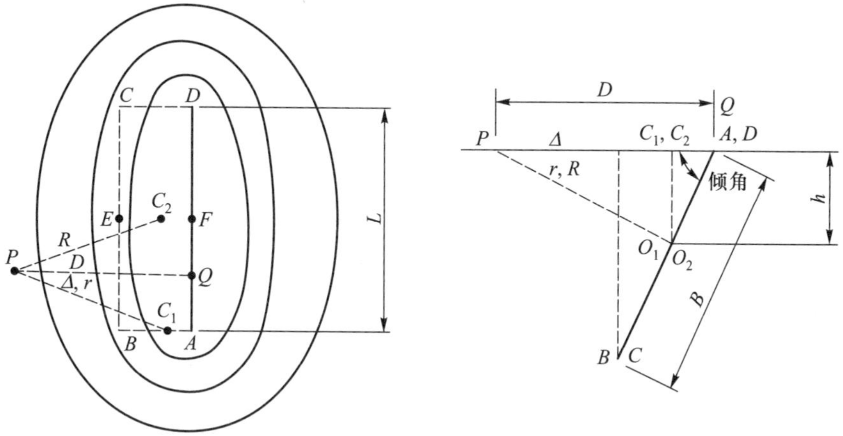

(a) (b)

图 1.6 震源体几何位置对地表烈度的影响

地震烈度的分布与等震动能量线有着相似的规律，这是因为震源释放出的能量是影响地震烈度的主要因素。当地震很大时，断裂长度 L 可达几十或近百千米，这时，断裂只能从某一薄弱部位开始，整个面断裂需要几秒至几十秒。由于地震的剪切波速很接近断裂的传播速度，地表震动能量的分布将出现多普勒效应。如图 1.7 所示，设破裂从 C_1点开始，并向 C_2点延伸，当破裂达到 C_2点时，C_1点破裂所释放出来的震动能量的一部分也会传播到 C_2点，与 C_2点破裂释放的能量叠加在一起，这就是多普勒效应。这一效应并未改变传播过各点的总能量，但改变了能量在时间上的分布，即能量密度。它使断裂传播方向上的点的能量密度加大，震动持续的时间缩短；使相反方向的 C_3点的能量密度减小，震动持时加长。对于刚性、脆性的结构而言，沿断裂传播方向的震害可能加重，在相反的一端则可能减轻。宏观烈度分布有时可以发现这种现象[6,8-10]。

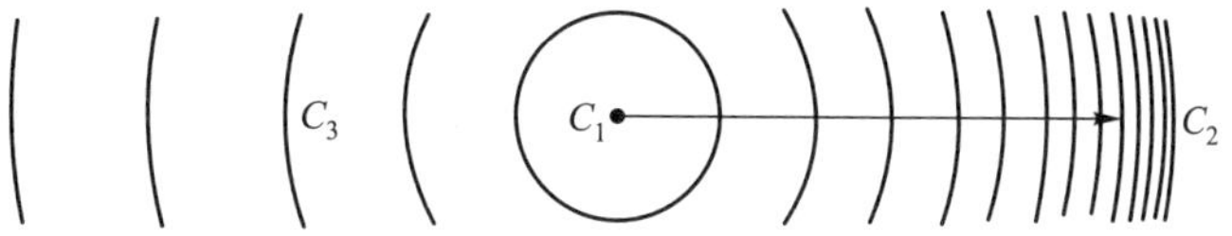

图 1.7 移动震源的多普勒效应

以上是在极端简化的能量释放情况下讨论的。事实上，断裂面不是一个平面，面上各点释放出来的能量是不均匀的，这就是为什么会出现图 1.8 所示的地震烈度分布情况，这种分布可能是由于震源体空间分布的特殊情况引起的。如图 1.8 所示，阴影面积表示震源释能体在一个竖向剖面中的分布，一个较深的大的释能体 O_1和一个近地表的小释能体 O_2。大释能体 O_1产生了右边那个极震区,小释能体 O_2产生了左边那个极震区。随着震中距的加大,局部影响将减小,地震烈度分布将逐步过渡到以 O_1和 O_2共同中心为点源的圆形等震线。

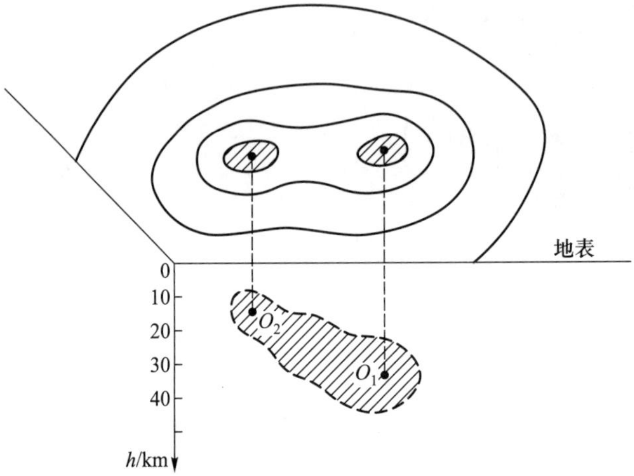

图 1.8 震源体竖向分布对地表烈度分布的影响

1.5.5.2 场地条件的影响

场地条件通常指近地表几十米至几百米内的地基土壤[6,8-10,19,37,38]、地下水位等工程地质情况、地形及断层破碎带等这类局部地质条件。国内外震害经验一致表明场地条件是震害或地震烈度局部变化的主要影响因素。早在 1906 年的旧金山大地震中人们已意识到这种影响。苏联的默德韦杰夫首先系统地提出场地条件对地震烈度的影响,相关研究成果后来又被引入规范[6,8-10,19,37,38],日本学者金井清(Kanai)也深入研究了场地条件对地震动的影响规律[6,8-10,19,37,38],而我国在反应谱的相关研究中最早考虑了场地条件的影响。

1. 场地土壤的影响

在场地条件中占首要地位的是场地土壤对震害的影响,这种影响的事例在几乎每次大地震中都可以看到。场地土通常被分为 3 类:坚硬的岩石、坚硬至中硬的土层、松散软弱的地基。这 3 类地基的特性迥然不同,从抗震角度看,至少有两点差异:第一,它们的刚度不同或阻抗 ρv_s不同,其中 ρ 为土壤的质量密度,v_s为剪切波速。因此,地震波在其中传播的情况也不同,刚度大则传播速度快、衰减小;第二是它们的动力强度不同,在地震波动作用下,由于基岩强度很高,一般不会破坏,而松散软弱的地基则很容易产生地基失效。因此,不同的层厚或不同几何形状的地基,就会具有不同的动力特性,从而会影响在其中传播的地震波的特性,进而影响到震害或地震烈度。

同一地震烈度区内,较周围地区破坏程度明显严重或轻微的地区称为高烈度异常区或低烈度异常区。这些异常区通常是受局部构造、地壳介质及浅层地基条件等多种因素控制的。一般规律是,基岩地基上的地震烈度较低,软弱松散地基上的地震烈度偏高。

2008 年汶川地震中,汉源老县城及附近地区震害严重,主要建筑物及附近居民区均位于流沙河、大渡河一级阶地以上地区以及汉源河谷盆地的北部山前地带,该地带土质松散且厚度较大,类似于软弱盆地场地条件,烈度高达Ⅸ度;汉源新县城则位于大渡河与流沙河之间的萝卜岗上,土层为近代冲积沉积,卵砾石发育且较密实,其震害稍微轻微,烈度为Ⅶ度,综合评定汉源县地震烈度为Ⅷ度,为Ⅵ度区内唯一的Ⅷ度高烈度异常区。异常区呈近似椭圆状,长轴沿西北—东南方向,长约 30 km,短轴长约 17 km,面积约 400 km^2[35]。1976 年唐山 7.8 级大地震中,地震低烈度异常区主要是玉田地区,根据工程地质勘察资料,该地区恰好位于一个基岩较浅的隆起区。值得注意的是,1679 年河北平谷 8 级地震时,玉田是Ⅷ度区中的Ⅶ度异常区,异常区面积约 400 km^2,两次大地震中玉田均为低烈度异常区,这个事实绝非巧合。可以推测,地基条件是震害的主要影响因素。

2. 地质构造的影响

从工程角度看,地震断层可以分为两种。一种是发震断层,即对某次特定地震的孕育(能量积累)和发生(能量释放)起控制作用,发震断层一般在极震区内;另一种是非发震断层,地震中它并未释放能量。

因为发震断层释放出巨大的能量,并以地震波的形式向外扩散,从而造成破坏,所以它对地震烈度分布的影响很大。发震断层的另一影响体现在由断层位错引起的地基失效所造成的各种破坏,如滑坡,这仅限于断层区内的局部地区,这些影响都会在等震线或地震烈度分布中给予考虑。

2008 年汶川地震中,在汉源形成高烈度异常区,除了场地条件外,可能还与地质构造有关。对汉源震害异常可能有影响的断裂为九襄断裂,这是因为九襄断裂作为一条隐伏断裂带,如果其通过汉源县城,则对频带在 4~9 Hz 的地震动放大效应显著。又如,在 1976 年唐山 7.8 级大地震中,离唐山地震震中 200 km 的辽宁西部山区的朝阳、锦州两地近 40 000 km^2范围内,震害明显加重,地表出现裂缝、喷砂冒水、崩塌等现象,构成了在Ⅴ度区内的Ⅵ~Ⅶ度,个别地方达Ⅷ度的高烈度异常区。在整个地区内,地震烈度异常区星罗棋布,呈条带分布,具有一定的方向性。异常区长轴多为北东和北西方向,主要分布在长约 140 km、宽约 60~70 km 的北西向条带上。沿建昌盆地、大凌河谷又有 20~30 km 的北东向条带,断续延伸百余千米。

对照辽西地区地震烈度异常分布图、震害特征和地质条件,发现地震烈度异常主要出现在河谷阶地和沟谷中,而且多处在盆地边缘和不同时代地层的交界带以及发育的断裂破碎带上。例如，要路沟Ⅶ度异常区呈东西向展布，位于大凌河谷的建昌盆地西南边缘、震旦系侏罗系地层的交界带上，这里北西、东西、北东向断裂发育，组成近东西向的断裂破碎带。由于辽西地区被夹在郯城—营口断裂带和北票—张家口断裂带之间，处于辽西断褶束上，又受区内松岭—柏仗子断裂和六家子断裂围限，从而形成了一个菱形块体。可见，辽西地震高烈度异常现象的发生与这个地区的特定的地质构造有关。

通过对大量震害的调查分析表明，非发震断层并不一定影响地震烈度，而且这个论断还可以从下述推理来说明。在一次地震的强震区内，非发震断层是常见的，不少还是深层大断裂。假若非发震断层会加重震害，则在每次地震中，除了震害在发震断层方向呈条带状或长形分布外，还应该有许多沿非发震断层的条带状的高震害或高烈度异常。但是，这种现象很少见。

3. 局部地形的影响

国内外宏观震害表明，在孤立突出的小山包、小山梁上的房屋震害一般较重，如 2008 年汶川地震中，在汉源的Ⅷ度异常区就坐落在流沙河与大渡河交汇处的河流阶地之上。在汉源县城西南，流沙河一级阶地为上叠式阶地，阶地上主要发育的为一套河漫滩相的细粒砂质沉积物，同时在河漫滩下部有一套河床相的沉积；在汉源县城北，流沙河的二级阶地为基座式阶地，阶地中上部为河流沉积，主要发育的为一套河床相的砾石、含砾砂，下部为侏罗系紫红色砂叶岩阶地基底，汉源地形对地震动放大效应显著，尤其是老县城场地，并且放大效应显著的老县城场地与震害较严重的场地吻合。场地放大效应显著频段与汉源县房屋的自振频率基本吻合，地震动的显著放大效应及其放大频段与房屋自振频率吻合的双重因素加重了汉源的震害。

1.5.5.3　影响地震烈度的其他因素

距离的影响将在烈度衰减规律中做出详细介绍，此处不再论述。方位对烈度的影响与传播途径有关。所谓方位影响指的是在断裂端部附近，等震线会出现偏于一侧或两侧的尖端形状。关于产生这种现象的原因的研究较少。

除了震源、传播途径和场地条件对地震烈度的影响外，在强震现场还发现一些地震烈度异常区，这可能是由其他因素引起的，其中被提到最多的是地震波的辐射干涉。地壳中存在着各种界面（如地壳下的莫霍界面和山脚下常常出现的基岩与覆盖土层倾斜界面或其他界面），地震波在界面上会产生反射、折射，还会产生出新的地震波形，这些不同的波在地表处会综合到一起而施加于结构物的基础上，它们会产生各种辐射干涉，或者互相抵消，或者互相加强，从而加剧或减轻震害。如 1966 年邢台地震中距震中约 90 km 的地区，出现了一个高烈度异常区，研究者们认为这一异常主要是由地震波经莫霍界面反射到地表从而在这一距离范围内形成聚焦所致。

1.5.6 震中烈度与震级关系

在人们提出地震震级这一概念以前,震中烈度被用来衡量地震的大小[6-10]。实际上,震中烈度与地震大小和震源深度有关,如果采用点源作为震源模型,只有在震源深度不变时,震中烈度与地震震级才有一一对应的关系。而实际上,震源深度的变化很大,1975 年海城地震、1976 年唐山地震的震源深度为 10 km 左右;新丰江水库地震群的震源深度为 5 km 左右;而吉林一带则常为震源深度 300 km 左右的深源地震。但是,对人类生命财产影响最大而且最普通的地震的震源深度在 10~30 km 左右,即在一个很小的范围内变化,由此可认为震源深度 h 不变,以此研究震中烈度和地震震级 M 的关系。这个关系的重要作用就是人们可以用它来确定历史地震的震级。

最早研究震中烈度 I_0和地震震级 M 关系的是美国地震学家 Gutenberg 和 Richter[39]。他们根据美国南加州地震的研究,提出以下关系:

$$M=\frac{2}{3}I_0+1, \quad h\approx 16\ \text{km} \tag{1.35}$$

在 20 世纪 70 年代研究我国烈度区划图时,根据国内 1900 年以来的 152 次地震资料求得以下关系:

$$M=0.66I_0+0.98, \quad h=15\sim 45\ \text{km} \tag{1.36}$$

而李善邦[31]根据我国历史和早期地震资料,则得到以下关系:

$$M=0.58I_0+1.5 \tag{1.37}$$

1.5.7 地震烈度的衰减关系

在地震工程研究中,采用烈度衰减规律来描述地震烈度随震级或震中烈度和距离变化的关系,也就是通常所说的地震烈度影响场。因此,地震烈度衰减关系式具有明显的地区性。确定地震烈度衰减关系式的直接目的有两个:第一,应用烈度衰减经验公式进行工程场地的地震烈度预测;第二,以强震记录较为丰富的地区为参考区,选择该地区的地震烈度衰减关系和基岩地震动衰减关系,并结合本地区的地区地震烈度衰减关系,推算出本地区的基岩地震动参数衰减关系。我国拥有世界上最长的地震历史记载和最详细的宏观地震破坏资料,主要有等震线和原始地点的烈度估计资料两类,烈度衰减规律的研究就是基于这两类资料进行的。

地震烈度衰减的研究几乎与人类利用现代科学技术研究地震现象同时开始。它不仅对区域震源机制、地壳介质、区域发震构造的研究有重要的意义,而且在场地地震安全性评价、震害预测等方面有更为重要的作用。我国关于地震烈度衰减的研究可概括为[7-10,27,40]：

（1）以地理分区或构造单元分区为基础，分别进行等烈度资料的统计处理，以不同分区的地震烈度衰减经验关系式反映地区的烈度衰减区域特征。

（2）对于一个地区，尽可能多地汇集历史的和现代的地震烈度资料进行统计平均，从而得到这一个地区的地震烈度衰减公式。

（3）实际的地震烈度的分布是不规则的，通常取圆形等震线和椭圆形等震线两种类型[7-10,27,40]。用椭圆形或圆形等震线代替不规则的等震线形状时，分别采用等效面积法和直观法。统计结果表明，对形状比较规则的等震线图，采用以上两种方法所得的结果相近[7-10,27,40]。

1. 地震烈度的圆形衰减模型

大多数地震烈度衰减关系是以圆形等震线假定为基础的。这是由于烈度 I 的分布常常近似呈圆形，较小地震（$M \leqslant 6.5$）的等震线常常看不出什么方向性，只有大地震（$M>7.5$）的等震线才变得窄长。因此，常常不考虑地震烈度的方向性而寻求一种平均的关系，即圆形等震线。

在早期的研究中，地震烈度衰减关系的形式常写为

$$I=I_0+a-bR-c\log(R+R_0)+\varepsilon \tag{1.38}$$

式中，a、b、c 表示统计回归常数；R_0表示事先假定的常数，其物理意义是考虑震源体尺度使地震烈度在震中区变化缓慢；R 表示给定烈度区 I 的外包等震线按等面积换算为圆形等震线的半径；ε 表示烈度衰减关系的不确定性的随机变量。

由于近几十年来积累的大批资料都可以用震级 M 来表示地震的大小，所以近期的地震烈度衰减关系的形式写为

$$I=a+bM+c\ln(R+R_0)+\varepsilon \tag{1.39}$$

2. 地震烈度的椭圆形衰减模型

当地震烈度分布资料比较多，或该地区的等震线明显呈现椭圆形时，可以考虑在长轴和短轴方向有不同的衰减。这时仍可用式（1.39）的基本形式，只是要区分长轴、短轴方向：

长轴方向　$$I_a=a_1+b_1M-c_1\ln(R_1+R_0) \tag{1.40}$$

短轴方向　$$I_b=a_2+b_2M-c_2\ln(R_2+R_0) \tag{1.41}$$

式中，I_a、I_b分别为长轴、短轴方向的地震烈度；R_1、R_2分别为长轴、短轴方向震中距；M 为面波震级；a_1、a_2、b_1、b_2、c_1、c_2、R_0为回归系数。我国的地震动区划图就采用了地震烈度的椭圆形衰减关系模型，表 1.4 给出了我国各地震区烈度衰减关系系数。

表 1.4　地震区烈度衰减关系系数

分区	a_1	a_2	b_1	b_2	c_1	c_2	R_0（长轴）	R_0（短轴）	标准差 σ
东部强震区	5.712	3.658 8	1.362 6	1.362 6	-4.290 3	-3.540 6	25	13	0.582 6
西部强震区	5.841 0	3.944 0	1.071 0	1.071 0	-3.657 0	-2.845 0	15	7	0.520 0
新疆区	5.601 8	3.611 3	1.434 7	1.434 7	-4.489 9	-3.847 7	25	13	0.592 4
青藏区	6.458	3.368 2	1.274 6	1.274 6	-4.470 9	-3.311 9	25	9	0.663 6

采用上述形式要注意满足下述两个条件：

$$I_a=I_b,\quad 当 R_1=R_2=0 时 \tag{1.42a}$$

$$I_a=I_b,\quad 当 M 很小或 R_1 与 R_2 很大时 \tag{1.42b}$$

由于地震烈度衰减关系的离散性很大，所以不能满足于回归平均估计值，应该同时给出回归关系的标准差，以便采用概率方法估计回归平均估计值的可靠性。但是，研究者通常只给出按各个地震的等震线求得的地震烈度衰减关系的标准差（一般为 0.4～0.7），而不包括之前在绘制等震线和将等震线圆形化、椭圆形化时所产生的离散，这是不恰当的，它低估了烈度衰减的离散性。另外，根据等震线求得烈度衰减关系常常是一种外包线，其高于平均衰减。

地震烈度是地震的扰动引起地面多种震害现象的综合量度，所以影响地震烈度的因素除事物本身外，必然还包括震源与传播条件这两个方面，震中距的影响包括在震源条件中。

参考文献

[1] 李春昱. 板块构造基本问题[M]. 北京：地震出版社，1986.

[2] 马宗晋. 论全球地震构造系统[J]. 地球科学，1982，7(3)：23-38.

[3] 马宗晋，陈章立，傅征祥，等. 亚欧地震系的地震构造特征[J]. 中国科学，1980，11(9)：883-890.

[4] 时振梁，环文林，武宦英，等. 我国强震活动和板块构造[J]. 地质科学，1973，8(4)：281-293.

[5] 李宏男，陈国兴. 地震工程学[M]. 北京：机械工业出版社，2013.

[6] 胡聿贤. 地震工程学[M]. 2 版. 北京：地震出版社，2006.

[7] 李杰，李国强. 地震工程学导论[M]. 北京：地震出版社，1992.

[8] 李宏男，霍林生. 结构多维减震控制[M]. 北京：科学出版社，2008.

[9] 李宏男. 结构多维抗震理论[M]. 2 版. 北京：科学出版社，2006.
[10] 李宏男. 结构多维抗震理论与设计方法[M]. 北京：科学出版社，1998.
[11] 闵子群，吴戈，江在雄，等. 中国历史强震目录(公元前 23 世纪—公元 1911 年)[M]. 北京：地震出版社，1995.
[12] 黄培华. 地震地质学基础[M]. 北京：地震出版社，1982.
[13] 王钟琦. 地震工程地质导论[M]. 北京：地震出版社，1983.
[14] 谢礼立. 强震观测与分析原理[M]. 北京：地震出版社，1982.
[15] 丁国瑜，李永善. 我国地震活动与地壳现代破裂网络[J]. 地质学报，1979，53(1)：25-37.
[16] 徐建. 建筑振动工程手册[M]. 北京：中国建筑工业出版社，2002.
[17] 吴世明. 土动力学[M]. 北京：中国建筑工业出版社，2000.
[18] 陈国兴. 岩土地震工程学[M]. 北京：科学出版社，2007.
[19] 刘恢先. 唐山大地震震害(一)[M]. 北京：地震出版社，1985.
[20] Richter C F. An instrumental earthquake magnitude scale[J]. Bulletin of the Seismological Society of America，1935，25(1)：1-32.
[21] Gutenberg B. Amplitudes of surface waves and magnitudes of shallow earthquakes[J]. Bulletin of the Seismological Society of America，1945，35(1)：3-12.
[22] 郭履灿，庞明虎. 面波震级和它的台基校正值[J]. 地震学报，1981，3(3)：98-106.
[23] Gutenberg B. Amplitudes of P，PP，and S and magnitude of shallow earthquakes[J]. Bulletin of the Seismological Society of America，1945，35(2)：57-69.
[24] Hanks T C，Kanamori H. A moment magnitude scale[J]. Journal of Geophysical Research：Solid Earth，1979，84(5)：2348-2350.
[25] 国家地震局工程力学研究所. 刘恢先地震工程学论文选集[M]. 北京：地震出版社，1994.
[26] 刘恢先. 关于地震烈度及其工程应用问题[J]. 地球物理学报，1978，21(4)：340-351.
[27] 胡聿贤. 地震安全性评价技术教程[M]. 北京：地震出版社，1999.
[28] 中华人民共和国标准化管理委员会. 中国地震烈度表：GB/T 17742—2008[S]. 北京：中国建筑工业出版社，2008.
[29] Grünthal G. European macroseismic scale 1998 (EMS-98)[S]. European Seismological，1998.
[30] 河角广. 烈度和烈度级[J]. 地震，1943，15(1)：6-12.
[31] 李善邦. 地震烈度表的运用问题[J]. 地球物理学报，1954，1(1)：37-56.
[32] Richter C F. Elementaty Seismology[M]. San Francisco：Freeman，1958.
[33] Steinbrugge K V. Earthquake damage and structural performance in the United States[M]//Wiegel R L. Earthquake Engineering. [s. l.]：[s. n.]，1970：167-226.
[34] Newmark N M. Fundamentals of earthquake engineering[J]. Journal of Applied Mechanics，1972，39(2)：366.
[35] 中华人民共和国住房和城乡建设部. 建筑设计抗震规范：GB 50011—2010[S]. 北京：

中国建筑工业出版社, 2010.

[36] 中华人民共和国建设部. 建筑边坡工程技术规范:GB 50330—2002[S]. 北京: 中国建筑工业出版社, 2002.

[37] Bo J, Li X, Sun Y, et al. Study on intensity anomaly of great earthquake in China [J]. World Earthquake Engineering, 2013, 29(3): 101-106.

[38] 李平. 汶川特大地震汉源震害异常研究[J]. 国际地震动态, 2014, 38(5): 42-44.

[39] Gutenberg B, Richter C F. Earthquake magnitude, intensity, energy, and acceleration (Second paper)[J]. Bulletin of the Seismological Society of America, 1956, 46(2): 105-145.

[40] 俞言祥, 李山有, 肖亮. 为新区划图编制所建立的地震动衰减关系[J]. 震灾防御技术, 2013, 8(1): 24-33.

第2章 多维地震动模型

2.1 引言

由于地震波起源和传播的复杂性，导致其通过地面时的运动形式十分复杂。由于各点的波速、周期和相位不同，使得地面每一点的运动都包含3个平动分量和3个转动分量(如图2.1所示)，大量的震害现象也证明了这一点。对地震动转动分量的研究可以追溯到现代地震学起源之前。18世纪时，地震被认为是由于地球内部爆炸而引起的，研究人员最初设计了一些简单的仪器来观测这种“爆炸”引起的地面倾斜，而不是水平和竖直方向的运动。震害调查显示了地震中建筑结构存在显著的转动破坏，Oldman[1]拍摄到1897年印度西隆大地震中George Inglis纪念碑出现了扭转现象，纪念碑中部6 m高的部分相对台座发生了约15°的扭转。在1971年San Fernando地震中，洛杉矶地区的高层结构出现了明显的扭转现象，Hart[2]认为这种扭转响应归咎于地震动中的扭转分量。在1971年San Fernando地震、1978年Mayagi-ken-Oki地震和1994年Northridge地震中，由地震动的转动分量造成的桥梁倒塌现象多次出现，并且对地表和埋入式的各类管道设施也造成了损伤[3]。

1957年，Rosenblueth[4]首次明确指出，地震时的地面运动存在转动分量。

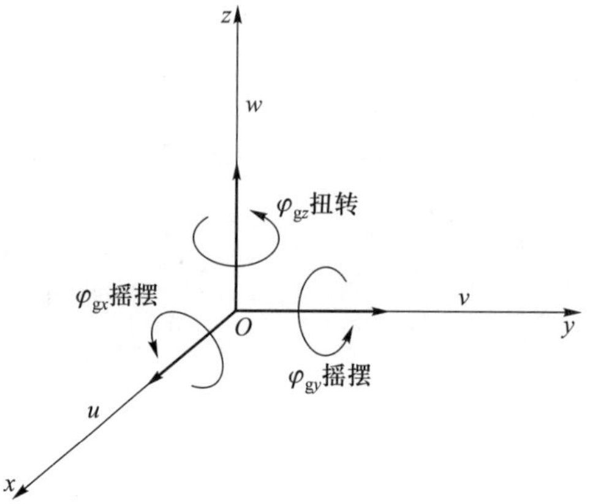

图 2.1　地震动 6 个分量

由于地震动转动分量的复杂性和强震观测水平的局限性,关于地面转动及其对结构反应影响的研究进展缓慢。地震学和工程地震领域的主要研究方向集中在 3 个平动分量上,而对转动分量的作用了解得甚少,随着某些重大工程和复杂工程抗震的需要,如超高层建筑、跨海桥梁、核电站等大型复杂结构,在地震作用下的影响需要考虑得更精细、更全面,因此地震动转动分量的影响不容忽视。然而,摆在人们面前的问题是缺乏可供实际应用的转动分量的观测资料。

到 20 世纪 60 年代末,由于大量的震害调查显示了扭转破坏的现象,地震动转动分量的研究开始受到重视。然而,在无法获取可靠转动分量的实际观测情况下,学者们试图从弹性波动理论方面打开突破口,间接地从地震动的平动分量来推算转动分量。目前获得转动分量的方法主要有以下几种:① 按震源理论和地震波传播概念研究地震产生的地面转动分量;② 利用密集台阵的平动地震记录,根据两点差法粗略地估计地面转动分量;③ 利用弹性理论发展起来的方法,直接导出地面转动分量。第 1 种方法对于理解产生地震转动的机理及逐步改进设计地震动的合成方法是有价值的,但是目前还难以直接用于工程场地地震转动分量的合成。第 2 种方法要求在重大工程场地设有密集台阵,并要有足够的代表性记录,因此直接用于工程仍有困难。相比之下,第 3 种方法是目前最常用的方法,并已得到了初步的检验。除了理论方面的尝试和努力,在针对地震动转动分量的地震观测技术上也有一些突破。

2.2　地震动转动分量的求取方法

2.2.1　转动分量的弹性波理论方法

取介质中一个微小的六面体单元,其平面图如图 2.2 所示,微小单元在地震

波的作用下产生变形，由图可得到绕 z 轴转动的角位移为

$$\varphi_{gz}=\frac{1}{2}(\theta_1-\theta_2)=\frac{1}{2}\left(\frac{\partial v}{\partial x}-\frac{\partial u}{\partial y}\right) \tag{2.1}$$

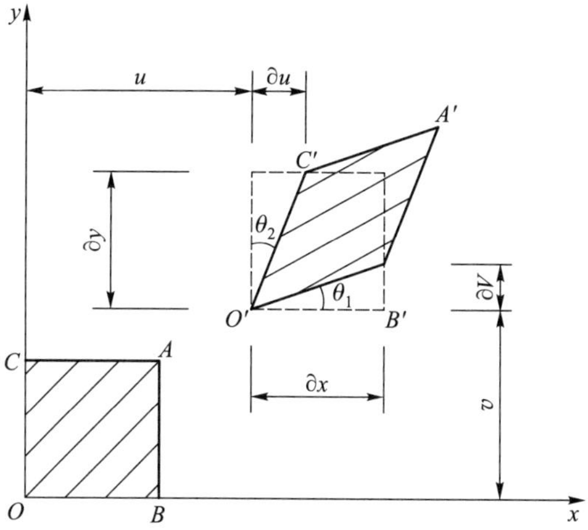

图 2.2　土体单元变形图

同理

$$\varphi_{gx}=\frac{1}{2}\left(\frac{\partial w}{\partial y}-\frac{\partial v}{\partial z}\right) \tag{2.2}$$

$$\varphi_{gy}=\frac{1}{2}\left(\frac{\partial u}{\partial z}-\frac{\partial w}{\partial x}\right) \tag{2.3}$$

式中，φ_{gx}、φ_{gy}和 φ_{gz}分别表示土体微单元绕 x 轴、y 轴和 z 轴的角位移；u、v 和 w 分别表示土体微单元在 x 轴、y 轴和 z 轴 3 个方向的位移；θ_1和 θ_2分别为土体微单元相邻两条边的剪切转角。

许多研究者基于式(2.1)至式(2.3)提出了不同的方法。根据分析途径的不同，将其分为以下两种方法。

1. 行波法

Newmark[5]首次用行波法根据上述原理，推导出地面扭转分量的表达式，其推导是基于扭转分量是由水平传播的行波产生这一假设，认为基础平板的扭转即为自由场地面的扭转。设 $u(x,y,t)$是 O 点沿 x 方向的振动位移，$v(x,y,t)$是 O 点沿 y 方向的振动位移，即

$$\begin{aligned}u(x,y,t)&=g(y-\beta t)\\v(x,y,t)&=f(x-\beta t)\end{aligned} \tag{2.4}$$

式中，β 为剪切波速。假设基础为刚性平板，则有 $\theta_1=-\theta_2$（如图 2.2 所示），所以

$$\varphi_{gz}(t)=\frac{1}{\beta}\frac{\partial v}{\partial t} \tag{2.5}$$

式中，$\varphi_{gz}(t)$ 为绕 z 轴转动的角位移。对式(2.5)两边分别微分两次，即得角加速度为

$$\ddot{\varphi}_{gz}(t)=\frac{1}{\beta}\ddot{v} \tag{2.6}$$

上述方法虽然简单，但是形成了由平动分量推算转动分量的基本概念，具有一定的参考价值。

继 Newmark 之后，一些研究者继续在行波法的假定下对这一问题进行了研究。Tso 和 Hsu[6] 利用 Penzien 和 Watabe[7] 的主轴的概念，获得了两正交主轴方向的水平加速度，并采用上述方法求取转动分量。Hart[2] 等利用对地面运动的水平加速度时程进行微分运算得到了转动分量。

在实际结构的抗震设计和分析中，反应谱法是常用的方法。各国的研究者们根据上述原理得到了转动分量时程，并且采用不同的方法计算反应谱。概括来看，这些方法可分为两个步骤：① 选择产生扭转输入的两个正交平动分量；② 由两个平动分量的某种线性组合得到的扭转分量时程来计算扭转反应谱。但是，应用行波法的问题之一是要对平动分量进行微分。由于平动加速度记录是很不规则的，微分后结果的真实性缺乏可靠的验证，于是研究者们用其他变通的办法通过避开求水平加速度的微分来得到扭转反应谱。

Rutenberg 和 Heidebrecht[8] 在加拿大国家建筑规范（national building code of Canada，NBCC）中建议的转动反应谱（如图 2.3 所示）就是从其中的平动反应谱间接地得到的。其原理如下：

在地面扭转加速度分量 $\ddot{\varphi}_{gz}(t)$（由行波法得到）的作用下，单自由度振子的扭转运动方程为

$$\ddot{\theta}+2\zeta\omega\dot{\theta}+\omega^2\theta=-\ddot{\varphi}_{gz}(t) \tag{2.7}$$

式中，θ 为振子相对于地面的转角；ω 为振子的转动圆频率；ζ 为阻尼比。假设剪切波的传播方向如图 2.4 所示，当单一方向的水平位移记录已知时，处于 Winkler 地基上无质量基础的扭转过程则可表示为

$$\varphi_{gz}(t)=\frac{1}{\alpha_x C_h}\dot{u}_g(t)=\frac{1}{C^*}\dot{u}_g(t) \tag{2.8}$$

式中，$C^*=\alpha_x C_h$，C_h 为水平相速度（假设与频率无关）；α_x 为由式(2.9)给定的形

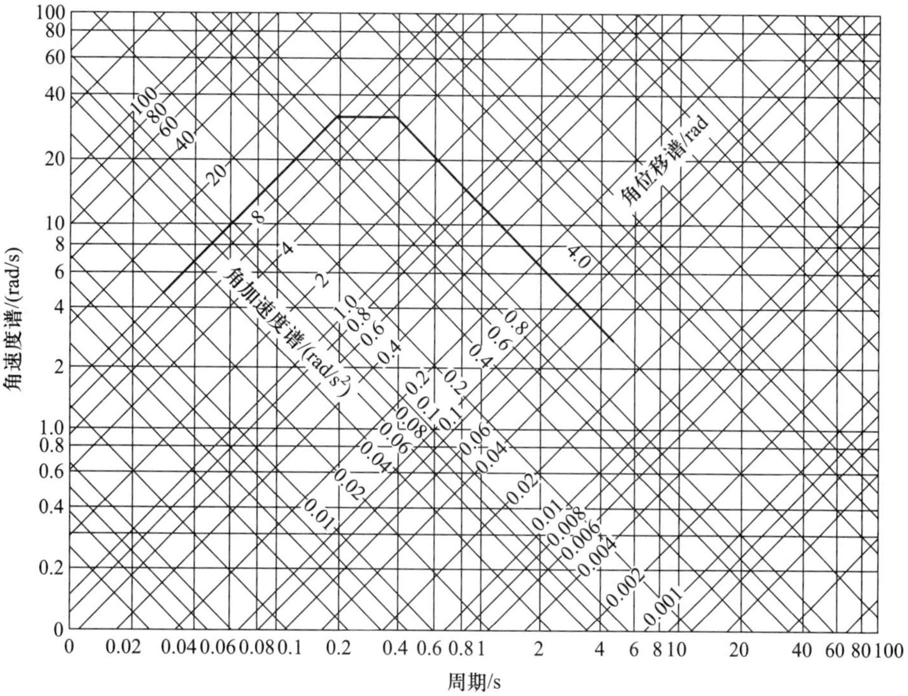

图 2.3　扭转反应谱

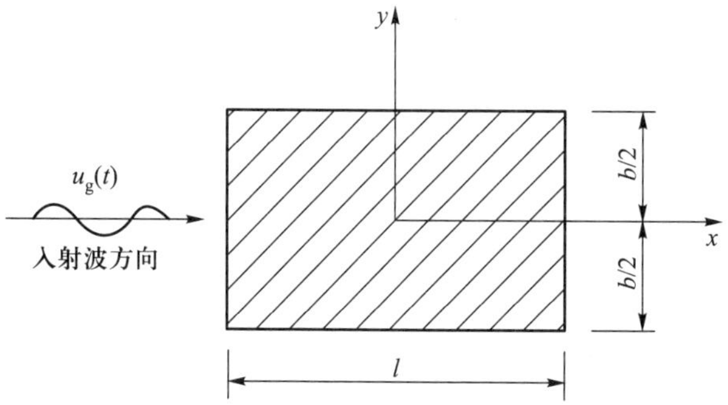

图 2.4　剪切波的传播方向

状函数

$$\alpha_x = \frac{I_x + I_y}{I_y} \tag{2.9}$$

其中，I_x和 I_y分别为基础面积对 x 和 y 轴的惯性矩。对式(2.8)微分两次，并代入式(2.7)，得

$$\ddot{\theta}+2\zeta\omega\dot{\theta}+\omega^2\theta=-\frac{1}{C^*}\ddot{u}_g(t) \tag{2.10}$$

平动振子的微分方程为

$$\ddot{y}+2\zeta\omega\dot{y}+\omega^2 y=-\ddot{u}_g(t) \tag{2.11}$$

比较式(2.11)和式(2.10),考虑两方程的阻尼比和频率相等,可得到

$$\theta=\frac{1}{C^*}\dot{y}=\frac{1}{\alpha_x C_h}\dot{y} \tag{2.12}$$

因此,最大相对转角 θ_{max} 可以表示为

$$\theta_{max}=S_{d\theta}=\frac{1}{C^*}\dot{y}_{max}=\frac{1}{C^*}S_v \tag{2.13}$$

式中,S_v 为速度谱;$S_{d\theta}$ 为角位移谱。根据位移谱与速度谱和加速度谱之间的关系,得到

$$S_{a\theta}\approx\frac{2\pi}{T_\theta}S_{v\theta}\approx\left(\frac{2\pi}{T_\theta}\right)^2 S_{d\theta}=\frac{1}{\alpha_x C_h}\left(\frac{2\pi}{T_\theta}\right)^2 S_v \tag{2.14}$$

式中,$S_{a\theta}$ 为角加速度谱;$S_{v\theta}$ 为角速度谱;T_θ 为扭转自振周期。通过上面的方法即可得到图 2.3 所示的扭转反应谱。

Tso 和 Hsu[6](1978)设单自由度扭转振子的总角位移 $\varphi_0(t)$ 为

$$\varphi_0(t)=\theta(t)+\varphi_{gz}(t) \tag{2.15}$$

将式(2.15)代入式(2.7),得

$$\ddot{\varphi}_0(t)+2\zeta\omega\dot{\varphi}_0(t)+\omega^2\varphi_0(t)=2\zeta\omega\dot{\varphi}_{gz}(t)+\omega^2\varphi_{gz}(t) \tag{2.16}$$

对式(2.16)的求解过程避开了对水平加速度时程的微分计算,从而一定程度上提高了可靠性。解出 $\varphi_0(t)$ 后代入式(2.15)即可得到 $\theta(t)$,进而得到角速度和角加速度以及相应的反应谱。

综合上述推理,发现行波法是基于两个假定来求取转动分量的,即:① 波速为常数;② 沿传播路径上任意两点的波是完全相关的。显然这两个假定是完全理想化了,因为地震波传播时由于介质的不均匀性及地震波的各种成分以不同的速度传播导致了波速的改变,以至于波速是频率的函数,而地震波中包含各种频率的分量,因此假设波速为常数是不合理的。许多研究者对地面运动的相关性进行了研究,结果表明,相邻两点的地面运动存在着某些相关性,但决不会像行波法假定的那样完全相关。

尽管采用行波法存在着上述问题,但该方法却简便易行、概念清楚,是一种

得到地震动转动分量的可行途径，具有一定的参考意义。因此，也是应用较多的一个方法。

2. 频域法

地震波不是简单的简谐振动，而是其幅值和频率都在复杂变化着的振动，即随机振动。但是，对于给定的地震动波形图，根据傅里叶变换原理，总可以把它看作由许多不同频率的简谐波组合而成的。基于这种思想，学者们应用弹性半空间理论估计了地震动转动分量[9-11]。这种理论认为，地震波的传播介质是均匀弹性或水平成层的弹性体，入射到自由表面的波是体波（P 波和 S 波）或面波（瑞利波和勒夫波）。设满足波动方程的势函数为 $\phi(x,z,t)$ 和 $\psi(x,z,t)$，位移分量由式（2.17）和式（2.18）给定

$$u=\frac{\partial\phi}{\partial x}+\frac{\partial\Psi}{\partial z} \tag{2.17}$$

$$w=\frac{\partial\phi}{\partial z}-\frac{\partial\psi}{\partial x} \tag{2.18}$$

式中，u 为水平分量；w 为竖向分量。在半空间表面处（$z=0$），剪应力为 0，即

$$\frac{\partial}{\partial z}\left(\frac{\partial\phi}{\partial x}+\frac{\partial\psi}{\partial z}\right)+\frac{\partial}{\partial x}\left(\frac{\partial\phi}{\partial z}-\frac{\partial\psi}{\partial x}\right)=0 \tag{2.19}$$

式（2.19）等价于

$$\left(\frac{\partial u}{\partial z}+\frac{\partial w}{\partial x}\right)\bigg|_{z=0}=0 \tag{2.20}$$

于是地面运动的摇摆分量为

$$\varphi_{gy}(t)=\frac{1}{2}\left(\frac{\partial w}{\partial x}-\frac{\partial u}{\partial z}\right)=-\frac{\partial u}{\partial z}=\frac{\partial w}{\partial x} \tag{2.21}$$

如果竖向分量的位移可以写成

$$w=f(z)\exp[\mathrm{i}k(x-C_x t)] \tag{2.22}$$

式中，k 为波数；C_x 为视波速。将式（2.22）代入式（2.21），在 $z=0$ 处有

$$\varphi_{gy}(t)=\mathrm{i}kw=\frac{\mathrm{i}\omega}{C_x}w \tag{2.23}$$

式（2.23）即为地面摇摆分量与竖向分量的关系式，再用傅里叶逆变换可得摇摆分量时程，Trifunac[9] 在 1982 年利用上述原理求地面转动分量时，在体波情况下假设入射角 θ_0 为某个值，进而取视波速 C_x 为常数。正如前面已经提到过的，

地震波沿地面传播时波速是随频率变化的函数,取为常数显然是不合理的,而且人为地假设入射角也是没有根据的。这些问题是值得研究的课题。1985 年 Lee 和 Trifunac[10] 求转动分量时,将平动分量看成是由面波产生,且考虑了频散效应,使该问题得到了改进。

2.2.2　转动分量的两点差法

如果我们得到相邻两点的观测值 $u_{iB}(t)$ 和 $u_{iA}(t)$($i=1,2$,分别为水平分量和竖向分量),且两点间距离 Δx 远小于波长时,可求得地面转角为

$$\theta_i(t)=\frac{u_{iB}(t)-u_{iA}(t)}{\Delta x} \tag{2.24}$$

式中,$\theta_1(t)$ 为地面运动的扭转分量;$\theta_2(t)$ 为地面运动的摇摆分量。在实际地震波传播的过程中,相邻两点间存在着相位差。根据式(2.24),由水平方向两点间的实测记录可得到绕竖直轴的扭转分量,由竖直方向两点间的实测记录可得到绕水平轴的摇摆分量。Nathan 和 Mackenzie[12] 利用基础两边运动的差值与其相对有效距离之比作为自由场扭转分量的一个平均估计值。

2.3　体波情况下转动分量的时程

地震动成分复杂,包含 P 波、S 波(包括 SV 波和 SH 波)以及面波(瑞利波和勒夫波)等,此外由于地质构造的复杂性,地震波在传播过程中穿越不同介质界面时不但会产生数目繁多的、特性不同的反射波和折射波,而且还会产生反射折射波和折射反射波。在一般的理论分析中并没有将各种波的成分都考虑进去,不同波在不同的考察点所占的数量不是一样的。由于波传递的是能量,那么不断分裂时,强度会不断减弱,故除了一些有明显强度的波以外,大多数波是观察不到的。例如当震源较近时以体波为主,而且主要考虑的是剪切波,而当震源较远时,则主要以面波为主。因此,可以根据震源的远近、场地的情况等以某一类波为主要考虑因素。按照弹性波理论,体波和面波都与旋转有关,为此在本章推求转动分量时分两种情况讨论:一种只考虑体波,另一种只考虑面波。

2.3.1　转动分量计算公式

1. P 波入射

采用如图 2.5 所示的坐标系,P 波沿 θ_0 方向入射到地表面,产生反射 P 波和反射 SV 波,其反射角分别为 θ_0 和 θ_1,在 x 和 z 方向产生的位移分别为 u 和 w。

设势函数为式(2.25a)~式(2.25c)。

入射P波：

$$\phi_{\mathrm{P}}=A_{\mathrm{P}}\exp\left[\mathrm{i}\omega\left(\frac{\sin\theta_0}{\alpha}x-\frac{\cos\theta_0}{\alpha}z-t\right)\right] \tag{2.25a}$$

反射P波：

$$\phi_{\mathrm{PP}}=A_{\mathrm{PP}}\exp\left[\mathrm{i}\omega\left(\frac{\sin\theta_0}{\alpha}x+\frac{\cos\theta_0}{\alpha}z-t\right)\right] \tag{2.25b}$$

反射SV波：

$$\psi_{\mathrm{SP}}=A_{\mathrm{SP}}\exp\left[\mathrm{i}\omega\left(\frac{\sin\theta_1}{\beta}x+\frac{\cos\theta_1}{\beta}z-t\right)\right] \tag{2.25c}$$

式中，θ_0为入射角；α为P波速度；β为S波速度；A_{P}和A_{PP}分别表示入射P波和反射P波的波幅；A_{SP}为反射SV波的波幅。易证明为了满足边界条件，入射P波和反射P波、SV波的圆频率相同，沿x方向的波数均为$\sin\theta_0/\alpha$。在图2.5的坐标系中，势函数与y轴无关，因此可得到P波和SV波共同产生的位移表达式为

$$u=\frac{\partial(\phi_{\mathrm{P}}+\phi_{\mathrm{PP}})}{\partial x}+\frac{\partial\psi_{\mathrm{SP}}}{\partial z} \tag{2.26a}$$

$$w=\frac{\partial(\phi_{\mathrm{P}}+\phi_{\mathrm{PP}})}{\partial z}-\frac{\partial\psi_{\mathrm{SP}}}{\partial x} \tag{2.26b}$$

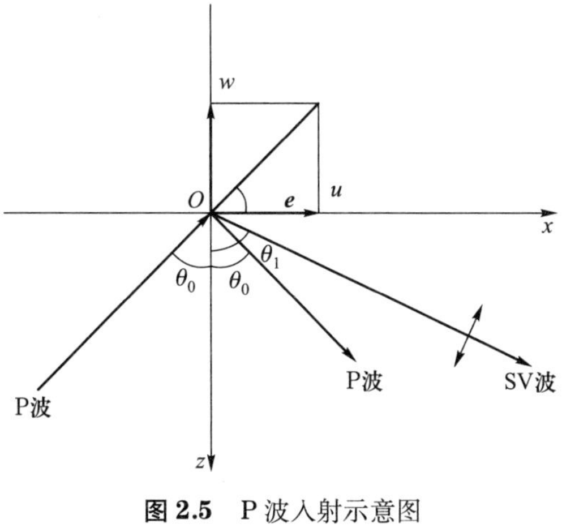

图2.5 P波入射示意图

将式(2.25a)～式(2.25c)代入式(2.26a)、式(2.26b)中,可以得到由势函数表示的位移为

$$u=\mathrm{i}\omega\left(\frac{\sin\theta_0}{\alpha}\phi_{\mathrm{P}}+\frac{\sin\theta_0}{\alpha}\phi_{\mathrm{PP}}+\frac{\cos\theta_1}{\beta}\psi_{\mathrm{SP}}\right) \tag{2.27a}$$

$$w=-\mathrm{i}\omega\left(\frac{\cos\theta_0}{\alpha}\phi_{\mathrm{P}}-\frac{\cos\theta_0}{\alpha}\phi_{\mathrm{PP}}+\frac{\sin\theta_1}{\beta}\psi_{\mathrm{SP}}\right) \tag{2.27b}$$

由于所考虑的介质为自由表面的弹性半空间,应力边界条件为 0,所以有剪应力边界条件:

$$\tau_{xz}\big|_{z=0}=\left(\frac{\partial w}{\partial x}+\frac{\partial u}{\partial z}\right)_{z=0}=0 \tag{2.28}$$

由弹性理论可得地震动摇摆分量的公式为

$$\varphi_{\mathrm{gy}}=\frac{1}{2}\left(\frac{\partial w}{\partial x}-\frac{\partial u}{\partial z}\right) \tag{2.29}$$

由式(2.28)和式(2.29),得

$$\varphi_{\mathrm{gy}}=\frac{\partial w}{\partial x} \tag{2.30}$$

将式(2.27)代入式(2.29),可得

$$\varphi_{\mathrm{gy}}=\mathrm{i}\omega\,\frac{\sin\theta_0}{\alpha}\left[(-\mathrm{i}\omega)\left(\frac{\cos\theta_0}{\alpha}\phi_{\mathrm{P}}-\frac{\cos\theta_0}{\alpha}\phi_{\mathrm{PP}}+\frac{\sin\theta_1}{\beta}\psi_{\mathrm{SP}}\right)\right] \tag{2.31}$$

设 $C_{\mathrm{P}}=\dfrac{\alpha}{\sin\theta_0}$为 P 波的视波速,所以 P 波入射到自由表面产生上时产生的摇摆分量为

$$\varphi_{\mathrm{gy}}=\frac{\mathrm{i}\omega}{C_{\mathrm{P}}}w \tag{2.32}$$

2. SV 波入射

采用如图 2.6 所示坐标系,其中 θ_0为入射角,θ_2为反射 P 波的反射角;反射 SV 波的反射角根据边界条件可知,与入射角 θ_0相同,由于入射波和反射波的作用在地表产生的位移 u 和 w。设势函数为式(2.33)～式(2.35)。

入射 SV 波:

$$\psi_{\mathrm{SV}}=A_{\mathrm{SV}}\exp\left[\mathrm{i}\omega\left(\frac{\sin\theta_0}{\beta}x-\frac{\cos\theta_0}{\beta}z-t\right)\right] \tag{2.33}$$

反射 P 波：

$$\phi_{PS}=A_{PS}\exp\left[i\omega\left(\frac{\sin\theta_2}{\alpha}x+\frac{\cos\theta_2}{\alpha}z-t\right)\right] \tag{2.34}$$

反射 SV 波：

$$\psi_{SS}=A_{SS}\exp\left[i\omega\left(\frac{\sin\theta_0}{\beta}x+\frac{\cos\theta_0}{\beta}z-t\right)\right] \tag{2.35}$$

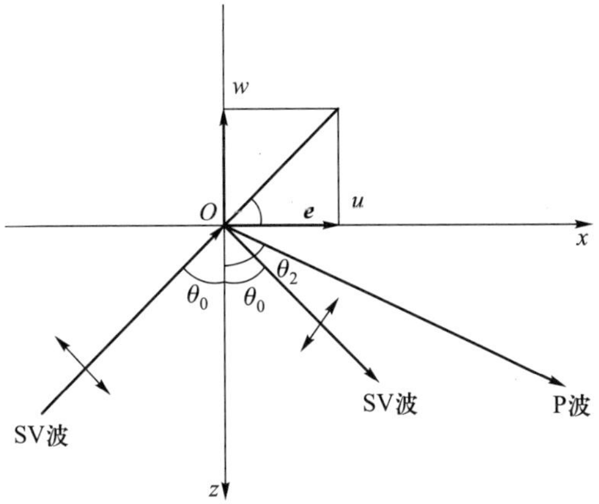

图 2.6　SV 波入射示意图

式中，A_{SV}和 A_{SS}表示入射 SV 波和反射 SV 波的波幅；A_{PS}为反射 P 波的波幅。

根据位移表达式

$$u=\frac{\partial\phi_{PS}}{\partial x}+\frac{\partial(\psi_{SV}+\psi_{SS})}{\partial z} \tag{2.36a}$$

$$w=\frac{\partial\phi_{PS}}{\partial z}-\frac{\partial(\psi_{SV}+\psi_{SS})}{\partial x} \tag{2.36b}$$

以及剪应力边界条件式(2.28)和摇摆分量式(2.29)，可得

$$\begin{aligned}\varphi_{gy}&=\frac{\partial w}{\partial x}=\frac{\partial^2\phi_{PS}}{\partial z\partial x}-\frac{\partial^2(\psi_{SV}+\psi_{SS})}{\partial^2 x}\\&=i\omega\frac{\cos\theta_2}{\alpha}i\omega\frac{\sin\theta_2}{\alpha}\phi_{PS}-\left[\left(i\omega\frac{\sin\theta_0}{\beta}\right)^2\psi_{SV}+\left(i\omega\frac{\sin\theta_0}{\beta}\right)^2\psi_{SS}\right]\end{aligned} \tag{2.37}$$

由斯内尔定律$\frac{\sin\theta_0}{\beta}=\frac{\sin\theta_2}{\alpha}$，可以得到

$$\varphi_{gy}=\mathrm{i}\omega\frac{\sin\theta_0}{\beta}w \tag{2.38}$$

设 $C_S=\dfrac{\beta}{\sin\theta_0}$ 为 S 波的视波速。最后可以得到 SV 波入射到自由表面上时产生的摇摆分量为

$$\varphi_{gy}=\frac{\mathrm{i}\omega}{C_S}w \tag{2.39}$$

3. SH 波入射

采用如图 2.7 所示的坐标系，由 SH 波的振动特点可知，SH 波在自由表面只产生相同类型的反射 SH 波，而且 SH 波的振动方向与 y 轴平行，即只产生 y 方向位移。实际上，当 SH 波穿过层介质时，地下某一点可以引起绕 z 轴的扭转，也可以引起绕 x 轴的摇摆，但扭转与平面位移成比例，而摇摆则与剪应力成正比。由于考虑的是自由表面，其边界条件为剪应力等于 0，为此 SH 波只能产生绕 z 轴的扭转分量。

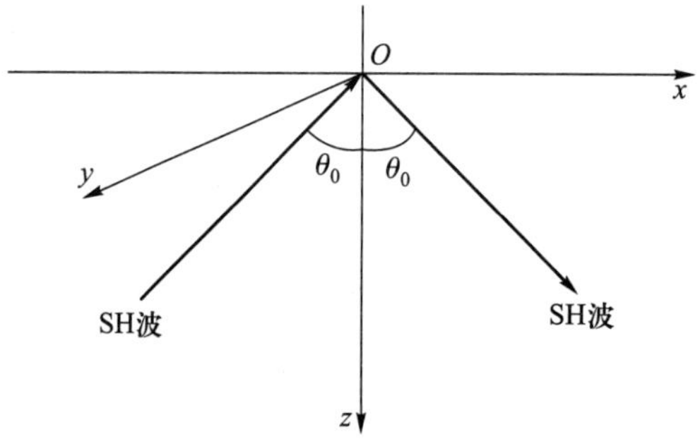

图 2.7　SH 波入射示意图

由波动方程可解出其波函数的表达式为式(2.40a)和式(2.40b)。

入射 SH 波：

$$\psi_{SH}=A_{SH}\exp\left[\mathrm{i}\omega\left(\frac{\sin\theta_0}{\beta}x-\frac{\cos\theta_0}{\beta}z-t\right)\right] \tag{2.40a}$$

反射 SH 波：

$$\psi_{SH'}=A_{SH'}\exp\left[\mathrm{i}\omega\left(\frac{\sin\theta_0}{\beta}x+\frac{\cos\theta_0}{\beta}z-t\right)\right] \tag{2.40b}$$

所以在地表 $z=0$ 处沿 y 轴方向的位移为

$$v=2\psi_{\mathrm{SH}}=2A_{\mathrm{SH}}\exp\left[\mathrm{i}\omega\left(\frac{\sin\theta_0}{\beta}x-t\right)\right] \tag{2.41}$$

而 $u=w=0$，由弹性波理论可得绕 z 轴的地震动扭转分量为

$$\varphi_{gz}=\frac{1}{2}\left(-\frac{\partial u}{\partial y}+\frac{\partial v}{\partial x}\right)=\frac{1}{2}\frac{\partial v}{\partial x}\bigg|_{z=0}=\frac{\partial\psi_{\mathrm{SH}}}{\partial x}=\mathrm{i}\omega\frac{\sin\theta_0}{\beta}\frac{v}{2} \tag{2.42}$$

设 $C_{\mathrm{S}}=\dfrac{\beta}{\sin\theta_0}$为 S 波的视波速。最后可以得到 SH 波入射到自由表面上时产生的扭转分量为

$$\varphi_{gz}=\frac{\mathrm{i}\omega}{2C_{\mathrm{S}}}v \tag{2.43}$$

2.3.2 入射角

在 2.3.1 节的推导中可看到，视波速的取值与入射角有关。行波法求解过程中，假定入射角为常数，然而这是一种不尽合理的假设。研究者曾使用过以下几种估算地震波入射角的方法：① 近似取 45°；② 假设波的传播路线是直线，入射角为震源与观测点连线与地面法线的夹角；③ 由于越接近地表，速度越低，所以波向线通过的界面越多，其方向越向上弯曲，在地表附近就好像是从正下方传过来的，所以近似取入射角为 0°；④ 对浅源地震来说，当震中距较大时，可以近似取入射角为 90°。这几种方法都是比较粗糙的。例如，传播介质的非均匀性波的传播路线不会是直线，而是一条曲线，即使考虑的是分层弹性介质，其入射方向也是一条折线。可见入射角的问题值得研究。

地震波虽然是一系列复杂的脉冲波，我们却可以通过傅里叶变换而将其分解成一系列简谐波的叠加，然后利用弹性波理论在频域内求得入射角，从而考虑了入射角所存在的频散性。假定由地震记录可以得到沿平面内运动的水平位移 u 和竖向位移 w，根据前面计算简图（图 2.5 和图 2.6）的几何关系，设 $\bar{e}$ 为视出射角，则可得

$$\tan\bar{e}=\frac{w}{u} \tag{2.44}$$

这样就建立了视出射角与位移的关系，而位移可通过势函数来表达。下面考虑 P 波和 SV 波入射的两种情况并分别讨论。

1. 只有 P 波入射到自由表面

首先考虑自由表面 $z=0$ 处的应力边界条件，正应力条件为

$$\left[k_{\alpha\beta}^2\left(\frac{\partial w}{\partial z}+\frac{\partial u}{\partial x}\right)-2\frac{\partial u}{\partial x}\right]\Bigg|_{z=0}=0 \tag{2.45}$$

剪应力条件为

$$\left(\frac{\partial w}{\partial x}+\frac{\partial u}{\partial z}\right)\Bigg|_{z=0}=0 \tag{2.46}$$

其中 $k_{\alpha\beta}=\dfrac{\alpha}{\beta}$。将式(2.26a)、式(2.26b)代入式(2.45),得

$$\begin{aligned}&k_{\alpha\beta}^2\left(\frac{\partial w}{\partial z}+\frac{\partial u}{\partial x}\right)-2\frac{\partial u}{\partial x}\\&=\frac{\omega^2}{\alpha^2}\left[-k_{\alpha\beta}^2(\varphi_{\mathrm{P}}+\varphi_{\mathrm{PP}})+2\sin^2\theta_0(\varphi_{\mathrm{P}}+\varphi_{\mathrm{PP}})+k_{\alpha\beta}^2\sin 2\theta_1\psi_{\mathrm{SP}}\right]\\&=0\end{aligned} \tag{2.47}$$

根据斯内尔定律$\dfrac{\sin\theta_0}{\alpha}=\dfrac{\sin\theta_1}{\beta}$,可得

$$\cos 2\theta_1(\phi_{\mathrm{P}}+\phi_{\mathrm{PP}})-\sin 2\theta_1\psi_{\mathrm{SP}}=0 \tag{2.48}$$

将式(2.26a)、式(2.26b)代入式(2.46)的剪应力边界条件中,得

$$\frac{\partial w}{\partial x}+\frac{\partial u}{\partial z}=\frac{\omega^2}{\alpha^2}\left[\sin 2\theta_0(\varphi_{\mathrm{P}}-\varphi_{\mathrm{PP}})-k_{\alpha\beta}^2\cos 2\theta_1\psi_{\mathrm{SP}}\right]=0 \tag{2.49}$$

再根据斯内尔定律$\dfrac{\sin\theta_0}{\alpha}=\dfrac{\sin\theta_1}{\beta}$,可得

$$\sin 2\theta_0(\phi_{\mathrm{P}}-\phi_{\mathrm{PP}})-k_{\alpha\beta}^2\cos 2\theta_1\psi_{\mathrm{SP}}=0 \tag{2.50}$$

解联立方程组式(2.48)和式(2.50),设

$$\Delta_{\mathrm{P}}=k_{\alpha\beta}^2\cos^2 2\theta_1+\sin 2\theta_0\sin 2\theta_1 \tag{2.51a}$$

$$\Delta_{\mathrm{PP}}=-k_{\alpha\beta}^2\cos^2 2\theta_1+\sin 2\theta_0\sin 2\theta_1 \tag{2.51b}$$

$$\Delta_{\mathrm{SP}}=2\sin 2\theta_0\cos 2\theta_1 \tag{2.51c}$$

则可以得到

$$\phi_{\mathrm{PP}}=\frac{\Delta_{\mathrm{PP}}}{\Delta_{\mathrm{P}}}\phi_{\mathrm{P}} \tag{2.52a}$$

$$\psi_{\mathrm{SP}}=\frac{\Delta_{\mathrm{SP}}}{\Delta_{\mathrm{P}}}\phi_{\mathrm{P}} \tag{2.52b}$$

将式(2.51a)~式(2.51c)和式(2.52a)、式(2.52b)代入式(2.27a)、式(2.27b),求得 u 和 w 的表达式为

$$u=\mathrm{i}\omega\frac{\phi_{\mathrm{P}}}{\Delta_{\mathrm{P}}}\frac{2k_{\alpha\beta}^{2}}{\alpha}\sin 2\theta_1\cos\theta_0 \tag{2.53}$$

$$w=-\mathrm{i}\omega\frac{\phi_{\mathrm{P}}}{\Delta_{\mathrm{P}}}\frac{2k_{\alpha\beta}^{2}}{\alpha}\cos 2\theta_1\cos\theta_0 \tag{2.54}$$

将式(2.53)和式(2.54)代入式(2.44)可得到

$$\tan\bar{e}=\frac{w}{u}=-\frac{1}{\tan 2\theta_1} \tag{2.55}$$

设 $\tan\bar{e}=G_{\mathrm{eb}}$ 和 $x=\sin\theta_0$,由斯内尔定律得 $\sin\theta_0=k_{\alpha\beta}\sin\theta_1$,则由式(2.55)可得 $G_{\mathrm{eb}}=\frac{k_{\alpha\beta}^{2}-2x^2}{2x\sqrt{k_{\alpha\beta}^{2}-x^2}}$,整理得

$$x^4-k_{\alpha\beta}^{2}x^2+\frac{k_{\alpha\beta}^{4}}{4(G_{\mathrm{eb}}^{2}+1)}=0 \tag{2.56}$$

G_{eb}值可以由真实地震记录直接得到,那么由式(2.56)即可求得具有频散性的入射角。

2. 只有 SV 波入射到自由表面

根据弹性波理论可知,当反射波速度大于入射波波速时,有可能发生类似于“全反射”的现象。此时的反射波将变成非均匀平面波,振幅随着深度的增加而呈指数衰减,表现出面波的特点。在我们所研究的各向同性均匀的弹性半空间中,P 波和 S 波的传播速度一定,而且从地震记录图中波的到达时间也可看出 P 波的波速大于 S 波的波速,所以当考虑 SV 波入射时,其反射 P 波就可能发生“全反射”现象。

参照图 2.6,由斯内尔定律 $\frac{\sin\theta_0}{\beta}=\frac{\sin\theta_2}{\alpha}$,得到 $\sin\theta_2=\frac{\alpha}{\beta}\sin\theta_0$,当 $0<\frac{\beta}{\alpha}<\sin\theta_0<1$ 时,$\sin\theta_2>1$,此时 θ_2 成复角,反射 P 波不再回到介质内部而是沿着分界面“滑行”,即发生“全反射”,其势函数的形式也相应变化。设

$$\theta_{\mathrm{cr}}=\arcsin\left(\frac{\beta}{\alpha}\right) \tag{2.57}$$

称为临界角。从上面的论述可以看到,当入射角 $\theta_0>\theta_{\mathrm{cr}}$ 时将发生全反射,$\theta_0<\theta_{\mathrm{cr}}$ 时不会发生全反射。下面分两种情况讨论。

(1) $\theta_0<\theta_{\mathrm{cr}}$,无全反射发生。

应用自由表面处应力边界条件，将式(2.36a)、式(2.36b)和式(2.41)代入式(2.45)所示的正应力条件中，得

$$\begin{aligned}
&k_{\alpha\beta}^2\left(\frac{\partial w}{\partial z}+\frac{\partial u}{\partial x}\right)-2\frac{\partial u}{\partial x}\\
&=k_{\alpha\beta}^2\left[\frac{\partial^2\varphi_{\mathrm{PS}}}{\partial z^2}-\frac{\partial^2(\psi_{\mathrm{SV}}+\psi_{\mathrm{SS}})}{\partial x\partial z}+\frac{\partial^2\varphi_{\mathrm{PS}}}{\partial x^2}+\frac{\partial^2(\psi_{\mathrm{SV}}+\psi_{\mathrm{SS}})}{\partial x\partial z}\right]-\\
&\quad 2\left[\frac{\partial^2\varphi_{\mathrm{PS}}}{\partial x^2}+\frac{\partial^2(\psi_{\mathrm{SV}}+\psi_{\mathrm{SS}})}{\partial x\partial z}\right]\\
&=\frac{\omega^2k_{\alpha\beta}^2}{\alpha^2}[-\cos 2\theta_0\varphi_{\mathrm{PS}}-\sin 2\theta_0(\psi_{\mathrm{SV}}-\psi_{\mathrm{SS}})]\\
&=0
\end{aligned}\tag{2.58}$$

由斯内尔定律$\frac{\sin\theta_0}{\beta}=\frac{\sin\theta_2}{\alpha}$，最后可得到

$$\sin 2\theta_0(\psi_{\mathrm{SV}}-\psi_{\mathrm{SS}})+\cos 2\theta_0\varphi_{\mathrm{PS}}=0\tag{2.59}$$

将式(2.36a)、式(2.36b)代入式(2.46)剪应力边界条件中，得

$$\begin{aligned}
\frac{\partial w}{\partial x}+\frac{\partial u}{\partial z}&=\frac{\partial^2\varphi_{\mathrm{PS}}}{\partial x\partial z}-\frac{\partial^2(\psi_{\mathrm{SV}}+\psi_{\mathrm{SS}})}{\partial x^2}+\frac{\partial^2\varphi_{\mathrm{PS}}}{\partial x\partial z}+\frac{\partial^2(\psi_{\mathrm{SV}}+\psi_{\mathrm{SS}})}{\partial z^2}\\
&=-\frac{\omega^2}{\alpha^2}[\sin 2\theta_2\varphi_{\mathrm{PS}}+k_{\alpha\beta}^2\cos 2\theta_1(\psi_{\mathrm{SV}}+\psi_{\mathrm{SS}})]\\
&=0
\end{aligned}\tag{2.60}$$

最后可得到

$$k_{\alpha\beta}^2\cos 2\theta_0(\psi_{\mathrm{SV}}+\psi_{\mathrm{SS}})+\sin 2\theta_2\varphi_{\mathrm{PS}}=0\tag{2.61}$$

解联立方程组式(2.59)和式(2.61)，设

$$\Delta_{\mathrm{SV}}=-\sin 2\theta_0\sin 2\theta_2-k_{\alpha\beta}^2\cos^2 2\theta_0\tag{2.62a}$$

$$\Delta_{\mathrm{SS}}=k_{\alpha\beta}^2\cos^2 2\theta_0-\sin 2\theta_0\sin 2\theta_2\tag{2.62b}$$

$$\Delta_{\mathrm{PS}}=k_{\alpha\beta}^2\sin 4\theta_0\tag{2.62c}$$

则可以得到

$$\psi_{\mathrm{SS}}=\frac{\Delta_{\mathrm{SS}}}{\Delta_{\mathrm{SV}}}\psi_{\mathrm{SV}}\tag{2.63a}$$

$$\varphi_{\mathrm{PS}}=\frac{\Delta_{\mathrm{PS}}}{\Delta_{\mathrm{SV}}}\psi_{\mathrm{SV}}\tag{2.63b}$$

将式(2.62a)~式(2.62c)和式(2.63a)、式(2.63b)代入式(2.36a)、式(2.36b)中,求得 u 和 w 的表达式为

$$u = \mathrm{i}\omega \frac{\psi_{\mathrm{SV}}}{\Delta_{\mathrm{SV}}} \frac{2k_{\alpha\beta}^3}{\alpha} \cos 2\theta_0 \cos \theta_0 \tag{2.64}$$

$$w = -\mathrm{i}\omega \frac{\psi_{\mathrm{SV}}}{\Delta_{\mathrm{SV}}} \frac{2k_{\alpha\beta}^2}{\alpha} \sin 2\theta_0 \cos \theta_2 \tag{2.65}$$

将式(2.64)和式(2.65)代入式(2.44),得

$$\tan \bar{e} = \frac{w}{u} = -\frac{\tan 2\theta_0 \cos \theta_2}{k_{\alpha\beta} \cos \theta_0} \tag{2.66}$$

设 $\tan \bar{e} = G_{\mathrm{eb}}$ 和 $x = \sin \theta_0$,由斯内尔定律得 $\sin \theta_2 = k_{\alpha\beta} \sin \theta_0$,则由式(2.66)得

$$G_{\mathrm{eb}} = -\frac{2x\sqrt{1-k_{\alpha\beta}^2 x^2}}{k_{\alpha\beta}(1-2x^2)} \tag{2.67}$$

由式(2.67)可以获得无全反射时,只考虑 SV 波入射的入射角值。

(2) $\theta_0 > \theta_{\mathrm{cr}}$,有全反射现象。

根据波动理论及滑行波振幅和相位的特点,反射 P 波的势函数可以写成

$$\varphi_{\mathrm{PS}} = A_{\mathrm{PS}} \exp\left(-\frac{\omega\delta}{\alpha} z\right) \exp\left[\mathrm{i}\omega\left(\frac{\sin \theta_2}{\alpha} x - t\right)\right] \tag{2.68}$$

式中,

$$\delta = \sqrt{k_{\alpha\beta}^2 \sin^2 \theta_0 - 1} \tag{2.69}$$

将式(2.68)、式(2.33)、式(2.35)和式(2.36a)、式(2.36b)代入式(2.45)的正应力边界条件中,得

$$\begin{aligned}
& k_{\alpha\beta}^2\left(\frac{\partial w}{\partial z} + \frac{\partial u}{\partial x}\right) - 2\frac{\partial u}{\partial x} \\
&= k_{\alpha\beta}^2\left(\frac{\partial^2 \varphi_{\mathrm{PS}}}{\partial z^2} + \frac{\partial^2 \varphi_{\mathrm{PS}}}{\partial x^2}\right) - 2\left[\frac{\partial^2 \varphi_{\mathrm{PS}}}{\partial x^2} + \frac{\partial^2 (\psi_{\mathrm{SV}} + \psi_{\mathrm{SS}})}{\partial x \partial z}\right] \\
&= \frac{\omega^2}{\beta^2}\left[-\cos 2\theta_0 \varphi_{\mathrm{PS}} - \sin 2\theta_0 (\psi_{\mathrm{SV}} - \psi_{\mathrm{SS}})\right] \\
&= 0
\end{aligned} \tag{2.70}$$

最后可得

$$\cos 2\theta_0\varphi_{\mathrm{PS}}+\sin 2\theta_0(\psi_{\mathrm{SV}}-\psi_{\mathrm{SS}})=0 \tag{2.71}$$

类似地，将式(2.68)、式(2.33)、式(2.35)、式(2.36a)和式(2.36b)代入式(2.46)的剪应力边界条件中，得

$$\begin{aligned}&\frac{\partial w}{\partial x}+\frac{\partial u}{\partial z}\\&=2\frac{\partial^2\varphi_{\mathrm{PS}}}{\partial x\partial z}-\frac{\partial^2(\psi_{\mathrm{SV}}+\psi_{\mathrm{SS}})}{\partial x^2}+\frac{\partial^2(\psi_{\mathrm{SV}}+\psi_{\mathrm{SS}})}{\partial z^2}\\&=-\frac{\omega^2}{\beta^2}\left[\frac{2\mathrm{i}\delta}{k_{\alpha\beta}}\sin\theta_0\varphi_{\mathrm{PS}}-(\sin^2\theta_0-\cos^2\theta_0)(\psi_{\mathrm{SV}}+\psi_{\mathrm{SS}})\right]\\&=0\end{aligned} \tag{2.72}$$

最后可得

$$2\mathrm{i}\delta\sin\theta_0\varphi_{\mathrm{PS}}+k_{\alpha\beta}\cos 2\theta_0(\psi_{\mathrm{SV}}+\psi_{\mathrm{SS}})=0 \tag{2.73}$$

解联立方程组——式(2.71)和式(2.73)，设

$$\Delta_{\mathrm{SV}}=2\mathrm{i}\delta\sin\theta_0\sin 2\theta_0+k_{\alpha\beta}\cos^2 2\theta_0 \tag{2.74a}$$

$$\Delta_{\mathrm{SS}}=-k_{\alpha\beta}\cos^2 2\theta_0+2\mathrm{i}\delta\sin\theta_0\sin 2\theta_0 \tag{2.74b}$$

$$\Delta_{\mathrm{PS}}=-k_{\alpha\beta}\sin 4\theta_0 \tag{2.74c}$$

则可以得到

$$\psi_{\mathrm{SS}}=\frac{\Delta_{\mathrm{SS}}}{\Delta_{\mathrm{SV}}}\psi_{\mathrm{SV}} \tag{2.75a}$$

$$\varphi_{\mathrm{PS}}=\frac{\Delta_{\mathrm{PS}}}{\Delta_{\mathrm{SV}}}\psi_{\mathrm{SV}} \tag{2.75b}$$

将式(2.74a)～式(2.74c)和式(2.75a)、式(2.75b)代入式(2.36a)、式(2.36b)中，可得到 u 和 w 的表达式为

$$u=-\mathrm{i}\omega\frac{\psi_{\mathrm{SV}}}{\Delta_{\mathrm{SV}}}\frac{2k_{\alpha\beta}}{\beta}\cos 2\theta_0\cos\theta_0 \tag{2.76}$$

$$w=\frac{\delta\psi_{\mathrm{SV}}}{\Delta_{\mathrm{SV}}}\frac{2\omega}{\beta}\sin 2\theta_0 \tag{2.77}$$

将式(2.76)和式(2.77)代入式(2.44)，得

$$\tan\bar{e}=\frac{w}{u}=-\frac{2\delta\sin\theta_0}{\mathrm{i}k_{\alpha\beta}\cos 2\theta_0} \tag{2.78}$$

又由式(2.69)和式(2.78),得

$$G_{\mathrm{eb}}=-\frac{2x\sqrt{k_{\alpha\beta}^2x^2-1}}{\mathrm{i}k_{\alpha\beta}(1-2x^2)} \tag{2.79}$$

所以有

$$G_{\mathrm{eb}}=\begin{cases}-\dfrac{2x\sqrt{1-k_{\alpha\beta}^2x^2}}{k_{\alpha\beta}(1-2x^2)}, & \theta_0<\theta_{\mathrm{cr}}\\ -\dfrac{2x\sqrt{k_{\alpha\beta}^2x^2-1}}{\mathrm{i}k_{\alpha\beta}(1-2x^2)}, & \theta_0>\theta_{\mathrm{cr}}\end{cases}$$

由实际地震记录获得 G_{eb}值后,根据式(2.67)和式(2.79)就可以分别发生全反射和无全反射两种情况得到具有频散性的入射角的值。

2.3.3　视波速

由前面的式(2.32)、式(2.39)和式(2.43)可以看到,在转动分量的表达式中,视波速的影响不可忽视。为此许多学者进行了研究,例如人们曾从统计的角度或直接用地震记录拟合出考虑入射角或场地条件、震源特性等因素的视波速公式。在本节中,对于单独考虑体波时的情况,基于前面已求得的考虑频散效应的入射角公式,给出与体波相对应的视波速公式,从而为求得地面转动分量铺平道路。

视波速表示 P 波或 S 波沿水平轴的传播速度,根据式(2.80)

$$C_{\mathrm{P}}=\frac{v_{\mathrm{P}}}{\sin\theta_0},\quad C_{\mathrm{S}}=\frac{v_{\mathrm{S}}}{\sin\theta_0} \tag{2.80}$$

式中,$v_{\mathrm{P}}=\alpha$ 和 $v_{\mathrm{S}}=\beta$ 分别表示 P 波和 S 波的波速;θ_0表示波的入射角。则可以在获得入射角的取值后,得到视波速。

2.3.4　坐标变换

Penzien 等在地震研究中提出了一个重要概念,即地震动的主轴,地震动必然存在 3 个主轴方向[7]。在这 3 个主轴方向上的分量互不相关。而实际上我们得到的真实地震记录是一个矢量,需要将其分解到 3 个垂直方向的坐标上。从前面对转动分量的推导过程也可以看出,本章将地震动分解成平面内和平面外运动,这一方向恰好与 Penzien 的主轴方向一致。为此如果得到了台站记录分量的方向与震中方位之间的夹角 θ(如图 2.8 所示),就可以将地震记录转化到平面内和平面外方向,即主轴方向,进而应用前面的公式求得转动分量。设实际地震记录为$[\ddot{u}_g(t)\quad \ddot{v}_g(t)\quad \ddot{w}_g(t)]^{\mathrm{T}}$,平面外和平面内方向的平动分量为$[\ddot{u}(t)\quad \ddot{v}(t)\quad \ddot{w}(t)]^{\mathrm{T}}$,则有

$$\begin{bmatrix}\ddot{u}(t)\\ \ddot{v}(t)\\ \ddot{w}(t)\end{bmatrix}=\begin{bmatrix}\cos\theta & \sin\theta & 0\\ -\sin\theta & \cos\theta & 0\\ 0 & 0 & 1\end{bmatrix}\begin{bmatrix}\ddot{u}_g(t)\\ \ddot{v}_g(t)\\ \ddot{w}_g(t)\end{bmatrix} \tag{2.81}$$

由式(2.81)分解即可将实际地震记录分离成出平面和平面内运动,进而对其进行傅里叶变换,再应用前面转动分量的计算公式就可以求得转动分量傅里叶谱,然后再做傅里叶逆变换,即可得转动分量时程。

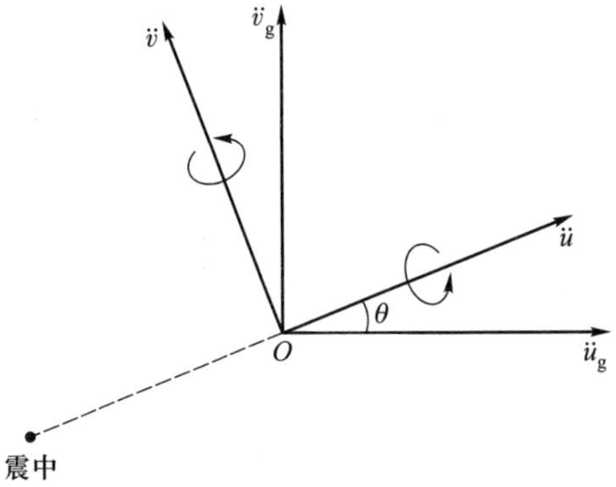

图 2.8　坐标变换

2.3.5　计算步骤和数值算例

地震波包含了震源、震中距、方位角、场地特性等许多不确定因素,每一条地震记录就是一个随机过程。在分析地面运动时,通常采用以下两种方法获得地震输入:一种是采用地震动的功率谱模型,这一方法从我国工程抗震设计的应用角度出发,通过利用强震记录统计分析的结果,确定了功率谱模型中的参数,反映了地震烈度与场地类别和震级等因素的影响,可以较好地反映地震地面运动的频谱特性,为工程抗震设计提供了随机地震动荷载设计的模型和标准。另一种就是直接使用强震记录。虽然目前所获得的强震记录水平和数量有限,并且受场地限制,但它却能够最接近实际的地震状况,能包含最丰富的信息,反映它的随机性。在本章的算例中,选取后一种方法,直接从强震记录着手计算转动分量。根据只考虑体波的情况,直接选取了两条地震波(如表 2.1 所示)。

表 2.1 输入地震动参数

序号	时间	地震名称	台站号	震级	震中距/km	震中方位角/(°)	峰值加速度/(10^{-1}cm/s^2)	
1	1952.2.23	El Centro	T287	5.6	31	-3.22	x	303.529 8
							y	-275.633 7
							z	132.661 3
2	1972.2.9	San Fernando	P222	6.6	78	79.44	x	-259.125 4
							y	252.257 8
							z	104.796 4

虽然地震波中含有 P 波、S 波、R 波等多种成分的波,但从实际的情况来看,P 波衰减很快,所以在体波中作为一种近似只考虑 S 波的作用。计算由地震波产生的转动分量时,具体步骤如下:

(1) 根据地震动主轴的概念,首先按式(2.81)进行变换,将 x、y 和 z 3 个方向的真实地震记录投影到平面内和平面外两个方向,得到$\ddot{u}(t)$、$\ddot{v}(t)$、$\ddot{w}(t)$;

(2) 将$\ddot{u}(t)$、$\ddot{v}(t)$、$\ddot{w}(t)$进行傅里叶变换,得到$\ddot{U}(\omega)$、$\ddot{V}(\omega)$、$\ddot{W}(\omega)$;

(3) 考虑 SV 波入射的情况,按式(2.67)和式(2.79)求得地震波在表面的入射角,再按式(2.80)求得考虑 SV 波时的视波速;

(4) 再按式(2.32)、式(2.39)和式(2.43),分别求得地震动转动分量的傅里叶谱;

(5) 最后将频域内的转动分量做傅里叶逆变换,从而得到地震动转动分量的时程。

计算结果如图 2.9~图 2.20 所示。

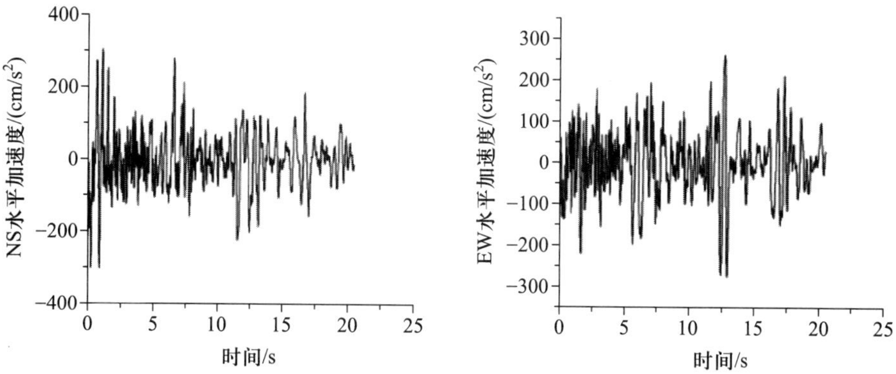

(a) NS分量 (b) EW分量

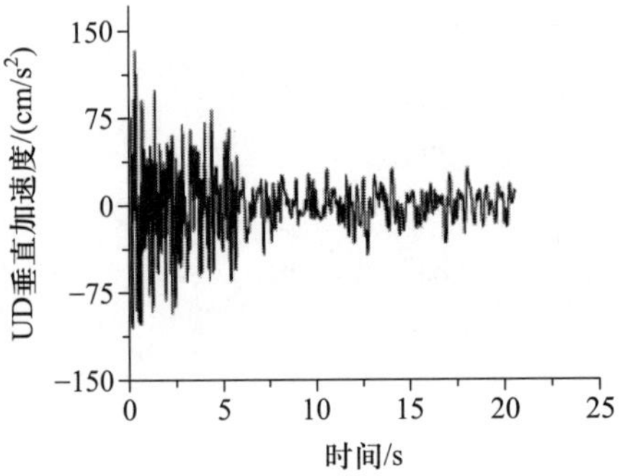

(c) UD分量

图 2.9　El Centro 波平动加速度时程曲线

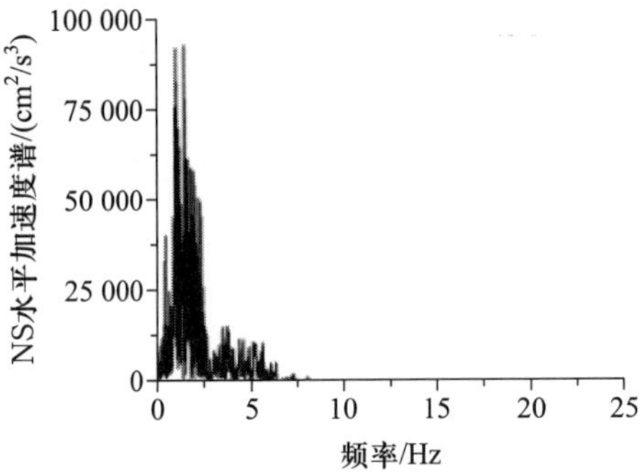

(a) NS分量

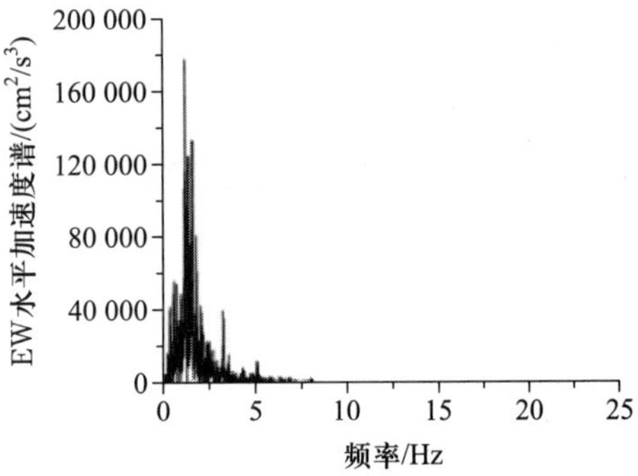

(b) EW分量

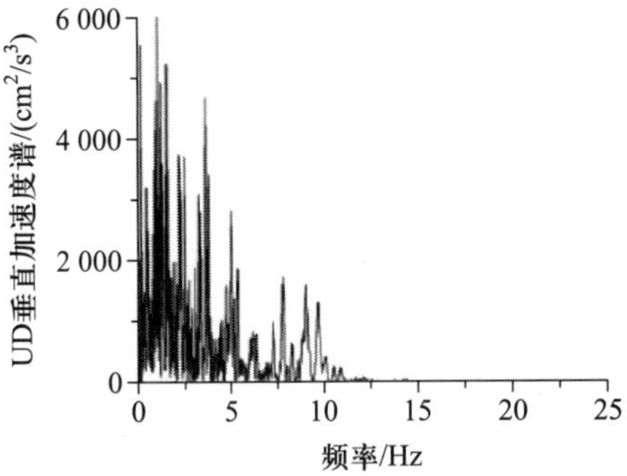

(c) UD分量

图 2.10　El Centro 波平动功率谱曲线

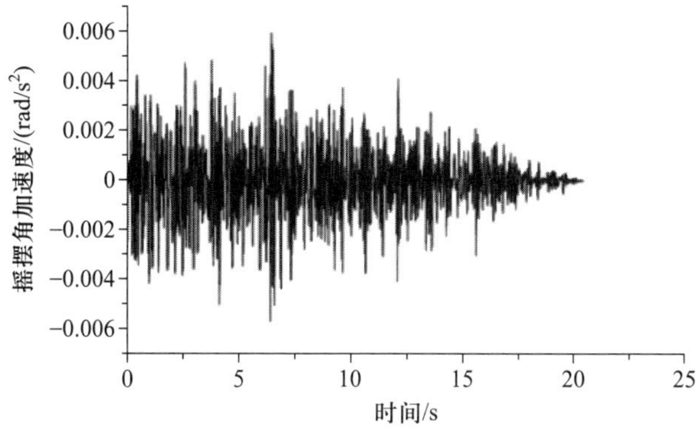

图 2.11 El Centro 波摇摆角加速度时程

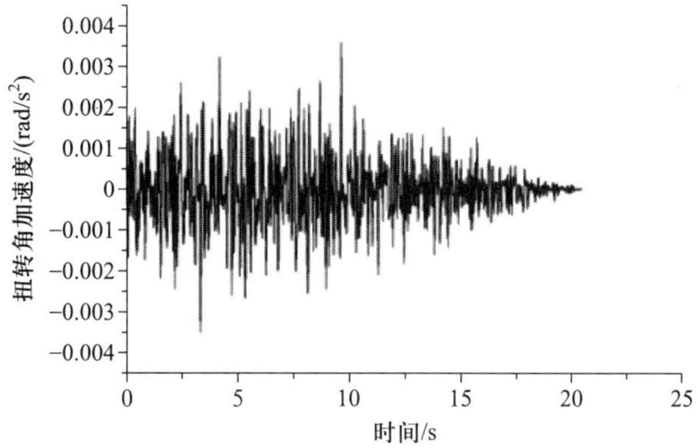

图 2.12 El Centro 波扭转角加速度时程

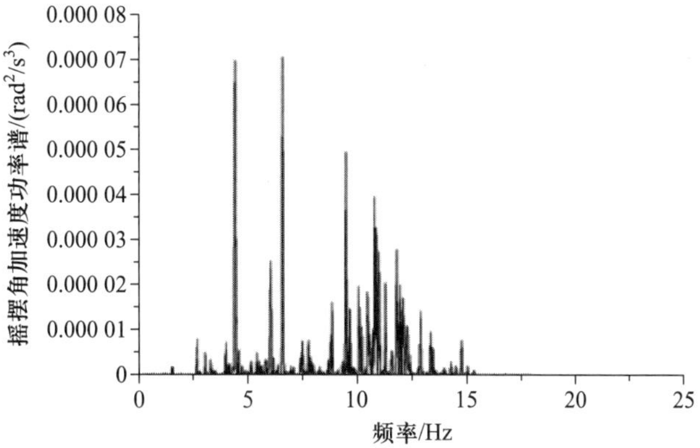

图 2.13 El Centro 波摇摆角加速度功率谱

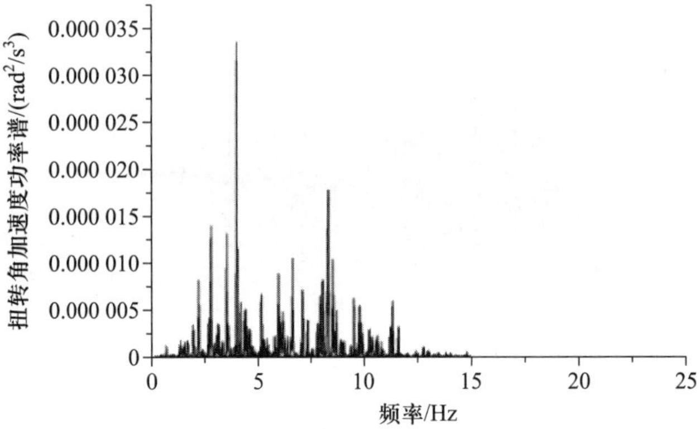

图 2.14　El Centro 波扭转角加速度功率谱

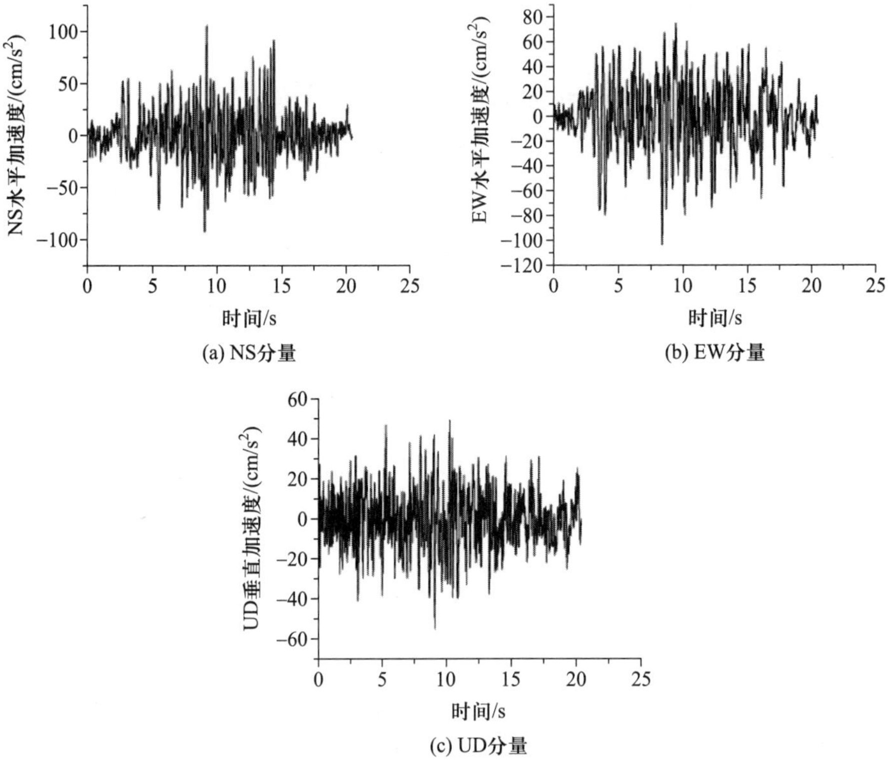

图 2.15　San Fernando 波平动加速度时程曲线

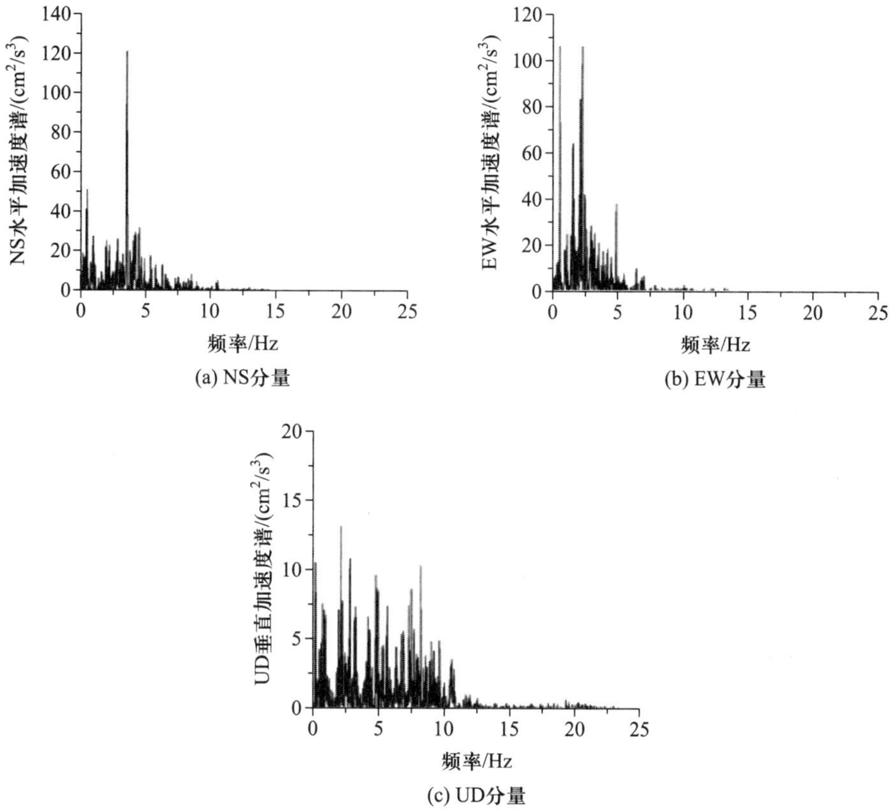

(a) NS分量

(b) EW分量

(c) UD分量

图 2.16 San Fernando 波平动加速度功率谱曲线

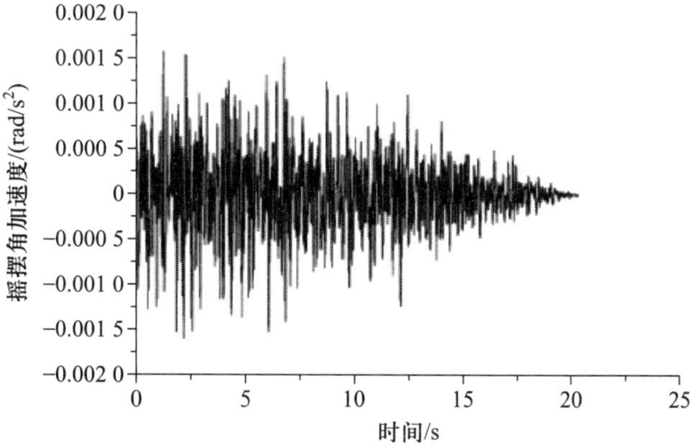

图 2.17 San Fernando 波摇摆角加速度时程

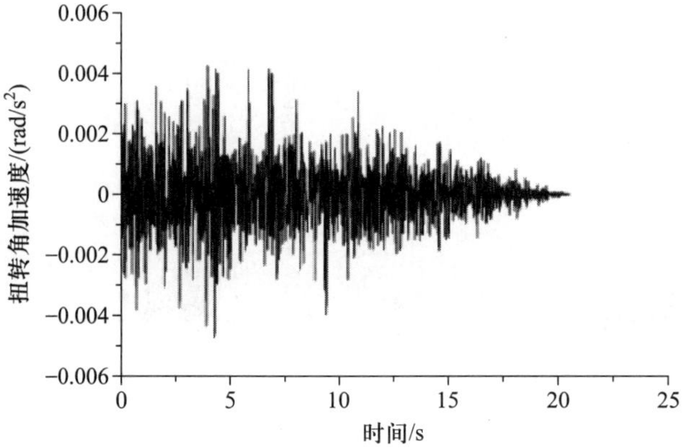

图 2.18　San Fernando 波扭转角加速度时程

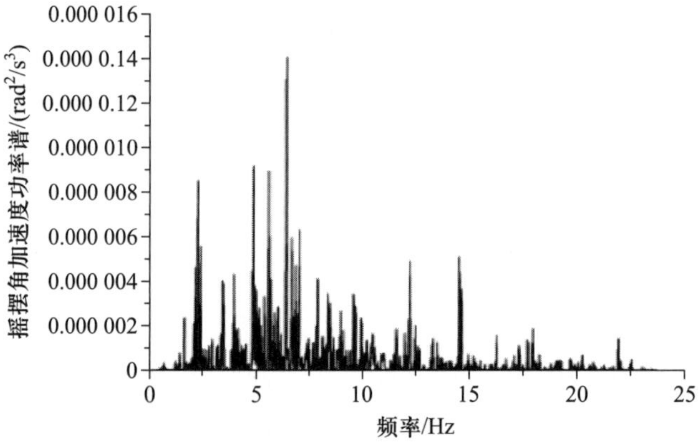

图 2.19　San Fernando 摇摆角加速度功率谱

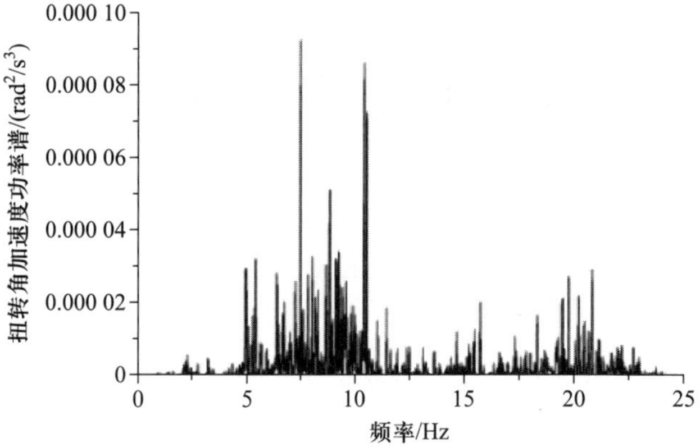

图 2.20　San Fernando 扭转角加速度功率谱

通过对比地面上同一点的平动分量与转动分量的功率谱可看到，当频率大于 10 Hz 时，平动功率谱中的高频含量很小，而转动分量功率谱随频率的增加而衰减较慢，当大于 10 Hz 时仍很丰富。由此可知，转动分量比平动分量更富有高频成分。

2.4　面波情况下转动分量的时程

地震波的成分很复杂，在求解波动方程的过程中，还存在一些与体波函数不同但也满足方程自身及边界条件的解，它们代表着沿表面或分界面传播且只在界面附近的薄层中才有适当强度的波，即面波。从地震记录中也可以看到它包含 P 波、S 波（包括 SV 波和 SH 波）以及面波等成分。不同波在不同的考察点所占的能量是不一样的，在一般的理论分析中并没有将各种波的成分都考虑进去。可以根据震源的远近、场地情况等并以某一类波作为主要考虑因素，所以下面只给出仅有面波入射时产生转动分量的计算方法[13]。

假定介质为各向同性均匀的弹性介质，地震波为平面波，设水平面内两垂直方向为 x、y 轴，垂直于水平面的方向为 z 轴。下面将以弹性波动理论为基础推导瑞利波和勒夫波的转动分量公式以及其相应的相速度公式。

2.4.1　瑞利波

1887 年，Rayleigh[14]最早发现了面波中瑞利波（Rayleigh 波，简称 R 波，如图 2.21 所示）的存在。它是一种在界面附近的薄层中存在且其振动幅度随着离开自由界面距离的增加而迅速衰减的地震波。从对波动方程的求解可以看出，R 波本质上是 P 波和 SV 波的一种叠加组合，为此设其势函数为

$$\phi(x,z,t)=A\exp\left[\left(-\sqrt{a^2-k_\alpha^2}\right)z\right]\exp\left[\mathrm{i}(ax-\omega t)\right] \tag{2.82a}$$

$$\psi(x,z,t)=B\exp\left[\left(-\sqrt{a^2-k_\beta^2}\right)z\right]\exp\left[\mathrm{i}(ax-\omega t)\right] \tag{2.82b}$$

式中，$k_\alpha=\dfrac{\omega}{\alpha}$；$k_\beta=\dfrac{\omega}{\beta}$；$a=\dfrac{\omega}{v_\mathrm{R}}$；$v_\mathrm{R}$为 R 波的相速度；$\alpha$ 和 β 分别为纵波和剪切波的波速；A 和 B 为振幅；根据位移表达式：

$$u=\frac{\partial\phi}{\partial x}+\frac{\partial\psi}{\partial z} \tag{2.83a}$$

$$w=\frac{\partial\phi}{\partial z}-\frac{\partial\psi}{\partial x} \tag{2.83b}$$

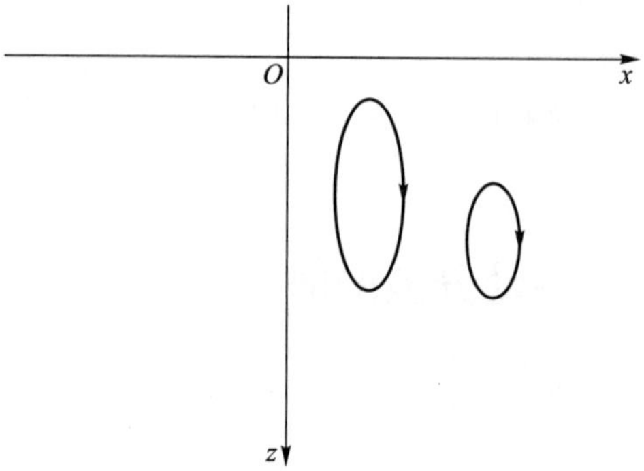

图 2.21　R 波传播示意图

将式(2.82a)、式(2.82b)代入式(2.83a)和式(2.83b),可得位移为

$$u=\{Aia\exp[(-\sqrt{a^2-k_\alpha^2})z]-B\sqrt{a^2-k_\beta^2}\exp[(-\sqrt{a^2-k_\beta^2})z]\}\exp[i(ax-\omega t)] \tag{2.84a}$$

$$w=-\{A\sqrt{a^2-k_\alpha^2}\exp[(-\sqrt{a^2-k_\alpha^2})z]+Bia\exp[(-\sqrt{a^2-k_\beta^2})z]\}\exp[i(ax-\omega t)] \tag{2.84b}$$

利用自由表面剪应力为 0 的边界条件

$$\tau_{xz}\big|_{z=0}=\left(\frac{\partial w}{\partial x}+\frac{\partial u}{\partial z}\right)_{z=0}=0 \tag{2.85}$$

将式(2.84a)、式(2.84b)代入式(2.85),可得到绕 y 轴的摇摆分量为

$$\phi_{gy}=\frac{1}{2}\left(\frac{\partial w}{\partial x}-\frac{\partial u}{\partial z}\right)=\frac{\partial w}{\partial x} \tag{2.86}$$

再将式(2.84b)代入式(2.86),可以得到

$$\begin{aligned}\phi_{gy}&=\frac{\partial w}{\partial x}\\&=-ia\{A\sqrt{a^2-k_\alpha^2}\exp[(-\sqrt{a^2-k_\alpha^2})z]+\\&\quad Bia\exp[(-\sqrt{a^2-k_\beta^2})z]\}\exp[i(ax-\omega t)]\\&=iaw\\&=i\frac{\omega}{v_R}w\end{aligned} \tag{2.87}$$

式(2.87)即为考虑 R 波时得到的绕 y 轴的摇摆分量。

2.4.2 勒夫波

当半无限均匀弹性介质表面有一个弹性低波速覆盖层时,在覆盖层内部以及两层介质之间的分界面上即会产生勒夫波(Love 波,简称 L 波)。目前的理论对 L 波虽也有研究,但在合成转动分量时,却少有考虑其影响。实际上,面波中除了 R 波会产生摇摆分量外,L 波的存在也会产生扭转分量,且是扭转分量的重要来源。

首先假定 v_{s1}和 v_{s2}分别表示第一层土和第二层土的剪切波速,且 $v_{s1}>v_{s2}$,D 表示第一层土的厚度,λ_1、μ_1、λ_2 和 μ_2 分别表示第一层土和第二层土的拉梅常量。

为此,由波动方程及 L 波特性,设不同土层中的波函数为

$$v_1(x,z,t)=[A\cos(pz)+B\sin(pz)]\mathrm{e}^{\mathrm{i}(ax-\omega t)},\quad -D<z<0 \tag{2.88a}$$

$$v_2(x,z,t)=C\mathrm{e}^{-bz}\mathrm{e}^{\mathrm{i}(ax-\omega t)},\quad z>0 \tag{2.88b}$$

式中,$p=\sqrt{k_1^2-a^2}$;$b=\sqrt{a^2-k_2^2}$;$k_1^2=\dfrac{\omega^2}{v_{s1}^2}$;$k_2^2=\dfrac{\omega^2}{v_{s2}^2}$;$a=\dfrac{\omega}{v_L}$;$v_L$为 L 波相速度;$A$、$B$ 和 C 为常数。

L 波是 SH 型面波,只会产生沿 y 方向的位移 v,而沿 x 方向和 z 方向的位移均为 0,即 $u=w=0$。所以由波动理论最后可得扭转分量为

$$\begin{aligned}\varphi_{gz}&=\frac{1}{2}\left(\frac{\partial v_1}{\partial x}-\frac{\partial u_1}{\partial y}\right)=\frac{1}{2}\frac{\partial v_1}{\partial x}\\&=\frac{1}{2}\mathrm{i}a[A\cos(pz)+B\sin(pz)]\exp[\mathrm{i}(ax-\omega t)]\\&=\frac{1}{2}\mathrm{i}av_1\\&=\frac{1}{2}\frac{\mathrm{i}\omega}{v_L}v_1\end{aligned} \tag{2.89}$$

式(2.89)即为考虑 L 波时得到的绕 z 轴的扭转分量。

这样由式(2.87)和式(2.89)就建立起地震动平动分量的傅里叶谱与转动分量的傅里叶谱之间的联系,再经过傅里叶逆变换就可以得到转动分量的时程。

2.4.3 相速度

1. 瑞利波

人们曾研究过弹性半空间表面 R 波的传播规律,给出了其无频散效应的公

式。关于 R 波在分层弹性介质中传播的研究显示，R 波在层状介质中具有频散效应的特性。实际中的场地条件是比较复杂的，并不是上述推理中假设里的理想情况，其边界条件也不可能是自由表面。而当在弹性介质表面有上覆土层时，R 波的相速度也将会随频率的变化而变化。所以若从工程应用的角度出发，假定在均匀弹性半空间表面上有一个非弹性疏松覆盖层，并考虑上覆土层的质量时就可得到具有频散性的面波相速度公式。

设在均匀弹性半空间表面上有一非弹性疏松覆盖层，不计厚度，其单位面积质量为 γ。根据波动方程及 R 波的特性，其势函数及位移表达式与前述相同，如式(2.82a)、式(2.82b)和式(2.84a)、式(2.84b)所示。只是由于考虑了上覆土层的影响，导致应力边界条件发生了变化，即

$$\sigma_{zz}\big|_{z=0}=\left(\lambda\varepsilon_{\mathrm{v}}+2\mu\frac{\partial w}{\partial z}\right)\bigg|_{z=0}=\rho\frac{\partial^2 w}{\partial t^2} \tag{2.90}$$

$$\tau_{zx}\big|_{z=0}=\mu\left(\frac{\partial u}{\partial z}+\frac{\partial w}{\partial x}\right)\bigg|_{z=0}=0 \tag{2.91}$$

式中，λ 和 μ 为拉梅常量；$\varepsilon_{\mathrm{v}}=\frac{\partial u}{\partial x}+\frac{\partial v}{\partial y}+\frac{\partial w}{\partial z}$。设 $k_{\alpha\beta}=\frac{\alpha}{\beta}=\sqrt{\frac{\lambda+2\mu}{\mu}}$，代入式(2.90)，可得

$$\sigma_{zz}\big|_{z=0}=\mu k_{\alpha\beta}^2\frac{\partial w}{\partial z}+\mu(k_{\alpha\beta}^2-2)\frac{\partial u}{\partial x}=\rho\frac{\partial^2 w}{\partial t^2} \tag{2.92}$$

这样式(2.91)和式(2.92)构成了此时的应力边界条件。

将式(2.84a)、式(2.84b)代入正应力边界条件式(2.92)，并注意在自由界面处 $z=0$，由式(2.92)两边得

$$\begin{aligned}\sigma_{zz}\big|_{z=0}=&(-\mu k_{\alpha\beta}^2\{-\sqrt{a^2-k_\alpha^2}A\sqrt{a^2-k_\alpha^2}\exp[(-\sqrt{a^2-k_\alpha^2})z]-\\&Bia\sqrt{a^2-k_\beta^2}\exp[(-\sqrt{a^2-k_\beta^2})z]\}\exp[\mathrm{i}(ax-\omega t)]+\\&\mu ia(k_{\alpha\beta}^2-2)\{Aia\exp[(-\sqrt{a^2-k_\alpha^2})z]-\\&B\sqrt{a^2-k_\beta^2}\exp[(-\sqrt{a^2-k_\beta^2})z]\}\exp[\mathrm{i}(ax-\omega t)])\big|_{z=0}\\=&\{-\mu k_{\alpha\beta}^2[-(a^2-k_\alpha^2)A-Bia\sqrt{a^2-k_\beta^2}]+\\&\mu ia(k_{\alpha\beta}^2-2)[Aia-B\sqrt{a^2-k_\beta^2}]\}\exp[\mathrm{i}(ax-\omega t)]\end{aligned} \tag{2.93}$$

和

$$\begin{aligned}\rho\frac{\partial^2 w}{\partial t^2}\bigg|_{z=0}=&(\rho\omega^2\{A\sqrt{a^2-k_\alpha^2}\exp[(-\sqrt{a^2-k_\alpha^2})z]+\\&Bia\exp[(-\sqrt{a^2-k_\beta^2})z]\}\exp[\mathrm{i}(ax-\omega t)])\big|_{z=0}\end{aligned}$$

$$=\rho\omega^2[A\sqrt{a^2-k_\alpha^2}+Bia]\exp[i(ax-\omega t)] \tag{2.94}$$

将式(2.93)和式(2.94)代入式(2.92),可以得到

$$(2\mu a^2-\mu k_{\alpha\beta}^2k_\alpha^2-\rho\omega^2\sqrt{a^2-k_\alpha^2})A+(2\mu\sqrt{a^2-k_\beta^2}-\rho\omega^2)aiB=0 \tag{2.95}$$

同样注意到,在 $z=0$ 处的剪应力条件式(2.91),将式(2.84a)、式(2.84b)代入,则有

$$\begin{aligned}&\mu\left(\frac{\partial u}{\partial z}+\frac{\partial w}{\partial x}\right)\Bigg|_{z=0}\\&=(\mu\{Aia(-\sqrt{a^2-k_\alpha^2})\exp[(-\sqrt{a^2-k_\alpha^2})z]+\\&\quad B\sqrt{a^2-k_\beta^2}\sqrt{a^2-k_\beta^2}\exp[(-\sqrt{a^2-k_\beta^2})z]\}\exp[i(ax-\omega t)]-\\&\quad ia\{A\sqrt{a^2-k_\alpha^2}\exp[(-\sqrt{a^2-k_\alpha^2})z]+Bia\exp[(-\sqrt{a^2-k_\beta^2})z]\}\cdot\\&\quad \exp[i(ax-\omega t)])\big|_{z=0}\\&=\mu[-2Aia\sqrt{a^2-k_\alpha^2}+(2a^2-k_\beta^2)B]\exp[i(ax-\omega t)]\\&=0\end{aligned} \tag{2.96}$$

因此可得到

$$-2ia\sqrt{a^2-k_\alpha^2}A+(2a^2-k_\beta^2)B=0 \tag{2.97}$$

解联立方程组(2.95)和(2.97),若 A 和 B 有非零解,则系数行列式为0:

$$\begin{vmatrix}2\mu a^2-\mu k_{\alpha\beta}^2k_\alpha^2-\rho\omega^2\sqrt{a^2-k_\alpha^2} & (2\mu\sqrt{a^2-k_\beta^2}-\rho\omega^2)ai\\ -2a\sqrt{a^2-k_\alpha^2}\,i & 2a^2-k_\beta^2\end{vmatrix}=0 \tag{2.98}$$

展开式(2.98),得

$$(2\mu a^2-\mu k_{\alpha\beta}^2k_\alpha^2-\rho\omega^2\sqrt{a^2-k_\alpha^2})(2a^2-k_\beta^2)-2a^2\sqrt{a^2-k_\alpha^2}(2\mu\sqrt{a^2-k_\beta^2}-\rho\omega^2)=0 \tag{2.99}$$

由 k_α、k_β和 $k_{\alpha\beta}$的定义,可以得出

$$4\mu a^4-4\mu a^2\frac{\omega^2}{\beta^2}+\mu\frac{\omega^4}{\beta^4}+\frac{\rho\omega^4}{\beta^2}\sqrt{a^2-\frac{\omega^2}{\alpha^2}}-4\mu a^2\sqrt{a^2-\frac{\omega^2}{\alpha^2}}\sqrt{a^2-\frac{\omega^2}{\beta^2}}=0 \tag{2.100}$$

通过式(2.100)可以求得 a 值,可以看到它将是 ω 的函数,由此得出瑞利波的波速 $v_R=\omega/a$ 也将是频率的函数。瑞利波相速度与频率之间的变化关系如图 2.22 所示,从图中可看出,相速度随着频率的增加而减小,它们几乎呈线性关系。

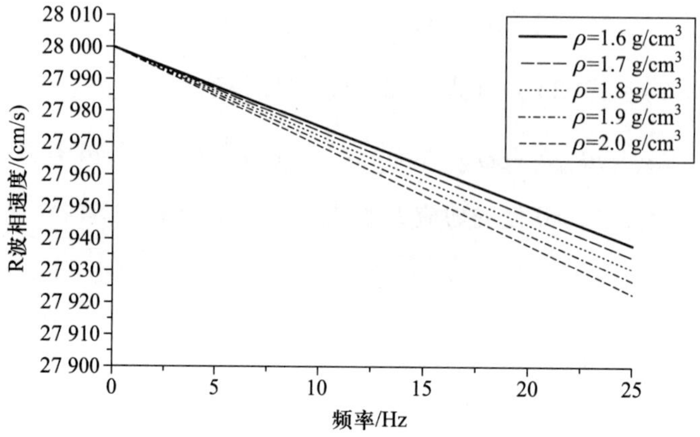

(a) v_s=140 m/s

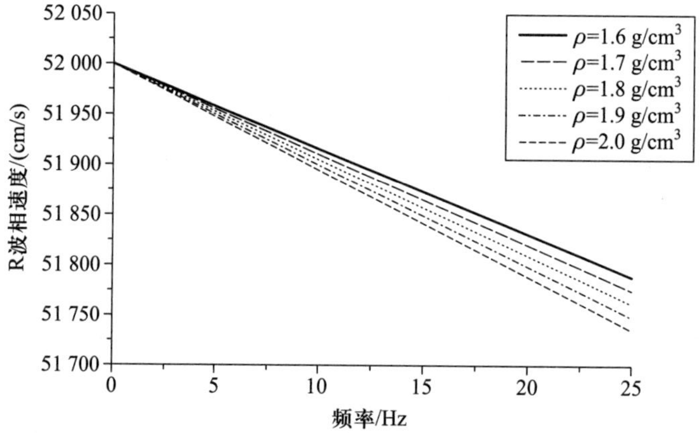

(b) v_s=260 m/s

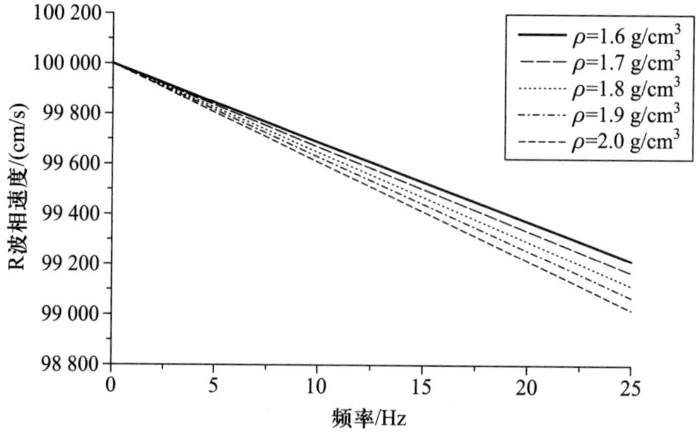

(c) v_s=500 m/s

图 2.22　瑞利波相速度与频率之间的变化关系

2. 勒夫波

L 波存在于两层介质之间,所以在此其应力和位移边界条件应当连续。而在自由表面上,其应力边界条件为 0。

应力连续: $$\mu_1\frac{\partial v_1}{\partial z}\bigg|_{z=0}=\mu_2\frac{\partial v_2}{\partial z}\bigg|_{z=0} \tag{2.101}$$

位移连续: $$v_1|_{z=0}=v_2|_{z=0} \tag{2.102}$$

自由表面: $$\mu_1\frac{\partial v_1}{\partial z}\bigg|_{z=-D}=0 \tag{2.103}$$

由式(2.88a)、式(2.88b)和式(2.101)可得

$$\begin{aligned}\mu_1\frac{\partial v_1}{\partial z}&=\mu_1[-Ap\sin(pz)+Bp\cos(pz)]\exp[\mathrm{i}(ax-\omega t)]|_{z=0}\\&=\mu_1 pB\exp[\mathrm{i}(ax-\omega t)]\\ \mu_2\frac{\partial v_2}{\partial z}&=\mu_2(-b)C\exp(-bz)\exp[\mathrm{i}(ax-\omega t)]|_{z=0}\\&=-bC\mu_2\exp[\mathrm{i}(ax-\omega t)]\end{aligned}$$

所以

$$\mu_1 pB\exp[\mathrm{i}(ax-\omega t)]=-bC\mu_2\exp[\mathrm{i}(ax-\omega t)]$$

可得

$$\mu_1 pB+bC\mu_2=0 \tag{2.104}$$

由式(2.88a)、式(2.88b)和式(2.102),可得

$$[A\cos(pz)+B\sin(pz)]\exp[\mathrm{i}(ax-\omega t)]|_{z=0}=C\exp(-bz)\exp[\mathrm{i}(ax-\omega t)]|_{z=0}$$

整理,得

$$A-C=0 \tag{2.105}$$

由式(2.88a)、式(2.88b)和式(2.103)可得

$$\mu_1\frac{\partial v_1}{\partial z}\bigg|_{z=-D}=\mu_1[-Ap\sin(pz)+Bp\cos(pz)]\exp[\mathrm{i}(ax-\omega t)]|_{z=-D}=0$$

整理,得

$$A\sin(Dp)+B\cos(Dp)=0 \tag{2.106}$$

由式(2.104)、式(2.105)和式(2.106)可得

$$\mu_1 p\sin(Dp)=\mu_2 b\cos(Dp) \tag{2.107}$$

将各系数代入式(2.107),得到

$$\mu_1\sqrt{\frac{1}{v_{\mathrm{s1}}^2}-\frac{1}{v_{\mathrm{L}}^2}}\sin\left(D\omega\sqrt{\frac{1}{v_{\mathrm{s1}}^2}-\frac{1}{v_{\mathrm{L}}^2}}\right)-\mu_2\sqrt{\frac{1}{v_{\mathrm{L}}^2}-\frac{1}{v_{\mathrm{s2}}^2}}\cos\left(D\omega\sqrt{\frac{1}{v_{\mathrm{s1}}^2}-\frac{1}{v_{\mathrm{L}}^2}}\right)=0 \tag{2.108}$$

由式(2.108)即可得到 L 波的相速度。勒夫波的相速度与频率之间的变化关系如图 2.23 所示,从图中可看出,相速度随着频率的增加而迅速减小,减小到一定值后趋于稳定。有关面波产生的转动分量的实验验证,请参见作者的相关著作[15]。

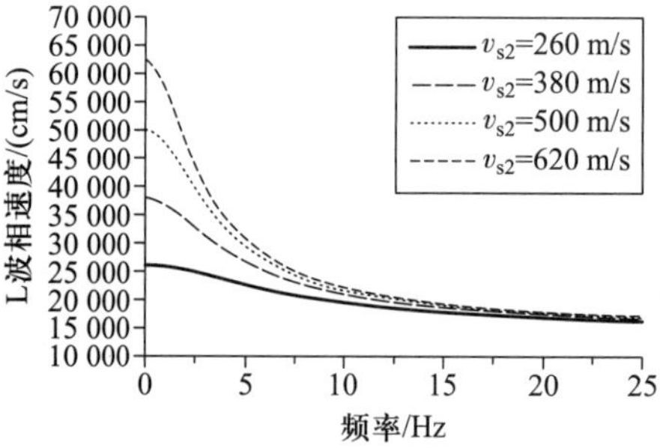

(a) D=3 m, v_{s1}=140 m/s

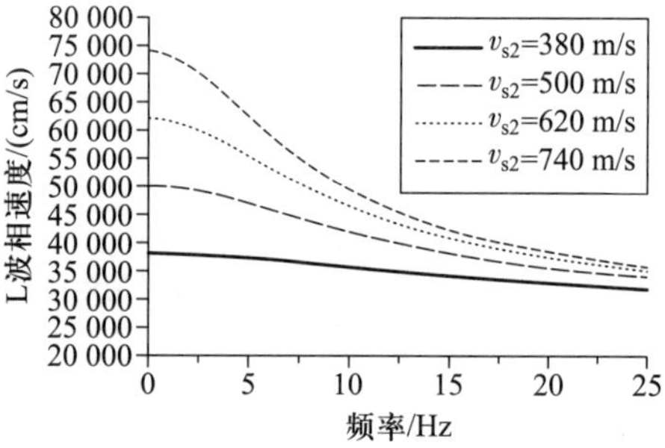

(b) D=3 m, v_{s1}=260 m/s

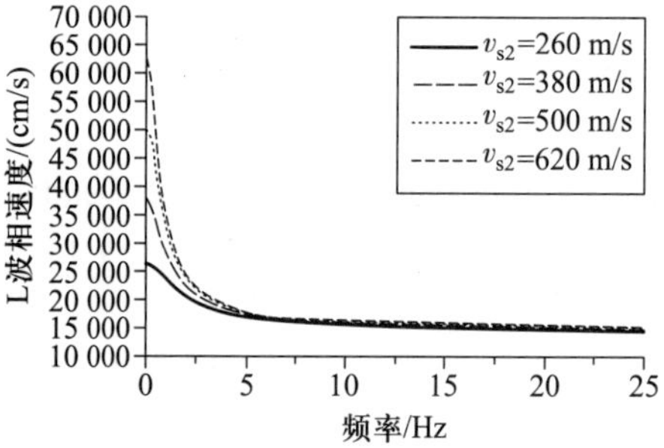

(c) D=6 m, v_{s1}=140 m/s

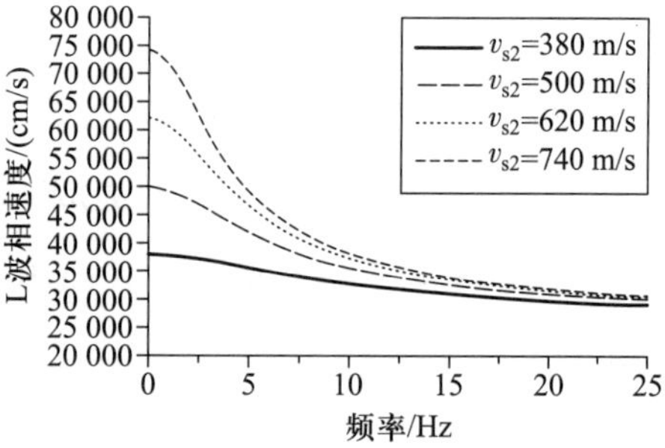

(d) D=6 m, v_{s1}=260 m/s

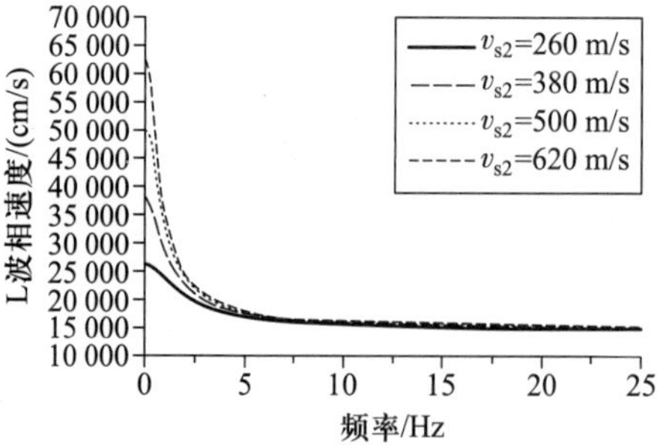

(e) D=12 m, v_{s1}=140 m/s

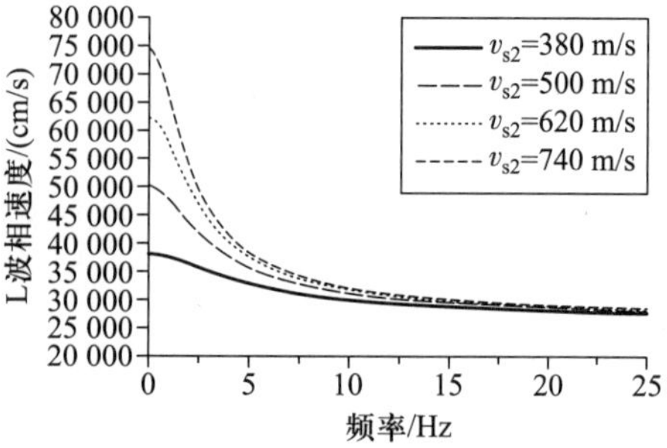

(f) D=12 m, v_{s1}=260 m/s

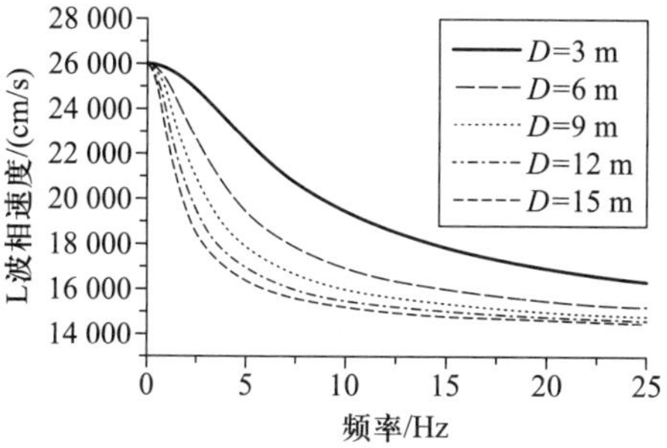

(g) v_{s1}=140 m/s, v_{s2}=260 m/s

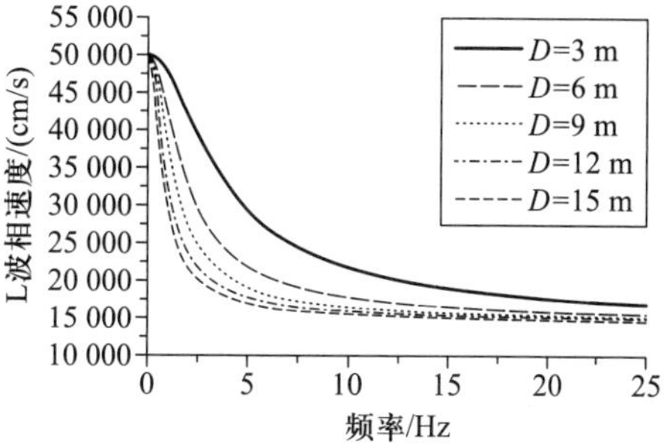

(h) v_{s1}=140 m/s, v_{s2}=500 m/s

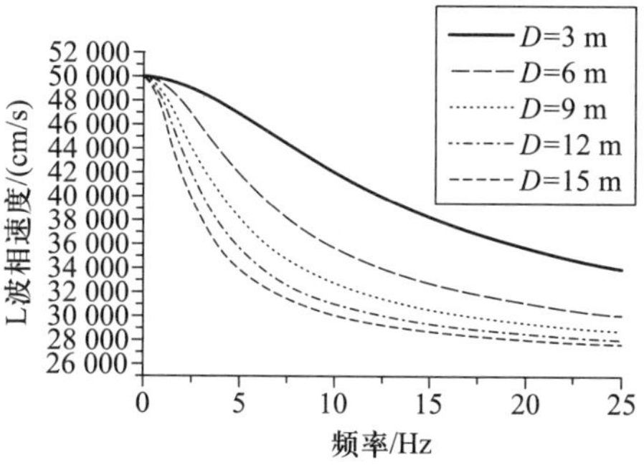

(i) v_{s1}=260 m/s, v_{s2}=500 m/s

图 2.23 勒夫波相速度与频率之间的变化关系

选取美国 1992 年 6 月 28 日 Landers 地震记录(台站号:32075)为例,由于它们的震中距均为 100 km 以上,故可以认为以面波成分为主。按式(2.98)和式(2.108)求得 R 波、L 波的相速度,再按式(2.87)和式(2.89)分别得到考虑 R 波和 L 波时的转动分量傅里叶谱,最后将频域内的转动分量做傅里叶逆变换,从而得到转动分量的时程。所得结果如图 2.24~图 2.27 所示。

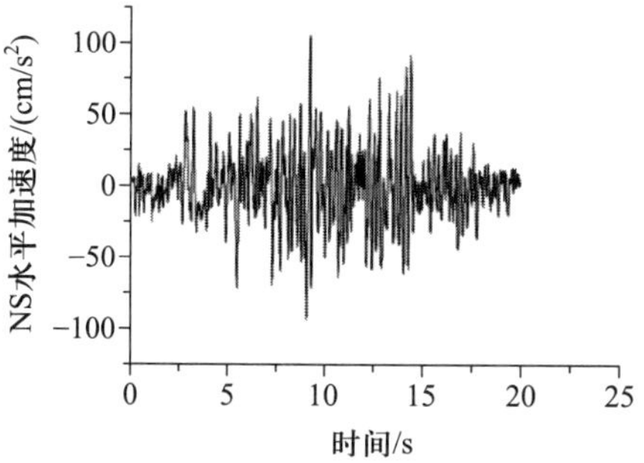

(a) NS分量

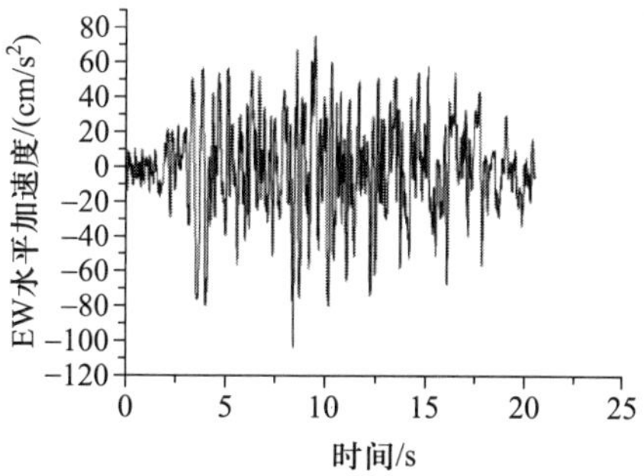

(b) EW分量

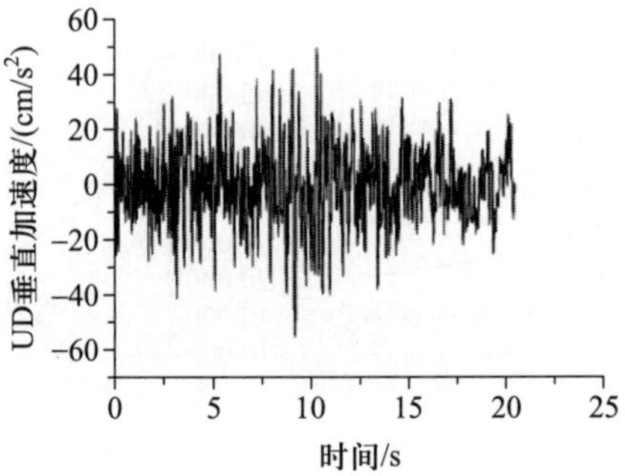

(c) UD分量

图 2.24　由 Landers(台站号:32075)得到的平动加速度时程曲线

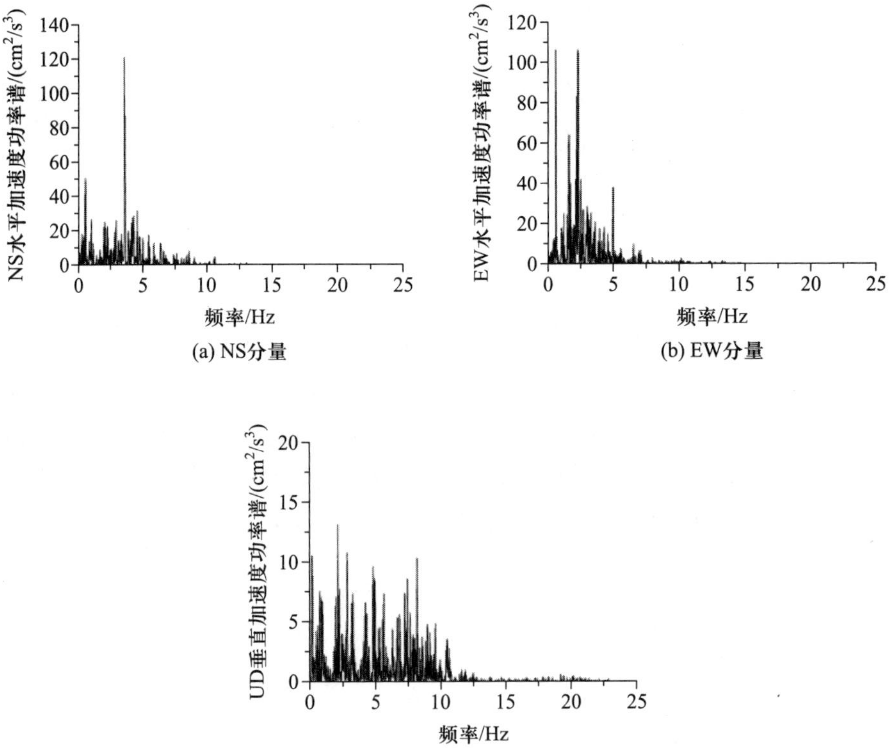

(a) NS分量　(b) EW分量

(c) UD分量

图 2.25　由 Landers(台站号:32075)得到的平动加速度功率谱曲线

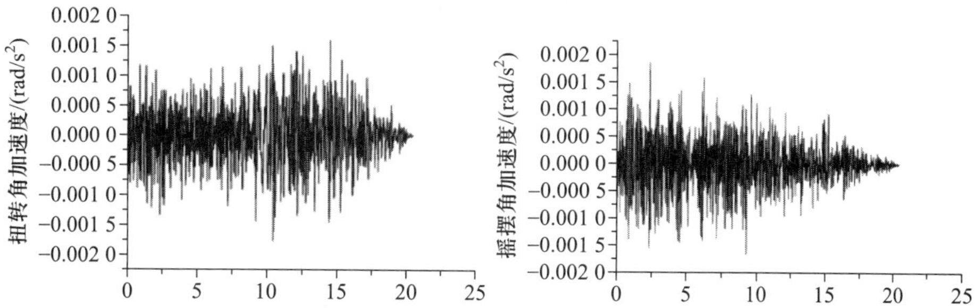

(a) 扭转分量　　(b) 摇摆分量

图 2.26　由 Landers(台站号:32075)得到的转动加速度时程曲线

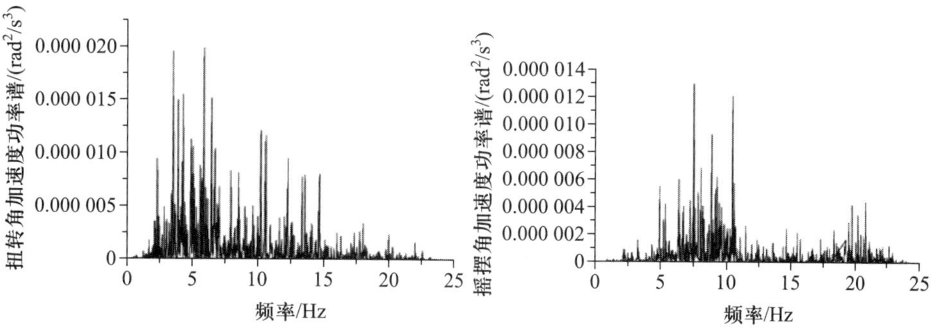

(a) 扭转分量　　(b) 摇摆分量

图 2.27　由 Landers(台站号:32075)得到的转动功率谱曲线

为了对比,同时也给出了平动分量的时程(图 2.24)及功率谱(图 2.25)。与它们对应的地震动转动分量的时程及功率谱如图 2.26 和图 2.27 所示。通过对同一地点得到的平动记录和转动记录功率谱的对比看到,当频率大于 10 Hz 时,平动记录功率谱中的高频含量很小,而转动分量功率谱随频率的增加衰减较慢,在大于 10 Hz 时仍很丰富。可见转动分量比平动分量更富有高频成分,这样现象与体波情况下得到的结论是一致的。

2.5　地震动转动分量的随机模型

工程结构抗震分析一般采用两种方法:确定性方法和概率方法(即随机振动方法)。而概率方法的地震动工程特征可以用功率谱密度函数来描述。目前已有多种地震动平动功率模型,如白噪声谱、过滤白噪声谱(即金井清谱)等。本节通过地震动转动功率谱曲线的统计分析,给出扭转和摇摆分量的功率谱数学模型,并给出各类场地上谱参数的统计值。

2.5.1　体波

1. 转动功率谱的数学模型

根据《建筑抗震设计规范》(GB 50011—2010)[16]对土的类别的划分,将其中的中等场地土的中硬、中软归并为一类,共分为 3 类场地：Ⅰ类：坚硬场地土；Ⅱ类：中等场地土；Ⅲ类：软弱场地土。地震记录选取美国 85 个台站的三分量记录共 255 条,其中Ⅰ类场地 12 个点 36 条,Ⅱ类场地 58 个点 174 条,Ⅲ类场地 15 个点 45 条。这些记录的震中距大多小于 100 km,根据上述推导每个点的三分量记录可以得到一个扭转和一个摇摆分量。计算所用的剪切波速参考规范给出的数值,取为Ⅰ类：$\beta = 600$ m/s；Ⅱ类：$\beta = 270$ m/s；Ⅲ类：$\beta = 140$ m/s。图 2.28～图 2.30 所示为 1971 年 2 月 9 日美国 San Fernando 地震 3 类场地上典型的扭转功率谱曲线。通过由大量的实际地震记录得到的扭转功率谱曲线的分析发现,转动功率谱不仅受地震特性的影响,而且受场地土的影响较大。归纳如下：

(1) 在Ⅰ、Ⅱ类场地上呈现双峰或多峰现象(图 2.28 和图 2.29)；

(2) 在Ⅲ类场地上大多数呈现单峰现象(图 2.30)。

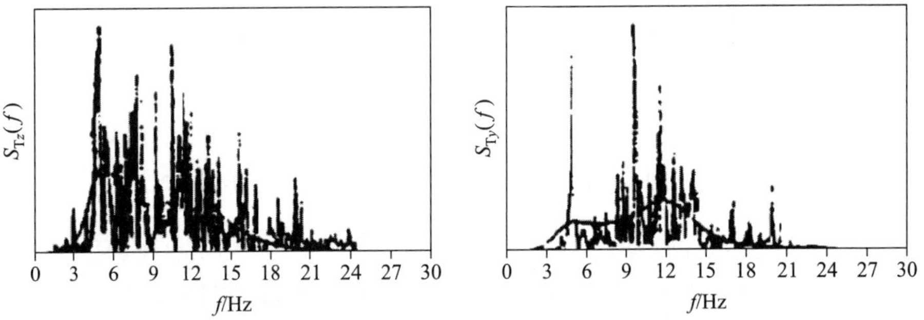

(a) 扭转功率谱　　(b) 摇摆功率谱

图 2.28　Ⅰ类场地转动功率谱(台站号:126)

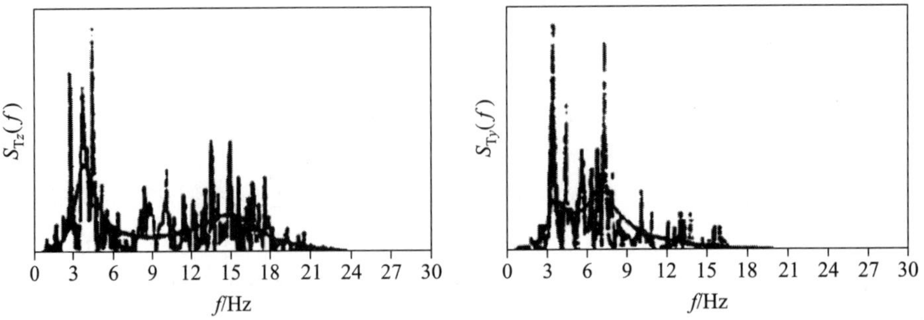

(a) 扭转功率谱　　(b) 摇摆功率谱

图 2.29　Ⅱ类场地转动功率谱(台站号:276)

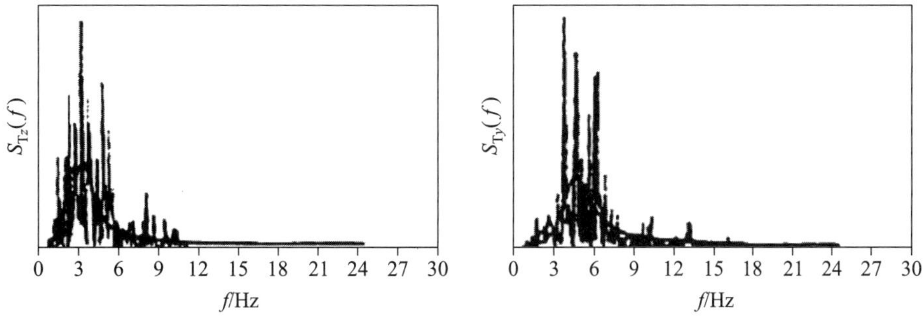

(a) 扭转功率谱　　(b) 摇摆功率谱

图 2.30　Ⅲ类场地转动功率谱(台站号:132)

在建立转动谱的模型时,既要很好地拟合实际功率谱,又要便于应用。因此,建议根据表 2.2 来建立转动功率谱的数学模型。

表 2.2　体波情况下转动功率谱峰值选取

场地土	Ⅰ	Ⅱ	Ⅲ
扭转功率谱	双峰	双峰	单峰
摇摆功率谱	双峰	双峰	单峰

根据李宏男等[17]的研究结果,式(2.109)给出了统一过滤形式的地震动转动分量的功率谱密度函数

$$S_{\mathrm{r}}(\omega)=\frac{\omega^2}{\omega^2+\gamma^2}\frac{1+4\zeta_{\mathrm{g1}}^2\left(\frac{\omega}{\omega_{\mathrm{g1}}}\right)^2}{\left[1-\left(\frac{\omega}{\omega_{\mathrm{g1}}}\right)^2\right]^2+4\zeta_{\mathrm{g1}}^2\left(\frac{\omega}{\omega_{\mathrm{g1}}}\right)^2}S_{\mathrm{R}} \tag{2.109}$$

式中,γ 为低频减量系数;ω_{g1} 和 ζ_{g1} 分别为土层过滤器的频率和阻尼比;S_{R} 为基岩输入,取如下形式:

$$S_{\mathrm{R}}=\begin{cases}S_1, & \text{Ⅲ类场地}\\ \dfrac{1+4\zeta_{\mathrm{g2}}^2\left(\frac{\omega}{\omega_{\mathrm{g2}}}\right)^2}{\left[1-\left(\frac{\omega}{\omega_{\mathrm{g2}}}\right)^2\right]^2+4\zeta_{\mathrm{g2}}^2\left(\frac{\omega}{\omega_{\mathrm{g2}}}\right)^2}S_1, & \text{Ⅰ、Ⅱ类场地}\end{cases} \tag{2.110}$$

其中,S_1 为谱强度;ω_{g2} 和 ζ_{g2} 可以认为是基岩过滤器的频率和阻尼比。需要指出的是,式(2.109)和式(2.110)的处理方法只是一种物理上的描述,实际应用中

是将土层即基岩的谱参数综合考虑，并根据具体场地的地震记录定出。式(2.109)能很好地拟合大多数各类场地上的扭转功率谱和摇摆功率谱(图 2.28～图 2.30)。

2. 工程应用的谱参数统计

在确定功率谱参数时，通常采用的是谱矩法和非线性最小二乘拟合法，这里采用非线性最小二乘拟合法。对本节使用的美国地震记录用式(2.109)进行转动功率谱的非线性最小二乘法拟合，得到的结果列于表 2.3。它们包括：圆频率 ω_{g1} 和 ω_{g2}，阻尼比 ξ_{g1} 和 ξ_{g2}，低频减量系数 γ。

表 2.3　转动功率谱参数的统计值

场地条件		坚硬场地土		中等场地土		软弱场地土	
参数		均值	变异系数	均值	变异系数	均值	变异系数
ω_{g1}/(rad/s)	扭转	21.84	0.866	20.19	0.975	20.07	0.979
	摇摆	25.86	0.934	24.73	0.934	34.16	1.054
ω_{g2}/(rad/s)	扭转	63.90	0.958	52.73	1.028	—	—
	摇摆	71.31	0.971	67.67	1.053	—	—
ζ_{g1}	扭转	0.667	1.325	0.633	1.224	0.861	0.921
	摇摆	0.614	0.699	0.968	1.436	0.412	0.549
ζ_{g2}	扭转	0.263	1.659	0.524	1.328	—	—
	摇摆	0.310	1.113	0.676	1.557	—	—
γ	扭转	1 582.1	1.052	4 023.8	1.915	7 546.1	2.151
	摇摆	1 523.0	1.068	3 410.5	2.203	5 601.5	2.016

从表 2.3 中给出的谱参数的统计特征，可以得到场地条件对转动功率谱产生影响的一些结论：

(1) 固有频率。

对于双峰谱 ω_{g1} 和 ω_{g2}(包括扭转功率谱和摇摆功率谱，下同)的均值随着场地变软而减小，这与平动的规律是一致的。从表 2.3 中还可以看到，无论是双峰谱还是单峰谱，其频率均大于平动的金井清谱。这说明扭转谱和摇摆谱更富有高频成分。叶世元等在同一地点测到的平动分量卓越频率为 0.4 Hz，而转动分量的卓越频率为 0.8 Hz，如图 2.31 所示[18]。实测得到的转动分量与上文分别通过体波和面波推算出的转动分量的功率谱特性规律是一致的。

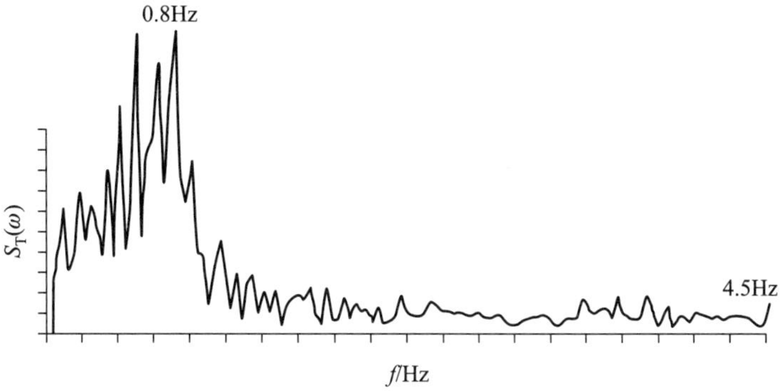

(a) 扭转分量功率谱

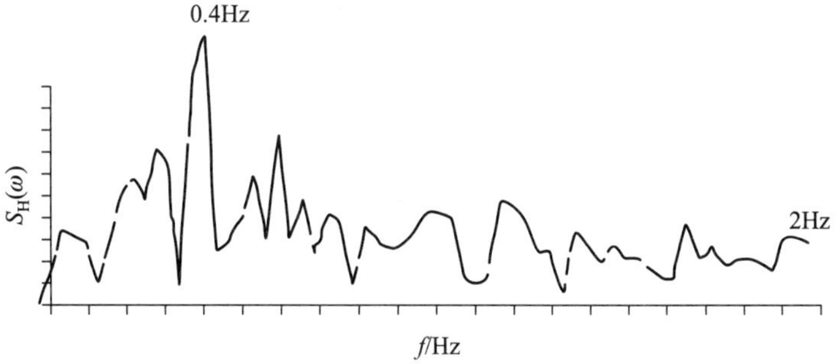

(b) 水平分量功率谱

图 2.31　实测到的转动与平动分量的功率谱曲线比较

（2）阻尼系数。

由于双峰谱是两个峰点，因而可以从 $\zeta_{g1}+\zeta_{g2}$ 来考虑其变化规律。从表 2.3 可看到，双峰谱的阻尼系数的均值随场地条件的变软而增大。这个结果符合场地条件越软阻尼越大的规律。双峰谱与单峰谱不属于同一类型谱，故阻尼系数不能相比。

（3）低频减量系数。

地震动扭转功率谱和摇摆功率谱中 γ 的均值随着场地条件的变软而增大。

2.5.2　面波

场地类别划分方法与体波情况相同。地震记录选取来自美国地震记录网站上的 PEER Strong Motion Database 以及中国台湾气象局网站（www.cwb.gov.tw）上的地震记录。所选地震记录震中距均在 100 km 以上，故可近似认为地震动以面波成分为主，根据前面所述计算其转动分量，分析其频谱特性。共选用 135 个台站的 405 条地震记录。地震名称如表 2.4。

表 2.4　统计用地震名称

地震名称	发生时间	台站数
Borrego Mtn	1968.04.09	4
台湾集集(中国)	1999.09.21	58
El Alamo	1956.12.17	1
Kobe	1995.02.16	1
Kocaeli(土耳其)	1999.08.17	3
Landers	1992.06.28	45
Lytle Creek	1970.09.12	1
Northridge	1994.02.17	5
San Fernando	1972.02.09	15
Tabas(伊朗)	1978.09.16	3

通过大量的转动分量的功率谱密度函数的统计分析(典型功率谱曲线如图 2.32~图 2.34 所示),可见地震动扭转分量和摇摆分量的功率谱密度函数在各类场地上均呈现双峰或多峰现象。

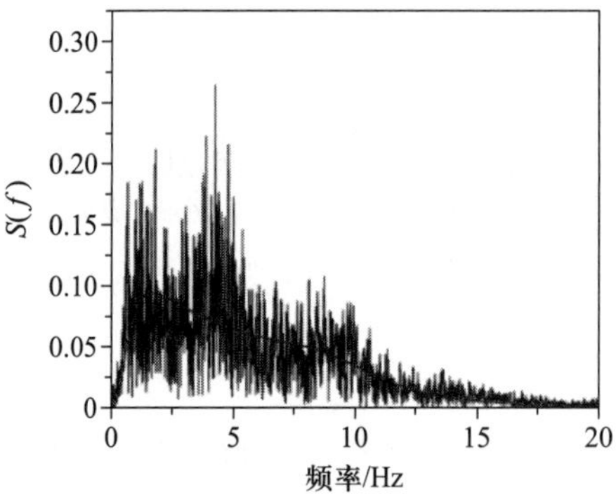

(a) 扭转功率谱

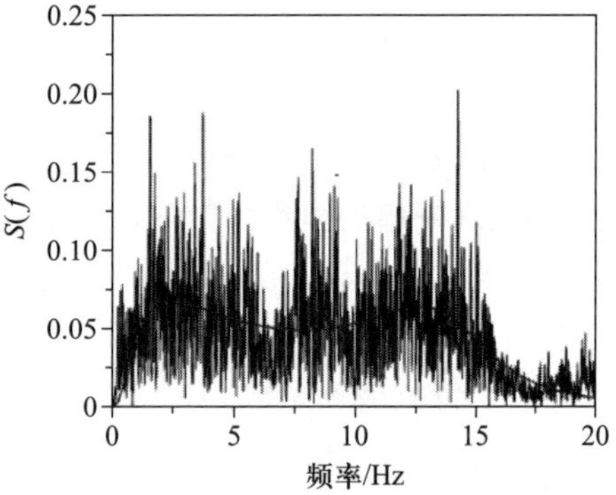

(b) 摇摆功率谱

图 2.32　Ⅰ类场地典型转动功率谱拟合(中国台湾集集地震,台站号:KAU007)

根据上述规律,在面波情况下及不同场地上的地震动扭转和摇摆功率谱密度函数数学模型均取下述形式:

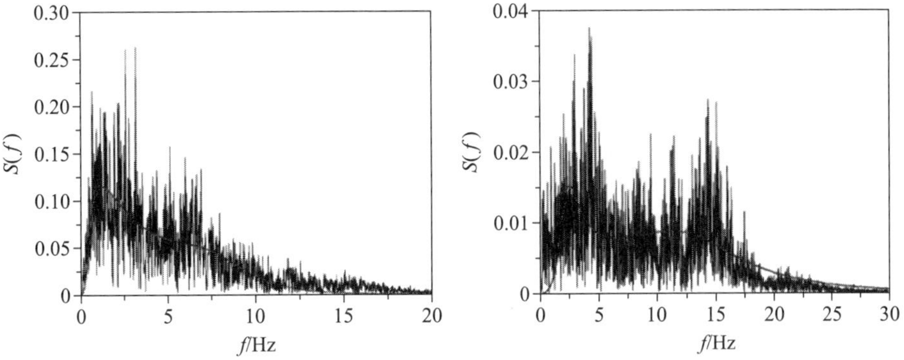

(a) 扭转功率谱　　(b) 摇摆功率谱

图 2.33　Ⅱ类场地典型转动谱拟合(中国台湾集集地震,台站号:KAU010)

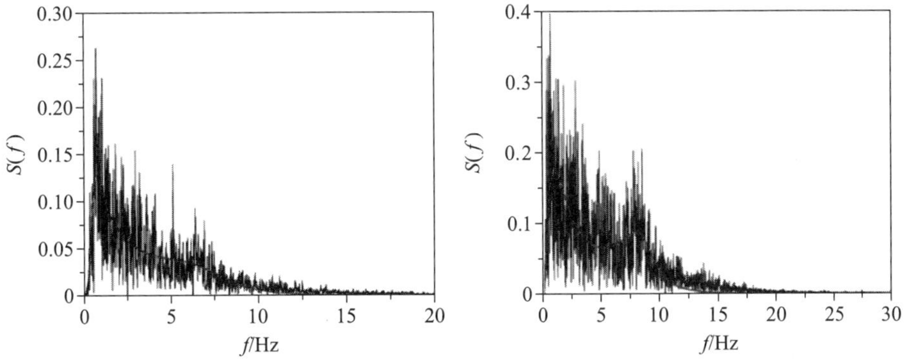

(a) 扭转功率谱　　(b) 摇摆功率谱

图 2.34　Ⅲ类场地典型转动谱拟合(台湾集集地震,台站号:KAU030)

$$S_{\mathrm{r}}(\omega)=\frac{\omega^{2}}{\omega^{2}+\gamma^{2}}\frac{1+4\zeta_{\mathrm{g1}}^{2}\left(\dfrac{\omega}{\omega_{\mathrm{g1}}}\right)^{2}}{\left[1-\left(\dfrac{\omega}{\omega_{\mathrm{g1}}}\right)^{2}\right]^{2}+4\zeta_{\mathrm{g1}}^{2}\left(\dfrac{\omega}{\omega_{\mathrm{g1}}}\right)^{2}}\frac{1+4\zeta_{\mathrm{g2}}^{2}\left(\dfrac{\omega}{\omega_{\mathrm{g2}}}\right)^{2}}{\left[1-\left(\dfrac{\omega}{\omega_{\mathrm{g2}}}\right)^{2}\right]^{2}+4\zeta_{\mathrm{g2}}^{2}\left(\dfrac{\omega}{\omega_{\mathrm{g2}}}\right)^{2}}S_{0} \quad (2.111)$$

式中符号意义同前。为了应用上的方便,下面给出式(2.111)中谱参数的统计值。

在确定转动随机模型的功率谱参数时,仍采用非线性最小二乘法进行拟合,拟合曲线如图 2.32~图 2.34。所得功率谱参数拟合结果如表 2.5。

从表 2.5 中的数据可看出,转动谱参数和平动谱参数的变化规律基本相同,但由于震中距的增大,地震波中低频分量更加丰富,使得低频减量系数与体波相比有所减小。

表 2.5　转动功率谱参数的统计值

场地条件		坚硬场地土			中等场地土			软弱场地土		
参数		$\overline{x}$	σ	V_a	$\overline{x}$	σ	V_a	$\overline{x}$	σ	V_a
γ	扭转	2.272 3	2.170	0.955 0	2.573 0	2.281 35	0.498 0	3.666 4	8.286 0	2.263 5
	摇摆	13.518	10.909	0.807 3	7.946 2	4.513 44	0.568 3	7.545 5	5.802 4	0.769 4
ω_{g1}/(rad/s)	扭转	23.752	22.991	0.968 1	18.768	8.070 24	0.429 5	19.763	32.213	2.628 8
	摇摆	28.512	25.119	0.881 2	19.055	9.127 35	0.478 8	23.469	18.423	0.784 5
ζ_{g1}	扭转	0.718 2	0.976 7	2.362 9	0.841 5	0.435 46	0.517 4	0.860 4	0.599 7	0.697 0
	摇摆	0.356 5	0.363 6	2.017 7	0.693 4	0.274 10	0.395 3	0.566 9	0.766 2	2.351 6
ω_{g2}/(rad/s)	扭转	78.61	70.442	0.896 1	69.598	39.239	0.563 8	70.63	18.272	0.258 7
	摇摆	82.089	19.866	0.244 9	74.48	22.269	0.298 5	74.276	64.025	0.862 1
ζ_{g2}	扭转	0.207 3	0.123 1	0.593 7	0.287 5	0.200 82	0.698 2	0.327 2	0.369 7	2.129 9
	摇摆	0.199 1	2.382 4	2.727 5	0.256 6	0.196 22	0.764 7	0.254 0	0.387 5	2.525 5

参考文献

[1] Oldham R D. Report on the great earthquake of 12 June 1897[J]. Memoirs of the Geological Survey of India, 1899, 29(1): 1-3.

[2] Hart G C, Dijulio M, Lew M. Torsional response of high-rise buildings[J]. Journal of Structual Division, 1975, 101(2): 397-416.

[3] Lee W H, Igel H, Trifunac M D. Recent advances in rotational seismology[J]. Seismological Research Letters, 2009, 80(3): 479-490.

[4] Rosenblueth E. Comments on torsion[C]//Proceeding of Convention of the Structural Engineers Association of South California, 1957.

[5] Newmark N M. Torsion in symmetrical buildings[C]//Proceedings of Fourth World Conference on Earthquake Engineering, 1969: 743-756.

[6] Tso W K, Hsu T I. Torsional spectrum for earthquake motions[J]. Earthquake Engineering & Structural Dynamics, 1978, 6(4): 375-382.

[7] Penzien J, Watabe M. Characteristics of 3-dimensional earthquake ground motions [J]. Earthquake Engineering & Structural Dynamics, 1975, 3(4): 365-373.

[8] Rutenberg A, Heidebrecht A C. Rotational ground motion and seismic codes[J]. Canadian Journal of Civil Engineering, 1985, 12(3): 583-592.

[9] Trifunac M. A note on rotational components of earthquake motions on ground surface for incident body waves[J]. International Journal of Soil Dynamics and Earthquake Engineering, 1982, 1(1): 11-19.

[10] Lee V W, Trifunac M D. Torsional accelerograms[J]. International Journal of Soil Dynamics and Earthquake Engineering, 1985, 4(3): 132-139.

[11] Castellani A, Boffi G. Rotational components of the surface ground motion during an earthquake[J]. Earthquake Engineering & Structural Dynamics, 1986, 14(5): 751-767.

[12] Nathan N D, Mackenzie J R. Rotational components of earthquake motion[J]. Canadian Journal of Civil Engineering, 1975, 2(4): 430-436.

[13] 李宏男, 孙立晔. 地震面波产生的地震动转动分量研究[J]. 地震工程与工程振动, 2001, 21(1): 15-23.

[14] 李宏男, 霍林生. 结构多维减震控制[M]. 北京: 科学出版社, 2008.

[15] 李宏男. 结构多维抗震理论[M]. 2 版. 北京: 科学出版社, 2006.

[16] 中华人民共和国住房和城乡建设部. 建筑设计抗震规范: GB 50011—2010[S]. 北京: 中国建筑工业出版社, 2010.

[17] Li H N, Wang S Y. Rotational stochastic model of seismic ground motions[J]. Journal of Seismological Research, 1992, 15(3): 334-343.

[18] Ye S Y. Primary Seismic record of rotational seismograph[C]//Proceedings of Sino-Japan Conference on Seismological Research Beijing, China, 1989.

第3章
多点地震动激励模型

3.1 多点地震动激励特征

地震作用下结构的响应以及破坏程度,通常与结构自身的动力特性、滞回性能、变形能力以及地震动输入有着密切的关系。地震动是进行结构地震响应分析的基本输入,不同地震动对结构的地震响应有很大的影响。地震动特性通常指幅值、频谱和持续时间等基本特征参数。幅值决定了地震动输入的强度,幅值越大,通常结构响应越大;频谱是指地震动的频率组成,可以通过反应谱体现出来;持续时间表征了地震动作用的时间,长时间的地震动作用往往会增大结构的破坏程度。

地震动在地表的传播随着时间和空间的变化而变化,即地震动具有时间变化和空间变化的特性。在一般的结构地震响应分析中,往往关注地震动随时间变化的特性,即幅值、频谱和持续时间等特征参数,而忽略了地震动的空间变化特性。地震发生时,地壳断裂从震源释放的能量以波的形式传播到地表,引起地表振动,不同地点所呈现出的地震动是经过不同的传播路径、不同的地形特征、不同的地质条件所产生的,不同地点的地面运动自然有所不同,进而导致在同一地震发生时,不同地点的同一建筑所遭受的地震动有显著不同。大跨结构和长大桥梁的不同地面支承点地震动输入有所差别，这在结构动力分析中通常叫做地震动的空间差动特性，或者地震动的多点输入特征。如果结构在地面各支承点的距离较近，则不需要考虑地震动的空间差动性或者多点输入，此时称之为地震动的一致激励。

对于小跨度的结构，采用一致地震动激励是合理的，而对于大跨、多点支承的空间结构，地震动的空间特性显著，多个支承的地震动往往显著不同，此时采用一致地震动激励模型并不合适，多点地震动输入更加合理、更加符合实际情况。大跨空间结构各个支承点的空间位置不同，导致各个支承点处所承受的地震动输入不同，因此在结构地震响应分析中应考虑多点支承的不同地震激励，需要发展地震动的多点激励模型和分析方法。

地震动多点激励主要归因于地震动的空间变化特性，包括行波效应、场地相干效应、局部场地效应和衰减效应等。本节将首先阐述多点地震动激励的基本特征，并结合结构响应探讨相应的分析方法。

3.1.1　行波效应

地震波到达结构各支承点时间的不同，导致各支承点所遭受的地震动激励具有相位差，即行波效应。地震波从震源以初始视波速 C_x 向地面传播，经路径 S_1 和 S_2 分别传到支承点 1 和支承点 2，由于支承点 1 和支承点 2 之间存在路程差 $\Delta S=S_2-S_1$，因此，支承点 1 和支承点 2 存在相位差 $d_t=\Delta S/C_x$，如图 3.1 所示。当考虑地震波传播所带来的行波效应时，结构的多点地震动激励与传播距离和视波速密切相关。

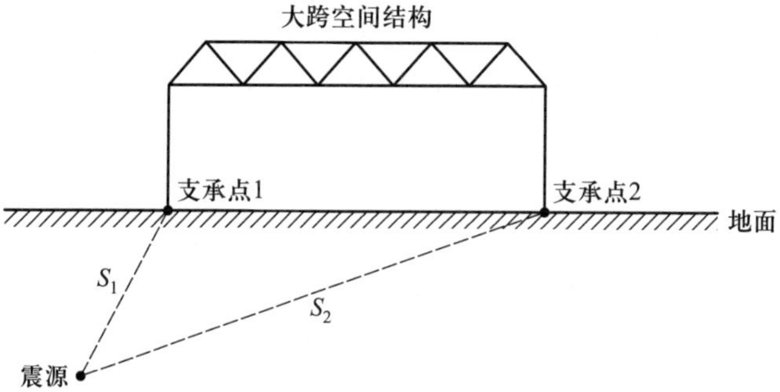

图 3.1　行波效应

牟在根等[1]提出一种简化的视波速确定方法。如图 3.2 所示，如果 A 点和 B 点分别为地表上的两点，将 A 和 B 之间的距离记为 L，将地震波从 A 点到 B 点的速度称为视波速 C_x。

假定地震波由震源传播到建筑物的过程中沿直线传播，同时地震波在土层

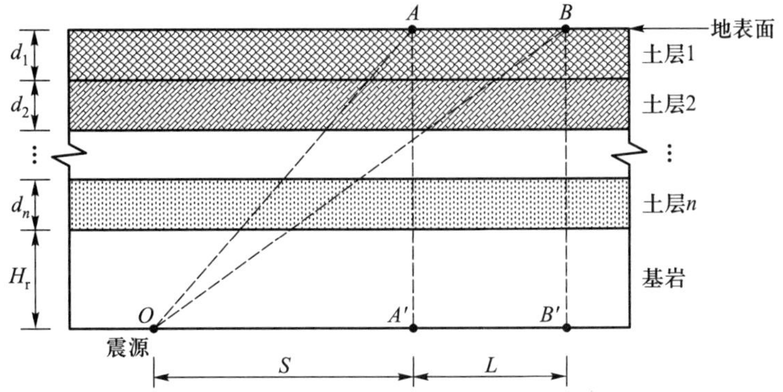

图 3.2 地震波传播示意图

之间的传播过程中发生的折射亦不考虑，地震波从震源 O 发出直至到达建筑的传播路径可以由图 3.2 表示。震源 O 以上部分主要为基岩和覆盖土层两个部分，基岩的深度为 H_r，各个土层的厚度为 d_i，将基岩以上的土层等效为一个覆盖土层。视波速的计算公式为

$$C_x = \frac{v_r v_{se} HL}{\left[v_r D + v_{se}(H-D)\right]\left[\sqrt{(S+L)^2+H^2}-\sqrt{S^2+H^2}\right]} \tag{3.1}$$

式中，v_r 为基岩的剪切波速；v_{se} 为覆盖土层的等效剪切波速，$v_{se} = \sum_{i=1}^{n} d_i \Big/ \sum_{i=1}^{n} \frac{d_i}{v_{si}}$，其中，$d_i$ 为第 i 层土体的厚度，v_{si} 为第 i 层土体的剪切波速，n 为基岩顶面覆盖层的土层数；H 为震源深度，$H = H_r + D$，H_r 为基岩顶面到震源的深度；D 为等效覆盖土层的厚度，$D = \sum_{i=1}^{n} d_i$。

由式(3.1)可以看出，影响视波速取值大小的因素很多，地震波在基岩以及土层中的传播速度、震中距、震源深度、覆盖土层厚度以及建筑物沿传播方向的跨度均会影响视波速的取值。式(3.1)是基于基岩剪切波速和覆盖土层剪切波速的计算公式。

剪切波速一般指剪切波在场地土层中的传播速度，是土的重要动力参数。土层的剪切波速能反映场地土的动力特性，同时它也可表示场地土的刚度。由于 P 波在高饱和区的传播速度取决于饱和度的大小，受土中孔隙水的影响较大，不能很好地体现土体骨架的承载性能。而孔隙水不能传递剪力，剪切波的传播速度基本上不受地下水位的影响，因此，剪切波的速度可以体现土体骨架的承载性能。

3.1.2　相干效应

由于场地介质的不均匀性，地震波在场地介质中的反射和折射导致在传播方向不同位置上的叠加方式不同，由此所产生的各个支承点地震动不一致称之为相干效应。

当震源为点源时，同一简谐波分量从震源传播到地表两个点的过程中，经过的场地介质不同，使其幅值和相位在这两点之间产生差异，并引起部分相干效应降低，如图 3.3(a)所示。当震源为线源或面源时，不同部位释放不同频率的简谐波分量，其幅值和相位本身就存在差别，再经过不同路径分别传播到两点后叠加，使得两点同频率简谐波分量的幅值和相位角存在差异，同样会引起部分相干效应降低，如图 3.3(b)所示。研究表明，随着两点距离的增大，传播路径的差异也会增大，简谐波分量的幅值、相位差异的可能性就会越大；简谐波分量的频率越高，传播过程中振动次数越多，同样幅值、相位角差异的可能性越大。

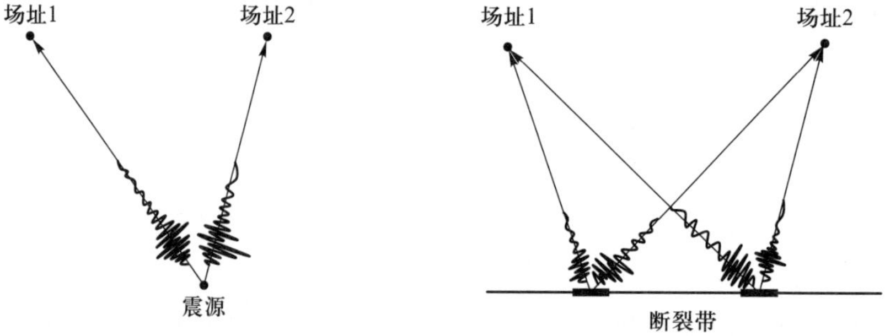

(a) 震源为点源　　(b) 震源为线源或面源

图 3.3　相干效应

相干模型是用来描述两点地震动相关程度的量，与两点之间的距离和地震动的频率有关，其值介于 0 和 1 之间，相干值越大，两点地震动的相关性越大。杜修力等[2]依据自功率谱和互功率谱，将地面上任意两点 k 和 l 的相干模型表示为

$$\gamma_{kl}(\omega,d_{kl})=\frac{S_{kl}(\omega,d_{kl})}{\sqrt{S_{kk}(\omega)S_{ll}(\omega)}} \tag{3.2}$$

式中，$S_{kk}(\omega)$、$S_{ll}(\omega)$分别为地面上点 k 和 l 的自动率谱密度函数；$S_{kl}(\omega,d_{kl})$为 k、l 两点间的互功率谱密度函数；d_{kl}为地面上 k、l 两点间的距离。

相干函数是圆频率 ω 的复数函数，可采用其绝对值和相位角的形式表

达,即

$$\gamma_{kl}(\omega,d_{kl})=|\gamma_{kl}(\omega,d_{kl})|\exp[\mathrm{i}\theta_{kl}(\omega,d_{kl})] \tag{3.3}$$

式中,$|\gamma_{kl}(\omega,d_{kl})|$是相干函数的幅值,其数值介于 0 和 1 之间;$\theta_{kl}(\omega,d_{kl})$为相干函数的相位角,其表达式为

$$\theta_{kl}(\omega,d_{kl})=\arctan\frac{\mathrm{Im}[S_{kl}(\omega,d_{kl})]}{\mathrm{Re}[S_{kl}(\omega,d_{kl})]} \tag{3.4}$$

Im[·]和 Re[·]分别表示复数的虚部和实部。

屈铁军[3]等借鉴我国抗震设计规范中确定反应谱的方法,给出如下相干模型:

$$\gamma_{kl}(\omega,d_{kl})=\exp[-a(\omega)\cdot d^{b(\omega)}] \tag{3.5}$$

式中,$a(\omega)=a_1w^2+a_2$,$b(\omega)=b_1w^2+b_2$;其中,$a_1=1.678\times10^{-5}$,$a_2=1.219\times10^{-3}$,$b_1=-0.005\,5$,$b_2=0.767\,4$。

3.1.3　局部场地效应

地震波由于受土层差异引起的滤波作用或者不规则地形引起的散射作用等影响,将会在不同场地产生差异地震动,这种由于局部场地土差异或者不规则地形产生的地震动差异称为局部场地效应。相同的地震激励下,在松软的软土场地和坚硬的岩石场地产生的地面运动会有显著不同,如图 3.4 所示,软土场地的地震动长周期频率成分显著,硬土场地的地震动呈现高频振动。

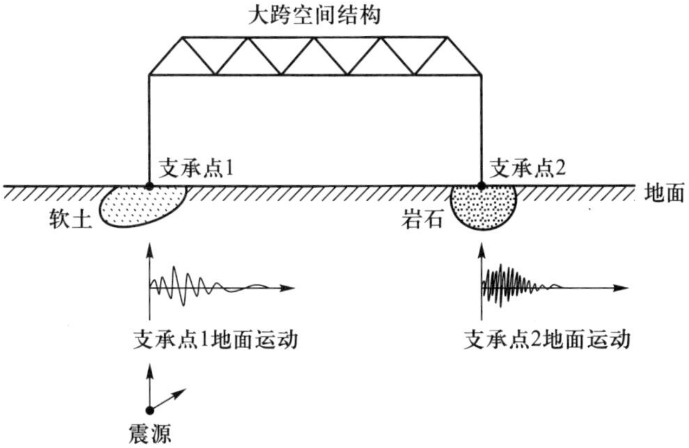

图 3.4　局部场地效应

如图 3.5 所示,假设场地为水平无限大的多层弹性土分布的半空间体,其中h_i、G_i、ρ_i、v_i和ζ_i分别为第 i 层土体的厚度、剪切模量、质量密度、泊松比和阻

尼比。

基岩的地震动由平面外的SH波及平面内的P波和SV波组成，以一定的入射角进入土层，并假设基岩各点处的地震动具有相同的功率谱密度函数，则位于基岩及地表的一对空间点j-j'和k-k'的功率谱密度函数可以表示为

$$G_{a_{k'}a_{j'}}(\omega,d_{k'j'})=H_{kk'}(\omega)H_{jj'}(-\omega)G_{a_ka_j}(\omega,d_{kj}) \tag{3.6}$$

式中，$H_{jj'}(\omega)$与$H_{kk'}(\omega)$分别为点j-j'和k-k'的传递函数，且有

$$G_{a_ka_j}(\omega,d_{kj})=\gamma_{kj}(\omega,d_{kj})\sqrt{G_{a_ka_k}(\omega)G_{a_ja_j}(\omega)} \tag{3.7}$$

式中，$G_{a_ka_k}(\omega)=G_{a_ja_j}(\omega)$，$\gamma_{kj}(\omega,d_{kj})$为空间各点在基岩处的相干函数。

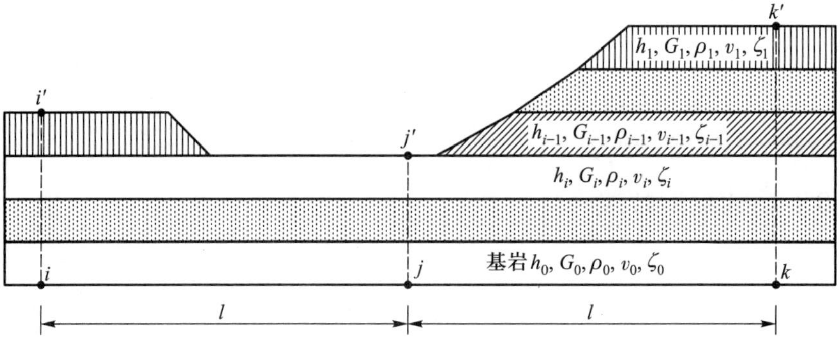

图3.5　变化的场地特征

为了获得式(3.6)中的传递函数$H_{jj'}(\omega)$与$H_{kk'}(\omega)$，将P波入射时的体应变ε_v和扭转应变向量ε_T的波动方程表示为

$$\nabla^2\varepsilon_v=-\frac{\omega^2}{\alpha^2}\varepsilon_v,\quad \nabla^2\varepsilon_T=-\frac{\omega^2}{\alpha^2}\varepsilon_T \tag{3.8}$$

式中，α为P波的波速。

对于SH波和SV波，有

$$\boldsymbol{K}_{SH}\boldsymbol{X}_{SH}=\boldsymbol{P}_{SH},\quad \boldsymbol{K}_{SV}\boldsymbol{X}_{SV}=\boldsymbol{P}_{SV} \tag{3.9}$$

式中，$\boldsymbol{X}_{SH}$、$\boldsymbol{P}_{SH}$、$\boldsymbol{X}_{SV}$、$\boldsymbol{P}_{SV}$分别为对应SH波和SV波的位移向量和荷载向量；刚度矩阵$\boldsymbol{K}_{SH}$和$\boldsymbol{K}_{SV}$由相应土层参数、入射波类型等确定；动力荷载向量$\boldsymbol{P}_{SH}$和$\boldsymbol{P}_{SV}$可以通过入射波类型、基岩参数以及入射波的频率、幅值和角度确定。场地的传递函数可以通过求解式(3.9)在频域内的每个离散得到。

3.1.4　衰减效应

地震波在介质中传播时，由于能量的耗散地震波的振幅会逐渐减小，这种

现象称之为衰减效应(图 3.6)。地震波在传播过程中,场地介质的阻尼及波动的频散和几何扩散使得地震波的振幅发生衰减,而幅值衰减的大小是频率和距离的函数。衰减效应和行波效应类似。行波效应体现了不同距离处地震动的相位差异,而衰减效应反映了不同距离处地震动的强度差异。

当地震波在介质中传播时,部分能量转变为热能而损失,这就意味着介质具有阻尼作用。当阻尼不大时,这一影响可以采用复阻尼理论考虑。以平面波为例进行说明,有一平面纵波沿 x 轴传播,当不考虑阻尼作用时,其波动方程为

$$\nabla^2\phi=\frac{1}{\alpha^2}\frac{\partial^2\phi}{\partial t^2} \tag{3.10}$$

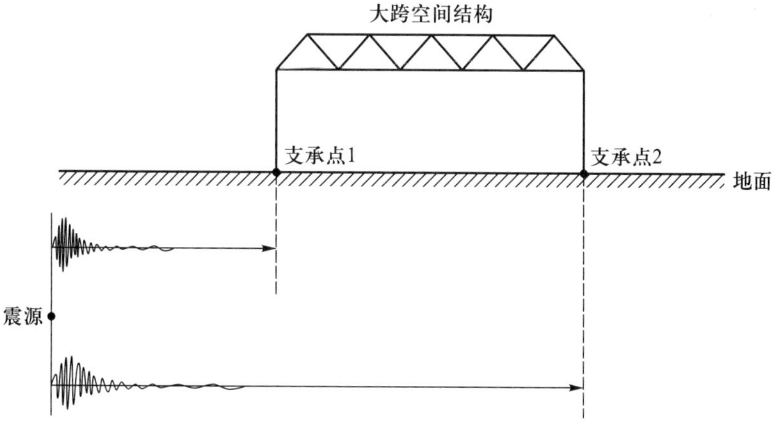

图 3.6 衰减效应

在无阻尼时,波动方程的解为

$$u(x,z,t)=f(z)\mathrm{e}^{\mathrm{i}(kx-\omega t)} \tag{3.11}$$

式中,k 为常数。当用 $k(1+\mathrm{i}\delta)$ 代替 k 时(δ 为与阻尼相关的常数),则得到有阻尼时的解:

$$u(x,z,t)=f(z)\mathrm{e}^{-k\delta x}\mathrm{e}^{\mathrm{i}(kx-\omega t)} \tag{3.12}$$

在地震波理论中,常用品质因数 Q 来表示阻尼的影响[4],其定义为

$$\frac{1}{Q}=\frac{1}{2\pi}\cdot\frac{\Delta E}{E} \tag{3.13}$$

式中,ΔE 为波通过 $x=x_0$ 到 $x=x_0+l$ 之间的能量差,即为这中间的能量耗散;E 为一个周期 T 内通过 $x=x_0$ 的能量;$l=2\pi/k$ 为波长。由此定义得到

$$\frac{1}{Q}=\frac{1}{2\pi}\left[\int_0^T|u(x_0)|^2\mathrm{d}t-\int_0^T|u(x_0+l)|^2\mathrm{d}t\right]\Big/\int_0^T|u(x_0)|^2\mathrm{d}t=\frac{1}{2\pi}(1-\mathrm{e}^{-2k\delta l})\tag{3.14}$$

当 $k\delta l$ 足够小时，则有

$$\frac{1}{Q}=2\delta\tag{3.15}$$

地壳内的品质因数 Q 的数值均在几百到几千之内，Q 越大，则能量损失越少，阻尼越小[5]。

3.2 基本理论

在分析多点地震动激励下大跨度结构的响应时，为了得到可靠的计算结果，其计算方式和一致地震动激励有所不同。从结构的动力方程出发，根据地震动对结构施加作用方式的不同，可以推导出多种理论计算模型。常用的计算模型有：位移输入模型、加速度输入模型、大刚度法和大质量法。

当地震动激励求解结构响应时，根据达朗贝尔原理，在惯性参考系中以绝对位移为参数建立整体结构体系的动力平衡方程：

$$\boldsymbol{M}_{\mathrm{U}}\ddot{\boldsymbol{U}}+\boldsymbol{C}_{\mathrm{U}}\dot{\boldsymbol{U}}+\boldsymbol{K}_{\mathrm{U}}\boldsymbol{U}=\boldsymbol{P}\tag{3.16}$$

式中，$\boldsymbol{M}_{\mathrm{U}}$是结构体系的质量矩阵；$\boldsymbol{C}_{\mathrm{U}}$是结构体系的阻尼矩阵；$\boldsymbol{K}_{\mathrm{U}}$是结构体系的刚度矩阵；$\boldsymbol{P}$ 是外荷载向量；$\ddot{\boldsymbol{U}}$ 是节点加速度响应；$\dot{\boldsymbol{U}}$ 是节点速度响应；$\boldsymbol{U}$ 是节点位移响应。

多点地震动输入下的结构动力平衡方程与一致地震输入的不同，以图 3.7 所示的结构体系为例，上部结构非约束节点的质量分别为 m_1、m_2、……、m_9，支承点约束节点的质量分别为 m_{10}、m_{11} 和 m_{12}；整个结构体系的自由度包含两个部分：上部结构体系非约束自由度 u_1、u_2、……、u_9和支承点约束自由度 u_{10}、u_{11} 和 u_{12}。

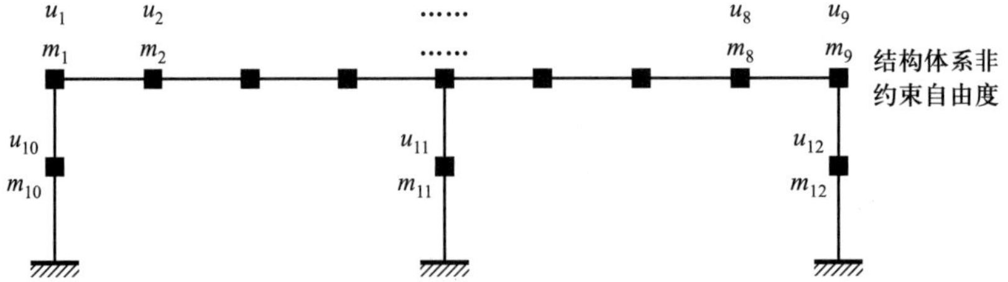

图 3.7　结构体系非约束自由度和支承点约束自由度的定义

对式(3.16)进行扩展,考虑引入结构支承点的自由度,则有

$$\begin{bmatrix}\boldsymbol{M} & \boldsymbol{M}_{sg}\\ \boldsymbol{M}_{gs} & \boldsymbol{M}_{g}\end{bmatrix}\begin{bmatrix}\ddot{\boldsymbol{u}}_{ss}\\ \ddot{\boldsymbol{u}}_{g}\end{bmatrix}+\begin{bmatrix}\boldsymbol{C} & \boldsymbol{C}_{sg}\\ \boldsymbol{C}_{gs} & \boldsymbol{C}_{g}\end{bmatrix}\begin{bmatrix}\dot{\boldsymbol{u}}_{ss}\\ \dot{\boldsymbol{u}}_{g}\end{bmatrix}+\begin{bmatrix}\boldsymbol{K} & \boldsymbol{K}_{sg}\\ \boldsymbol{K}_{gs} & \boldsymbol{K}_{g}\end{bmatrix}\begin{bmatrix}\boldsymbol{u}_{ss}\\ \boldsymbol{u}_{g}\end{bmatrix}=\begin{bmatrix}\boldsymbol{P}_{ss}\\ \boldsymbol{P}_{g}\end{bmatrix}\tag{3.17}$$

式中,$\boldsymbol{M}$、$\boldsymbol{C}$、$\boldsymbol{K}$ 分别为结构体系中非约束自由度的质量矩阵、阻尼矩阵和刚度矩阵;$\boldsymbol{M}_g$、$\boldsymbol{C}_g$、$\boldsymbol{K}_g$分别为与基础相连接的支承点约束自由度的质量、阻尼和刚度矩阵;$\boldsymbol{M}_{sg}=\boldsymbol{M}_{gs}^{\mathrm{T}}$、$\boldsymbol{C}_{sg}=\boldsymbol{C}_{gs}^{\mathrm{T}}$和 $\boldsymbol{K}_{sg}=\boldsymbol{K}_{gs}^{\mathrm{T}}$ 分别为结构体系中非约束自由度与支承点约束自由度相耦合的质量、阻尼和刚度矩阵;$\boldsymbol{P}_{ss}$表示作用在结构体系非约束自由度的外力向量;$\boldsymbol{P}_g$为基础对支承点的反力作用,对于地震作用有 $\boldsymbol{P}_{ss}=\boldsymbol{0}$;$\ddot{\boldsymbol{u}}_{ss}$、$\dot{\boldsymbol{u}}_{ss}$和 $\boldsymbol{u}_{ss}$分别为结构体系非约束自由度的绝对加速度、速度和位移向量;$\ddot{\boldsymbol{u}}_g$、$\dot{\boldsymbol{u}}_g$ 和 $\boldsymbol{u}_g$ 分别为支承点处约束自由度的绝对加速度、速度和位移向量。当地震发生时,结构支承点和地面同步运动。

为了方便求解式(3.17),将位移分成两个部分:

$$\begin{bmatrix}\boldsymbol{u}_{ss}\\ \boldsymbol{u}_{g}\end{bmatrix}=\begin{bmatrix}\boldsymbol{u}_{ps}\\ \boldsymbol{u}_{g}\end{bmatrix}+\begin{bmatrix}\boldsymbol{u}\\ \boldsymbol{0}\end{bmatrix}\tag{3.18}$$

式中,$\boldsymbol{u}$ 为结构体系非约束自由度由于惯性作用引起的动力位移,采用动力分析进行计算;$\boldsymbol{u}_{ps}$为支承点的运动引起的拟静力位移。$\boldsymbol{u}_{ps}$和 $\boldsymbol{u}_g$具有如下关系式:

$$\begin{bmatrix}\boldsymbol{K} & \boldsymbol{K}_{sg}\\ \boldsymbol{K}_{gs} & \boldsymbol{K}_{g}\end{bmatrix}\begin{bmatrix}\boldsymbol{u}_{ps}\\ \boldsymbol{u}_{g}\end{bmatrix}=\begin{bmatrix}\boldsymbol{0}\\ \boldsymbol{P}_{bs}\end{bmatrix}\tag{3.19}$$

式中,$\boldsymbol{P}_{bs}$是采用静力方法施加的位移 $\boldsymbol{u}_g$所需的支座力。

将式(3.17)按照第一行展开并且考虑地震作用时 $\boldsymbol{P}_{ss}=\boldsymbol{0}$,可得

$$\boldsymbol{M}\ddot{\boldsymbol{u}}_{ss}+\boldsymbol{M}_{sg}\ddot{\boldsymbol{u}}_{g}+\boldsymbol{C}\dot{\boldsymbol{u}}_{ss}+\boldsymbol{C}_{sg}\dot{\boldsymbol{u}}_{g}+\boldsymbol{K}\boldsymbol{u}_{ss}+\boldsymbol{K}_{sg}\boldsymbol{u}_{g}=\boldsymbol{0}\tag{3.20}$$

将式(3.18)代入式(3.20),并将方程中所有与 $\boldsymbol{P}_{bb}$和 $\boldsymbol{u}_{ps}$有关的项移到右侧:

$$\boldsymbol{M}\ddot{\boldsymbol{u}}+\boldsymbol{C}\dot{\boldsymbol{u}}+\boldsymbol{K}\boldsymbol{u}=\boldsymbol{P}_{E}\tag{3.21}$$

式中,$\boldsymbol{P}_E$称为有效地震力向量:

$$\boldsymbol{P}_{E}=-(\boldsymbol{M}\ddot{\boldsymbol{u}}_{ps}+\boldsymbol{M}_{sg}\ddot{\boldsymbol{u}}_{g})-(\boldsymbol{C}\dot{\boldsymbol{u}}_{ps}+\boldsymbol{C}_{sg}\dot{\boldsymbol{u}}_{g})-(\boldsymbol{K}\boldsymbol{u}_{ps}+\boldsymbol{K}_{sg}\boldsymbol{u}_{g})\tag{3.22}$$

从式(3.19)可以得到

$$\boldsymbol{K}\boldsymbol{u}_{ps}+\boldsymbol{K}_{sg}\boldsymbol{u}_{g}=\boldsymbol{0}\tag{3.23}$$

根据式(3.23)可以将拟静力位移 $\boldsymbol{u}_{ps}$用支承点位移 $\boldsymbol{u}_g$表示:

$$\boldsymbol{u}_{ps}=\boldsymbol{R}\boldsymbol{u}_{g},\quad \boldsymbol{R}=-\boldsymbol{K}^{-1}\boldsymbol{K}_{sg}\tag{3.24}$$

式中，$\boldsymbol{R}$ 为影响矩阵，用来描述支座位移对结构位移的影响。因此，有效地震力 $\boldsymbol{P}_{\mathrm{E}}$可以表述为

$$\boldsymbol{P}_{\mathrm{E}}=-(\boldsymbol{MR}+\boldsymbol{M}_{\mathrm{sg}})\ddot{\boldsymbol{u}}_{\mathrm{g}}-(\boldsymbol{CR}+\boldsymbol{C}_{\mathrm{sg}})\dot{\boldsymbol{u}}_{\mathrm{g}} \tag{3.25}$$

如果给定支承点的加速度 $\ddot{\boldsymbol{u}}_{\mathrm{g}}$ 和速度 $\dot{\boldsymbol{u}}_{\mathrm{g}}$，根据式(3.25)可以计算出有效地震力方程，因此根据式(3.21)可以计算出结构的位移、速度和加速度，进而求解结构的内力[6]。

3.3　位移输入模型

在3.2节中已经给出了多点地震动激励下结构的动力平衡方程(3.17)及其展开式(3.20)。如果上部结构采用集中质量模型，则有 $\boldsymbol{M}_{\mathrm{sg}}=\boldsymbol{0}$，另外，在计算中常常忽略阻尼力 $\boldsymbol{C}_{\mathrm{sg}}\dot{\boldsymbol{u}}_{\mathrm{g}}$，因此式(3.20)可以改写成

$$\boldsymbol{M}\ddot{\boldsymbol{u}}_{\mathrm{ss}}+\boldsymbol{C}\dot{\boldsymbol{u}}_{\mathrm{ss}}+\boldsymbol{K}\boldsymbol{u}_{\mathrm{ss}}=-\boldsymbol{K}_{\mathrm{sg}}\boldsymbol{u}_{\mathrm{g}} \tag{3.26}$$

式中，$\boldsymbol{u}_{\mathrm{g}}$为输入给结构支承点处的地震动位移；$-\boldsymbol{K}_{\mathrm{sg}}\boldsymbol{u}_{\mathrm{g}}$表征了支座随地面运动而产生的作用于结构体系的力，注意此处所建立的运动平衡方程是以绝对位移、绝对速度和绝对加速度为响应参数，此作用力也非惯性力，而是实际存在的物理力。

以地震动的位移时程作为输入，在绝对坐标系下施加于结构上，通过方程求解可以得到结构的绝对位移响应量，适用于一致激励，也适用于多点激励，适用于线性分析，也适用于非线性分析。因此，多点地震动激励下结构响应的求解采用位移输入模型具有一定的优势，但在工程应用过程中许多学者也发现其存在的一些问题，这些问题的核心原因是在上述方程推导中对于阻尼项 $\boldsymbol{C}_{\mathrm{sg}}\dot{\boldsymbol{u}}_{\mathrm{g}}$ 的忽略所导致的。柳国环、国巍等[7,8]在SAP2000中采用位移输入模型分析了多点激励的大跨结构，他们发现随着结构底部单元划分越精细，结构剪力急剧增大，且不具有收敛趋势，这与客观事实不符，并提出了附加无质量刚性元法来解决此问题。

3.4　加速度输入模型

由地震台站所记录的地震动大多为加速度时程，其获取方便，因此在实际工程计算中经常采用加速度输入模型。加速度输入模型是建立在绝对坐标系的基础之上的，将结构的绝对位移分解成拟静力位移和动力位移，从而求解结构的相对位移和结构内力。

针对有效地震力 $\boldsymbol{P}_{\mathrm{E}}$的表述式(3.25),如果上部结构采用集中质量模型,则有 $\boldsymbol{M}_{\mathrm{sg}}=\boldsymbol{0}$。另外,结构与支座的阻尼耦合作用较小,可以忽略其影响,即有 $\boldsymbol{CR}+\boldsymbol{C}_{\mathrm{sg}}=\boldsymbol{0}$。则式(3.25)可以简化为

$$\boldsymbol{P}_{\mathrm{E}}=-\boldsymbol{MR}\ddot{\boldsymbol{u}}_{\mathrm{g}} \tag{3.27}$$

式中,$\ddot{\boldsymbol{u}}_{\mathrm{g}}$ 为输入给结构支承点的地震动加速度。在特殊情况下,影响矩阵 $\boldsymbol{R}$ 为单位矩阵时,式(3.27)表示为一致地震动激励下结构动力平衡方程。

加速度输入模型的推导过程中,将结构响应的绝对位移分解为拟静力位移和动力位移,分别求解,再综合得到结构的位移响应。加速度输入模型适用于一致激励,也适用于多点激励,但是由于其中使用了叠加原理,对于多点地震动激励求解,并不适用于结构存在非线性的情况。

3.5 大刚度法

在计算大跨空间结构地震响应时,由于地震动的作用,基础下地面产生运动,进而强迫基础运动,结构承受的外荷载往往是基础产生的位移、速度、加速度。通过上述分析,位移输入模型和加速度输入模型均避开了基础外荷载的作用而对结构进行分析,大刚度法则模拟基础在外荷载作用下的强迫运动,无限地逼近结构在真实地震中的响应。

大刚度法是一种近似方法,其原理简单且易于操作,被广泛应用到 MSC.MARC 和 ANSYS 等通用有限元软件中。如图 3.8 所示,结构非约束自由节点的质量分别为 m_1、m_2,支承点处基底的弹簧刚度分别为 K_1、K_2,支承点处基础的位移分别为 u_1、u_2,作用在支承点处的地震作用分别为 $X_1(t)$、$X_2(t)$。

大刚度法的原理是采用远大于结构刚度的弹簧,将其安装在结构的运动方向上,释放原来支座上的约束,为了与原结构等效,在支座节点上施加一个与运动方向一致的弹性恢复力 $\boldsymbol{K}_{\mathrm{g}}\cdot\boldsymbol{u}_{\mathrm{gg}}$,其中 $\boldsymbol{K}_{\mathrm{g}}$为支承点处基底的弹簧单元的大刚度矩阵,$\boldsymbol{K}_{\mathrm{g}}=\begin{bmatrix}K_1 & \\ & K_2\end{bmatrix}$;$\boldsymbol{u}_{\mathrm{gg}}$为支承点基础的位移运动,$\boldsymbol{u}_{\mathrm{g}}=\begin{bmatrix}u_1 & \\ & u_2\end{bmatrix}$。大刚度法的计算模型如图 3.8 所示。

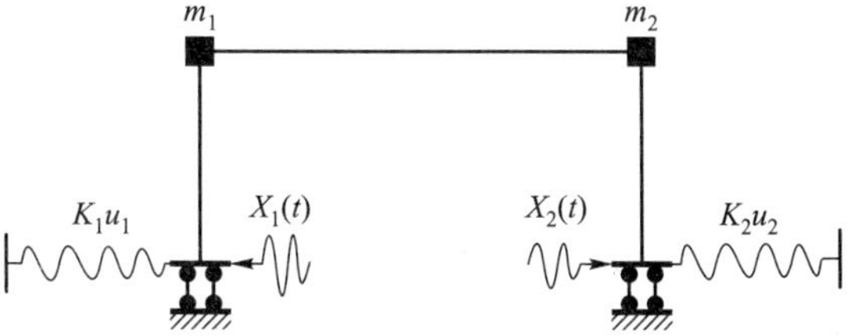

图 3.8 大刚度法计算模型示意图

在 3.2 节中已经给出了多点地震激励下结构的动力平衡方程(3.17),地震作用下 $\boldsymbol{P}_{ss}=\boldsymbol{0}$,采用大刚度法有 $\boldsymbol{P}_g=\boldsymbol{K}_g\boldsymbol{u}_g$,可得

$$\begin{bmatrix}\boldsymbol{M} & \boldsymbol{M}_{sg}\\ \boldsymbol{M}_{gs} & \boldsymbol{M}_g\end{bmatrix}\begin{bmatrix}\ddot{\boldsymbol{u}}_{ss}\\ \ddot{\boldsymbol{u}}_g\end{bmatrix}+\begin{bmatrix}\boldsymbol{C} & \boldsymbol{C}_{sg}\\ \boldsymbol{C}_{gs} & \boldsymbol{C}_g\end{bmatrix}\begin{bmatrix}\dot{\boldsymbol{u}}_{ss}\\ \dot{\boldsymbol{u}}_g\end{bmatrix}+\begin{bmatrix}\boldsymbol{K} & \boldsymbol{K}_{sg}\\ \boldsymbol{K}_{gs} & \boldsymbol{K}_g\end{bmatrix}\begin{bmatrix}\boldsymbol{u}_{ss}\\ \boldsymbol{u}_g\end{bmatrix}=\begin{bmatrix}\boldsymbol{0}\\ \boldsymbol{K}_g\boldsymbol{u}_{gg}\end{bmatrix} \tag{3.28}$$

将式(3.28)的第二行展开,有

$$\boldsymbol{M}_{gs}\ddot{\boldsymbol{u}}_{ss}+\boldsymbol{M}_g\ddot{\boldsymbol{u}}_g+\boldsymbol{C}_{gs}\dot{\boldsymbol{u}}_{ss}+\boldsymbol{C}_g\dot{\boldsymbol{u}}_g+\boldsymbol{K}_{gs}\boldsymbol{u}_{ss}+\boldsymbol{K}_g\boldsymbol{u}_g=\boldsymbol{K}_g\boldsymbol{u}_{gg} \tag{3.29}$$

结构采用集中质量模型,则有 $\boldsymbol{M}_{sg}=\boldsymbol{0}$,式(3.29)两边同时左乘 $\boldsymbol{K}_g^{-1}$,得到

$$\boldsymbol{K}_g^{-1}(\boldsymbol{M}_{gs}\ddot{\boldsymbol{u}}_{ss}+\boldsymbol{M}_g\ddot{\boldsymbol{u}}_g+\boldsymbol{C}_{gs}\dot{\boldsymbol{u}}_{ss}+\boldsymbol{C}_g\dot{\boldsymbol{u}}_g+\boldsymbol{K}_{gs}\boldsymbol{u}_{ss})+\boldsymbol{u}_g=\boldsymbol{u}_{gg} \tag{3.30}$$

在大刚度法中通常是将刚度 $\boldsymbol{K}_g$ 设为一个很大的数值,即有 $\boldsymbol{K}_g\to\infty$,因此得到

$$\boldsymbol{u}_{gg}\approx\boldsymbol{u}_g \tag{3.31}$$

联合式(3.28)和式(3.31),并按第一行展开得到

$$\boldsymbol{M}\ddot{\boldsymbol{u}}_{ss}+\boldsymbol{C}\dot{\boldsymbol{u}}_{ss}+\boldsymbol{K}\boldsymbol{u}_{ss}=-\boldsymbol{C}_{sg}\dot{\boldsymbol{u}}_g-\boldsymbol{K}_{sg}\boldsymbol{u}_g\approx-\boldsymbol{C}_{sg}\dot{\boldsymbol{u}}_{gg}-\boldsymbol{K}_{sg}\boldsymbol{u}_{gg} \tag{3.32}$$

从以上分析可以看到,大刚度法可以推导出位移输入模型。大刚度法以支座处恢复力来近似支座在地震作用下的强迫运动,它可以方便地在通用有限元软件中实现。

大刚度法在工程应用中大多具有较好的精度和准确的计算结果,在某些少数情况下可能会存在一些误差,误差的主要来源是计算舍入的误差、数值积分带来的误差以及式(3.31)近似带来的误差。为了得到精确结果,研究产生误差的主要原因对分析多点激励下大跨结构的动力分析具有重要的意义。分析表明,计算舍入和数值积分带来的误差非常小,误差产生的关键在于式(3.30)和式(3.31)的简化。将式(3.30)改写为

$$\boldsymbol{K}_g^{-1}\boldsymbol{M}_{gs}\ddot{\boldsymbol{u}}_{ss}+\boldsymbol{K}_g^{-1}\boldsymbol{M}_g\ddot{\boldsymbol{u}}_g+\boldsymbol{K}_g^{-1}\boldsymbol{C}_{gs}\dot{\boldsymbol{u}}_{ss}+\boldsymbol{K}_g^{-1}\boldsymbol{C}_g\dot{\boldsymbol{u}}_g+\boldsymbol{K}_g^{-1}\boldsymbol{K}_{gs}\boldsymbol{u}_{ss}+\boldsymbol{u}_g=\boldsymbol{u}_{gg} \tag{3.33}$$

根据前面的分析,忽略式(3.33)左边的 $\boldsymbol{K}_g^{-1}\boldsymbol{M}_{gs}\ddot{\boldsymbol{u}}_{ss}$、$\boldsymbol{K}_g^{-1}\boldsymbol{M}_g\ddot{\boldsymbol{u}}_g$、$\boldsymbol{K}_g^{-1}\boldsymbol{C}_{gs}\dot{\boldsymbol{u}}_{ss}$ 和 $\boldsymbol{K}_g^{-1}\boldsymbol{K}_{gs}\boldsymbol{u}_{ss}$ 这 4 项,则

$$\boldsymbol{K}_g^{-1}\boldsymbol{C}_g\dot{\boldsymbol{u}}_g+\boldsymbol{u}_g=\boldsymbol{u}_{gg} \tag{3.34}$$

比较式(3.31)和式(3.34),式(3.31)中直接忽略了与阻尼有关项,可以看出误差的产生与阻尼有密切联系。如果采用与刚度无关的阻尼,此时 $\boldsymbol{C}_g$ 相对于 $\boldsymbol{K}_g$ 为无穷小量,有 $\boldsymbol{K}_g^{-1}\boldsymbol{C}_g\to\boldsymbol{0}$,则式(3.31)和式(3.34)等价。如果采用瑞利阻尼

或与刚度相关的阻尼，则将 $\boldsymbol{C}_g=a_0\boldsymbol{M}_g+a_1\boldsymbol{K}_g$ 代入式(3.34)，得

$$a_1\dot{\boldsymbol{u}}_g+\boldsymbol{u}_g=\boldsymbol{u}_{gg} \tag{3.35}$$

由于系数 a_1 由结构的频率与阻尼比确定，并非无穷小量，故此时式(3.31)不成立。因此，大刚度法由于基底刚度的存在，使结构采用瑞利阻尼时，基底的位移与地面运动位移并不等价，从而产生了不可忽略的附加阻尼力，进一步影响上部结构，得到的结果与实际响应可能不符合。阻尼所带来的误差会产生一定影响，虽然大多数情况下该影响不会影响计算结果精度，但同样需要进行评估。

为了满足 $\boldsymbol{u}_{gg}=\boldsymbol{u}_g$ 的条件，对结构基础处附加额外的地震动，即

$$a_1\dot{\boldsymbol{u}}_{gg}+\boldsymbol{u}_{gg}=\boldsymbol{u}_{g,new} \tag{3.36}$$

式中，$\boldsymbol{u}_{g,new}$ 为实际输入的地震动位移，它能使基础处的动力响应与 $\boldsymbol{u}_g$ 具有相同的计算数值。

从上面的分析中可以看出，大刚度法在多点激励下的应用具有局限性，当结构的阻尼模型为瑞利阻尼时，考虑采用式(3.42)；阻尼比越大，大刚度法结果的误差比越大，甚至产生完全不合理的结果；而改进的大刚度法误差对阻尼比不敏感。

对于特定的结构，振型频率 ω_i、ω_j 和阻尼比 ζ 确定后，a_0 和 a_1 是确定的。

$$a_0=\frac{\omega_i\omega_j(\omega_j\zeta_j-\omega_i\zeta_i)}{\omega_j^2-\omega_i^2} \tag{3.37}$$

$$a_1=\frac{\omega_j\zeta_j-\omega_i\zeta_i}{\omega_j^2-\omega_i^2} \tag{3.38}$$

一般情况下，另 $\zeta_i=\zeta_j=\zeta$，$\gamma=\omega_j/\omega_i$，T_1 为结构基本自振周期，得到

$$a_1=\frac{\zeta T_1}{\pi(1+\gamma)} \tag{3.39}$$

由式(3.39)可以看出，大刚度法的误差与刚度系数 a_1 有关，刚度系数 a_1 与结构的自振周期和阻尼比有关，即结构的周期越长，系数 a_1 越大，大刚度法的误差也会增大。对于一些长周期的大跨结构，采用大刚度时需要对其地震动输入进行修正，以提高结构计算结果的精度[9]。

3.6 大质量法

大质量法也是进行多点地震动激励下结构响应时程分析的常用方法之一。如图 3.9 所示，结构非约束自由节点的质量分别为 m_1、m_2，支承点处基底集中

质量单元的质量分别为 M_1、M_2，支承点处集中质量单元的加速度分别为 $\ddot{u}_1$、$\ddot{u}_2$，作用在支承点处的地震作用分别为 $\ddot{X}_1(t)$、$\ddot{X}_2(t)$。

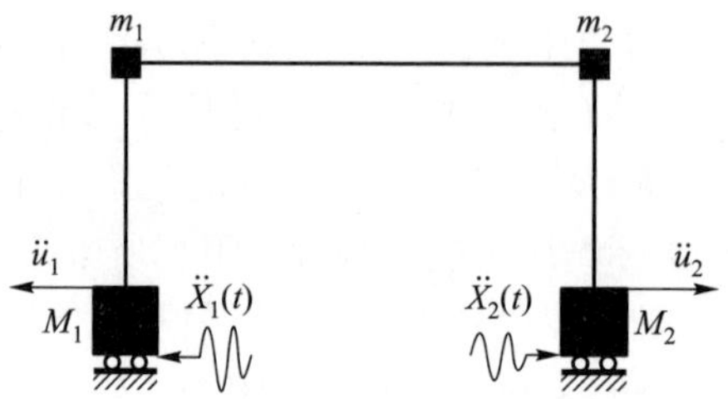

图 3.9　大质量法图解

大质量法的基本思路是在结构各支承点设置具有较大质量的集中质量单元 $\boldsymbol{M}_{\mathrm{g}}$（一般取结构总质量的 10^6 倍以上），然后释放基础运动方向的约束，并在大质量点处施加外力荷载 $\boldsymbol{P}_{\mathrm{g}}$ 来模拟基础运动（$\boldsymbol{P}_{\mathrm{g}}=\boldsymbol{M}_{\mathrm{g}}\ddot{\boldsymbol{u}}_{\mathrm{gg}}$）。该方法可以较为方便在如 MSC.MARC、ANSYS 等通用有限元软件中得以实现。

对于结构为集中质量模型，采用大质量法时，动力平衡方程（3.17）改写为

$$\begin{bmatrix}\boldsymbol{M} & \boldsymbol{0}\\ \boldsymbol{0} & \boldsymbol{M}_{\mathrm{g}}\end{bmatrix}\begin{bmatrix}\ddot{\boldsymbol{u}}_{\mathrm{ss}}\\ \ddot{\boldsymbol{u}}_{\mathrm{g}}\end{bmatrix}+\begin{bmatrix}\boldsymbol{C} & \boldsymbol{C}_{\mathrm{sg}}\\ \boldsymbol{C}_{\mathrm{gs}} & \boldsymbol{C}_{\mathrm{g}}\end{bmatrix}\begin{bmatrix}\dot{\boldsymbol{u}}_{\mathrm{ss}}\\ \dot{\boldsymbol{u}}_{\mathrm{g}}\end{bmatrix}+\begin{bmatrix}\boldsymbol{K} & \boldsymbol{K}_{\mathrm{sg}}\\ \boldsymbol{K}_{\mathrm{gs}} & \boldsymbol{K}_{\mathrm{g}}\end{bmatrix}\begin{bmatrix}\boldsymbol{u}_{\mathrm{ss}}\\ \boldsymbol{u}_{\mathrm{g}}\end{bmatrix}=\begin{bmatrix}\boldsymbol{0}\\ \boldsymbol{M}_{\mathrm{g}}\ddot{\boldsymbol{u}}_{\mathrm{gg}}\end{bmatrix}\tag{3.40}$$

将式（3.40）第二行展开：

$$\boldsymbol{M}_{\mathrm{g}}\ddot{\boldsymbol{u}}_{\mathrm{g}}+\boldsymbol{C}_{\mathrm{gs}}\dot{\boldsymbol{u}}_{\mathrm{ss}}+\boldsymbol{C}_{\mathrm{g}}\dot{\boldsymbol{u}}_{\mathrm{g}}+\boldsymbol{K}_{\mathrm{gs}}\boldsymbol{u}_{\mathrm{ss}}+\boldsymbol{K}_{\mathrm{g}}\boldsymbol{u}_{\mathrm{g}}=\boldsymbol{M}_{\mathrm{g}}\ddot{\boldsymbol{u}}_{\mathrm{gg}}\tag{3.41}$$

式（3.41）两边同时左乘 $\boldsymbol{M}_{\mathrm{g}}^{-1}$，可以得到

$$\ddot{\boldsymbol{u}}_{\mathrm{g}}+\boldsymbol{M}_{\mathrm{g}}^{-1}(\boldsymbol{C}_{\mathrm{gs}}\dot{\boldsymbol{u}}_{\mathrm{ss}}+\boldsymbol{C}_{\mathrm{g}}\dot{\boldsymbol{u}}_{\mathrm{g}}+\boldsymbol{K}_{\mathrm{gs}}\boldsymbol{u}_{\mathrm{ss}}+\boldsymbol{K}_{\mathrm{g}}\boldsymbol{u}_{\mathrm{g}})=\ddot{\boldsymbol{u}}_{\mathrm{gg}}\tag{3.42}$$

显然要使得式（3.43）成立

$$\ddot{\boldsymbol{u}}_{\mathrm{g}}=\ddot{\boldsymbol{u}}_{\mathrm{gg}}\tag{3.43}$$

则需要

$$\boldsymbol{M}_{\mathrm{g}}^{-1}(\boldsymbol{C}_{\mathrm{gs}}\dot{\boldsymbol{u}}_{\mathrm{ss}}+\boldsymbol{C}_{\mathrm{g}}\dot{\boldsymbol{u}}_{\mathrm{g}}+\boldsymbol{K}_{\mathrm{gs}}\boldsymbol{u}_{\mathrm{ss}}+\boldsymbol{K}_{\mathrm{g}}\boldsymbol{u}_{\mathrm{g}})=\boldsymbol{0}\tag{3.44}$$

因此，令 $\boldsymbol{M}_{\mathrm{g}}\to\infty$，即通过对支座结点附加大质量，可以实现多点输入的直接加载和边界条件的引入。

将式（3.40）按第一行展开并联合式（3.43），可以得到

$$\boldsymbol{M}\ddot{\boldsymbol{u}}_{\mathrm{ss}}+\boldsymbol{C}\dot{\boldsymbol{u}}_{\mathrm{ss}}+\boldsymbol{K}\boldsymbol{u}_{\mathrm{ss}}=-\boldsymbol{C}_{\mathrm{sg}}\dot{\boldsymbol{u}}_{\mathrm{g}}-\boldsymbol{K}_{\mathrm{sg}}\boldsymbol{u}_{\mathrm{g}}\approx-\boldsymbol{C}_{\mathrm{sg}}\dot{\boldsymbol{u}}_{\mathrm{gg}}-\boldsymbol{K}_{\mathrm{sg}}\boldsymbol{u}_{\mathrm{gg}}\tag{3.45}$$

大质量法在工程应用中也会存在一些误差，误差的主要来源是计算舍入的

误差、数值积分带来的误差以及由式(3.42)和式(3.43)所带来的近似误差,下面将进一步分析误差产生的原因并提出改进措施。

分析表明前两种带来的误差非常小,误差的主要原因是由式(3.42)和式(3.43)带来的近似误差。若将式(3.42)中阻尼项保留,则得出

$$\ddot{\boldsymbol{u}}_{\mathrm{g}}+\boldsymbol{M}_{\mathrm{g}}^{-1}\boldsymbol{C}_{\mathrm{g}}\dot{\boldsymbol{u}}_{\mathrm{g}}=\ddot{\boldsymbol{u}}_{\mathrm{gg}} \tag{3.46}$$

对式(3.46)进行讨论:

(1) 若采用非瑞利阻尼,或者与质量无关的阻尼,$\boldsymbol{C}_{\mathrm{g}}$相对于$\boldsymbol{M}_{\mathrm{g}}$仍为无穷小量,此时$\boldsymbol{M}_{\mathrm{g}}^{-1}\boldsymbol{C}_{\mathrm{g}}\to\boldsymbol{0}$,式(3.43)仍然成立;

(2) 若采用瑞利阻尼,或者与质量相关的阻尼,则将$\boldsymbol{C}_{\mathrm{g}}=a_0\boldsymbol{M}_{\mathrm{g}}+a_1\boldsymbol{K}_{\mathrm{g}}$代入式(3.46),得到

$$\ddot{\boldsymbol{u}}_{\mathrm{g}}+a_0\dot{\boldsymbol{u}}_{\mathrm{g}}=\ddot{\boldsymbol{u}}_{\mathrm{gg}} \tag{3.47}$$

由于系数a_0由振型频率与阻尼比确定,并非无穷小量,故此时式(3.43)不成立,即 Rayleigh 阻尼影响了地震动输入的有效值。因此,大质量法由于基底大质量的存在,使结构采用瑞利阻尼时,基底的位移与地面运动位移并不等价,从而产生了不可忽略的附加阻尼力,进一步影响上部结构,使得到的结果与真实值不符合。

从式(3.47)可以看出,误差与系数a_0和支承运动速度$\dot{\boldsymbol{u}}_{\mathrm{g}}$密切相关。可以预见:系数$a_0$越大,误差将会越大。为了满足$\ddot{\boldsymbol{u}}_{\mathrm{g}}=\ddot{\boldsymbol{u}}_{\mathrm{gg}}$的条件,需要对式(3.47)进行修正,令$\ddot{\boldsymbol{u}}_{\mathrm{g}}=\ddot{\boldsymbol{u}}_{\mathrm{gg}}$,并代入式(3.47),可以得到

$$\ddot{\boldsymbol{u}}_{\mathrm{g,new}}=\ddot{\boldsymbol{u}}_{\mathrm{gg}}+a_0\dot{\boldsymbol{u}}_{\mathrm{gg}} \tag{3.48}$$

式中,$\ddot{\boldsymbol{u}}_{\mathrm{g,new}}$为大质量点真正输入的地震动加速度,此时使基础处的动力响应与$\boldsymbol{u}_{\mathrm{g}}$具有相同的计算数值。

综上所述,大质量法计算出的结构的响应是一种近似值,这主要取决于结构中阻尼模型的选取。因此在大质量法的使用过程中应该注意:

(1) 若不采用瑞利阻尼或者与质量无关的阻尼,此时不必对大质量点地震动输入进行修正;

(2) 若采用瑞利阻尼或者与质量相关的阻尼,则应该按照式(3.48)对大质量点的地震动输入进行修正(a_0项修正)[10]。

参考文献

[1] 牟在根, 杨雨青, 柴丽娜, 范重. 超长大跨结构多点激励的若干问题研究[J]. 土木工程学报, 2019, 52(11): 1-12.

[2] 杜修力. 桥梁结构抗震分析与地震保护[M]. 北京: 科学出版社, 2019.

[3] 屈铁军，王君杰，王前信. 空间变化的地震动功率谱的实用模型[J]. 地震学报，1996，18(1)：55-62.
[4] Wolf J P. Dynamic Soil and Structure Interaction [M]. Englewood：Prentice - Hall，1985.
[5] 胡聿贤. 地震工程学[M]. 北京：地震出版社，2006.
[6] 肖帕. 结构动力学理论及其在地震工程中的应用[M]. 北京：高等教育出版社，2007.
[7] 柳国环，李宏男，国巍. 求解结构地震响应位移输入模型存在的问题及其 AMCE 实效对策[J]. 计算力学学报，2009，26(6)：107-114.
[8] 柳国环，李宏男，国巍，田利. 求解结构地震响应位移输入模型中存在问题的一种新解决方法[J]. 工程力学，2010，27(9)：55-62.
[9] 秦晶迪. 大跨隔震结构地震响应分析的位移输入模型研究[D]. 广州：广州大学，2019.
[10] 周国良，李小军，刘必灯，等. 大质量法在多点激励分析中的应用、误差分析与改进[J]. 工程力学，2011，28(1)：48-54.

第 4 章
时程分析中地震波的选择

动力时程分析方法已广泛应用于结构抗震设计及抗震性能评估中，很多国家的抗震设计规范将弹塑性（含弹性）时程分析作为反应谱（拟静力设计）方法的必要补充，并对高层、大跨等特殊结构以及重要工程实施强制执行。时程分析结果受到诸多因素的影响，例如结构的材料特性、场地条件、分析模型假定以及单元特性等。在诸多因素中，地震动输入是导致结构分析结果不确定性最重要的影响因素。输入地震波不同，可能会导致时程分析所得结构反应相差数倍甚至数十倍[1-4]。而且，目前各国规范中关于如何选择地震波的规定过于笼统，加之执行者的不同理解也导致了分析结果离散性的增大。

虽然不同地震中获得的地震波存在天然的离散性，但在抗震认知累积基础上，通过合理的选择和调整，结构时程反应的离散性可以较明显地降低。目前，应用最为广泛的方法是以震级、震中距、场地条件等地震信息为第一评判指标进行初选，再以反应谱与目标谱的匹配程度为第二评判指标进一步选波[3,4]。目前所用的目标谱有规范标准谱（standard spectrum in code）、一致概率谱（uniform hazard spectrum，UHS）、条件均值谱（conditional mean spectrum，CMS）、位移谱（displacement spectrum）等，目标谱选取的不同，会使选波过程及结果有所差异。除了目标谱的确定，如何实现所选波的反应谱与目标谱的匹配也是一个非常重要的问题。目前的匹配方法有单点匹配、单频段匹配、双频段匹配以及多频段匹配等，各方法的优势各异，也会影响到选波的效果。此外，选取多少条记录来进行结构时程分析，也就是样本容量的确定，也需考虑诸多因素，如预测结构反应的目标（均值或分布）及精度、结构倒塌概率、结构非线性程度等。

4.1　基于地震信息选波

4.1.1　震级和震中距

震级和震中距对于选波的重要性认知不一。虽然有学者认为选波时是否考虑震级和震中距并不重要，但大部分的研究仍表明震级对于地震动的频率和持时都有重要影响。一般建议选波的震级范围在 $\pm 0.25M_w$（M_w 为矩震级）内。震中距对反应谱形并不敏感，选波时过于限制震中距往往使得选出波数量不足。因此，在严格限制震级的前提下可适当放宽对于震中距的限制[2]。

4.1.2　场地条件

场地条件对强震动记录及反应谱的影响较为显著。目前国际上常以 30 m 覆盖土层厚度范围内土层剪切波速 $V_{S,30}$ 作为场地类别划分指标，各国规范划分种类不尽相同。表 4.1[5] 对比了美国、欧洲以及中国规范中各土类的剪切波速。

表 4.1　3 种规范中各土类的剪切波速　　　　单位：m/s

类别	A	B	C	D	E
美国规范	>1 500	760～1 500	370～760	180～370	<180
欧洲规范	>800	360～800	180～360	<180	其他
中国规范	>800（I_0）	500～800（I_1）	250～500（Ⅱ）	150～250（Ⅲ）	≤150（Ⅳ）

除震级和震中距外，当增加场地类别这一限制时，如果会明显减少可选波数量，可适当放宽对于场地类别的限制，如采用相邻类别场地的记录。虽然这样做并不合理，但不失为一种较为实用的方法。

4.1.3　持时

目前对于持时的定义已超过 30 种，然而其对于结构反应的影响程度并不明确。目前仅有两个规范（法国和土耳其）对持时有明确的限制要求。美国规范和希腊规范也有考虑持时的要求。当研究结构损伤是以能量的累积耗散为指标，持时的影响显著，选波时应考虑持时的影响；若以结构的峰值反应为损伤指标，则与持时无明确的关联，选波时可不必考虑此因素[2]。

4.1.4 断层机制

虽然没有证据证明地震动与断层方向有何显著性联系,但垂直断层方向的地震动会产生较大的速度脉冲效应及幅值变化。但目前断层机制对结构反应的影响研究还不成熟,考虑断层机制会大大减少可选波数量[2],相比于震级、震中距、场地等影响显著而明确的地震信息,一般不将断层机制作为选波的限制条件。

4.1.5 我国选波时所依据的地震信息

我国《建筑抗震设计规范》(GB 50011—2010)[6]中规定,采用时程分析法时,应按建筑场地类别和设计地震分组选用实际强震记录和人工模拟的加速度时程曲线。正确选择输入的地震加速度时程曲线,要满足地震动三要素的要求,即频谱特性、有效峰值和持续时间均要符合规定。频谱特性可用地震影响系数曲线表征,依据所处的场地类别和设计地震分组确定。

加速度的有效峰值按表 4.2 中所列地震加速度的最大值取值,即以地震影响系数最大值除以放大系数(约 2.25)得到。

表 4.2 时程分析所用地震加速度时程的最大值[6] 单位:cm/s^2

地震影响	6 度	7 度	8 度	9 度
多遇地震	18	35(55)	70(110)	140
罕遇地震	125	220(310)	400(510)	620

注:括号内数值分别用于设计基本地震加速度为 0.15g 和 0.30g 的地区。

计算输入的加速度曲线的峰值,必要时可比上述有效峰值适当加大。当结构采用三维空间模型等需要双向(二个水平向)或三向(二个水平和一个竖向)地震波输入时,其加速度最大值通常按 1(水平):0.85(水平 2):0.65(竖向)的比例调整。人工模拟的加速度时程曲线也应按上述要求生成。

输入的地震加速度时程曲线的有效持续时间,一般从首次达到该时程曲线最大峰值的 10% 的那一点算起,到最后一点达到最大峰值的 10% 为止;不论是实际的强震记录还是人工模拟波形,有效持续时间一般为结构基本周期的 5~10 倍,即结构顶点的位移可按基本周期往复 5~10 次。

总地说来,震级、震中距和场地条件是国内外学者及规范最为认可的 3 项限制选波的地震信息,一般不单独考虑,而是常与目标反应谱或其他地震动强度指标共同作为评判指标。目前的研究以及各国的规范和标准,如 EU 8、ASCE 7-16、FEMA 规程、新西兰标准、意大利规范和希腊抗震规范,多是将震级、震中距及场地条件作为选波的初始条件。

4.2　基于目标谱选波

以特定含义下的反应谱作为目标谱，选取反应谱与目标谱“一致”的实震记录的方法，即谱匹配法，已成为最常采用的强震记录选取方法[3]。目标谱法常与地震信息选波相结合，即以地震信息（即震级、震中距、场地条件）作为第一评判指标，以目标谱为第二评判指标。

目标谱的定义不同，其中最为广泛使用的是设计加速度目标谱（即规范标准谱），之后随着概率地震危险性分析的发展与应用，又发展出一致概率谱（uniform hazard spectrum，UHS）、条件均值谱（coditional mean spectrum，CMS）和条件谱（conditional sepctrum，CS）、位移谱（displacement spectrum）等。地震动记录从匹配确定性均值反应谱发展为匹配概率含义的目标谱分布（即均值与方差）。

4.2.1　目标谱的确定

1. 设计加速度目标谱（即规范标准谱）

基于设计加速度目标谱的强震记录选取方法，是直接将强震记录反应谱与设计反应谱进行比较，选用更为接近的强震记录，由此来控制所选强震记录的频谱特性，是国内外规范及学者们最常采用的选波方法。

无论是我国《建筑抗震设计规范》（GB 50011—2010）[6]中的设计谱抑或是其他国家的设计谱，均是将反应谱简化为几段直线或曲线的公式表示的反应谱函数，其实质是经验公式抽象化的一致概率谱，但其在长周期段的建立多是依据人为经验提升的。设计谱的统计依据较为简单，且其反映的地震地质背景信息不够清晰。因此，将设计谱作为目标谱很难保证结构反应预估的准确性。

2. 一致概率谱（UHS）

工程师在设计一项工程时，希望具体了解此工程在其使用寿命内可能遭遇到的地震动强弱及其他特性，以便合理地进行设计。然而地震的发生和地震动特性都不能精确地预测，通常是在概率意义上推测工程可能受到的地震威胁或危险，这就是（概率）地震危险性分析（probabilistic seismic hazard analysis，PSHA）。

概率地震危险性分析在分析区域地震活动性得到各统计区域的大震与小震比例关系以后，结合各震级档下地震的年平均发生率，用作统计区域中分配潜在震源各震级档发生率的参数。按照潜源面积所占比例或不同潜源的重要性加权分配的方法，将该统计区域中一定震级档的发生率分配到各个潜在震源，从而得到各潜在震源、各震级档的地震年平均发生率，并进行区域的概率地震危险性分析；然后，根据结构重要性确定目标超越概率，对于任意周期的谱值对应的超越概率是一致的；最后，将这些谱值绘制在对应的周期点上即为一致概率谱（如图 4.1 所示）。UHS 的计算虽较为复杂，但目前已有较为成熟的门户网站（如 USGS 网站：https://earthquake.usgs.gov/hazards/interactive/），可方便计算和获取 UHS。

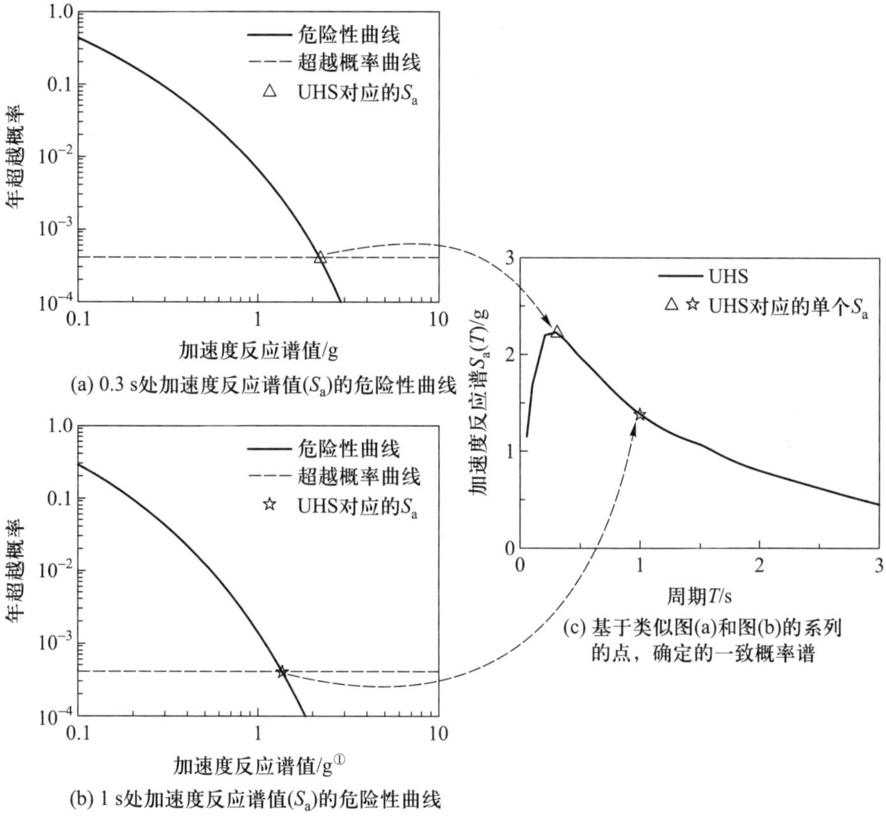

图 4.1 一致概率谱（UHS）的建立过程

近些年来，各国对抗震设计规范都做了不同程度的修改，欧洲规范 EU8 在最新版本中已提出了针对 PSHA 所得的 UHS 对应的设计反应谱，美国规范（national earthquake hazards reduction program，NEHRP）更是以每 3 年一次的修订速度反映最新的研究成果。因此，UHS 也常作为设计谱，用作时程分析中地震波选择的目标谱。

① g 为重力加速度的单位，1 g=9.8 m/s^2。余同。

UHS 实质上是一种包络反应谱,并非源于某个实际地震。在不同的周期段,由不同的地震事件决定,一般认为高频段由小震、近震决定,低频段由大震、远震决定。众所周知,大地震出现概率低,小地震出现概率高,但大地震的地震动中长周期成分丰富,而小地震的地震动短周期成分丰富,有可能导致一致概率谱过高地估计了设计地震动的中长周期成分,进而造成根据 UHS 计算得到的结构反应偏于保守,不利于准确地评估结构的抗震性能[7]。

3. 条件均值谱(CMS)和条件谱(CS)

根据概率地震危险性的合成分解方法可以得到符合一致概率的反应谱均值和反应谱方差,但在指定的震级和震中距以及超越概率的条件下,一次地震动反应谱值会与统计所得的均值反应谱值有一定的差距,即残差 ε 参数[8]:

$$\varepsilon(T)=\frac{\ln S_{\mathrm{a}}(T)-\mu_{\ln S_{\mathrm{a}}}(M,R,T)}{\sigma_{\ln S_{\mathrm{a}}}(T)} \tag{4.1}$$

式中,$\ln S_{\mathrm{a}}(T)$ 是指定周期点处加速度反应谱对数值;$\mu_{\ln S_{\mathrm{a}}}(M,R,T)$ 和 $\sigma_{\ln S_{\mathrm{a}}}(T)$ 分别是在一定震级和震中距下由衰减关系给出的指定周期点处的对数谱均值和对数标准差。可采用如下步骤计算:首先通过 USGS 网站,依据设计结构所在地区的地理位置、场地条件以及目标地震危险性水平,计算经 PSHA 确定的 UHS 以及平均震级 $\overline{M}$ 和平均震中距 $\overline{R}$,然后选用一种衰减关系模型[建议可参考 NGA(https://apps.peer.berkeley.edu/ngawest/nga_models.html)的衰减关系模型]计算得出 $\mu_{\ln S_{\mathrm{a}}}(M,R,T)$ 和 $\sigma_{\ln S_{\mathrm{a}}}(T)$。

对于某一结构进行抗震设计时,结构基本周期对应的加速度反应谱值及其超越概率都应大于其他周期。结构基本周期点对应反应谱值采用此周期点处的 UHS 值是合理的,但在其他周期点不应采用具有相同超越概率的 UHS 值。为反映不同周期点处谱值的差异与联系,Baker 基于特定周期点 T^*(一般取结构基本周期点)的 ε 参数 $\varepsilon(T^*)$,并利用任意两个周期点处 ε 参数的相关系数 $\rho(T_i,T^*)$(地震动的固有特性)来计算其他周期点 T_i 处的 $\varepsilon(T_i)$[如式(4.2)所示],从而确定其他周期点处的反应谱值[8]。

$$\varepsilon(T_i)=\rho(T_i,T^*)\cdot\varepsilon(T^*) \tag{4.2}$$

相关系数 $\rho(T_i,T^*)$ 可采用计算如下:

$$C_1=1-\cos\left\{\frac{\pi}{2}-0.366\ln\left[\frac{T_{\max}}{\max(T_{\min},0.109)}\right]\right\} \tag{4.3}$$

$$C_2=\begin{cases}1-0.105\left(1-\dfrac{1}{1+\mathrm{e}^{100T_{\max}-5}}\right)\left(\dfrac{T_{\max}-T_{\min}}{T_{\max}-0.009\,9}\right), & T_{\max}<0.2\\ 0, & 其他\end{cases} \tag{4.4}$$

$$C_3=\begin{cases}C_2, & T_{\max}<0.109\\ C_1, & 其他\end{cases} \tag{4.5}$$

$$C_4=C_1+0.5(\sqrt{C_3}-C_3)\left[1+\cos\left(\frac{\pi T_{\min}}{0.109}\right)\right] \tag{4.6}$$

$$\rho_{\varepsilon(T_1),\varepsilon(T_2)}=\begin{cases}C_1, & T_{\min}>0.109\\ C_2, & T_{\max}<0.109\\ \min(C_2,C_4), & 0.109<T_{\max}<0.2\\ C_4, & 其他\end{cases} \tag{4.7}$$

Baker 正是考虑了任意两周期点 ε 参数的相关性，提出了具有合理的概率统计意义的条件均值谱（conditional mean spectrum，CMS）[式（4.8）]，同时考虑方差分布[式（4.9）]的即为条件谱（CS）[9]。

$$\mu[\ln S_a(T_i)\mid \ln S_a(T^*)]=\mu_{\ln S_a}(M,R,T_i)+\varepsilon(T_i)\cdot\sigma_{\ln S_a}(T_i) \tag{4.8}$$

$$\sigma[\ln S_a(T_i)\mid \ln S_a(T^*)]=\sigma_{\ln S_a}(T_i)\sqrt{1-\rho^2(T_i,T^*)} \tag{4.9}$$

式中，$\mu[\ln S_a(T_i)\mid \ln S_a(T^*)]$ 和 $\sigma[\ln S_a(T_i)\mid \ln S_a(T^*)]$ 表示在条件 $\varepsilon(T^*)$ 下反应谱在周期点 T_i 处的均值和方差；$\mu_{\ln S_a}(M,R,T_i)$ 和 $\sigma_{\ln S_a}(T_i)$ 表示在无条件 $\varepsilon(T^*)$ 或 $\varepsilon=0$ 时的均值和方差，参考式（4.1）中介绍的方法计算。

CMS 中 ε 参数除了可以定量地表达指定加速度反应谱与一定震级和震中距下衰减关系得到的谱均值之间的差别，还对 CMS 的谱形有重要影响：当 ε 为正值时，其他周期点谱值均小于基本周期点谱值，CMS 会在周期点处出现“尖峰”；若为负值时，则相反，CMS 会在周期点处出现“低谷”。因此，常称 ε 为谱形系数（如图 4.2 所示）。

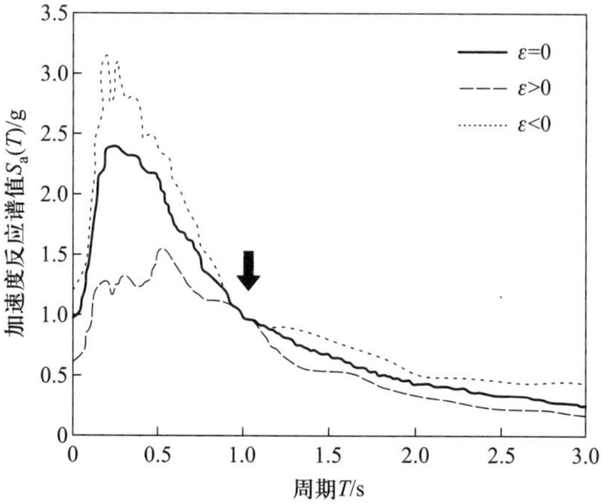

图 4.2 ε 参数对谱形的影响[8]

[正负 ε 均缩放至相同 $S_a(T_1)$，$T_1=1$ s]

正是由于 Baker 采用的 ε 参数能够反映反应谱形,且 ε 参数与结构反应具有很好的相关性,从而使以 CMS 为目标谱的选波方法能够准确地估计多自由度体系的地震反应。CMS 在国外已得到了广泛的关注和应用,如 NEHRP 2011[10]、USGS2012[11]和 ASCE7-16[12](第一个正式采用 CMS 选波的规范),并且基于 CMS 已研发出多个应用软件,如 DGML[13]、OPENSIGNAL[14]、QuakeManager[15]等。

目前,国内学者对于 CMS 的关注和研究尚处于起步阶段[16-18],CMS 的建立受衰减关系、震级 M、距离 R 及各周期谱值间相关性(即相关系数 ρ)等因素的影响。我国规范在地震动参数区划图制定中已建立了衰减关系,但与 PSHA 相关的地震危险性分析信息尚未很好地提供(无法获得不同震源地震风险贡献率),将 CMS 与我国规范相结合用于选波工作,仍有多处细节需进一步深入研究。

4. 位移谱

上述目标谱均为加速度反应谱,主要是反映 PGA 或 S_a 的地震衰减或统计特征,与长周期结构反应的相关性不够密切。对于长周期结构,其一阶自振周期处于反应谱的长周期位移敏感区,用位移反应谱做目标谱则更有优势。但位移反应谱的建立仍未与目前主流的概率地震危险性分析(PSHA)相关联,其发展受到较大的限制。

此外,对于某些特殊情况,如近断层地震动,采用弹性反应谱方法则很难保证其准确性。Kalkan 和 Chopra 提出了一种基于非弹性位移谱的选波方法,即 MPS(modal pushover-based scaling)法[19]。MPS 法考虑近断层地震动作用,将由 21 条近断层地震动位移反应谱的平均谱乘以非弹性位移比系数 C_R 获得非弹性位移目标谱。结构反应按如下步骤进行计算:先初设缩放系数(SF),如初设 SF=1,再按结构 Pushover 分析得出的底部剪力与各层位移关系等效为非弹性单自由度体系的力-位移关系,输入单自由度运动方程,即可得出位移反应时程及反应峰值。能保证位移反应与目标位移值之差在允许范围内的 SF 为所选记录的缩放系数。选取 SF 最接近 1 的记录,将缩放后加速度记录输入结构做时程分析。具体计算流程如图 4.3[4]所示。Kalkan 和 Chopra 将该法与 ASCE7-05 方法做对比,其计算准确度明显高于 ASCE7-05 方法。

MPS 选波方法具有很小的离散性,但其对结构反应均值的估计偏大。这有可能是因为对比参考的“真实反应”是依据加速度弹性目标谱 S_a 进行选波并通过输入结构进行时程分析统计得出的,而非弹性位移反应谱法依据的“目标谱”是非弹性位移谱 S_d。由于参考的标准不同,使得多位学者研究得出的“非弹性位移反应谱法对结构均值反应高估”的结论不够可靠,关于非弹性位移反应谱法的可靠度研究还有待深入。

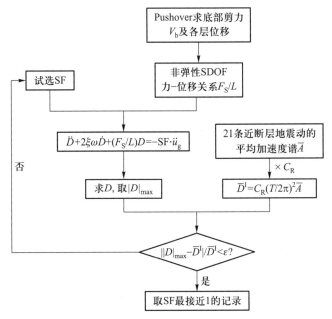

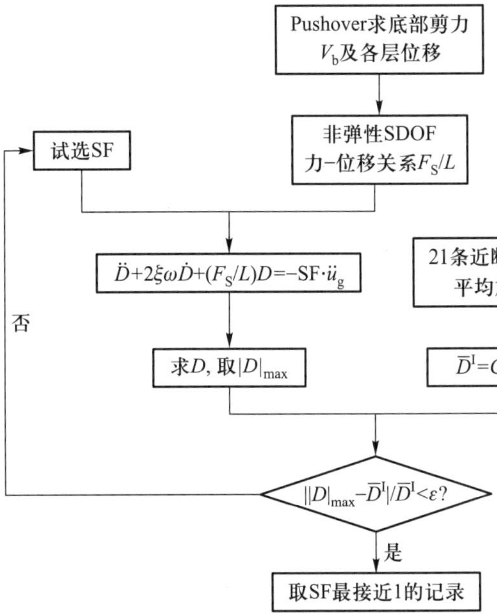

图 4.3 MPS 选波方法计算流程[4]

4.2.2 目标谱均值匹配法及记录缩放方法

如何实现所选地震波反应谱与目标谱的“一致”,即实现“谱匹配”,需要将地震波进行合理的缩放。由于计算反应谱与目标谱匹配误差以及地震波缩放系数的方法不同,两部分工作有时分步进行,有时又交织在一起,因此,本书将反应谱匹配及缩放方法同时进行介绍。

虽然小波技术等频率调整方法能使反应谱在很宽的周期范围内与目标谱达到很好的匹配,但计算所得的结构反应却小于将真实记录线性缩放的结果。可见,线性缩放是一种简单而行之有效的缩放方法。因此,本书主要介绍线性缩放方法,现分述如下。

1. 单点匹配

单点匹配即是选取结构特征周期点(一般取结构一阶自振周期 T_1)对应的反应谱值与设计谱值相差不超过一定范围的强震记录。早期研究发现,以结构基本周期 T_1对应的反应谱值来调整地震动记录能够减小结构反应的离散性。目前多国规范及学者研究均将 $S_a^t(T_1)/S_a(T_1)$作为缩放系数,其中 $S_a(T_1)$为所选记录在结构基本周期 T_1处的加速度反应谱值,$S_a^t(T_1)$为 T_1处的目标谱值。

但考虑到结构进入非线性阶段时基本周期 T_1 会延长,也可将 T_1 延长至

$1.1T_1$，或将 T_1 替换为 T_{ref}［式(4.10)］[14]。

$$T_{ref} = \frac{\sum_{i=1}^{N} T_i \cdot |\gamma_i|}{\sum_{i=1}^{N} |\gamma_i|} \tag{4.10}$$

式中，T_i 和 γ_i 表示第 i 阶自振周期及对应的振型参与系数；N 为须考虑的前几阶自振周期数。

单点匹配方法虽操作简单，但仅片面地强调某一周期点处的谱值匹配，无法反映反应谱形的匹配程度。

2. 单频段匹配

单频段匹配是保证在指定的一个周期段内，反应谱与目标谱有较好的匹配，即控制反应谱均值与目标谱均值之差较小，即单频段均值匹配。

单频段的范围常由结构的基本周期 T_1 确定。如美国 NIST2011[20] 计划中建议，抗弯框架结构可取 $0.2T_1 \sim 3.0T_1$，框剪及剪力墙结构可取 $0.2T_1 \sim 2.0T_1$；Eurocode 8（EC8）[21] 中规定此范围为 $0.2T_1 \sim 2.0T_1$；ASCE7－10[22] 则规定在 $0.2T_1 \sim 1.5T_1$ 范围内，所选记录反应谱值要大于设计谱值。单频段范围也可由结构的多个自振周期控制，如有学者建议，EC8 中的频段范围应改为［T_m，$\sqrt{\mu_\Delta}\,T_1$］[23]，其中 m 为保证振型参与质量总和达 90% 需要考虑的最高阶振型数，μ_Δ 为结构的位移设计值。ASCE7-16[12] 中匹配周期范围的下限也采用了和 $0.2T_1$ 中的较小值。匹配周期范围若设定得较窄，即仅关注 T_1 周围频段，则受高阶振型影响的结构的第 2、3 阶周期无法落入频段内，不利于高柔结构反应评估，因此建议选择较宽的匹配周期范围，其不仅可考虑到结构高阶振型的影响，还能够考虑到结构非线性反应可能产生的周期延长。

保证谱匹配常用的做法是控制频段内各个周期点对应的反应谱值与目标谱值间的误差，即单频段多点匹配。规范中一般无具体的计算反应谱与目标谱匹配误差的计算方法。最小二乘法是常用的计算匹配误差 Erro［式(4.11)］的方法，取 dErro/dSF≅0 得出能使 Erro 最小的缩放系数 SF［式(4.12)］[19]。

$$\mathrm{Erro} = \sum_{i=1}^{N} \{S_a^t(T_i) - [\mathrm{SF} \cdot S_a(T_i)]\}^2 \tag{4.11}$$

$$\mathrm{SF} = \frac{\sum_{i=1}^{N} [S_a^t(T_i) \cdot S_a(T_i)]}{\sum_{i=1}^{N} [S_a(T_i)_i \cdot S_a(T_i)]} \tag{4.12}$$

式中，N 为匹配周期段范围内一定间隔的周期点总数；$S_a(T_i)$ 和 $S_a^t(T_i)$ 为记录

在周期点 T_i处的加速度反应谱值和目标谱值。

除采用最小二乘法外，还有如下几种匹配误差的计算公式。

(1) Ambraseys 等提出的匹配误差。[24]

$$\text{Erro}=\frac{1}{N}\sqrt{\sum_{i=1}^{N}\left[\frac{S_a(T_i)}{A}-\frac{S_a^t(T_i)}{A_s}\right]^2} \tag{4.13}$$

式中，A 和 A_s分别为备选强震记录及确定目标谱所需强震记录的加速度幅值。

(2) Iervolino 等提出的匹配误差。[25]

$$\text{Erro}=\sqrt{\frac{1}{N}\sum_{i=1}^{N}\left[\frac{S_a(T_i)-S_a^t(T_i)}{S_a^t(T_i)}\right]^2} \tag{4.14}$$

(3) Haselton 等提出的匹配误差。[20]

式(4.13)和式(4.14)确定的误差参数，关注的是 $T_1\sim T_N$ 频段的谱形匹配，或者说是关注结构前 N 阶振型的影响。进一步考虑，此频段的范围也可根据结构关注的频段或振型范围进行调整，当关注结构第 j 到第 k 阶振型影响时，可采用式(4.15)或标准化的式(4.16)来计算误差参数。

$$\text{Erro}=\sqrt{\frac{1}{k-j+1}\sum_{i=j}^{k}\left[\alpha\cdot S_a(T_i)-S_a^t(T_i)\right]^2} \tag{4.15}$$

$$\text{Erro}=\sqrt{\frac{1}{k-j+1}\sum_{i=j}^{k}\left[\frac{\alpha\cdot S_a(T_i)-S_a^t(T_i)}{S_{as}(T_i)}\right]^2} \tag{4.16}$$

式中，α 为备选波的缩放系数。

(4) 欧氏范数确定匹配误差。[26]

在 $0.2T_1\sim1.5T_1$ 范围内，令缩放后反应谱与目标谱对数值之差的欧氏范数最小，来确定缩放系数 SF[如式(4.17)]。

$$\|\ln S_a^t(T_i)-\text{SF}\cdot\ln S_a(T_i)\|=\sqrt{\sum_{i=1}^{N}\left[\ln S_a^t(T_i)-\text{SF}\cdot\ln S_a(T_i)\right]^2} \tag{4.17}$$

式中，$\|\cdot\|$ 为欧氏范数；N 为从 $0.2T_1$ 至 $1.5T_1$ 范围内取周期点数。

(5) 遗传算法确定匹配误差。[27]

将遗传算法用于选波研究，以设计谱为目标谱，将选波与缩放两部分工作同时进行，从备选记录中选取误差参数[式(4.18)]最小的一组(7 条)强震记录。

$$\mathrm{Erro}=\min\left(\sum_{i=1}^{N}\left\{\sqrt{\frac{\sum_{i=1}^{7}\left[\mathrm{SF}_i\cdot S_{\mathrm{a}}(T_i)\right]^2}{\sum_{i=1}^{7}\mathrm{SF}_i^2}}-S_{\mathrm{a}}^{\mathrm{t}}(T_i)\right\}\right)^2 \tag{4.18}$$

式中，SF_i 为第 i 条波的缩放系数。

(6) 我国设计人员常用的确定匹配误差方法。

我国工程人员在进行选波工作时，常采用的方法是控制结构前几阶自振周期点对应的反应谱值与设计谱值间误差之和在一定范围内。

单频段匹配方法的精度与设定的频段宽度有关，若频段较窄，即仅关注一阶周期点周围的频段，则受高阶振型影响的结构的第二、三周期无法落入频段内，不利于高柔结构反应评估；若频段设置较宽，则有必要在计算匹配误差时考虑各阶振型的不同贡献而匹配不同的权重。

3. 双频段匹配

双频段匹配方法[28]是在地震动记录数据库中，直接挑选那些经调幅后其拟加速度反应谱在短周期段（如$[0.1\ \mathrm{s}, T_{\mathrm{g}}]$）和结构一阶自振周期附近（$[T_1-\Delta T_1, T_1+\Delta T_2]$）的反应谱均值与设计反应谱相差不超过 10% 的地震动记录，而不考虑震级、震中距、场地条件等地震信息限制的选波方法。其中，T_{g}为场地的特征周期；T_1为结构的一阶自振周期；ΔT_1与 ΔT_2为周期控制范围。考虑到结构遭受地震损伤后周期会延长，一般 ΔT_2大于 ΔT_1，建议取 $\Delta T_1=0.2\ \mathrm{s}$，$\Delta T_2=0.5\ \mathrm{s}$。双频段选波可保证所选波的反应谱与目标谱能达到较好的一致性，并考虑了结构基本周期的影响，从而使得时程分析结果较为准确，该方法自提出以来得到较为广泛的关注和应用。

但目前较多的超高层建筑、大跨度桥梁等的基本周期可以达到 5 s 甚至以上，对结构地震反应影响较大的第 2 阶、第 3 阶等振型周期并不在平台段，此时它们对结构反应的影响无法得到充分的体现。此外，考虑到双频段选波仅考虑了地震动三要素（即幅值、频谱、持时）中的加速度峰值和频谱特性，没有考虑持时和能量分布影响。

4. 多频段匹配

多频段匹配方法[29]是在结构的前几阶自振周期范围的多个频段内计算反应谱与目标谱之间的误差之和。该方法是在双频段匹配误差的基础上提出的，可弥补双频段匹配方法未能反映高层建筑等长周期结构的第 2、3 阶振型周期对结构反应影响的缺陷。

此外，在计算匹配误差之和时，通过对各个频段应分配不同的权重，以反映各个振型对结构反应的贡献不同，可采用式(4.19)计算匹配误差：

$$\begin{cases}\varepsilon_{\mathrm{w}}=\dfrac{\bar{\beta}_{\mathrm{w}}(T)-\bar{\beta}(T)}{\bar{\beta}(T)}\times 100\%, & T=[0.1,T_{\mathrm{g}}]\\ \varepsilon_T=\dfrac{\sum\limits_{i=1}^{N}\lambda_i\varepsilon_{T_i}}{\sum\limits_{i=1}^{N}\lambda_i}=\dfrac{\sum\limits_{i=1}^{N}\lambda_i\left|\bar{\beta}_{T_i}(T)-\bar{\beta}_i(T)\right|/\bar{\beta}_i(T)}{\sum\limits_{i=1}^{N}\lambda_i}\times 100\%, & T=[T_i-\Delta T_1,T_i+\Delta T_2]\end{cases}\tag{4.19}$$

式中,ε_{w} 为反应谱平台段的均值相对误差;ε_T 为结构前几阶自振周期点附近谱值的均值相对误差的加权平均;$\bar{\beta}_{\mathrm{w}}(T)$ 为$[0.1, T_{\mathrm{g}}]$范围内备选地震波放大系数谱均值;T_{g} 为目标放大系数谱特征拐点;$\bar{\beta}(T)$ 为$[0.1, T_{\mathrm{g}}]$范围内目标放大系数谱均值;ε_{T_i}为结构第 i 阶自振周期 T_i 附近谱值均值的相对误差;$\bar{\beta}_{T_i}(T)$为结构第 i 阶自振周期 T_i 附近备选地震波放大系数谱均值;$\bar{\beta}_i(T)$为结构第 i 阶自振周期 T_i 附近目标放大系数谱均值;N 为需考虑的振型数,一般取对结构反应起主要作用的前几阶振型;$[T_i-\Delta T_2, T_i+\Delta T_2]$为结构第 i 阶自振周期 T_i 附近的取值范围,取 $\Delta T_1=0.2$ s,$\Delta T_2=0.5$ s。

重点说明一下,式(4.19)中的 λ_i 为结构第 i 阶自振周期 T_i 对应的均值误差的权重系数,可用归一化的振型参与系数确定,公式如下:

$$\lambda_i=\frac{M_i^*}{\sum\limits_j m_j}\tag{4.20}$$

式中,M_i^* 为由量纲为一的振型计算的第 i 阶振型的广义质量;$\sum\limits_j m_j$ 为结构体系总质量。若将第 i 阶振型看作单质点体系,则 λ_i 为体系的广义质量与结构总质量之比,其恒为正,且一般依振型增加降序排列,一定程度上反映了各个振型对结构动力反应贡献的相对大小。权重系数 λ_i 具有明确的物理意义,并可由常用的工程抗震分析软件直接计算,易于工程实现。

多频段匹配误差也可参考式(4.21)计算[30]:

$$\mathrm{Erro}=\sqrt{\sum_{i=1}^{k}w_i\frac{1}{N_i}\sum_{j=1}^{N_i}\left[\frac{S_{\mathrm{a}}(T_{ij})-S_{\mathrm{a}}^{\mathrm{t}}(T_{ij})}{S_{\mathrm{a}}^{\mathrm{t}}(T_{ij})}\right]^2}\tag{4.21}$$

式中,k 为控制周期段数;w_i 为第 i 个周期控制段的权重系数,可根据控制段的重要性确定;N_i 为第 i 个控制周期范围内离散周期点数;$S_{\mathrm{a}}(T_{ij})$和$S_{\mathrm{a}}^{\mathrm{t}}(T_{ij})$分别为第 i 个控制周期范围内第 j 个周期点 T_{ij}处实际地震动记录反应谱值和目标谱值。

上述各种匹配方法中，无论采用哪种形式的误差参数，均是其值越小，反应谱与设计谱的一致性越好，结构时程分析的结果越可接受。因此，误差参数常被作为地震波优选排序的依据。一般情况下，误差参数大小取决于地震记录数据库大小及选波数量，同时也依赖于指定谱匹配的周期范围。

此外，对于两水平方向地震反应相差较大的结构（如大跨桥梁、不规则建筑等）进行选波时，目标谱和备选波反应谱都应反映两水平方向地震动的共同作用，其表达方式有多种，如采用两水平方向反应谱的几何均值、算数均值以及平方和开平方根（square root of the sum of the squares，SRSS）谱等。

需要注意的是，虽然记录通过缩放能够达到减小结构反应离散性的目的，但过大的缩放会使反应谱失真，进而使结构反应失真。因此，建议尽量选用缩放系数接近 1 的记录。目前，受记录数据量的限制，并没有对缩放系数做严格的限制，对其研究还没有形成统一的认识，但一般情况下建议缩放系数不超过 6 或 7。

4.2.3　目标谱分布匹配法

目标谱除了匹配确定性的均值谱，还有匹配由目标均值和方差表示的具有概率含义的目标分布方法，即目标谱分布匹配法。

大多数研究只关心结构的均值反应，但随着基于性能的抗震设计理念的深入、地震危险性概率方法的逐渐完善，结构反应的概率分布也成为设计者们需要预测的反应指标。因此，很多研究在匹配目标谱均值的同时也兼顾目标谱的方差匹配。

与目标谱均值匹配法的区别是，评判所选波反应谱与目标谱的匹配程度，除了考虑均值外，还增加了方差的比较，并按照需要分配一定权重[由式(4.22)中的 w 权重系数体现]。误差参数 $\mathrm{SSE_S}$ 按式(4.22)计算[9]：

$$\mathrm{SSE_S}=\sum_{j=1}^{p}\left[\left(\mu_{\ln S_\mathrm{a}(T_j)}-\mu_{\ln S_\mathrm{a}^\mathrm{t}(T_j)}\right)^2-w\left(\sigma_{\ln S_\mathrm{a}(T_j)}-\sigma_{\ln S_\mathrm{a}^\mathrm{t}(T_j)}\right)^2\right] \tag{4.22}$$

$$\mu_{\ln S_\mathrm{a}(T_j)}=\frac{1}{n}\sum_{i=1}^{p}\ln S_{\mathrm{a}_i}(T_j) \tag{4.23}$$

$$\sigma_{\ln S_\mathrm{a}(T_j)}=\sqrt{\frac{1}{n-1}\sum_{i=1}^{n}\left[\ln S_{\mathrm{a}_i}(T_j)-\mu_{\ln S_\mathrm{a}(T_j)}\right]^2} \tag{4.24}$$

式中，n 表示每组记录数；$S_\mathrm{a}(T_j)$ 为备选记录在周期点 T_j 对应的强震动记录谱值；$\mu_{\ln S_\mathrm{a}(T_j)}$ 和 $\sigma_{\ln S_\mathrm{a}(T_j)}$ 分别表示 T_j 处反应谱的对数均值和对数方差；$\mu_{\ln S_\mathrm{a}^\mathrm{t}(T_j)}$ 和 $\sigma_{\ln S_\mathrm{a}^\mathrm{t}(T_j)}$ 分别为周期点 T_j 处目标谱的对数均值和对数方差。

目标谱分布匹配法也可采用式(4.25)~式(4.27)计算误差指标 R_{target}[31]。

$$R_{\text{target}}=R_1+R_2 \tag{4.25}$$

$$R_1=\sum_{i=1}^{n} w(T_i)\left[\mu_{\ln S_a^t(T_i)}-\mu_{\ln S_a(T_i)}\right]^2 \Big/ \sum_{i=1}^{n} w(T_i) \tag{4.26}$$

$$R_2=\sum_{i=1}^{n} w(T_i)\left[\sigma_{\ln S_a^t(T_i)}-\sigma_{\ln S_a(T_i)}\right]^2 \Big/ \sum_{i=1}^{n} w(T_i) \tag{4.27}$$

式中,R_1 和 R_2 分别代表均值和方差的加权误差;$w(T_i)$表示 T_i 的权重。

目前已有多个基于 CMS 建立的选波软件,如 DGML[13]、OPENSIGNAL[14]和 QuakeManager[15]等,均可方便地实现均值和方差的匹配,而且其目标谱设定也非常灵活,可以是设计反应谱也可以是用户自定义的反应谱。

鉴于遗传算法在大数据处理中的优势,常有学者将遗传原理用于反应谱分布的匹配,将选波与缩放过程同时进行,有时为达到更为理想的缩放效果,还会采用一些优化方法,如贪婪算法等。

与仅匹配目标谱均值相比较,考虑目标谱方差不会影响到结构反应均值的估计,但会影响结构反应的方差及概率分布。结构反应非线性程度越大,结构反应的离散性会越强,在选波中考虑这种概率计算需求,就显得更为必要。

4.3 基于地震动强度指标选波

多年来,国内外地震学者也一直在努力寻求与结构地震反应紧密相关的地震动强度指标用于结构抗震分析。选用合理的地震动强度指标进行地震波标准化是降低结构反应离散性的有效途径。地震强度指标的选择既要考虑其充分性,也要考虑其有效性,充分性要求的目的是减少或消除动力分析对所选地震强度指标未能反映的其他地震动特性的依赖,而有效性要求的目的是降低地震波不同产生结构反应的离散性。

峰值加速度(peak ground accleration,PGA)是最早采用的地震强度指标,而后发展出 Housner 谱强度、Arias 强度等以地震动峰值和地震动谱峰值为依据衍生的复合强度指标。进入 20 世纪后,各种复合强度指标相继提出。发展至今,地震动强度指标已有四五十种,旨在体现地震动幅值、频谱和持时三要素的同时,更关注与结构反应的相关性。总结目前的 50 种地震动强度指标,可以按峰值加速度(PGA)、峰值速度(peak ground velocity,PGV)、峰值位移(peak ground displacement,PGD)的相关性归为 3 类,可得到较为统一的认识是:与 PGA 有关的地震强度指标与短周期结构反应相关性最好;与 PGV、PGD 有关的地震强度指标与中长周期结构反应的相关性最好[16,32]。

目前常用的以地震动强度指标为评价指标的选波方法，与目标谱选波法类似，仍多以地震信息（震级、震中距、场地条件等）为初选条件，再辅以一个或多个地震动强度指标为评价指标。地震动强度指标的选择主要依据结构反应参数指标及评估结构反应的目的来确定。强震记录的缩放多依据“所选地震波的地震动强度指标与目标参数相等”为原则进行，也可与之前介绍的缩放方法综合使用。经地震动强度指标调整后的地震波输入结构进行时程分析，仍需按照我国抗震规范中的规定进行合理性评判（参考 4.5 节），并对结构反应的离散性做合理控制。

其实，基于目标谱的选波法与基于地震动强度指标的选波法往往是相辅相成、互相补充的：当所用地震动强度指标仅源于弹性反应（或相关）谱时，显然谱匹配方法包含了地震动强度指标的全部内容；但当地震动强度指标的建立融入了更多因素，如地震动持时、结构损伤和非弹性反应等，则基于地震动强度指标的选波法会与谱匹配方法有所差别，但若目标谱建立也包括或逐步考虑这些因素时，二者又会趋于一致。

4.4　地震波数量（样本容量）的确定

选取多少条记录来进行结构时程分析，即样本容量的确定，是强震记录选取研究中另一个主要考虑的问题。样本容量的确定要考虑诸多因素：预测结构反应的目标（均值或分布）及精度、结构倒塌概率、结构非线性程度等。理想的样本容量应该是能使结构分析准确性与计算成本之间达到一种相对的平衡，尤其对于复杂结构的时程分析，样本容量对计算成本的消耗影响很大。

早期研究发现，以结构基本周期 T_1 处的反应谱值与目标谱相等为原则对强震记录进行缩放，对比于未经缩放的强震记录，产生结构反应的离散性更小，所需的强震记录数量更少，此后相关研究相继展开。

除伊朗抗震规范规定可用 2 条真实记录，以及国际标准委员会制定的海港工程抗震规范 ISO/DIS19901-2[33] 要求至少 4 条强震记录外，多数国家的抗震设计规范，如 EC8[34]、UBC997、IBC2000/2006、CBC2007、ASCE/SEI 7[22]（ASCE，2005，2010），均规定至少选用 3 条记录，若少于 7 条，取用时程分析所得结构反应的最大值，若大于等于 7 条，则用时程分析所得结构反应的平均值。我国《建筑抗震设计规范》（GB 50011—2010）[6] 规定，选用实际强震记录和人工模拟的加速度时程曲线，其中实际强震记录的数量不应少于总数的 2/3。鉴于不同地震波输入进行时程分析的结果不同，一般可以根据小样本容量下的计算结果来估计地震作用效应值。通过大量地震加速度记录输入不同结构类型进行时程分析结果的统计分析可知，若选用不少于 2 组实际记录和 1 组人工模拟的加速度时程曲线作为输入，则计算的平均地震效应值不小于大样本容量平均值的保证率在 85% 以上，而且一般也不会偏大很多。当选用数量较多的地震波，如 5 组实际记录和 2 组人工模拟时程曲线时，则保证率更高。

当进行结构非线性动力分析时，所需的地震波数量与结构非线性反应可靠度以及所需估计的结构反应参数相关，如结构峰值反应的估计所需样本容量就少于对结构损伤及能量消耗的估计。此外，选择合理的地震动缩放方法，对于缩小样本容量、降低结构反应的离散性有着积极的作用。

上述样本容量的确定主要是对结构反应均值的估计，若以结构反应概率分布为评估目标，则需更大的样本容量。一般情况下，符合正态及对数正态分布的结构反应可采用 30 条记录[35]；若要求结构倒塌评估准确率达到 90%，则需 60 条地震波[36]，即 30 或 60 条地震波可以实现稳定性较好的结构反应方差估计。

4.5 选波方法可行性的评判标准

采用时程分析法时，应按建筑场地类别和设计地震分组选用地震波。多组时程曲线的平均地震影响系数曲线应与振型分解反应谱法所采用的地震影响系数曲线在统计意义上相符[6]。所谓“统计意义上相符”是指，多组时程波的平均地震影响系数曲线与振型分解反应谱法所用的地震影响系数曲线相比，在对应于结构主要振型的周期点上相差不大于 20%。弹性时程分析时，计算结果在结构主方向的平均底部剪力一般不会小于振型分解反应谱法计算结果的 80%，每条地震波输入的计算结果不会小于 65%，多条时程曲线计算所得结构底部剪力的平均值不应小于振型分解反应谱法计算结果的 80%。从工程角度考虑，这样可以保证时程分析结果满足最低安全要求。但计算结果也不能太大，每条地震波输入计算不大于 135%，平均不大于 120%。当进行弹塑性时程分析时，则应该考虑结构的位移反应，常用最大层间位移角作为地震反应参数。一方面要保证位移反应的准确性（建议误差绝对值控制在 20% 以内），另一方面要保证结构反应的离散性在可控范围内。

4.6 选波流程

4.6.1 目标谱选波法操作流程

总结如上目标谱选波方法，可按图 4.4 操作流程进行选波：

4.6.2 地震强度指标选波法操作流程

总结如上基于地震强度指标选波方法，可如图 4.5 操作流程进行选波：

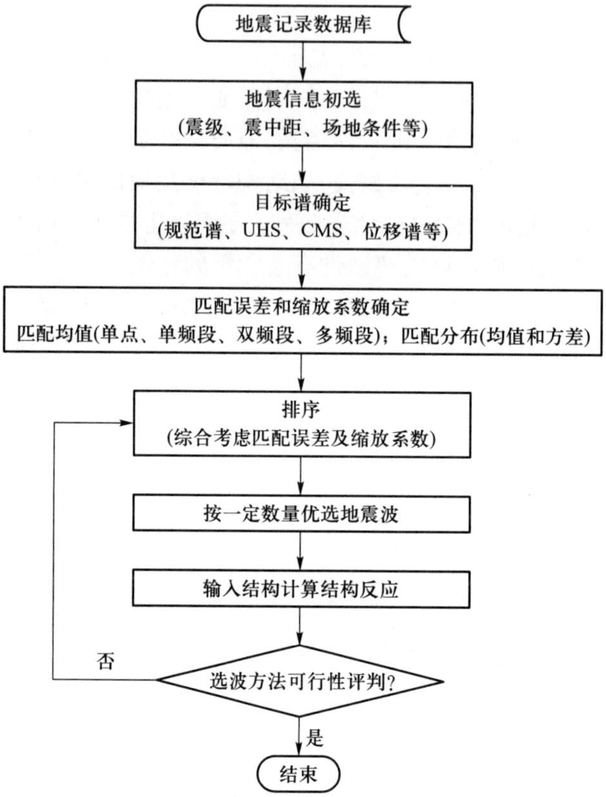

图 4.4 目标谱选波法操作流程

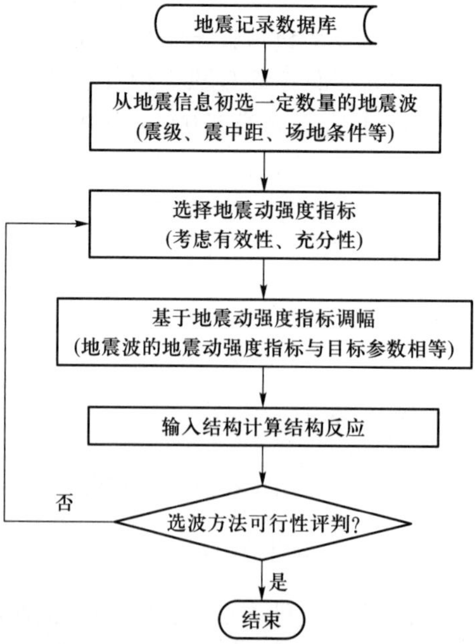

图 4.5 地震强度指标选波法操作流程

参考文献

[1] 王亚勇. 结构抗震设计时程分析法中地震波的选择[J]. 工程抗震, 1988, 12(4): 15-22.

[2] Bommer J J, Acevedo A. The use of real earthquake accelerograms as input to dynamic analysis[J]. Journal of Earthquake Engineering, 2004, 8(1): 43-91.

[3] Katsanos E I, Sextos A G, Manolis G D. Selection of earthquake ground motion records: A state-of-the-art review from a structural engineering perspective[J]. Soil Dynamics and Earthquake Engineering, 2010, 30(4): 157-169.

[4] 张锐, 李宏男, 王东升, 等. 结构时程分析中强震记录选取研究综述[J]. 工程力学, 2019, 36(2): 1-16.

[5] 余湛, 石树中, 沈建文, 等. 从中国、美国、欧洲抗震设计规范谱的比较探讨我国的抗震设计反应谱[J]. 震灾防御技术, 2008, 3(2): 136-144.

[6] 中华人民共和国住房和城乡建设部. 建筑抗震设计规范: GB 50011—2010[S]. 北京: 中国建筑工业出版社, 2016.

[7] Malhotra P K. Seismic response spectra for probabilistic analysis of nonlinear systems[J]. Journal of Structural Engineering, 2011, 137(11): 1272-1281.

[8] Baker J W. Conditional mean spectrum: Tool for ground-motion selection[J]. Journal of Structural Engineering, 2011, 137(3): 322-331.

[9] Baker J W, Lee C. An improved algorithm for selecting ground motions to match a conditional spectrum[J]. Journal of Earthquake Engineering, 2018, 22(4): 708-723.

[10] Fema. NEHRP recommended provisions for seismic regulations for new buildings and other structures, 2011 edition, Part1[S]. Washington, D C: Building Seismic Safety Council for the Federal Emergency Management Agency, 2011.

[11] United States Geological Survey (USGS)[Z]. 2012.

[12] ASEC/SEI 7-16. Minimum design loads and associated criteria for buildings and other structures, 2 volume set[S]. Beaverton: American Society of Civil Engineers, Structural Engineering Institute, 2017.

[13] Wang G, Youngs R, Power M, et al. Design ground motion library: An interactive tool for selecting earthquake ground motions[J]. Earthquake Spectra, 2015, 31(2): 617-635.

[14] Marasco S, Cimellaro G P. A new energy-based ground motion selection and modification method limiting the dynamic response dispersion and preserving the median demand[J]. Bull Earthquake Engineering, 2018, 16(2): 561-581.

[15] Hachem M M. QuakeManager: A software framework for ground motion record management, selection, analysis and modification[Z]. Beijing, China: 2008.

[16] 陈波. 结构非线性动力分析中地震动记录的选择和调整方法研究[D]. 哈尔滨: 中国地震局地球物理研究所, 2014.

[17] 吕大刚, 刘亭亭, 李思雨, 等. 目标谱与调幅方法对地震动选择的影响分析[J]. 地震工程与工程振动, 2018, 38(04): 21-28.

[18] 冀昆, 温瑞智, 任叶飞. 我国条件均值谱及条件谱选波方法应用实例[J]. 建筑结构, 2018, 48(S2): 291-298.

[19] Kalkan E, Chopra A K. Practical guidelines to select and scale earthquake records for nonlinear response history analysis of structures[R]. Berkeley, CA: Earthquake Engineering Research Institute, 2010.

[20] Haselton C B, Whittaker A S, Hortacsu A, et al. Selecting and scaling earthquake ground motions for performing response-history analyses[Z]. Lisboa, Portugal: 2012.

[21] CEN. Eurocode 8: Design of structures for earthquake resistance. Part1: general rules, seismic actions and rules for buildings, draft No. 5: Document CEN/TC250/SC8/N317[S]. Brussels: European Committee for Standardization, 2002.

[22] ASCE/SEI 7-10. Minimum design loads for buildings and other structures[S]. Reston, Virginia: American Socitey of Civil Engineers, Structral Engineering Institute, 2010.

[23] Lombardi L, Luca F D, Macdonald J. Design of buildings through linear time-history analysis optimising ground motion selection: A case study for RC-MRFs[J]. Engineering Structures. 2019, 192(15): 279-295.

[24] Ambraseys N N, Douglas J, Rinaldis D, et al. Dissemination of European strong-motion data [DB/CD]. vol. 2, CD-ROM collection ed. UK: Engineering and Physical Sciences Research Council, 2004.

[25] Iervolino I, Galasso C, Cosenza E. REXEL: Computer aided record selection for code-based seismic structural analysis [J]. Bulletin of Earthquake Engineering, 2010, 8(2): 339-362.

[26] Reyes J C, Kalkan E. Required number of records for ASCE/SEI 7 ground-motion scaling procedure[R]. Berkeley, CA: Earthquake Engineering Research Institute, 2011.

[27] Naeim F, Lew M. On the use of design spectrum compatible time histories[J]. Earthquake Spectra, 1995, 15(1): 111-127.

[28] 杨溥, 李英民, 赖明. 结构时程分析法输入地震波的选择控制指标[J]. 土木工程学报, 2000, 33(6): 33-37.

[29] 张锐, 成虎, 吴浩, 等. 时程分析考虑高阶振型影响的多频段地震波选择方法研究[J]. 工程力学, 2018, 35(6): 162-172.

[30] 叶献国, 王德才. 结构动力分析实际地震动输入的选择与能量评价[J]. 中国科学: 技术科学, 2011, 41(11): 1430-1438.

[31] Wang G. A ground motion selection and modification method capturing response spectrum characteristics and variability of scenario earthquakes[J]. Soil Dynamics and Earthquake Engineering, 2011, 31(4): 611-625.

[32] Riddell R, Garcia J. Hysteretic energy spectrum and damage control[J]. Earthquake

Engineering and Structural Dynamics, 2001, 30: 1791-1816.

[33] ISO. Petroleum and natural gas industries-specific requirements for offshore structures, Part 2: seismic design procedures and criteria[S]. International Organization for Standardization, 1990.

[34] CEN. Eurocode 8: Design of structures for earthquake resistance[S]. Brussels: European Committee for Standardization, 2005.

[35] Catalán A, Benavent-Climent A, Cahís X. Selection and scaling of earthquake records in assessment of structures in low-to-moderate seismicity zones[J]. Soil Dynamics and Earthquake Engineering, 2010, 30(1-2): 40-49.

[36] Du W Q, Ning C L, Wang G. The effect of amplitude scaling limits on conditional spectrum-based ground motion selection[J]. Earthquake Engineering & Structural Dynamics, 2019, 48(9): 1030-1044.

第二篇　结构抗震分析

第 5 章

结构抗震设计原理

5.1 结构抗震设计理论的发展

随着人们对于地震动和结构动力特性理解的深入,结构抗震理论在过去几十年中得到了不断的发展,大体上可以划分为静力抗震设计、反应谱抗震设计、动力抗震设计和基于性能的抗震设计 4 个阶段[1]。

5.1.1 静力抗震设计理论

静力抗震设计理论最初起源于日本,1900 年日本学者大森房吉提出了地震力理论[2],该理论认为地震对工程设施的破坏是由于地震产生的水平力作用在建筑物上所导致的结果。1916 年佐野利器提出的"家屋耐震构造论",引入了震度法的概念,从而创立了求解地震作用的水平静力抗震理论。该理论认为,结构所受的地震作用可以简化为等效水平静力荷载,在估计地震力时,假定建筑物是刚性的,地震力作用在质量中心,其大小相当于建筑物的质量乘以与结构特性无关的地震系数,结构上任何一点的加速度都等于地震动加速度。由于根据该理论设计的房屋经历了日本关东大地震的考验,因而验证了水平静力震度法的有效性。

在静力抗震设计理论中，输入的地震动以历史震害估计的地震动最大加速度为依据，采用假定沿高度分布的质量和加速度，不需要建立结构动力模型进行动力反应分析，设计原则也只是采用静力的允许应力，是一种经过极大简化的设计方法。

5.1.2　反应谱抗震设计理论

反应谱理论是伴随着强地震动加速度观测记录的增多和对地震地面运动性质的进一步了解，以及对结构动力反应特性的研究而发展起来的，是对地震动加速度记录的特性进行分析后所取得的一个重要成果。

1932 年，美国研制出第一台强震记录仪，并于 1933 年 3 月在长滩地震中取得了第一条强震记录；之后又陆续取得一些强震记录，如 1940 年取得了典型的 El Centro 地震记录，从而为反应谱理论在抗震设计中的应用创造了基本条件。

20 世纪 40 年代，比奥特(Biot)[3]从弹性体系动力学的基本原理出发，基于振型分解的途径，为建立结构抗震分析的系统性方法做了推演，从而明确提出了反应谱的概念。反应谱是指将地震波作用在单质点体系上所求得的位移、速度或加速度等反应的最大值与单质点体系自振周期间的关系。在求解位移、速度、加速度反应最大值时，需要进行数值积分。但是，由于科学发展水平的限制，当时没有电子计算机，因此只能采用机械模拟技术，这限制了反应谱理论的发展。

20 世纪 50 年代，豪斯纳(Housner)[4]精选若干具有代表性的强震加速度记录进行处理，采用电子模拟计算机技术最早完成了一批反应谱曲线的计算，并将这些结果引入美国加州的抗震设计规范中，使得反应谱法的完整架构体系得以形成。由于这一理论正确而简单地反映了地震动的特性，并根据强震观测资料提出了可用的数据，因而在国际上得到了广泛的认可，1956 年美国加州的抗震设计规范和 1958 年苏联的地震区建筑设计规范都采用了反应谱理论。到 20 世纪 60 年代，这一抗震理论已基本取代了震度法，从而确立了该理论的主导地位。

反应谱理论在 20 世纪 50 年代中是以弹性理论为基础的。随着结构非线性研究工作的开展，20 世纪 60 年代出现了极限设计的概念，以纽马克为首的研究者们提出了用“延性”来概括结构超过弹性阶段的抗震能力，并指出在抗震设计中，除了强度和刚度之外，还必须重视加强延性，从而使抗震设计理论进入非线性反应谱阶段。

由于对地震动的认识不深，20 世纪 60 年代在国际上发生了一场关于场地条件对反应谱形状影响的争论。美国多数学者趋向于认为场地条件对小震有明显影响，松软地基上的地震动可能较大，但是到了足以危害结构安全的强烈地震动时，松软地基无力传递这种地震动，因而不同场地上的加速度并无明显区别；苏联则以震害调查为依据，提高松软地基上结构物的设计烈度，认为松软地基上的加速度较大。我国研究者比较全面地总结分析了与此问题有关的震害经验和地震动观测数据，所提出的调整反应谱方法[5]已逐渐被更多的国家所采用。

5.1.3 动力抗震设计理论

20 世纪七八十年代属于动力抗震设计理论阶段，随着电子计算机技术和实验技术的发展，人们对各类结构在地震作用下的线性与非线性反应过程有了较多的了解，同时随着强震观测台站的不断增多，各种受损结构的地震反应记录也不断增多，这促进了结构动力抗震设计理论的形成。

从地震动的振幅、频谱和持时三要素看，抗震设计理论的静力方法只考虑了高频振动振幅的最大值，反应谱方法进一步考虑了频谱，而按照动力加速度时程计算结构动力反应的方法，同时考虑了振幅、频谱和持时的影响，使得计算结果更加合理。

动力抗震设计理论输入的地震动一般要符合场地情况，因此合理选择有代表性的地震记录是非常重要的，不能太多，也不能太少。此外，结构或构件的动力模型（包括非线性特）要尽可能反映实际情况。通常，动力抗震设计理论的设计原则需要考虑多种使用状态和安全的概率保证，如在弹性范围内考虑强度极限，在非线性范围内考虑变形极限和能量损耗，从而体现“小震不坏、中震可修、大震不倒”的要求。

5.1.4 基于性能的抗震设计理论

当今世界各国建筑抗震设计规范大多采用“小震不坏、中震可修、大震不倒”的三水准抗震设防准则。为实现该准则，各国都采用了大同小异的抗震设计方法。我国现行的抗震设计规范[6]也是如此，所建立的二阶段抗震设计方法基本实现了对一般工业与民用建筑的三水准抗震设防要求。但是按照抗震设计规范设计的建筑，在大震作用下，其结构仍有可能丧失正常使用功能而造成巨大的财产损失。20 世纪 90 年代在美国和日本等国家及地区发生了破坏性的地震，由于这些地区集中了大量的社会财富，地震所造成的经济损失和人员伤亡是非常巨大的。在此背景下，人们不得不重新审视抗震设计思想。于是基于性能的抗震设计被提出并受到广泛讨论，同时被认为是未来抗震设计的主要发展方向。美国学者率先提出了基于性能的抗震设计（performance－based seismic design，PBSD）概念[7]，也称基于性态的抗震设计或基于功能的抗震设计，这引起了整个地震工程界极大的兴趣，被认为是未来抗震设计的主要发展思想。基于性能的抗震设计实质是对地震破坏进行定量和半定量控制,从而在最经济的条件下,确保人员伤亡和经济损失均在预期范围内。

基于性能的抗震设计是指选择的结构设计准则需要实现多级性能目标的一套系统方法。基于性能的抗震设计实现了结构性能水准(performance levels)、地震设防水准(earthquake hazard levels)和结构性能目标(performance objectives)的具体化,并给出了三者之间明确的关系。与现行抗震设计理念相比,基于性能的抗震设计具有如下主要特点:

(1) 多级性。

基于性能的抗震设计提出了多级性能水准设计理念。虽然在用小震、中震和大震或更细的震级划分来确定地震设防水准或等级方面与现行抗震设计规范相似,但基于性能的抗震设计既要保证建筑在地震作用下的安全性,又要控制地震所造成的经济损失,而且非结构构件及其内部设施的损伤或破坏在经济损失中占有相当大的比重,在设计时亦将进行全面分析。

(2) 全面性。

结构的性能目标不一定直接选取规范所规定的性能目标,可根据实际需要、业主的要求和投资能力等因素,选择可行的结构性能目标,而且设计的建筑在未来地震中的抗震能力是可预期的。

(3) 灵活性。

虽然基于性能的抗震设计会对一些重要参数设定最低限值,例如地震作用和层间位移等,但基于性能的抗震设计还强调业主参与的个性化,给予业主和设计者更大的灵活性,设计者可选择能实现业主所要求的抗震性能目标的设计方法与相应的结构措施,因此,有利于新材料和新技术的实际应用。

5.2　静力抗震设计理论

静力抗震设计理论是指在确定地震力时,不考虑地震的动力特性和结构的动力性质,假定结构为刚性,地震力水平作用在结构或构件的质量中心上,其大小相当于结构的质量乘以一个比例系数。

静力抗震设计理论假设建筑物为绝对刚体,地震时,建筑物和地面一起运动而无相对位移;建筑物各部分的加速度与地面加速度大小相同,并取最大值进行结构的抗震设计。因此,作用在建筑物每一层楼层上的水平向地震作用 F_i 就等于该层质量 m_i 与地面最大加速度——峰值加速度 $\ddot{u}_{\mathrm{gmax}}$ 的乘积,即

$$F_i = m_i \ddot{u}_{\mathrm{gmax}} = kG_i \tag{5.1}$$

式中,k 为地震系数,表示地面运动峰值加速度 $\ddot{u}_{\mathrm{gmax}}$ 与重力加速度 g 的比值,即

$k=\ddot{u}_{gmax}/g$；G_i为集中在第 i 层的质量。

静力抗震设计理论没有考虑结构本身的动力反应，认为质点加速度与地面运动加速度相关，完全忽略了结构本身的动力特性（结构自振周期和阻尼等因素）的影响，这对低矮的、刚性较大的建筑是可行的，但是对多（高）层建筑或烟囱等具有一定柔性的结构物则会产生较大的误差。结构振动的研究表明，结构是可以变形的，有自振周期。对于结构的振动，共振是很重要的现象，直接影响着结构反应的大小。

只有当结构的自振周期比场地特征周期小很多时，结构在地震时才可能几乎不产生变形而被视为刚体，此时静力抗震设计理论成立，而超出此范围则不适用。早期的研究对地震动卓越周期认识不清，一般认为强地震动的主要周期在 1.0～1.5 s，此时建造的房屋相对较矮，周期短，采用这种方法有其合理的一面。然而，尽管这种概念简单，但因忽略了结构的动力特性这一重要因素，将地震加速度作为结构地震破坏的单一因素，故常导致对结构抗震的一些错误判断。

5.3　反应谱抗震理论

按照反应谱理论，一个单自由度弹性结构的底部剪力或地震作用为

$$F=k\beta G \tag{5.2}$$

与静力法相比，式(5.2)中多了一个动力系数 β，β 是结构自振周期 T 和阻尼比 ζ 的函数。式(5.2)表示结构地震作用的大小不仅与地震强度有关，而且还与结构的动力特性有关，这也是地震作用区别于一般荷载的主要特征。随着震害经验的累积和科研工作的不断深入，人们逐步认识到建筑场地（包括土层的动力特性和覆盖层厚度）、震级和震中距对反应谱的影响。考虑到上述因素，抗震设计规范规定了不同的反应谱形状。与此同时，利用振型分解原理，有效地将上述概念用于多质点体系的抗震计算，这就是抗震设计中常用的振型分解反应谱法。

反应谱法考虑了质点的地震反应加速度相对于地面运动加速度具有放大作用，采用动力方法计算质点体系地震反应，建立了与结构自振周期有关的速度、加速度和位移反应谱；再根据加速度反应谱计算出结构地震作用，然后按弹性方法计算出结构的内力，并根据内力组合进行截面承载力设计。但是反应谱是基于弹性动力反应分析获得的，无法确定结构的弹塑性反应。

反应谱理论以弹性反应谱为基础，将反应谱同结构振型分解法相结合，建筑物总的内力是通过各振型内力用振型组合的方法得到的，从而使十分复杂的

多自由度体系地震反应的求解变得十分简单。虽然反应谱理论考虑了结构动力特性所产生的共振效应,但由于在设计中仍把地震惯性力看作静力,因而只能称之为准动力理论。

5.4 动力抗震设计理论

动力抗震设计理论把地震作为一个时间历程,将建筑物简化为多自由度体系,选择能反映地震和场地环境以及结构特点的地震加速度时程作为地震动输入,从而计算出每一时刻建筑物的地震反应。动力抗震设计理论与反应谱理论相比具有更高的精确性,并在获得结构非线性恢复力模型的基础上,很容易求解结构非弹性阶段的反应。通过这种分析可以求得各种反应量,包括局部和总体的变形和内力,也可以在计算分析中考虑各种因素,如多维地震输入和结构多维动力响应,这是其他分析方法所不能考虑或不能很好考虑的。

在地震动输入上,动力抗震设计理论通常要求根据周围地震环境和场地条件(一般根据震级、距离和场地分类)和强震观测中得到的经验关系,确定场地地震动的振幅、频谱和持时,选用或人工产生多条加速度时程曲线。在结构模型上,动力抗震设计理论要求给出每一构件或单元的动力性能,包括非线性恢复力模型,而其他方法只考虑结构总体模型,因此,动力抗震设计理论是可以考虑各构件非线性特性结构模型的。在分析方法上,动力抗震设计均在计算机上完成,在时域中进行逐步积分,或在频域中进行变换。在弹性反应时,一般在频域上进行分析或通过振型分解后在时域上进行逐步积分;非线性分析时,只能在时域中进行逐步积分。这种方法可以考虑每个构件的瞬时非线性特性,也可以考虑土结相互作用中地震参数的频率依赖关系。

但是动力抗震设计理论在工程应用上尚存在一定局限,如输入地震波的不确定性、结构性能的近似假定等,使结构分析的可信度受到限制。动力抗震设计需要专门的分析程序,输入和输出数据量大,计算复杂,一般需要专业技术人员进行分析。因此,我国抗震规范只要求少数重要、超高或有薄弱部位的结构采用动力抗震理论进行补充计算。

5.5 基于性能的抗震设计

5.5.1 基于性能的抗震设计思想

各国抗震规范普遍采用的"小震不坏、中震可修、大震不倒"的设计水准,被认为是现阶段处理地震作用高度不确定性的科学合理的对策,这种设计思想在实践中已取得巨大的成功。例如，我国的抗震设计规范采取了“三水准、两阶段”的设计，即通过小震作用下结构弹性变形的验算和截面强度的验算，以及大震下薄弱层的弹塑性变形的验算，来分别实现小震和大震下的设计水准，而“中震可修”的要求则主要采用抗震的概念设计和构造措施来满足，没有具体计算量化。目前所采用的这种抗震设计思想是以保障生命安全为主要设防目标的，主要是基于强度的设计方法。但是近几次世界上的强烈地震灾害表明，采用目前的设计思想，建筑物在地震中保障人民生命安全方面具有一定的可靠度，却不能在大地震，甚至是中、小地震情况下有效控制地震所造成的经济损失。例如，1989 年美国 Loma Prieta 7.1 级地震，伤亡数百人，但造成的经济损失达 150 亿美元；1994 年美国 Northridge 6.7 级地震，伤亡数百人，造成的经济损失亦达 200 亿美元；1995 年日本 Kobe 7.2 级地震，死亡 5 500 多人，造成的经济损失则高达 1 000 亿美元，且震后的恢复重建工作持续了两年多时间。震害实例表明，按传统的抗震设计思想所设计和建造的建筑，虽然可以做到大震时主体结构不倒塌，保障了人身安全，但不能保证大地震，甚至是中小地震时房屋结构的安全，特别是非结构构件不被破坏，从而导致这些结构在地震作用下所造成的经济损失越来越严重。因此，促使结构的抗震设计从宏观定性的目标开始向具体量化的多重性能目标过渡。于是 20 世纪 90 年代初，美国加州大学伯克利分校学者 Moehle 提出了基于位移的抗震设计（displacement－based seismic design，DBSD）思想[8]，建议改进基于承载力的设计方法，这一理念最早应用于桥梁抗震设计中。基于位移的抗震设计需使结构的塑性变形能力满足预定的地震作用下的变形，即控制结构在大震下的层间位移角发展。Moehle 方法的核心思想是从总体上控制结构的层间位移角水准。这一设计思想影响了美国、日本和欧洲土木工程界。美国、日本和欧洲于是提出了基于性能的抗震设计理念并展开了广泛的研究工作。该理论以结构抗震性能分析为基础，针对每一种抗震设防水准，将结构的抗震性能划分成不同等级，设计者可根据结构的用途、业主的特殊要求，采用合理的抗震性能目标和合适的结构抗震措施进行设计，使结构在各种水准地震作用下所造成的破坏损失都是业主所选择并能够承受的，通过对工程项目进行生命周期的费用分析后达到一种安全可靠和经济合理的优化平衡。结构的性能目标可以是应力、位移、荷载或者破坏状态的极限状态等。基于性能的抗震设计克服了目前抗震设计规范的局限性，明确规定了结构的性能要求，而且可以采用不同的方法和手段去实现这些性能要求，这样可以使新材料、新型结构体系、新的设计方法等更容易得到应用。

基于性能的抗震设计代表了抗震设计的发展方向，引起了各国广泛的重视，美国、日本等都投入许多力量进行研究。在美国，由联邦紧急事务管理署（Federal Emergency Management Agency，FEMA）和美国国家科学基金委员会资助，开展了一项为期 6 年的研究计划，对基于性能的抗震设计在设计规范中的应用进行了多方面的研究。该项研究计划包括 3 个主要项目：应用技术理事会的 ATC-33、加利福尼亚州大学伯克利分校地震工程研究中心的 EERC-FEMA 和加州结构工程师学会的 SEAOC Vision 2000。上述项目的研究报告“现有钢筋混凝土建筑的抗震性能评估与加固(ATC 40)”“NEHRP 建筑抗震加固指南(FEMA 273)”和“基于性能的地震工程(SEAOC Vision 2000)”奠定了基于性能的抗震设计与加固研究的基础。在日本，从 1995 年开始进行了为期 3 年的“建筑结构的新设计框架开发”研究项目，并在研究报告“基于性能的建筑结构设计”中总结了研究成果。SEAOC Vision 2000 致力于建立设计未来不同水准地震下能达到预期性能水准且能实现多级性能目标建筑的一般框架。SEAOC Vision 2000 阐述了结构和非结构构件的性能水准，而且基于位移建议了 5 级性能水准，建议用性能设计原理分析弹塑性结构的地震反应。基于性能的设计是从结构抗震性能的预先估计出发，人为地形成合理的抗震体系，实现结构的多层次抗震设防。ATC 40 主要是针对钢筋混凝土结构进行基于性能的抗震设计，使用单一的性能目标设计准则，建议采用能力谱的方法进行设计，包括确定能力谱和需求谱。FEMA 273 利用随机地震动概念提出了多种性能目标，利用线性的静力分析和非线性的时程分析对结构进行多种性能目标的设计。

基于性能的抗震设计包括以下内容[9]：

(1) 确定设计准则——Performance 准则；

(2) 选择结构体系；

(3) 平面布置；

(4) 截面设计；

(5) 构造措施；

(6) 施工质量控制；

(7) 长期维修。

以上设计内容涵盖 3 个重要部分：概念、设计、施工。目前结构的设计和施工控制是脱离的，结构设计时不能确保施工质量，因而只能通过加大安全系数，让施工得到一定的安全保证。同时由于忽视了施工质量的影响，造成了结构设计工作和施工过程的相互脱节，并产生恶性循环。而基于性能设计的目标之一就是希望将这两个过程统一或能很好地协调，故使设计工作不但包括结构的初步设计和施工图设计，也包括施工质量控制，甚至考虑结构震后的维修。图 5.1 给出了基于性能的建筑抗震设计所涉及的 3 个主要部分和设计时的流程。

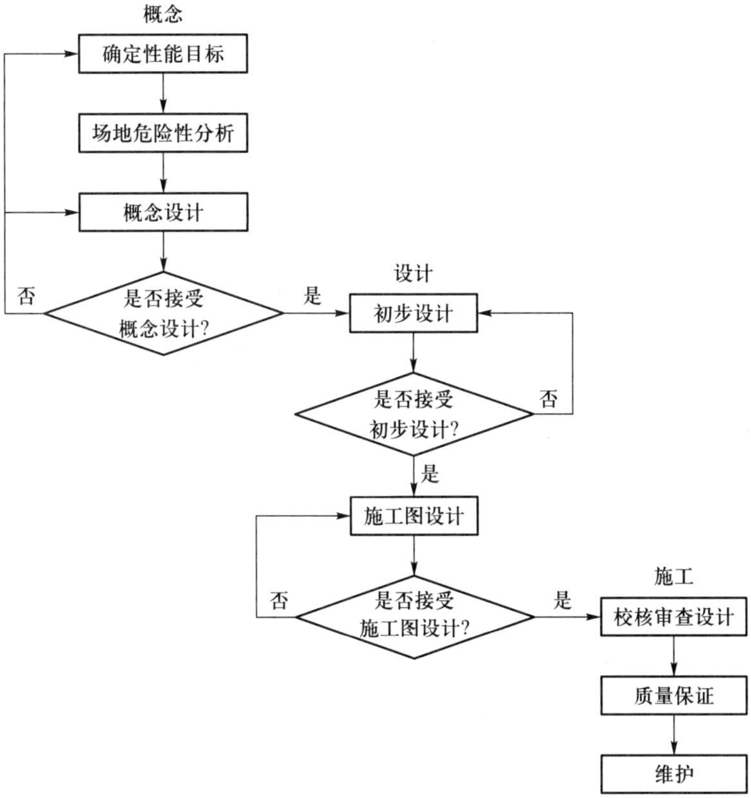

图 5.1 基于性能的建筑抗震设计流程

5.5.2 地震风险水准

基于性能的抗震设计要能预先控制结构在未来可能发生的地震作用下的抗震性能,而地震设防水准直接关系到结构未来的抗震性能。地震设防水准是指在工程设计中如何根据客观的设防环境和设防目标,并考虑具体的社会经济条件来确定采用多大的设防参数,或者说,应选择烈度为多大的地震作为防御对象。地震设防水准是指未来可能作用于场地的地震作用的大小。根据不同重现期确定所有可能发生的对应于不同水准或等级的地震动参数,包括地震加速度(或速度和位移)时程曲线、加速度反应谱和峰值加速度,这些具体的地震动参数称为"地震设防水准"。SEAOC Vision 2000、ATC 40、FEMA 273 给出的地震风险水平,如表 5.1。我国《建筑抗震设计规范》中设定了 3 个地震水准,即"大震、中震、小震",在设计年限 50 年内的超越概率分别为 2% ~3% 、10% 和 63.2% 。

表 5.1　地震风险水平

	SEAOC Vision 2000	ATC 40	FEMA 273
超越概率（设计年限）	50%（30 年）	—	—
	50%（50 年）	50%（50 年）	50%（50 年）
	—	—	20%（50 年）
	10%（50 年）	10%（50 年）	10%（50 年）
	10%（100 年）	5%（50 年）	2%（50 年）

5.5.3　基于性能的抗震设计性能水平和目标性能

性能水平是指一种有限的破坏状态，性能水平的确定涉及结构构件和非结构构件的破坏、建筑物内的物品损失及场地用途等因素，应综合考虑给定破坏状态所引起的安全、经济和社会等方面的后果，即全面考虑建筑物内外的人员生命安全、建筑物内财产安全、建筑的正常使用功能。SEAOC Vision 2000、ATC 40、FEMA 273 给出的性能水平如表 5.2 所示。我国《建筑抗震设计规范》（GB 50011—2010）规定了建筑结构的不坏、可修、不倒 3 种性能水平。结构的目标性能是指当一定超越概率的地震发生时，结构期望的最大破坏程度。目标性能可以被定义为结构的地震反应参数（如应力、位移、应变、加速度）的极限状态。基于性能的结构抗震设计中，确定适合的目标性能是结构设计过程的前提和基础。目标性能的建立需要综合考虑建筑场地特征、结构功能与重要性、投资与效益、震后损失与恢复重建、潜在的历史或文化价值、社会效益及业主的承受能力等众多因素，采用可靠度优化理论进行决策。我国抗震规范的目标性能是“小震不坏、中震可修、大震不倒”。表 5.3~表 5.5 分别给出了 SEAOC Vision 2000、ATC 40、FEMA 273 规定的目标性能。

表 5.2　性 能 水 平

SEAOC Vision 2000	ATC 40	FEMA 273
完全正常使用	—	—
正常使用	正常使用	正常使用
—	立即入住	立即入住
生命安全	生命安全	生命安全
接近倒塌	结构稳定	防止倒塌

表 5.3 SEAOC Vision 2000 建议的目标性能

超越概率（设计年限）	性能水平			
	完全正常使用	正常使用	生命安全	接近倒塌
50%（30 年）	基本目标	不可接受的目标	不可接受的目标	不可接受的目标
50%（50 年）	主要/风险目标	基本目标	不可接受的目标	不可接受的目标
10%（30 年）	安全临界目标	主要/风险目标	基本目标	不可接受的目标
10%（100 年）	—	安全临界目标	主要/风险目标	基本目标

表 5.4 ATC 40 建议的目标性能（普通建筑）

超越概率（设计年限）	结构类型			
	新建筑	普通加固	高人口密度	最少修理时间
50%（50 年）	—	—	—	—
10%（50 年）	破坏控制；非结构性能保证生命安全	生命安全；非结构构件减少危害	生命安全；非结构性能保证生命安全	立即入住；非结构性能保证生命安全
5%（50 年）	结构稳定；不考虑非结构性能	—	生命安全；非结构构件减少危害	—

表 5.5 FEMA 273 建议的目标性能

超越概率（设计年限）	性能水平			
	正常使用	立即入住	生命安全	防止倒塌
50%（50 年）	a	b	c	d
20%（50 年）	e	f	g	h
10%（50 年）	i	j	k	l
2%（100 年）	m	n	o	p

注：表中字母代表对应的地震风险和性能水平，FEMA273 考虑了三类目标性能：
（1）基本安全目标：k+p；
（2）加强目标：k+p+（a，e，i，m）中任意一个；或（b，f，j，n，o）中任意一个；
（3）有限目标：k，p，c，d，g，h。

5.5.4 基于性能的抗震设计方法

基于性能的抗震设计方法的研究是基于性能的抗震设计理论的主要研究

内容之一,对基于性能的抗震设计理念的实现具有重要意义。基于性能的抗震设计方法主要包括:基于位移的设计方法、基于损伤性能的设计方法、基于能量的设计方法、综合设计方法、基于可靠度的设计方法等。

5.5.4.1　基于位移的设计方法

对建筑结构进行抗震设计时,我国现行的建筑抗震设计规范采用的是“两阶段设计法”,即结构的承载力由小震下的弹性计算确定;而对于罕遇地震,则进行薄弱层的弹塑性变形验算。同时还规定了一些基本的设计原则,例如,“强柱弱梁”“强剪弱弯”“强节点弱构件”,都是为了避免整体延性较差的柱铰耗能机制的形成,其中强剪弱弯是尽量用延性较好的弯曲破坏来耗散地震能量。另外,还规定了诸如最小配筋率、最大轴压比等构造措施,保证构件(截面)的延性,使构件塑性铰截面具有足够的转动能力,以确保结构整体耗能机制的形成。我国现行的抗震设计规范对罕遇地震作用下的结构,实行的是基于结构总体抗震能力的概念设计方法。这种方法从总体上可以对结构的抗震能力予以把握,消除结构的抗震薄弱环节,因而有其合理性。然而,对于结构的延性,该方法仅仅从整体上进行定性的把握,设计人员对结构在罕遇地震作用下实际的抗震能力无法准确预测,更无法满足在规范所规定的抗震设计能力之上,同时也无法根据业主的要求进行灵活调整。

通过对近十年来世界各国大震震害的观察以及试验研究和理论分析,普遍认为变形能力不足和耗能能力不足是结构在大地震作用下倒塌的主要原因。构件在地震作用下的破坏程度与结构的位移反应及构件的变形能力有关。因此用位移控制结构在大震作用下的行为更为合理,这就是基于位移的抗震设计方法。以此为基础,还能够针对建筑的用户、用途以及地震作用大小的不同,选择结构应达到怎样的功能水准和损伤程度,以实现基于建筑性能的抗震设计。相对于我国现行的建筑抗震设计中第二阶段的概念设计方法,基于位移的设计方法采用明确量化的位移目标,并对结构的抗震能力进行设计。

在基于位移的抗震设计中强调结构位移对结构行为的重要性,而结构地震破坏倒塌的重要原因是由于位移过大、延性不足。

在强烈地震的作用下,结构构件和结构物往往处于弹塑性工作状态,这时结构的抗震性能主要与结构的变形能力有关。位移及其相关量(例如,顶点位移、层间位移角、延性系数、塑性铰转角等)将被作为控制参数加以考虑。

基于位移的抗震设计大致有 3 种思路和方法:控制延性的方法、能力谱法和直接基于位移的方法。

1. 控制延性的方法

控制延性的方法也称能力设计方法(capacity design method)。新西兰的 Armstrong 于 1972 年针对延性框架结构首先提出了这种方法,1975 年 Park 和

Paulay[10]对这一方法进行了完善。能力设计方法通过严格的计算与构造措施来满足耗能构件的延性要求，其设计思路能使设计者清楚地把握结构在弹塑性阶段的抗震能力，已经被包括新西兰、美国、欧洲以及我国在内的多国广大学者所接受，并在相关的抗震规范中予以体现。

在结构分析与设计中，延性泛指结构材料、构件截面和结构体系在弹性范围以外承载能力没有显著下降的条件下维持变形的能力。承载力可以用应力、弯矩或荷载来度量，变形则相应为应变、曲率与位移（角位移与线位移）。

延性通常包括结构延性、构件延性和截面延性 3 个层次。结构延性可以用顶点位移延性（总体延性）或层间位移延性（楼层延性）来表达；构件延性与构件的长度、塑性区长度和截面延性等有关；截面延性与其几何形状、应力状态、纵筋、箍筋及混凝土强度有关。抗震设计时，对截面延性的要求高于对构件延性的要求；对构件延性的要求高于对结构延性的要求，两者的关系与结构塑性铰形成后的破坏机制有关。当梁铰机制的框架结构总体延性系数为 3~5 时，楼层的延性系数可能为 3~10，而梁构件的延性系数可能为 5~15 或更大一些。

控制延性的方法实质上是通过建立构件的位移延性或截面曲率延性与塑性铰区混凝土极限压应变的关系，并由塑性铰区的定量约束箍筋来保证混凝土能够达到所要求的极限变形，从而使构件具有足够的延性[11]。

2. 能力谱法

能力谱法作为基于位移设计的一种途径，最早由 Freman 等[12]提出，以后众多学者进行了改进。各研究者给出的能力谱法的具体形式不尽相同，如多自由度与等效单自由体系之间的转换关系，但其本质是一致的，其基本步骤包括以下 6 个。

（1）按规范进行结构承载力设计。

（2）计算结构基底剪力-顶点位移曲线。由 Pushover 方法计算结构基底剪力-顶点位移曲线，即 V_b-u_N 曲线，其中 V_b 为结构基底剪力，u_N 为结构顶点位移，N 是指结构的第 N 层（顶层），如图 5.2（a）所示。

（3）计算能力谱曲线。通过假设振型法将结构等效成单自由度体系，然后可以将基底剪力-顶点位移曲线转化为能力谱曲线，即 S_a-S_d 曲线，如图 5.2（b）所示。

$$S_a = \frac{V_b}{M_n}, \quad S_d = \frac{u_N}{\gamma} \tag{5.3}$$

其中

$$\gamma = \frac{\boldsymbol{\phi}^T \boldsymbol{K} \boldsymbol{I}}{\boldsymbol{\phi}^T \boldsymbol{K} \boldsymbol{\phi}}, \quad M_n = \boldsymbol{\phi}^T \boldsymbol{M} \boldsymbol{\phi} \tag{5.4}$$

式中，γ 为振型参与系数；M_n 为等效振型质量；$\boldsymbol{K}$ 为多自由度体系的刚度矩阵；$\boldsymbol{I}$ 为单位列向量；$\boldsymbol{\phi}$ 为假设振型向量，并以顶点的向量位移进行归一化，即顶点的振型位移元素取 1。由于结构的地震反应往往以结构的第一阶自振振型为主，$\boldsymbol{\phi}$ 常取为结构的第一阶振型。

(4) 建立弹性需求谱曲线。根据反应谱 $S_a(T)$，利用位移反应谱 S_d 和加速度反应谱 S_a 之间的关系，可以直接建立弹性需求谱曲线：

$$S_d = \frac{1}{\omega^2} S_a = \left(\frac{T}{2\pi}\right)^2 S_a \tag{5.5}$$

(5) 修正弹性需求谱曲线得到不同强度地震的需求谱曲线。若采用等效线性化法计算不同强度地震（中震、大震）作用下的结构反应，则等效的线性结构具有比原线弹性结构更大的阻尼，通过改变反应谱的阻尼比可以得到相当于大震作用下等效线性化结构的反应谱。规范反应谱的阻尼比一般为 5%，《建筑抗震设计规范》（GB 50011—2010）也给出了其他阻尼比的反应谱，由此可以得到不同阻尼比的需求谱曲线 S_a-S_d。若采用地震加速度时程作为结构的地震输入，则可以直接计算得到对应于一系列阻尼比的 S_a-S_d 谱曲线，如图 5.2(c) 所示。

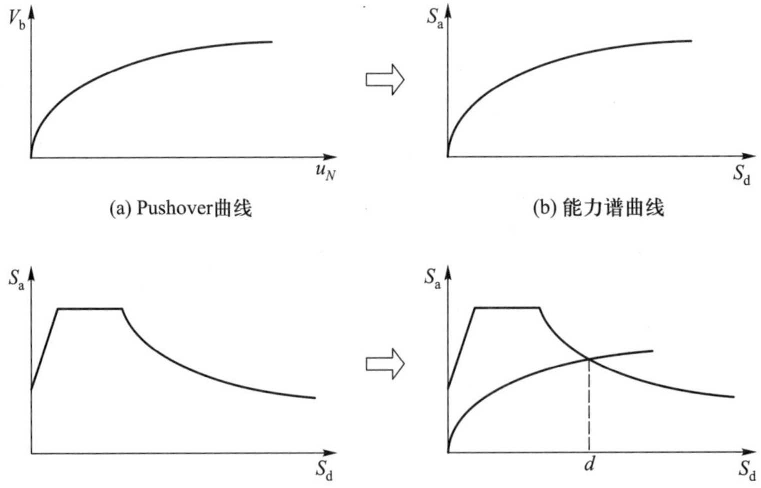

(a) Pushover曲线　(b) 能力谱曲线

(c) 修正弹性需求谱曲线　(d) 能力谱曲线与需求谱曲线

图 5.2　能力谱方法

(6) 检验结构的抗震能力。将能力谱曲线和不同强度地震需求谱曲线画在同一坐标系中，若两条曲线没有交点，说明结构抗御该强度地震的能力不足，结构需要重新设计；若两条曲线相交，交点对应的位移即为等效单自由度体系在该地震作用下的谱位移，即最大相对位移［如图 5.2(d) 所示］。根据谱位移可以得到原结构的顶点位移，由顶点位移在原结构的 V_b-u_N 曲线的位置，即可以确定结构在该地震作用下的塑性铰分布、杆端截面的曲率等，综合检验结构的抗震能力。日本的《建筑标准法》和美国的 ATC 40 都采用能力谱方法作为基于位移的抗震设计方法。

3. 直接基于位移的方法

直接基于位移的抗震设计方法是根据在一定水准地震作用下预期的位移来计算地震效应的，然后再进行结构设计，以使构件达到预期的变形，结构达到预期的位移。该方法采用结构位移作为结构性能指标，设计时假定位移是结构抗震性能的控制因素，通过设计位移谱得出在此位移时的结构有效周期，求出此时结构的基底剪力，进行结构分析，并且进行具体配筋设计。设计后用应力验算，不足的时候用增大刚度而不是强度的方法来改进，以位移目标为基准来配置结构构件。该法考虑了位移在抗震性能中的重要地位，可以在设计初始就明确设计的结构性能水平，并且使设计的结构性能正好达到目标性能水平。

直接基于位移的方法步骤如下：

（1）根据规范加速度反应谱或地震加速度时程，建立对应于不同阻尼比的设计位移反应谱。

（2）计算结构等效单自由度体系的目标位移 Δ_d：

$$\Delta_d=\frac{\sum(m_i\Delta_i^2)}{\sum(m_i\Delta_i)} \tag{5.6}$$

式中，m_i 为结构第 i 层的质量；Δ_i 为在某一水准地震作用下结构第 i 层的层间位移，表达式为 $\Delta_i=\Delta_{yi}+\Delta_{pi}$，其中，$\Delta_{yi}$ 为第 i 层屈服层间位移，Δ_{pi} 为第 i 层塑性层间位移，Δ_{yi} 和 Δ_{pi} 根据构件截面的屈服曲率和塑性曲率、混凝土的压应变、钢筋的拉应变、塑性铰长度等与层间位移的关系计算确定。

（3）确定等效单自由度体系的等效质量 M_e，等效质量用式(5.7)确定：

$$M_e=\frac{\sum(m_i\Delta_i)}{\Delta_d} \tag{5.7}$$

（4）确定等效单自由度体系的等效刚度 K_e：

$$K_e=\frac{4\pi^2}{T_e^{\ 2}}M_e \tag{5.8}$$

式中，T_e 为等效单自由度体系的周期。

（5）计算设计基底剪力和水平地震力

等效单自由度体系的位移、刚度确定后，可用式(5.9)计算等效单自由度体系的地震作用 V_b：

$$V_b = K_e \Delta_d \tag{5.9}$$

水平地震力沿原结构高度分布，用式(5.10)计算：

$$F_i = \frac{m_i \Delta_i}{\sum (m_i \Delta_i)} V_b \tag{5.10}$$

(6) 计算原结构水平地震作用效应。

在水平力 F_i 作用下，用结构顶点位移到达 Δ_d 时的杆件刚度进行结构分析。根据在一定水准地震作用下预期的位移计算地震作用，进行结构设计，使构件达到预期的变形，进而保证结构达到预期的位移。

5.5.4.2　基于损伤性能的设计方法

在强烈地震的往复作用下，结构将呈现弹塑性变形和低周疲劳效应对结构地震损伤产生影响。震害调查和实际研究表明，结构地震破坏形式主要分为两类：一类是首次超越，另一类是累积损伤破坏。前者是由于结构在强烈地震作用下结构的强度或延性等力学性能首次超过一个限值，从而导致结构的突发性破坏；后者是指结构动力反应。虽然结构反应在小的量值上波动而没有达到破坏极限，但是由于地震的往复作用会使结构构件的材料力学性能（如强度、刚度）发生劣化，最终导致结构破坏。基于以上事实，1985 年 Park 等[13]提出了如下钢筋混凝土构件最大变形与累积滞变耗能线性组合的双参数地震损伤模型：

$$D = \frac{x_m}{x_{cu}} + \beta_D \frac{E_n}{F_y x_{cu}} \tag{5.11}$$

式中，D 表示结构损伤指数；x_{cu} 为构件在单调加载下的极限破坏位移；F_y 为构件的屈服剪力；x_m 为构件在实际地震下的最大变形；E_n 表示累积滞变耗能；β_D 为构件的耗能因子，按式(5.12)计算

$$\beta_D = (-0.447 + 0.073\lambda_s + 0.24n_0 + 31.4\rho_t)\, 0.7^{100\rho_v} \tag{5.12}$$

其中，λ_s 为构件的剪跨比，当 $\lambda_s < 1.7$ 时，取 1.7；n_0 为轴压比，当 $n_0 < 0.2$ 时，取 0.2；ρ_t 为纵筋配筋率，当 $\rho_t < 0.75\%$ 时，取 0.75%；ρ_v 为体积配箍率，$\rho_v > 2\%$ 时，取 2%；β_D 一般在 0~0.85 之间变化，其均值约为 0.15。

基于损伤性能的设计方法是通过控制结构损伤指数 D 使结构在各级地震作用下达到其抗震性能目标。

对于剪切型钢筋混凝土结构，式(5.11)给出的双参数模型可描述结构各层的地震损伤，而结构整体的地震损伤可按式(5.13)给出的加权平均公式计算。

$$D_y = \sum_{i=1} w_i D_i \tag{5.13}$$

$$w_i=\frac{(N+1-i)D_i}{\sum(N+1-i)D_i}3 \tag{5.14}$$

式中，D_i是第 i 层结构地震损伤值；N 是结构总层数；权系数 w_i同时考虑了结构薄弱层和层位置的重要性；结构层越薄弱，层损伤值 D_i值越大；结构层偏底部，系数 $N+1-i$ 的值较大。

5.5.4.3　基于能量的设计方法

基于能量的设计方法的基本假设是：结构及内部设施的破坏程度是由地震输入的能量和结构消耗的能量共同决定的。通过控制结构或构件的耗能能力来达到控制整个结构抗震性能的目的。其优点在于能够直接估计结构的潜在破坏程度，对结构的滞回特性及结构的非线性要求概念清楚，其耗能部件的设置可以较好地控制损失。但是，由于结构体系的复杂性，结构滞回耗能的计算很大程度上依赖于构件单元恢复力模型的选取，计算比较繁琐，且具有一定的误差。

5.5.4.4　综合设计方法

综合设计法是由美国学者 Bertero 等[14]提出来的，并被加州结构工程师协会委员会采纳。其基本思想是：使建筑物在达到基本性能目标的前提下，总投资最少。综合设计法全面考虑抗震设计中的重要因素，最大限度地体现了基于性能的抗震设计思想，从而能够提供最优的设计方案。缺点是考虑因素多、涉及面广、设计过程复杂繁琐。

5.5.4.5　基于可靠度的设计方法

美国学者 Wen 等[15]提出把可靠度与基于性能设计相结合的设计方法，引入基于 Pushover 分析的等效单自由度方法，提出了一致危险性反应谱的概念，把结构的两种概率极限状态（使用极限状态和最终极限状态）转化为相应的基于位移的确定性极限状态，并提出了二阶段可靠度的设计方法。欧进萍等[16]在随机反应谱的基础上，提出了“概率 Pushover 分析”方法，并采用该法快速评估结构体系抗震性能可靠度。

对于结构的抗震设计，由于地震作用在时间、强度和空间的随机性以及结构材料强度、设计和施工过程的影响，使结构性能在地震作用下有很大的不确定性，所以，可靠度理论可用于抗震设计处理一些不确定因素。基于性能的抗震设计更明确了结构在各级地震作用下的不同性能水准，更应该用可靠度理论进行抗震设计，以便更合理地处理这些不确定因素。基于可靠度的抗震设计方法是考虑结构体系的可靠度，并直接采用可靠度的表达形式，将结构构件层次的可靠度应用水平过渡到考虑不同功能要求的结构体系可靠度水平上；采用基于可靠度的结构优化设计方法，包括基于“投资-效益”准则的结构目标功能水平优化决策和结构方案的优化设计。

目前抗震设计的可靠度分析中主要考虑的不确定因素有结构反应的不确定性、结构本身抗力的不确定性和计算模式的不确定性。但是,还有其他一些影响结构抗震性能的不确定因素,如人为影响的不确定性等,要综合考虑这些不确定因素,还需要开展更加全面和深入的研究。

参考文献

[1] 谢礼立, 马玉宏. 现代抗震设计理论的发展过程[J]. 国际地震动态, 2003, 25(10): 1-8.

[2] 胡聿贤. 地震工程学[M]. 北京: 地震出版社, 2006.

[3] Biot M A. A mechanical analyzer for the prediction of earthquake stresses[J]. Seismological Research Letters, 2003, 74(3): 313-323.

[4] Housner G W. Behavior of structures during earthquakes[J]. Journal of the Engineering Mechanics Division, 1959, 85(4): 283-303.

[5] 吕红山. 基于地震动参数的灾害风险分析[D]. 北京: 中国地震局地球物理研究所, 2005.

[6] 中华人民共和国住房和城乡建设部. 建筑抗震设计规范: GB 50011—2010[S]. 北京: 中国建筑工业出版社, 2016.

[7] Vision 2000 Committee. Performance based engineering of building[R]. Oakland: Seismology Committee of the Structure Engineer Association of California, 1995.

[8] Moehle J P. Displacement-based design of RC structures subjected to earthquakes[J]. Earthquake Spectra, 1992, 8(3): 403-428.

[9] 柏章朋, 邱永东. 基于性能的结构抗震设计研究的主要内容[J]. 科技创新导报, 2007, 4(17): 34.

[10] Park R, Paulay T. Reinforced Concrete Structures[M]. New York: John Wiley & Sons, 1975.

[11] 周云, 安宇, 梁兴文. 基于性态的抗震设计理论和方法的研究与发展[J]. 世界地震工程, 2001, 17(2): 1-7.

[12] Freman S A, Nicoletti J P, Tyrell J V. Evaluation of existing buildings for risk: A case study of Puget Sound Naval Shipyard, Bremerton, Washington[C]//Proceedings of U. S. National Conference on Earthquake Engineering, Berkeley, 1975, 113-122.

[13] Park Y J, Ang H S, Wen K Y. Seismic damage analysis of reinforced concrete buildings[J]. Journal of Structural Engineering, 1985, 111(4): 740-757.

[14] Bertero R D, Bertero V V. Performance-based seismic engineering: The need for a reliable conceptual comprehensive approach[J]. Earthquake Engineering and Structural Dynamics, 2002, 31(3): 627-652.

[15] Wen Y K, Collins K R, Han S W, Elwood K J. Dual-level designs of buildings under seismic loads[J]. Structural Safety, 1996, 18(2-3): 195-224.

[16] 欧进萍, 侯钢领, 吴斌. 概率 Pushover 分析方法及其在结构体系抗震可靠度评估中的应用[J]. 建筑结构学报, 2001, 22(6): 81-86.

第 6 章

结构线弹性地震反应分析

地震作用下结构动力反应计算是结构抗震理论研究和工程设计中的一个重要内容。所谓地震作用,是指地震引起的结构在振动过程中产生的惯性力,有时也称为地震力或地震荷载。但由于地震是一种间接作用,《建筑结构设计术语和符号标准》(GB/T 50083—97)[1]规定称其为地震作用。地震作用与一般荷载的区别是:不但与地震地面运动有关,还与结构的性质有关,即与结构的质量、刚度有关;结构的自振周期不同,地震作用大小不同。

确定地震作用和进行结构地震反应分析的方法大致可分为等效荷载法和直接动力分析法两类[2]。等效荷载法是将地震对结构物的作用以等效荷载的形式来表示,在这种等效荷载的作用下,建筑物所产生的变形和内力基本上与地震作用时最不利情况下产生的变形和内力相当,然后根据这一等效荷载用静力分析方法对结构进行变形和内力计算。直接动力分析方法是对动力方程进行直接积分,求出结构反应与时间的变化关系,得出时程曲线,所以这类方法又称为时程分析方法。

《建筑抗震设计规范》(GB 50011—2010)[3]规定,一般建筑可按照反应谱方法确定等效荷载作用。这一方法考虑了地面加速度的作用和结构的动力特性,是按结构的最大加速度反应值确定惯性力,并把惯性力作为等效静力荷载进行结构分析的。对特别不规则的建筑,甲类建筑和超过一定高度范围的高层建筑，还需要采用时程分析方法进行多遇地震下的补充计算。

目前已发展了一系列结构地震反应分析方法，如图 6.1 所示。

- 反应谱分析方法
  - 单自由度结构反应谱法
  - 振型分解反应谱法
- 动力时程分析方法
  - 振型叠加法
  - 逐步积分法
- Pushover方法：也称为推倒分析、推覆分析或非线性静力分析方法

图 6.1　结构地震反应分析方法构成

Pushover 方法是建筑抗震设计规范建议的结构弹塑性分析方法之一[4]，而结构抗震设计中得到广泛使用的基底剪力法可视为反应谱分析方法的一种。

6.1　结构的运动方程

6.1.1　单自由度结构运动方程

运动方程是描述结构中力与位移、速度和加速度关系的数学表达式，是进行结构动力分析的基础。结构动力分析中最简单的结构是单自由度结构。在单自由度结构中，结构的运动状态仅需用一个几何参数就可以确定。单自由度结构包括结构动力分析中涉及的所有物理量及基本概念，很多实际的动力问题也可以直接按单自由度结构进行分析计算。有时为简化分析，也将多自由度结构等效为单自由度结构进行求解。而求解多自由度结构振动问题的振型叠加法则直接将多自由度问题简化成一系列单自由度问题来求解。

单自由度结构可以简化为如图 6.2(a)所示的力学模型：质量集中于梁上，而梁为刚性的单层框架结构，或质量集中于顶端的弹性直杆，即简化为单质点结构。在外荷载 $p(t)$ 的作用下，结构质点仅产生单向水平位移 $u(t)$（下面推导

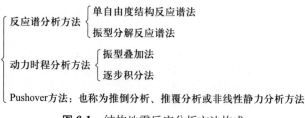

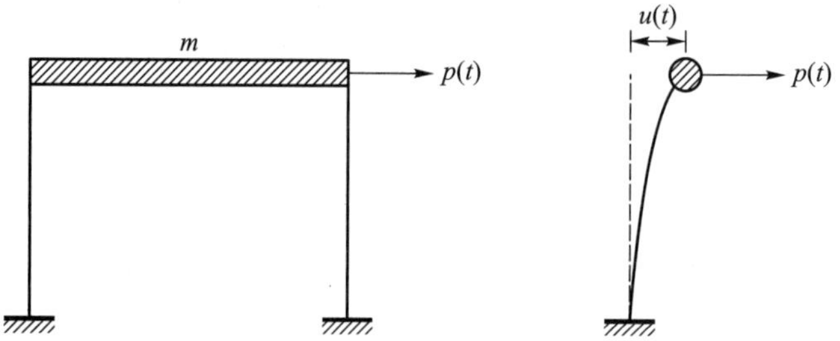

(a) 力学模型　　(b) 运动状态

图 6.2　单自由度结构在外荷载作用下的运动

中取位移的正方向与力的负方向一致)，单自由度弹性结构的运动状态示于图 6.2(b)。运动过程中，结构质点受到的惯性力 f_{I}、弹性恢复力 f_{S} 和阻尼力 f_{D} 分别为：$f_{\mathrm{I}}=m\ddot{u}(t)$，$f_{\mathrm{S}}=ku(t)$，$f_{\mathrm{D}}=c\dot{u}(t)$；其中 m、k 和 c 分别为结构的质量、刚度和阻尼系数，$\dot{u}(t)$ 和 $\ddot{u}(t)$ 分别为质点运动的速度和加速度。对于阻尼力这里采用了黏性阻尼假设。

根据达朗贝尔原理，单自由度结构在外力、惯性力、弹性恢复力和阻尼力作用下处于动平衡，得到结构的运动方程为

$$m\ddot{u}(t)+c\dot{u}(t)+ku(t)=p(t) \tag{6.1}$$

式(6.1)是无地面运动时单自由度结构在外荷载作用下的运动方程。地震时在地面运动作用下单自由度弹性结构的运动状态如图 6.3 所示。设地面的位移为 $u_{\mathrm{g}}(t)$，结构质点相对于地面的位移为 $u(t)$，则结构质点的绝对位移为 $u(t)+u_{\mathrm{g}}(t)$，而绝对加速度为 $\ddot{u}(t)+\ddot{u}_{\mathrm{g}}(t)$，则结构所受到的惯性力为 $f_{\mathrm{I}}=m[\ddot{u}(t)+\ddot{u}_{\mathrm{g}}(t)]$，采用达朗贝尔原理可以得到单自由度结构在地震作用下的运动方程为

$$m\ddot{u}(t)+c\dot{u}(t)+ku(t)=-m\ddot{u}_{\mathrm{g}}(t) \tag{6.2}$$

对比式(6.1)和式(6.2)可以看到，地面运动产生了等效外荷载 $-m\ddot{u}_{\mathrm{g}}(t)$。由式(6.2)给出的解 $u(t)$ 为相对运动位移，若要获得结构的绝对运动位移，还需再叠加上地面运动位移 $u_{\mathrm{g}}(t)$。当然，也可以直接建立结构的绝对运动方程，这时地面运动产生的等效外荷载将等于 $c\dot{u}_{\mathrm{g}}(t)+ku_{\mathrm{g}}(t)$。

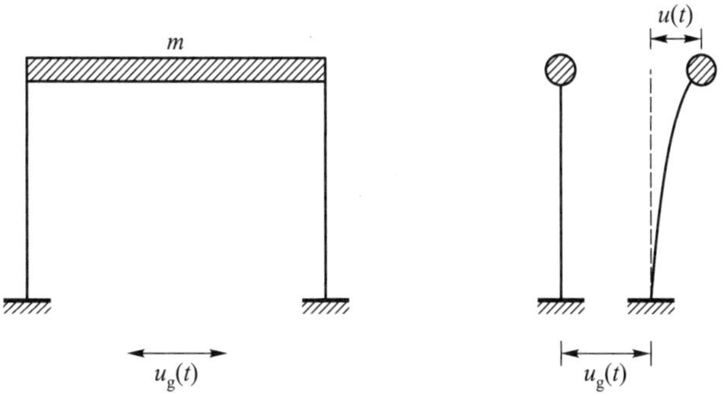

图 6.3 单自由度结构在地震作用下的运动

6.1.2 多自由度结构运动方程

图 6.4 是典型的层间多自由度结构模型及其位移示意图，可以通过对结构运动状态和物理量的分析来建立多自由度结构运动方程。图 6.4 中，$u_i(t)$ 代表结构 i 自由度(质点)的位移，作用在 i 自由度上的惯性力 $f_{\mathrm{I}i}$、弹性恢复力 $f_{\mathrm{S}i}$ 和

阻尼力 f_{Di} 分别为

$$f_{Ii} = m_i \ddot{u}_i(t), \quad f_{Si} = \sum_{j=1}^{n} k_{ij} u_j(t), \quad f_{Di} = \sum_{j=1}^{n} c_{ij} \dot{u}_j(t)$$

式中，k_{ij} 表示由于第 j 个自由度发生单位位移所引起的第 i 个自由度的恢复力；c_{ij} 表示由于第 j 个自由度发生单位速度所引起的第 i 个自由度的阻尼力。

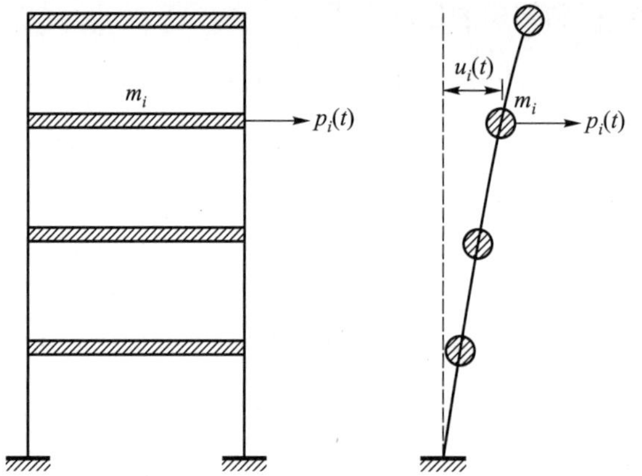

图 6.4　典型的层间多自由度结构模型及其位移示意图

根据达朗贝尔原理[5]，作用在 i 自由度上的外荷载、惯性力、阻尼力和弹性恢复力应保持动平衡，即：

$$m_i \ddot{u}_i(t) + \sum_{j=1}^{n} k_{ij} u_j(t) + \sum_{j=1}^{n} c_{ij} \dot{u}_j(t) = p_i(t) \tag{6.3}$$

对于一个具有 N 个自由度的弹性结构，可以建立 N 个类似于式(6.3)的方程，将 N 个方程组成的运动方程组以矩阵表达，可以得到多自由度结构在外荷载作用下的典型运动方程：

$$\boldsymbol{M}\ddot{\boldsymbol{u}}(t) + \boldsymbol{C}\dot{\boldsymbol{u}}(t) + \boldsymbol{K}\boldsymbol{u}(t) = \boldsymbol{p}(t) \tag{6.4}$$

式中，$\boldsymbol{M}$、$\boldsymbol{C}$ 和 $\boldsymbol{K}$ 分别为结构的质量、阻尼和刚度矩阵；$\boldsymbol{u}(t) = [u_1(t), u_2(t), \cdots, u_N(t)]^{\mathrm{T}}$ 为结构各自由度的位移向量。

地震作用下多自由度弹性结构的运动状态如图 6.5 所示。设地面位移为 $u_g(t)$，第 i 自由度对地面的相对位移为 $u_i(t)$，结构的绝对加速度为 $\ddot{u}_i(t) + \ddot{u}_g(t)$，则结构所受的惯性力为 $f_{Ii} = m_i[\ddot{u}_i(t) + \ddot{u}_g(t)]$，由达朗贝尔原理可以建立多自由度结构在地震动作用下的运动方程为

$$\boldsymbol{M}\ddot{\boldsymbol{u}}(t) + \boldsymbol{C}\dot{\boldsymbol{u}}(t) + \boldsymbol{K}\boldsymbol{u}(t) = -\boldsymbol{M}\boldsymbol{I}\ddot{u}_g(t) \tag{6.5}$$

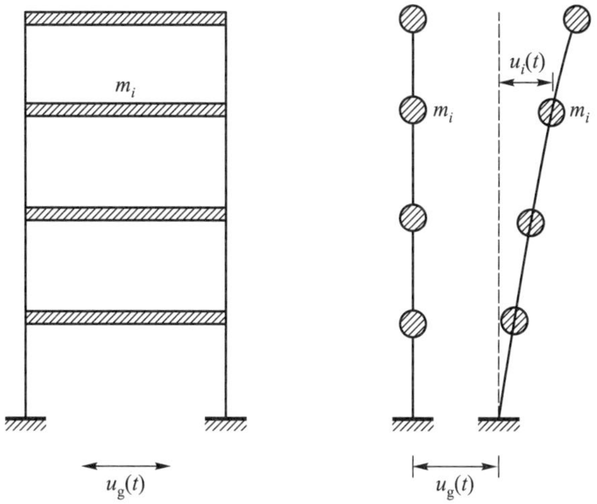

图 6.5 多自由度弹性结构在地震作用下的运动

式(6.5)是多自由度结构在地震动作用下的典型运动方程,其中 $\boldsymbol{I}=[1,1,\cdots,1]^{\mathrm{T}}$ 为单位向量。对于多自由度层间模型,地面运动产生的等效外荷载为 $-\boldsymbol{MI}\ddot{u}_{\mathrm{g}}(t)$。若建立的多自由度结构运动方程为绝对运动方程,则地面运动产生的等效外荷载等于 $\boldsymbol{CI}\dot{u}_{\mathrm{g}}(t)+\boldsymbol{KI}u_{\mathrm{g}}(t)$。

在多自由度结构运动方程式(6.4)和式(6.5)的推导过程中,采用了集中质量假设,即假设结构的质量集中于各质点(或自由度)之上,此时结构的质量矩阵为对角阵。若考虑实际结构质量的空间连续分布规律,则得到的结构运动方程形式上与式(6.4)和式(6.5)完全相同,但结构的质量矩阵为非对角阵。

6.2 单自由度结构地震反应时程分析

在结构线弹性地震反应中,阻尼对结构的动力反应影响很大[6]。由于结构的阻尼系数 c 是结构在每一振动循环中消耗能量大小的度量,因而其量值可能在很大范围内变化。结构的阻尼往往依靠试验得到,在有阻尼的结构动力反应分析中,采用阻尼比来表示结构阻尼的大小。下面通过结构自由振动反应分析介绍有关阻尼比的定义。

对应于运动方程式(6.1)或式(6.2)的自由振动方程为

$$m\ddot{u}(t)+c\dot{u}(t)+ku(t)=0 \tag{6.6}$$

阻尼比 ζ 定义为

$$\zeta=\frac{c}{c_{\mathrm{cr}}}=\frac{c}{2m\omega_{\mathrm{n}}},$$

其中，c_{cr}是结构的临界阻尼（critically damping），表达式为 $c_{cr}=2\sqrt{km}=2m\omega$，临界阻尼是结构自由振动反应中不出现往复振动所需的最小阻尼值；$\omega_n=\sqrt{k/m}$是结构的自振频率。

将用阻尼比 ζ 表示的阻尼系数 c 代入式(6.6)，并对等式两边同除以质量 m，得到结构自由振动的标准运动方程为

$$\ddot{u}+2\zeta\omega_n\dot{u}+\omega_n^2u=0 \tag{6.7}$$

阻尼比 ζ 是一个量纲为一的系数，当 $\zeta=1$ 时，称为临界阻尼，此时，方程(6.7)的解为

$$u(t)=u(0)\cos(\omega_n t)+\frac{\dot{u}(0)}{\omega}\sin(\omega_n t) \tag{6.8}$$

这表明，无阻尼单自由度体系的自由振动是一个简谐振动，它的周期是 $T=\sqrt{2\pi/\omega_n}$。当 $\zeta<1$ 时，称为低阻尼（under damping），结构称为低阻尼结构，此时，方程(6.7)的解为

$$u(t)=e^{-\zeta\omega t}\left[u(0)\cos(\omega_D t)+\frac{\dot{u}(0)+\zeta\omega_n u(0)}{\omega_D}\sin(\omega_D t)\right] \tag{6.9}$$

式中，$\omega_D=\omega_n\sqrt{1-\zeta^2}$为阻尼结构的自振频率；$u(0)$ 和 $\dot{u}(0)$ 分别为 $t=0$ 时刻质点的初始位移和初始速度。

当 $\xi>1$ 时，称为过阻尼（over damping），结构称为过阻尼结构。图 6.6 分别给出对应于低阻尼、临界阻尼和过阻尼 3 种不同阻尼比时结构的自由振动时程曲线。

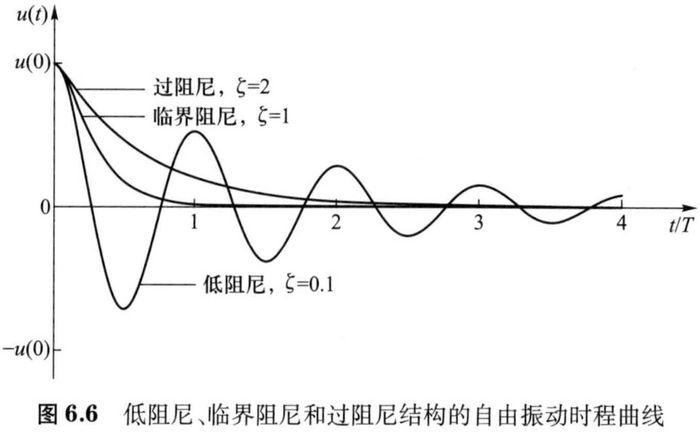

图 6.6　低阻尼、临界阻尼和过阻尼结构的自由振动时程曲线

求解结构在地震作用下的弹性动力反应，可以采用 Duhamel 积分方法。

Duhamel 积分方法首先将荷载分解成一系列脉冲,然后获得每一个脉冲作用下结构的反应,最后叠加每一脉冲作用下的反应得到的结构总的反应。

单位脉冲反应函数是在单位脉冲作用下结构的反应,如果在 τ 时刻一个单位脉冲作用在结构上,则对于无阻尼结构,单位脉冲反应函数为

$$h(t-\tau)=\begin{cases}\dfrac{1}{m\omega_{\mathrm{n}}}\sin[\omega_{\mathrm{n}}(t-\tau)], & t\geqslant\tau\\0, & t<\tau\end{cases} \tag{6.10}$$

有阻尼结构的单位脉冲反应函数为

$$h(t-\tau)=\begin{cases}\dfrac{1}{m\omega_{\mathrm{D}}}\mathrm{e}^{-\xi\omega_{\mathrm{n}}(t-\tau)}\sin[\omega_{\mathrm{D}}(t-\tau)], & t\geqslant\tau\\0, & t<\tau\end{cases} \tag{6.11}$$

式中,t 为时间;τ 为单位脉冲作用的时刻。

图 6.7 给出了在单位脉冲作用下无阻尼结构和阻尼结构动力反应时程,即单位脉冲反应函数 $h(t-\tau)$。

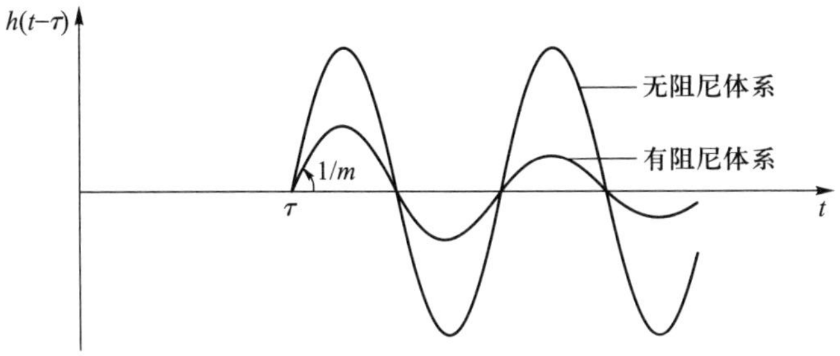

图 6.7 单位脉冲反应函数

将作用于结构的外荷载 $p(t)$ 离散成一系列脉冲,首先计算其中任一脉冲 $p(\tau)\mathrm{d}\tau$ 作用下的动力反应。此时,由于脉冲的冲量等于 $p(\tau)\mathrm{d}\tau$,则直接利用单位脉冲反应函数可得在该脉冲作用下结构的反应为

$$\mathrm{d}u(t)=p(\tau)\mathrm{d}\tau h(t-\tau),\quad t>\tau \tag{6.12}$$

在任意时间 t 结构的反应等于在 t 以前所有脉冲作用下反应之和:

$$u(t)=\int_0^t \mathrm{d}u=\int_0^t p(\tau)h(t-\tau)\mathrm{d}\tau \tag{6.13}$$

分别将式(6.10)和式(6.11)代入式(6.13),可以得到无阻尼和阻尼结构动力反应的 Duhamel 积分公式:

$$u(t)=\frac{1}{m\omega_{\mathrm{D}}}\int_{0}^{t}p(\tau)\sin[\omega_{\mathrm{n}}(t-\tau)]\mathrm{d}\tau \tag{6.14}$$

$$u(t)=\frac{1}{m\omega_{\mathrm{D}}}\int_{0}^{t}p(\tau)\mathrm{e}^{-\zeta\omega_{\mathrm{n}}(t-\tau)}\sin[\omega_{\mathrm{D}}(t-\tau)]\mathrm{d}\tau \tag{6.15}$$

Duhamel 积分给出的解是一个由动力荷载引起的相应于零初始条件的特解。如果初始条件不为零,则需要再叠加上由非零初始条件引起的自由振动。例如,对于无阻尼结构,当存在非零初始条件时,问题的完整解为

$$u(t)=u(0)\cos(\omega_{\mathrm{n}}t)+\frac{\dot{u}(0)}{\omega_{\mathrm{n}}}\sin(\omega_{\mathrm{n}}t)+\int_{0}^{t}p(\tau)h(t-\tau)\mathrm{d}\tau \tag{6.16}$$

其中 $u(0)$ 和 $\dot{u}(0)$ 分别是结构的初始位移和初始速度。

Duhamel 积分给出了计算线性单自由度结构在任意荷载作用下动力反应的一般解,适用于线弹性结构动力反应分析,由于使用了叠加原理,仅限于弹性范围。

将 $p(t)=-m\ddot{u}_{\mathrm{g}}(t)$ 代入式(6.15),可以得到地震动 $\ddot{u}_{\mathrm{g}}(t)$ 作用下的阻尼结构动力反应的 Duhamel 积分公式为

$$u(t)=-\frac{1}{\omega_{\mathrm{D}}}\int_{0}^{t}\ddot{u}_{\mathrm{g}}(\tau)\mathrm{e}^{-\zeta\omega_{\mathrm{n}}(t-\tau)}\sin[\omega_{\mathrm{D}}(t-\tau)]\mathrm{d}\tau \tag{6.17}$$

阻尼结构自振频率为 $\omega_{\mathrm{D}}=\omega_{\mathrm{n}}\sqrt{1-\zeta^{2}}$,由于在实际工程中阻尼比 ζ 的值一般很小,所以可以近似取 $\omega_{\mathrm{D}}\approx\omega_{\mathrm{n}}$,式(6.17)简化为

$$u(t)=-\frac{1}{\omega_{\mathrm{n}}}\int_{0}^{t}\ddot{u}_{\mathrm{g}}(\tau)\mathrm{e}^{-\zeta\omega_{\mathrm{n}}(t-\tau)}\sin[\omega_{\mathrm{n}}(t-\tau)]\mathrm{d}\tau \tag{6.18}$$

式(6.18)即是单自由度结构在地震作用下相对位移反应 $u(t)$ 的计算公式。

图 6.8 给出了结构地震反应分析中常用的几条地震加速度时程,可以看出地震动加速度时程 $\ddot{u}_{\mathrm{g}}(t)$ 是非常复杂的,随时间会产生不规则的快速变化。因此由式(6.18)无法得到结构地震反应的解析解,而只能对式(6.18)进行数值计算,例如采用辛普森积分才能得到结构位移时程的数值解。

Duhamel 积分方法的特点是使用了叠加原理,因此要求结构是线弹性的,当外荷载较大时,结构反应可能进入弹塑性,或结构位移较大时,结构可能进入几何非线性,这时叠加原理将不再适用,此时可以采用时域逐步积分法(step-by-step method)求解运动微分方程。目前已发展了一系列结构动力反应分析的时域逐步积分法,例如,分段解析法、中心差分法、平均常加速度法、线性加速度法、Newmark-β 法和 Wilson-θ 法等。

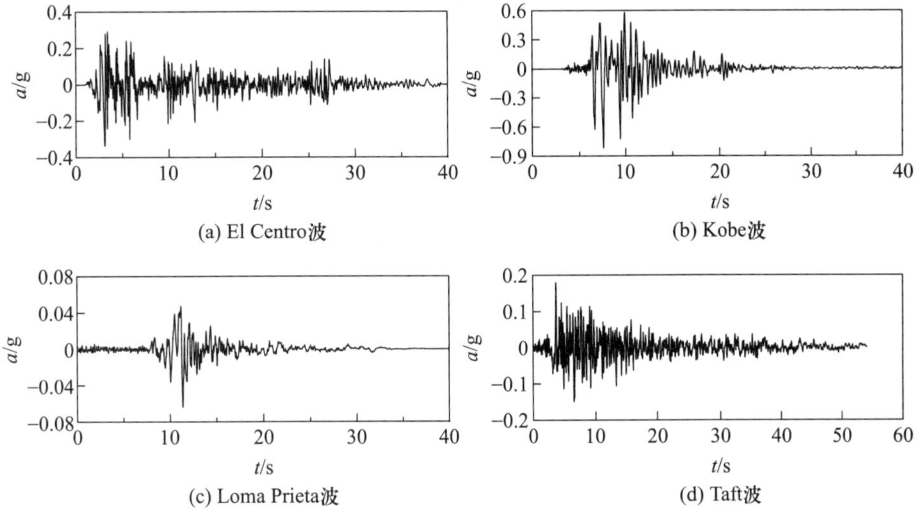

图 6.8 典型的地震动加速度时程

基于叠加原理的时域分析方法，如 Duhamel 积分法，假设结构在全部反应过程中都是线性的，即结构的应力-应变或力(弯矩)-位移(转角)关系曲线是一条直线；而时域逐步积分法只假设结构本构关系在一个微小的时间步距内是线性的，相当于用分段直线来逼近实际的曲线。时域逐步积分法是结构动力问题中一个被广泛研究的课题，将在第 8 章介绍。

6.3 单自由度结构地震反应谱法

当地震动较小时，结构反应处于线弹性范围，可以采用时域的 Duhamel 积分法，并根据得到的结构最大变形、最大内力进行抗震设计。当地震动较强时，结构反应可能进入塑性，这时可以采用时域逐步积分法进行结构弹塑性反应分析。下面仅限于讨论结构线弹性地震反应问题，采用 Duhamel 积分法介绍地震反应谱的概念。

前面已经介绍过，单自由度结构在地震作用下的运动方程，即式(6.2)，可以用 Duhamel 积分得到结构的相对位移 $u(t)$，即式(6.18)。观察式(6.18)可以发现，对于给定地震动 $\ddot{u}_g(t)$，结构的地震反应仅与结构的阻尼比 ζ 和结构的自振频率 ω_n 有关，换句话，对于大小和尺寸不同的结构，当结构阻尼比和自振频率相同时，对同一个地震动的反应将完全相同。

由式(6.18)也可以进一步得到结构的相对速度、相对加速度和绝对加速度。将式(6.18)对时间求导，可以求得单自由度结构在地震作用下相对于地面

的速度反应 $\dot{u}(t)$ 为

$$\dot{u}(t)=\frac{\mathrm{d}u(t)}{\mathrm{d}t}=-\int_0^t\ddot{u}_g(\tau)\mathrm{e}^{-\zeta\omega_n(t-\tau)}\cos[\omega_n(t-\tau)]\mathrm{d}\tau+\zeta\int_0^t\ddot{u}_g(\tau)\mathrm{e}^{-\zeta\omega_n(t-\tau)}\sin[\omega_n(t-\tau)]\mathrm{d}\tau \tag{6.19}$$

由于阻尼比 ξ 值较小，式(6.19)可以简化为

$$\dot{u}(t)=-\int_0^t\ddot{u}_g(\tau)\mathrm{e}^{-\zeta\omega_n(t-\tau)}\cos[\omega_n(t-\tau)]\mathrm{d}\tau \tag{6.20}$$

将式(6.18)和式(6.20)回代到运动方程(6.2)，并利用 $c=2m\omega_n\zeta$ 和 $\omega_n^2=k/m$，得到单自由度弹性结构的绝对加速度为

$$\ddot{u}(t)+\ddot{u}_g(t)=2\zeta\omega_n\int_0^t\ddot{u}_g(\tau)\mathrm{e}^{-\zeta\omega_n(t-\tau)}\cos[\omega_n(t-\tau)]\mathrm{d}\tau+\omega_n\int_0^t\ddot{u}_g(\tau)\mathrm{e}^{-\zeta\omega_n(t-\tau)}\sin[\omega_n(t-\tau)]\mathrm{d}\tau \tag{6.21}$$

同样由于阻尼比 ζ 值较小，式(6.21)可以简化为

$$\ddot{u}(t)+\ddot{u}_g(t)=\omega_n\int_0^t\ddot{u}_g(\tau)\mathrm{e}^{-\zeta\omega_n(t-\tau)}\sin\omega_n(t-\tau)\mathrm{d}\tau \tag{6.22}$$

在结构抗震设计时，往往最关心结构反应的最大值[7]。取式(6.18)、式(6.20)和式(6.22)的绝对值最大值，可以得到单自由度结构在地震作用下最大位移反应 S_d、最大速度反应 S_v 和最大绝对加速度反应 S_a，即

$$S_d=|u(t)|_{max}=\frac{1}{\omega_n}\left|\int_0^t\ddot{u}_g(\tau)\mathrm{e}^{-\zeta\omega_n(t-\tau)}\sin[\omega_n(t-\tau)]\mathrm{d}\tau\right|_{max} \tag{6.23}$$

$$S_v=|\dot{u}(t)|_{max}=\left|\int_0^t\ddot{u}_g(\tau)\mathrm{e}^{-\zeta\omega_n(t-\tau)}\cos[\omega_n(t-\tau)]\mathrm{d}\tau\right|_{max} \tag{6.24}$$

$$S_a=|\ddot{u}(t)+\ddot{u}_g(t)|_{max}=\omega_n\left|\int_0^t\ddot{u}_g(\tau)\mathrm{e}^{-\zeta\omega_n(t-\tau)}\sin[\omega_n(t-\tau)]\mathrm{d}\tau\right|_{max} \tag{6.25}$$

其中最大相对位移反应 S_d 和最大绝对加速度反应 S_a 是结构抗震理论研究和工程设计中最常用到的物理量。由式(6.23)和式(6.25)可以看出，当阻尼比给定时，结构对任一地震的最大相对位移反应和最大绝对加速度反应仅由结构自振频率 ω_n 决定，即

$$S_d=S_d(\omega_n) \tag{6.26}$$

$$S_a=S_a(\omega_n) \tag{6.27}$$

由式(6.23)和式(6.25)也可以发现最大绝对加速度反应和最大相对位移反应满足如下关系：

$$S_a = \omega_n^2 S_d \tag{6.28}$$

改变结构的自振频率 ω_n 就可以得到不同的 S_d 和 S_a，通过连续改变频率 ω_n，最后可以得到以圆频率为自变量的函数 $S_d(\omega)$ 和 $S_a(\omega)$，称 $S_d(\omega)$ 为(相对)位移反应谱，$S_a(\omega)$ 为(绝对)加速度反应谱。

工程中一般习惯采用结构的自振周期 $T=2\pi/\omega$ 代替圆频率，因而工程中使用的反应谱一般以周期为自变量，即

$$S_d = S_d(T) \tag{6.29}$$

$$S_a = S_a(T) \tag{6.30}$$

图 6.9 给出了 El Centro 地震波的位移、速度和加速度反应谱曲线。

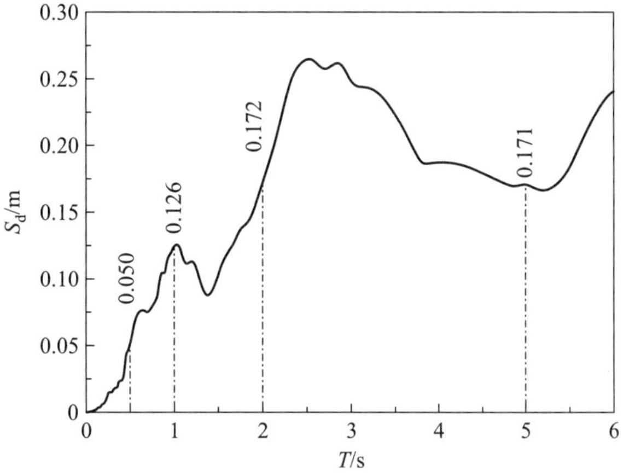

(a) 位移反应谱曲线

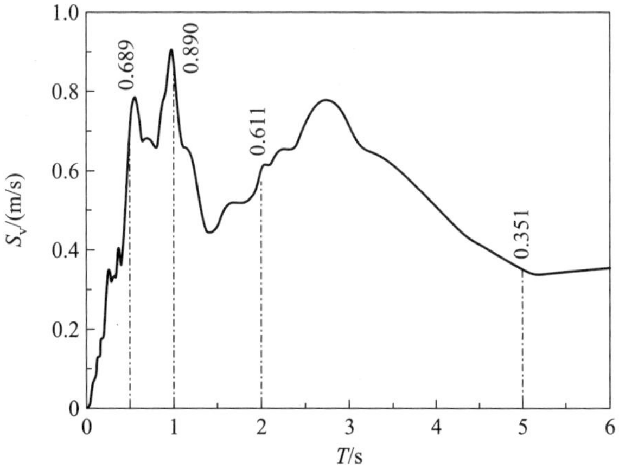

(b) 速度反应谱曲线

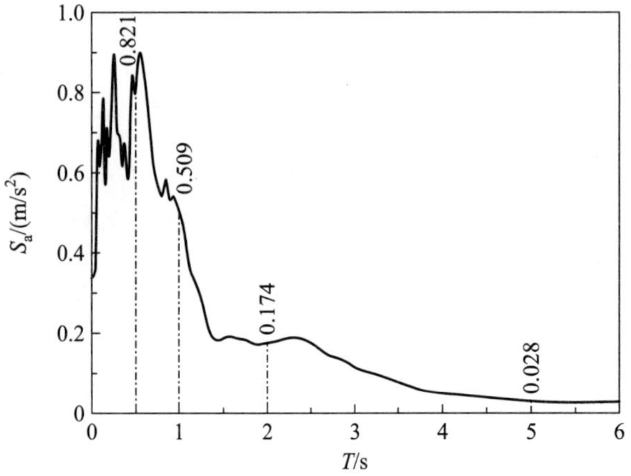

(c) 加速度反应谱曲线

图 6.9　El Centro 地震波的位移、速度和加速度反应谱曲线

反应谱的物理意义：在给定地震动作用下，不同周期结构的地震反应的最大值[8]。反应谱的获得需要完成一系列具有不同自振周期结构的地震反应计算，图 6.10 给出了反应谱曲线的计算及物理意义。

一般给出的地震反应谱是绝对加速度反应谱 S_a，利用式(6.28)即可以得到位移反应谱 $S_d=S_a/\omega_j^2$，注意到 $\omega_j^2=k/m$，则结构最大位移反应 S_d 和加速度反应谱 S_a 之间有如下关系：

$$kS_d=mS_a \tag{6.31}$$

式中，mS_a 为作用于结构上的最大地震惯性力。可见，若获得加速度反应谱 S_a，则可以用 mS_a 计算等效的最大地震惯性力，然后利用式(6.31)按静力方法就可以计算结构地震反应的最大值，对多自由度结构也可以采用类似的方法完成地震作用下结构最大位移的计算。

在地震工程研究中，习惯采用以地面运动加速度峰值 $\ddot{u}_{g0}$ 为单位的反应谱 $\beta(T)$，称为地震动力系数：

$$\beta=\beta(T)=\frac{S_a(T)}{\ddot{u}_{g0}} \tag{6.32}$$

在建筑抗震设计规范中，给出以重力加速度 g 为单位的反应谱 $\alpha(T)$，称为地震影响系数：

$$\alpha(T)=\frac{S_a(T)}{g} \tag{6.33}$$

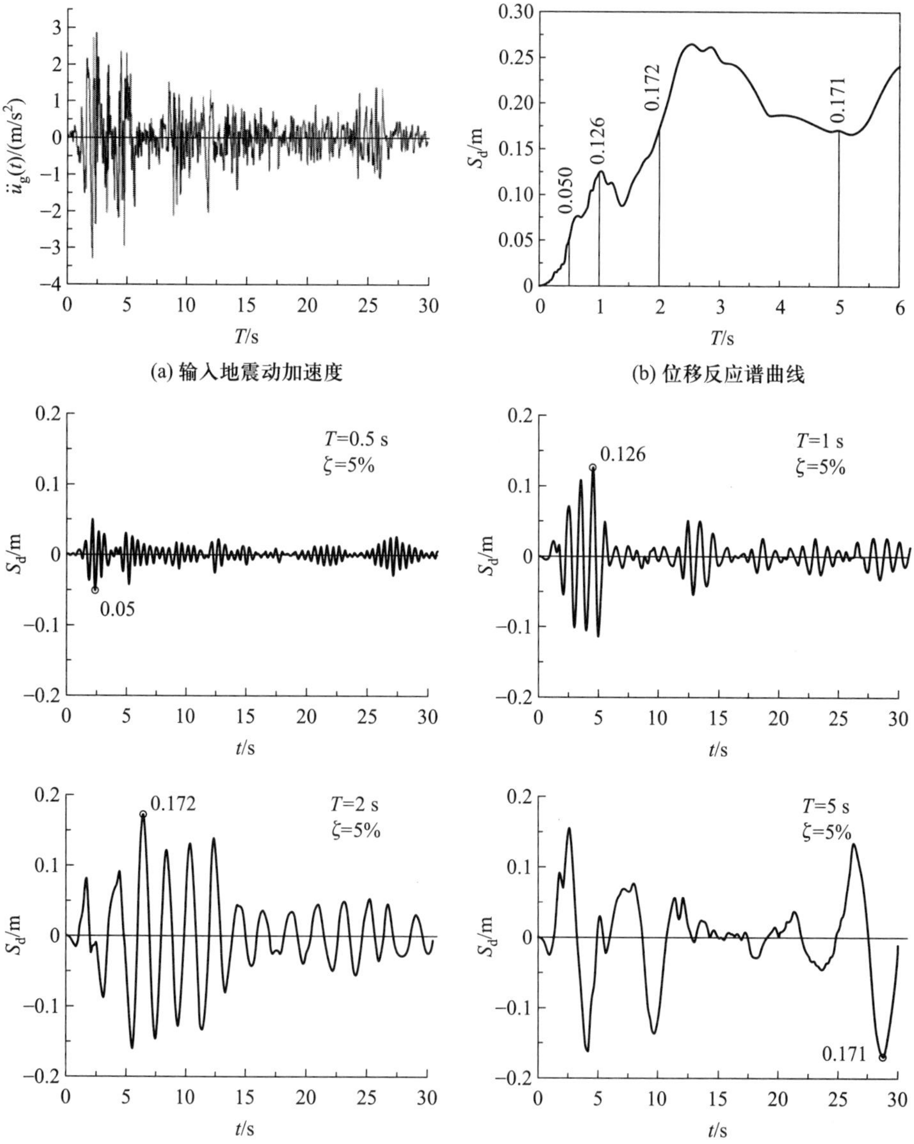

(a) 输入地震动加速度

(b) 位移反应谱曲线

(c) 位移反应谱计算

图 6.10 反应谱曲线的计算及物理意义

反应谱法是结构地震反应分析中的一个重要方法,其优点是:

(1) 反应谱法是一种等效静力方法,可以给工程设计人员提供极大的便利;

(2) 采用反应谱法分析时的存储量远比时程分析方法的小,反应谱法的计算工作量也比时程分析方法的计算量小;

(3) 用反应谱对随机性很大的地震动进行统计分析时具有较好的稳定性或统计规律性。

以上介绍的反应谱法限于线弹性问题分析，由于反应谱分析法所具有的优点，人们也发展了非线性反应谱，但通常是属于对结构地震反应较为粗略的估计。

6.4　多自由度结构的振动分解法

6.4.1　自振频率和振型

多自由度结构的无阻尼自由振动方程为

$$\boldsymbol{M}\ddot{\boldsymbol{u}}+\boldsymbol{K}\boldsymbol{u}=\boldsymbol{0} \tag{6.34}$$

多自由度结构的自由振动是简谐振动，可写成：

$$\boldsymbol{u}(t)=\boldsymbol{\phi}\sin(\omega t+\theta) \tag{6.35}$$

式中，ω 表示圆频率；ϕ 表示结构振动的形状，它不随时间 t 变化；θ 是相位角，对式(6.35)求二次导数，得到振动加速度：

$$\ddot{\boldsymbol{u}}(t)=-\omega^2\boldsymbol{\phi}\sin(\omega t+\theta) \tag{6.36}$$

将式(6.35)和式(6.36)代入式(6.34)得到

$$-\omega^2\boldsymbol{M}\boldsymbol{\phi}\sin(\omega t+\theta)+\boldsymbol{K}\boldsymbol{\phi}\sin(\omega t+\theta)=\boldsymbol{0} \tag{6.37}$$

由于 $\sin(\omega t+\theta)$ 为任意值，故由式(6.37)可得

$$(\boldsymbol{K}-\omega^2\boldsymbol{M})\boldsymbol{\phi}=\boldsymbol{0} \tag{6.38}$$

这就是结构动力学问题中的广义特征值求解问题，它的核心是求解满足式(6.38)的特征值 ω^2 和相应的非零解特征向量 $\boldsymbol{\phi}$。

式(6.38)有非零解的条件是

$$|\boldsymbol{K}-\omega^2\boldsymbol{M}|=0 \tag{6.39}$$

式(6.39)称为频率方程。

求解时，首先由式(6.39)求得特征值 ω^2，再代入式(6.38)得到相应的特征向量 $\boldsymbol{\phi}$。很显然，由式(6.38)和(6.39)求出的 ω^2 和 $\boldsymbol{\phi}$，只取决于结构本身的刚度矩阵 $\boldsymbol{K}$ 和质量矩阵 $\boldsymbol{M}$，它们是结构自身所固有的，因此，ω 称为固有频率，也称为自振频率，相应地，$\boldsymbol{\phi}$ 被称为振型。由于展开一个具有 N 个自由度结构的行列式可得到一个关于 ω^2 的 N 次代数方程，因而可得到 ω^2 的 N 个根，即结构

存在 N 个自振频率 $\omega_1,\omega_2,\cdots,\omega_N$，相应地，也存在 N 个振型 $\boldsymbol{\phi}_1,\boldsymbol{\phi}_2,\cdots,\boldsymbol{\phi}_N$。

将求得的自振频率按由小到大的顺序排序：

$$\omega_1<\omega_2<\cdots<\omega_N \tag{6.40}$$

这样的序号也称为自振频率或振型的阶数（也称为模态阶数），相应于各阶自振频率的振型为

$$\boldsymbol{\phi}_j=[\phi_{j1}\quad \phi_{j2}\quad \cdots\quad \phi_{jN}]^{\mathrm{T}},\quad j=1,2,\cdots,\mathrm{N} \tag{6.41}$$

习惯上将最低阶自振频率称为基频，相应的振型称为基本振型；次低频率称为二阶频率，相应的振型称为二阶振型；其余以此类推。

6.4.2 数值算例

如图 6.11（a）所示为 3 层框架结构，集中于各楼层的质量和层间刚度示于图 6.11 中，设给出的量值满足统一单位，建立结构的运动方程并计算结构的自振频率和振型。

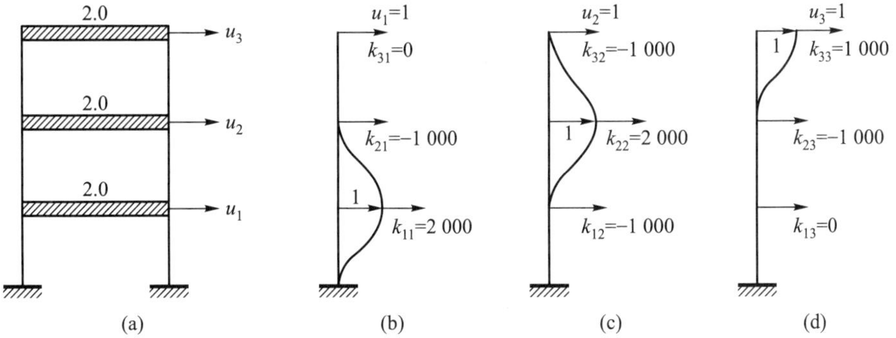

图 6.11 结构模型及各刚度元素

建立质量阵、刚度阵为

$$\boldsymbol{M}=\begin{bmatrix}2.0 & 0 & 0\\ 0 & 2.0 & 0\\ 0 & 0 & 2.0\end{bmatrix}$$

$$\boldsymbol{K}=\begin{bmatrix}k_{11} & k_{12} & k_{13}\\ k_{21} & k_{22} & k_{23}\\ k_{31} & k_{32} & k_{33}\end{bmatrix}=\begin{bmatrix}2\,000 & -1\,000 & 0\\ -1\,000 & 2\,000 & -1\,000\\ 0 & -1\,000 & 1\,000\end{bmatrix}$$

运动方程的特征方程为

$$(\boldsymbol{K}-\omega^2\boldsymbol{M})\boldsymbol{\phi}=\begin{bmatrix}2\ 000-2\omega^2 & -1\ 000 & 0\\ -1\ 000 & 2\ 000-2\omega^2 & -1\ 000\\ 0 & -1\ 000 & 1\ 000-2\omega^2\end{bmatrix}\boldsymbol{\phi}$$

$$=1\ 000\begin{bmatrix}2-2B & -1 & 0\\ -1 & 2-2B & -1\\ 0 & -1 & 1-2B\end{bmatrix}\boldsymbol{\phi}=\begin{bmatrix}0\\0\\0\end{bmatrix}$$

式中，$B=\omega^2/1\ 000$。频率方程的系数行列式为 0，整理得

$$8B^3-20B^2+12B-1=0$$

可以得到频率方程的 3 个根为

$$B_1=0.099\ 0,\quad B_2=0.777\ 5,\quad B_3=1.623\ 5$$

由此可得 3 个自振频率（单位为 rad/s）为

$$\begin{bmatrix}\omega_1^2\\ \omega_2^2\\ \omega_3^2\end{bmatrix}=\begin{bmatrix}99.0\\ 777.5\\ 1\ 623.5\end{bmatrix}\Rightarrow\begin{bmatrix}\omega_1\\ \omega_2\\ \omega_3\end{bmatrix}=\begin{bmatrix}9.950\\ 27.884\\ 40.293\end{bmatrix}$$

根据运动方程的特征方程求振型，设 $\phi_{j3}=1$，则

$$\boldsymbol{\phi}_j=\begin{bmatrix}\phi_{j1}\\ \phi_{j2}\\ \phi_{j3}\end{bmatrix}=\begin{bmatrix}\phi_{j1}\\ \phi_{j2}\\ 1\end{bmatrix}$$

将其代入特征方程可得振型方程为

$$1\ 000\begin{bmatrix}2-2B_j & -1 & 0\\ -1 & 2-2B_j & -1\\ 0 & -1 & 1-2B_j\end{bmatrix}\begin{bmatrix}\phi_{j1}\\ \phi_{j2}\\ 1\end{bmatrix}=\begin{bmatrix}0\\0\\0\end{bmatrix}$$

以上 3 个代数方程中仅有两个是独立的，可以采用任意两个方程求得 ϕ_{j1} 和 ϕ_{j2}。通过观察发现，用第 1 个方程和第 3 个方程求解可避免求联立方程组，则由第 3 个方程有：$\phi_{j2}=1-2B_j$；由第 1 个方程有：$\phi_{j1}=\phi_{j2}/(2-2B_j)$。

（1）一阶振型：将 $\omega_1=9.950$ rad/s （$B_1=0.099\ 0$）代入 ϕ_{j2} 和 ϕ_{j1} 表达式，得

$$\begin{cases}\phi_{12}=1-2\times0.099\ 0=0.802\ 0\\ \phi_{11}=0.802\ 0/(2-2\times0.099\ 0)=0.445\ 1\end{cases}\Rightarrow\boldsymbol{\phi}_1=\begin{bmatrix}0.445\ 1\\ 0.802\ 0\\ 1\end{bmatrix}$$

(2) 二阶振型：将 $\omega_2=27.884\ \mathrm{rad/s}$ $(B_2=0.777\ 5)$ 代入 ϕ_{j2} 和 ϕ_{j1} 表达式，得

$$\begin{cases}\phi_{22}=1-2\times0.777\ 5=-0.555\ 0\\ \phi_{21}=-0.555\ 0/(2-2\times0.777\ 5)=-1.247\ 2\end{cases}\Rightarrow\boldsymbol{\phi}_2=\begin{bmatrix}-1.247\ 2\\-0.555\ 0\\1\end{bmatrix}$$

(3) 三阶振型：将 $\omega_3=40.293\ \mathrm{rad/s}$ $(B_3=1.623\ 5)$ 代入 ϕ_{j2} 和 ϕ_{j1} 表达式，得

$$\begin{cases}\phi_{32}=1-2\times1.623\ 5=-2.247\ 0\\ \phi_{31}=-2.247\ 0/(2-2\times1.623\ 5)=1.801\ 9\end{cases}\Rightarrow\boldsymbol{\phi}_3=\begin{bmatrix}1.801\ 9\\-2.247\ 0\\1\end{bmatrix}$$

计算得到的前 3 阶结构振型如图 6.12 所示。

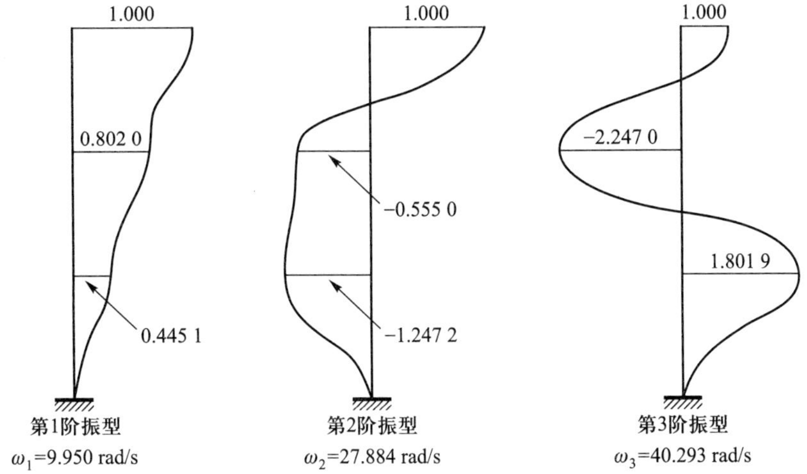

图 6.12 结构振型

以上给出的振型的求解公式是解耦的，不用求解联立方程组，这只有当结构是层间模型时，即特征方程的系数矩阵是三对角阵时才可以实现，一般情况下，当特征方程的系数矩阵不为三对角阵时，必须解联立方程组才可获得结构的振型。

求解结构的自振频率和振型也称为结构的模态分析。第 6.4.2 节的数值算例中采用的求多自由度结构自振频率和振型的方法是一种严格的理论分析方法，当结构自由度较低时是可行的。对工程问题，可涉及成千上万，甚至数十万个自由度，此时采用矩阵行列式的方法很难实现结构的模态分析。目前借助于计算机，已发展了多种行之有效的矩阵迭代法。

在多自由度结构自由振动分析中发现，与单自由度结构相比，两者之间都存在自振频率，但多自由度结构有多个自振频率，N 个自由度，则一般存在 N 个自振频率，新的内容是出现了振型的概念。所谓振型就是结构按某一阶自振频率振动时，结构各自由度变化的比例关系，多自由度结构的振型和频率一样，是结构的重要特性。

从上面对多自由度结构振动问题的分析可以看到，自振频率和振型是从时间和空间两个不同的角度来刻画其运动的。前者描述振动反应的时域特性，即振动循环的快慢；后者描述振动发生的空间特征，即振动的空间模式。对线性结构而言，时间域的反应过程可以通过不同频率简谐运动的叠加来合成，而运动的空间模式同样可以由不同的振型叠加来组合，这表明多自由度的线性结构振动反应可以通过对各个振型运动的叠加来合成。振型的重要作用是提供了一种结构动力反应分析方法的基础。以振型为一种坐标基，可以提供一种坐标变换，将多自由度结构问题分解成一系列单自由度问题求解，大为简化了分析。多自由度的线性结构振动的空间模式可以由不同的振型叠加来组合，这主要是由于振型所具有的特性——正交性所致。

所谓振型的正交性，是指在多自由度结构中，任意两个相应于不同自振频率的振型之间存在下述关系：

$$\boldsymbol{\phi}_i^{\mathrm{T}}\boldsymbol{M}\boldsymbol{\phi}_j=0,\quad i\neq j \tag{6.42}$$

$$\boldsymbol{\phi}_i^{\mathrm{T}}\boldsymbol{K}\boldsymbol{\phi}_j=0,\quad i\neq j \tag{6.43}$$

式(6.42)是振型关于质量阵的加权正交性，称为第一正交关系；式(6.43)是振型关于刚度阵的加权正交性，称为第二正交关系。振型关于质量阵正交性的物理意义是：某一振型在振动过程中所引起的惯性力不在其他振型上做功，这说明某一个振型的动能不会转移到其他振型上去，也就是结构按某一振型做自由振动时不会激起该结构其他振型的振动。振型关于刚度阵正交性的物理意义是：结构按照某一振型振动时所引起的弹性恢复力在其他振型位移上做功之和等于 0，即结构按照某一振型振动时，它的势能不会转移到其他振型上去。振型的正交性为多自由度结构振型叠加（分解）分析方法提供了基础。

振型和自振频率满足式(6.44)

$$\boldsymbol{K}\boldsymbol{\phi}_j=\omega_j^2\boldsymbol{M}\boldsymbol{\phi}_j \tag{6.44}$$

式中，ω_j 为第 j 阶频率。式(6.44)两边同时前乘 $\boldsymbol{\phi}_j^{\mathrm{T}}$，则有

$$K_j^*=\omega_j^2M_j^* \tag{6.45}$$

其中，$K_j^*=\boldsymbol{\phi}_j^{\mathrm{T}}\boldsymbol{K}\boldsymbol{\phi}_j$，$M_j^*=\boldsymbol{\phi}_j^{\mathrm{T}}\boldsymbol{M}\boldsymbol{\phi}_j$

由式(6.45)可以得到

$$\omega_j = \sqrt{\frac{K_j^*}{M_j^*}} \tag{6.46}$$

这与单自由度结构自振频率的计算公式一样。有时称 M_j^* 和 K_j^* 为振型质量和振型刚度。在结构动力分析中,我们有时需要按某一标准将振型归一化,或称标准化,从而给出标准振型或归一化振型。标准化的方法通常有 3 种方法。

(1) 特定坐标的归一化方法。指定振型向量中的某一坐标值为 1,其他元素值按比例确定。

(2) 最大位移值的归一化方法。将振型向量中各元素除以(绝对)最大值。

(3) 正交归一化。令 $\overline{\boldsymbol{\phi}}_j = \boldsymbol{\phi}_j/\sqrt{M_j^*}$,$j=1,2,\cdots,N$。

6.4.3 振型坐标变换

根据线性代数理论,N 维向量 $\boldsymbol{Y}$ 总可以表示为 N 个独立向量的线性组合:

$$\boldsymbol{Y} = q_1\boldsymbol{X}_1 + q_2\boldsymbol{X}_2 + \cdots + q_N\boldsymbol{X}_N \tag{6.47}$$

式中,独立向量 $\boldsymbol{X}_1,\boldsymbol{X}_2,\cdots,\boldsymbol{X}_N$ 为坐标基,$q_1,q_2,\cdots,q_N$ 为广义坐标。

式(6.47)即为坐标变换式,因此只要选择合适的坐标,就可能得到一组非耦联的多自由度结构的运动方程,这样的坐标称为正则坐标。

由结构振型正交性可知,各振型向量是线性独立的。因此结构的振型 $\boldsymbol{\phi}_1$,$\boldsymbol{\phi}_2,\cdots,\boldsymbol{\phi}_N$可以将空间几何坐标转换成正则坐标,它是一种坐标映射。通过这种映射,多自由度结构地震反应位移向量 $\boldsymbol{u}$ 可表示为

$$\boldsymbol{u} = \sum_{j=1}^{N} \boldsymbol{\phi}_j q_j = \boldsymbol{\Phi q} \tag{6.48}$$

式中,$\boldsymbol{\Phi}=[\boldsymbol{\phi}_1,\boldsymbol{\phi}_2,\cdots,\boldsymbol{\phi}_N]$为振型组成的矩阵;$\boldsymbol{q}=[q_1,q_2,\cdots,q_N]^{\mathrm{T}}$ 为广义坐标向量。由于各振型向量是线性独立的,故 $\boldsymbol{\Phi}$ 的逆矩阵存在,有

$$\boldsymbol{q} = \boldsymbol{\Phi}^{-1}\boldsymbol{u} \tag{6.49}$$

上述方法就是 N 维状态空间中的坐标变换法,把物理空间中的 N 个位移分量变换到 N 个广义坐标 $q_j(t)$ 的空间中,而振型 $\boldsymbol{\phi}_j(j=1,2,\cdots,N)$ 是坐标变换的坐标基。可以证明对于保守系统(无能量交换),N 个独立的振型是完备的,即任何结构振动位移的形态都可以用其 N 个振型线性表示。

广义坐标 $q_j(t)(j=1,2,\cdots,N)$ 也称为振型坐标。对于任意一个位移向量 $\boldsymbol{u}$,当用振型来展开时,可以利用振型的正交性来获得振型坐标的值。例如对位移 $\boldsymbol{u}$ 的振型展开式(6.48)两边同时左乘 $\boldsymbol{\phi}_j^{\mathrm{T}}\boldsymbol{M}$,得到

$$\boldsymbol{\phi}_j^{\mathrm{T}}\boldsymbol{M}\boldsymbol{u}=\boldsymbol{\phi}_j^{\mathrm{T}}\boldsymbol{M}\boldsymbol{\phi}_1 q_1+\boldsymbol{\phi}_j^{\mathrm{T}}\boldsymbol{M}\boldsymbol{\phi}_2 q_2+\cdots+\boldsymbol{\phi}_j^{\mathrm{T}}\boldsymbol{M}\boldsymbol{\phi}_N q_N \tag{6.50}$$

根据振型的正交性，式(6.50)右端 N 项公式中，只有第 j 项不等于 0，则

$$\boldsymbol{\phi}_j^{\mathrm{T}}\boldsymbol{M}\boldsymbol{u}=\boldsymbol{\phi}_j^{\mathrm{T}}\boldsymbol{M}\boldsymbol{\phi}_j q_j \tag{6.51}$$

由式(6.51)得到

$$q_j=\frac{\boldsymbol{\phi}_j^{\mathrm{T}}\boldsymbol{M}\boldsymbol{u}}{\boldsymbol{\phi}_j^{\mathrm{T}}\boldsymbol{M}\boldsymbol{\phi}_j}=\frac{\boldsymbol{\phi}_j^{\mathrm{T}}\boldsymbol{M}\boldsymbol{u}}{M_j^*} \tag{6.52}$$

将 j 从 1 取到 N，则可得到 N 个振型坐标 $q_j(t)(j=1,2,\cdots,N)$ 的值。

利用式(6.52)就可以得到相应于各振型的振型坐标 q_j。例如，对于 6.4.2 节的数值算例，结构的质量矩阵和各阶振型为

$$\boldsymbol{M}=\begin{bmatrix}2.0 & 0 & 0\\ 0 & 2.0 & 0\\ 0 & 0 & 2.0\end{bmatrix},\quad \boldsymbol{\phi}_1=\begin{bmatrix}0.445\,1\\ 0.802\,0\\ 1\end{bmatrix},\quad \boldsymbol{\phi}_2=\begin{bmatrix}-1.247\,2\\ -0.555\,0\\ 1\end{bmatrix},\quad \boldsymbol{\phi}_3=\begin{bmatrix}1.801\,9\\ -2.247\,0\\ 1\end{bmatrix}$$

若将单位位移向量 $\boldsymbol{u}=[1,1,1]^{\mathrm{T}}$ 用振型展开，则由式(6.52)可以得到各阶振型的振型坐标为

$$q_1=\frac{\begin{bmatrix}0.445\,1 & 0.802\,0 & 1\end{bmatrix}\begin{bmatrix}2.0 & 0 & 0\\ 0 & 2.0 & 0\\ 0 & 0 & 2.0\end{bmatrix}\begin{bmatrix}1\\ 1\\ 1\end{bmatrix}}{\begin{bmatrix}0.445\,1 & 0.802\,0 & 1\end{bmatrix}\begin{bmatrix}2.0 & 0 & 0\\ 0 & 2.0 & 0\\ 0 & 0 & 2.0\end{bmatrix}\begin{bmatrix}0.445\,1\\ 0.802\,0\\ 1\end{bmatrix}}=\frac{4.494\,2}{3.682\,6}=1.220\,4$$

$$q_2=\frac{\begin{bmatrix}-1.247\,2 & -0.555\,0 & 1\end{bmatrix}\begin{bmatrix}2.0 & 0 & 0\\ 0 & 2.0 & 0\\ 0 & 0 & 2.0\end{bmatrix}\begin{bmatrix}1\\ 1\\ 1\end{bmatrix}}{\begin{bmatrix}-1.247\,2 & -0.555\,0 & 1\end{bmatrix}\begin{bmatrix}2.0 & 0 & 0\\ 0 & 2.0 & 0\\ 0 & 0 & 2.0\end{bmatrix}\begin{bmatrix}-1.247\,2\\ -0.555\,0\\ 1\end{bmatrix}}=\frac{-1.604\,4}{5.727\,1}=-0.280\,1$$

$$q_3=\frac{\begin{bmatrix}1.801\,9 & -2.247\,0 & 1\end{bmatrix}\begin{bmatrix}2.0 & 0 & 0\\ 0 & 1.5 & 0\\ 0 & 0 & 1.0\end{bmatrix}\begin{bmatrix}1\\ 1\\ 1\end{bmatrix}}{\begin{bmatrix}1.801\,9 & -2.247\,0 & 1\end{bmatrix}\begin{bmatrix}2.0 & 0 & 0\\ 0 & 1.5 & 0\\ 0 & 0 & 1.0\end{bmatrix}\begin{bmatrix}1.801\,9\\ -2.247\,0\\ 1\end{bmatrix}}=\frac{1.109\,8}{18.591\,7}=0.059\,7$$

验证：

$$\sum_{j=1}^{3}\boldsymbol{\phi}_j q_j=\begin{bmatrix}0.445\ 1\\0.802\ 0\\1\end{bmatrix}\times 1.220\ 4+\begin{bmatrix}-1.247\ 2\\-0.555\ 0\\1\end{bmatrix}\times(-0.280\ 1)+\begin{bmatrix}1.801\ 9\\-2.247\ 0\\1\end{bmatrix}\times 0.059\ 7$$

$$=\begin{bmatrix}1.000\ 4\\1.000\ 7\\1.000\ 0\end{bmatrix}$$

从以上分析看到，结构任一位移反应都可以用振型展开。这样，求解多自由度结构的位移反应问题，就可以转化为求振型坐标问题。从上面求振型坐标的公式可以发现利用振型的正交性，可使求振型坐标问题解耦，计算公式各自独立，即将耦联的 N 个自由度问题化为 N 个独立的单自由度问题分析。

6.4.4 振型分解法

对于地震作用下线弹性多自由度结构的运动方程(6.5)，可以采用振型分解法求解，求得多自由度结构的振型反应，再由式(6.48)叠加各振型反应得到结构的动力反应。因此振型分解法也称为振型叠加法。

采用振型分解法，结构的运动可以表示为

$$\boldsymbol{u}(t)=q_1(t)\boldsymbol{\phi}_1+q_2(t)\boldsymbol{\phi}_2+\cdots+q_N(t)\boldsymbol{\phi}_N=\sum_{j=1}^{N}q_j(t)\boldsymbol{\phi}_j \tag{6.53}$$

式中，$q_j(t)\,(j=1,2,\cdots,N)$ 为振型坐标；$\boldsymbol{\phi}_j(j=1,2,\cdots,N)$ 为结构的振型。式(6.53)把物理坐标 $\boldsymbol{u}$ 变换到振型坐标 q_j。

将式(6.53)代入结构的运动方程式(6.5)，方程两边同时左乘 $\boldsymbol{\phi}_j^{\mathrm{T}}\boldsymbol{M}$，并利用振型之间的正交性，同时假设振型也满足关于阻尼阵的正交条件，即

$$\boldsymbol{\phi}_i^{\mathrm{T}}\boldsymbol{C}\boldsymbol{\phi}_j=0,\quad i\neq j \tag{6.54}$$

可以得到解耦的各个振型坐标的运动方程：

$$M_j^*\ddot{q}_j(t)+C_j^*\dot{q}_j(t)+K_j^*q_j(t)=-\gamma_j M_j^*\ddot{u}_{\mathrm{g}}(t),\quad j=1,2,\cdots,N \tag{6.55}$$

式中，振型质量、振型阻尼、振型刚度分别为 $M_j^*=\boldsymbol{\phi}_j^{\mathrm{T}}\boldsymbol{M}\boldsymbol{\phi}_j$、$C_j^*=\boldsymbol{\phi}_j^{\mathrm{T}}\boldsymbol{C}\boldsymbol{\phi}_j$、$K_j^*=\boldsymbol{\phi}_j^{\mathrm{T}}\boldsymbol{K}\boldsymbol{\phi}_j$。$\gamma_j$ 为结构的 j 阶振型参与系数，其表达式为

$$\gamma_j=\frac{\boldsymbol{\phi}_j^{\mathrm{T}}\boldsymbol{M}\boldsymbol{I}}{M_j^*}=\frac{\boldsymbol{\phi}_j^{\mathrm{T}}\boldsymbol{M}\boldsymbol{I}}{\boldsymbol{\phi}_j^{\mathrm{T}}\boldsymbol{M}\boldsymbol{\phi}_j} \tag{6.56}$$

将振型运动方程(6.55)两边同除以振型质量 M_j^*，得到标准的振型运动

方程：

$$\ddot{q}_j(t)+2\zeta_j\omega_j\dot{q}_j(t)+\omega_j^2 q_j(t)=-\gamma_j\ddot{u}_g(t),\quad j=1,2,\cdots,N \tag{6.57}$$

式中，ζ_j 和 ω_j 分别为第 j 阶振型阻尼比和自振频率，即

$$\zeta_j=\frac{C_j^*}{2\omega_j M_j^*},\quad \omega_j=\sqrt{\frac{K_j^*}{M_j^*}} \tag{6.58}$$

由此可见，采用振型分解法将对耦联的 N 个自由度问题的求解变成对 N 个单自由度问题的求解，则运动方程得以解耦。式(6.57)为地震动 $\ddot{u}_g(t)$ 作用下，自振频率为 ω_j 的单自由度结构的运动方程，但地震作用参与的大小由 γ_j 决定，故 γ_j 称为振型参与系数。

为把式(6.57)化为地震作用下单自由度结构的标准运动方程，令

$$q_j(t)=\gamma_j\delta_j(t) \tag{6.59}$$

将式(6.59)代入式(6.57)得

$$\ddot{\delta}_j(t)+2\zeta_j\omega_j\dot{\delta}_j(t)+\omega_j^2\delta_j(t)=-\ddot{u}_g(t),\quad j=1,2,\cdots,N \tag{6.60}$$

式(6.60)即是地震作用下单自由度结构的标准运动方程。单自由度结构的相对位移 $\delta_j(t)$ 可以用 Duhamel 积分法求出：

$$\delta_j(t)=-\frac{1}{\omega_j}\int_0^t \ddot{u}_g(\tau)\mathrm{e}^{-\zeta_j\omega_j(t-\tau)}\sin[\omega_j(t-\tau)]\mathrm{d}\tau,\quad j=1,2,\cdots,N \tag{6.61}$$

同时，也可以得到单自由度结构的绝对加速度：

$$\ddot{\delta}_j(t)+\ddot{u}_g(t)=-2\zeta_j\omega_j\dot{\delta}_j(t)-\omega_j^2\delta_j(t),\quad j=1,2,\cdots,N \tag{6.62}$$

将 $q_j(t)=\gamma_j\delta_j(t)$ 代入振型分解公式(6.53)得结构的运动为

$$\boldsymbol{u}=\sum_{j=1}^{N}\gamma_j\delta_j(t)\boldsymbol{\phi}_j \tag{6.63}$$

作用于结构各质点上的地震惯性力为

$$\boldsymbol{F}=\boldsymbol{M}[\ddot{\boldsymbol{u}}+\boldsymbol{I}\ddot{u}_g(t)]=\sum_{j=1}^{N}\gamma_j\boldsymbol{M}\boldsymbol{\phi}_j[\ddot{\delta}_j(t)+\ddot{u}_g(t)]=\sum_{j=1}^{N}\gamma_j\boldsymbol{M}[\ddot{\boldsymbol{\delta}}_j(t)+\ddot{u}_g(t)]\boldsymbol{\phi}_j \tag{6.64}$$

在式(6.64)的推导中用到式(6.65)：

$$\boldsymbol{I}=\sum_{j=1}^{N}\gamma_j\boldsymbol{\phi}_j \tag{6.65}$$

从以上分析可以看出，对于满足阻尼正交条件的结构，当采用振型分解法分析时，多自由度结构的动力反应问题即转化为一系列单自由度结构的反应问题。此时在单自由度结构分析中采用的各种分析方法都可以用于计算分析多自由度结构的动力反应问题，使问题的分析得到极大简化。

对于自由度很多的结构，例如具有上万个自由度的大型结构，计算全部的特征值（自振频率）和特征向量（振型）是不需要的。计算中发现，对于多自由度结构的动力反应问题，高阶振型起的作用小，而低阶振型起的作用大。在振型分解法分析中，实际并不需要采用所有的振型进行计算，因高阶振型的影响极小，仅取前有限项振型即可以取得精度良好的计算结果。抗震规范规定，一般情况下，仅保证在一个振动方向上有前三阶振型就可以。因此振型分解法大大加快了计算速度，但对于一些大型特殊的结构，例如悬索桥，可能需要使用上百个振型才可以取得满意的计算结果。

虽然振型分解法具有计算速度快、节省时间这些突出的优点，但存在局限性。主要局限是由于采用了叠加原理，因而原则上仅适用于分析线弹性问题，从而限制了其使用范围；第二个局限是由于要求阻尼正交，对实际工程中存在的大量不满足阻尼正交条件的问题，迫使采用额外的处理方法，例如采用正交阻尼代替非正交阻尼，或采用复模态方法等。

6.5 多自由度结构的振型分解反应谱法

从振型分解法的计算公式可以看到，结构的位移和作用于结构的地震惯性力均为各个振型反应的叠加，即结构在任一时刻的总位移反应可以表示成该时刻对应于各个振型反应的和。因此在实际计算中可以首先求解各振型反应，然后通过叠加得到问题的解。

在结构抗震设计中，最关心的是结构的最大反应或最大的地震作用，这时可以先求出对应于每一个振型反应的最大值，然后将这些振型反应值按某种方法组合，最后求出结构的最大反应。

6.5.1 振型最大地震作用

对结构上的地震作用，相应于 j 振型的最大值为

$$\boldsymbol{F}_j = \gamma_j \boldsymbol{M} \left| \ddot{\delta}_j(t) + \ddot{u}_{\mathrm{g}}(t) \right|_{\max} \boldsymbol{\phi}_j \tag{6.66}$$

式中，$\left| \ddot{\delta}_j(t) + \ddot{u}_{\mathrm{g}}(t) \right|_{\max}$ 可以直接根据结构自振周期 $T_j(=2\pi/\omega_j)$ 及给定的地震地面运动的反应谱得到。

若给出的加速度反应谱为 $S_{\mathrm{a}}(T)$，则有

$$|\ddot{\delta}_j(t)+\ddot{u}_g(t)|_{\max}=S_a(T_j) \tag{6.67}$$

将(6.67)代入式(6.66)得到最大振型地震作用为

$$\boldsymbol{F}_j=\gamma_j\boldsymbol{M}S_a(T_j)\boldsymbol{\phi}_j,\quad j=1,2,\cdots,N \tag{6.68}$$

6.5.2　振型组合

将各个振型的最大地震作用 $\boldsymbol{F}_j$ 分别施加到结构上,使用静力方法计算

$$\boldsymbol{K}\boldsymbol{u}_{j\max}=\boldsymbol{F}_j \tag{6.69}$$

式中,$\boldsymbol{u}_{j\max}$是相应于第 j 阶振型力的位移反应最大值。获得最大振型位移反应之后,可以得到结构相应于每一个振型的最大内力等。

结构的地震反应或称地震作用效应不能简单地用各振型反应(效应)的最大值之和表示,因为各振型作用效应达到最大值的时间 t 一般是不同的,因此结构总体反应的最大值一般不等于各振型反应最大值之和。目前针对振型分解法分析的组合方法有多种,例如,SRSS(square root of sum of squares)方法、CQC(complete quadric combination)方法、ABS(absolute sum)方法、ten percent 方法和 double sum 方法等。其中 SRSS 方法和 CQC 方法是我国《建筑抗震设计规范》(GB 50011—2010)推荐使用的振型组合方法,如果结构的扭转效应比较明显,且振型间存在较强的耦联,一般使用 CQC 方法。

1. SRSS 方法

考虑地震动的随机性,并假设其为平稳的随机过程,根据随机振动理论,可以用“平方和的平方根”(SRSS)的方法计算结构总体反应的最大值,即地震作用效应(内力或位移)可用式(6.70)计算

$$S=\sqrt{\sum_{j=1}^{N}S_j^2} \tag{6.70}$$

式中,S 为结构的地震作用效应;S_j 为 j 振型地震作用效应,对于一般规则的结构可取前 2~3 个振型组合。当结构基本自振周期 $T_1>1.55$ s 或结构高宽比 $H/B>5$ 时,采用的振型数目可适当增加,取 5~7。对于一般三维结构模型,上述振型数目是指沿地震动作用方向上结构的整体振型数,不包括可能存在的局部振型。SRSS 方法不考虑各振型间的耦合效应,实际上阻尼结构的振型反应不可避免地存在耦合效应,因此对于那些频率密集的三维结构,耦合效应的影响更加突出,在这种情况下,不适合使用这一组合方法。

2. CQC 方法

计算地震效应的另一种组合方法为完全二次型方根法,简称 CQC 方法[9]。

这种方法是由 Willson 等在 1981 年提出的,也是目前在不同国家和地区规范中应用最广泛的组合方式。CQC 方法是以随机振动理论为基础,考虑了振型阻尼引起的邻近振型间的耦合效应,因此它是比 SRSS 方法更加合理的振型组合方式。使用 CQC 方法所得到的地震作用效应为

$$S=\sqrt{\sum_{i=1}^{N}\sum_{j=1}^{N}\rho_{ij}S_iS_j} \tag{6.71}$$

式中,ρ_{ij}表示 i 振型与 j 振型的耦联系数(相干系数);S_i和 S_j分别为第 i 型和第 j 振型地震作用效应;相干系数 ρ_{ij}与第 i、j 振型的阻尼比 ζ_i 和 ζ_j以及自振周期比 r 有关,对于固定阻尼的 CQC 方法相干系数为

$$\rho_{ij}=\frac{8\zeta_i\zeta_j(1+r)r^{3/2}}{(1+r^2)^2+4\zeta_i\zeta_j r(1+r)^2} \tag{6.72}$$

考虑扭转影响的结构和空间计算模型、相邻自振频率接近的结构应采用 CQC 方法进行计算。采用 CQC 法计算时,振型数可以取前 9~15 个。

3. ABS 方法

ABS 方法[10]是绝对值相加法。这种方法的假设条件是所有振型反应的最大值都发生在相同的时间点上,通过求它们绝对值求和的方法对振型进行组合。即

$$S=\sum_{j=1}^{N}|S_j| \tag{6.73}$$

实际上,同一个时刻不可能所有的振型反应均达到最大值,因此,这一组合方法是用于计算结构地震效应的最保守的方法。

振型分析的组合方法是对地震作用的效应,即对结构地震反应的内力或位移进行组合,而不是对地震作用,即不是对地震惯性力的组合。例如,计算地震作用下剪切型结构的层间剪力,正确的计算方法是先求出各振型地震作用下的层间剪力,然后对各振型的层间剪力用 SRSS 或 CQC 方法求得结构的层间剪力;但如果先对振型地震作用采用 SRSS 或其他方法求得各楼层的总体地震作用,然后再将这些地震作用加到相应的楼层上,求各楼层间的剪力(效应)的方法,则是错误的。可以发现,采用后一种计算方法将给出过大的估计结果。

用反应谱法求结构地震作用效应的步骤是:

(1) 首先求出结构的自振周期 T_j和振型 $\boldsymbol{\phi}_j(j=1,2,\cdots,N)$;

(2) 由反应谱得到与 T_j相应的 N 个 $S_a(T_j)(j=1,2,\cdots,N)$;

(3) 用 $\boldsymbol{F}_j=\gamma_j S_a(T_j)\boldsymbol{M}\boldsymbol{\phi}_j$求得各振型地震作用的标准值;

(4) 将 $\boldsymbol{F}_j$施加到结构上,求出各振型的地震作用效应 S_j(位移或内力);

(5) 采用 CQC 方法或者 SRSS 方法求结构总体地震作用效应,实际上仅取前几个振型,例如 N 取 3~5(每个振动方向上)即可基本保证计算精度。

以上为振型分解反应谱法分析时的一般步骤,如果机械地按照上述方法求解,实际计算工作量将增加很大,注意到在第(4)步中需要求解联立方程组

$$\boldsymbol{K}\boldsymbol{u}_{j\max}=\boldsymbol{F}_j,\quad j=1,2,\cdots,N \tag{6.74}$$

相当于求解 N 个等价的静力问题。

实际计算过程中,可以避免求解联立方程组。根据振型分解式(6.53)和式(6.59),振型最大位移为

$$\boldsymbol{u}_{j\max}=\gamma_j\left|\delta(t)\right|_{\max}\boldsymbol{\phi}_j \tag{6.75}$$

利用相对位移反应谱与绝对加速度反应谱之间的关系

$$\left|\delta(t)\right|_{\max}=S_{\mathrm{d}}=\frac{1}{\omega_j^2}S_{\mathrm{a}}=\frac{T_j^2}{4\pi^2}S_{\mathrm{a}}(T_j) \tag{6.76}$$

可以得到

$$\boldsymbol{u}_{j\max}=\gamma_jS_{\mathrm{a}}(T_j)\frac{T_j^2}{4\pi^2}\boldsymbol{\phi}_j,\quad j=1,2,\cdots,N \tag{6.77}$$

因此,前面用反应谱法求结构地震作用效应的步骤中,第(3)和(4)步可以修改为:

(3) 求与各阶振型相应的位移 $\boldsymbol{u}_{j\max}=\gamma_jS_{\mathrm{a}}(T_j)\dfrac{T_j^2}{4\pi^2}\boldsymbol{\phi}_j$;

(4) 根据各振型位移求各振型内力。

这样就避免了解联立方程组,使计算量得以降低。

6.5.3　反应谱理论基本假设

采用反应谱法分析时除应注意建筑抗震设计规范中给出的限制外,还要注意这一方法本身的限制。采用反应谱法分析时,结构和地震动应满足以下限制条件:

(1) 结构的地震反应是线弹性的,因而可以采用叠加原理进行组合。

(2) 结构所有支承处的地震动完全相同,即采用刚性基础假设,不考虑基础和地基的相互作用。

(3) 结构的最不利地震反应为其最大地震反应,而与其他动力反应参数无关,例如到达最大值附近的次数和概率。

(4) 地震动过程是平稳的随机过程,因而可以用 SRSS 方法求解总体反应。

实际问题不可能完全满足以上所有的限制条件，例如对于第(4)条，真实的地震动过程是非平稳的，地震动幅值开始快速上升，之后有一相对的平稳段，最后幅值振荡衰减直至振动停止。但考虑到线弹性结构的最大反应基本是在地震动振幅值最大的相对平稳段取得，因此可以近似地采用平稳性假设。

6.6 抗震设计反应谱

地震是随机的，即使在同一地点，对于相同的地震烈度，前后两次地震记录到的地面运动加速度时程曲线 $\ddot{u}_g(t)$ 也有很大差别。不同的加速度时程曲线 $\ddot{u}_g(t)$ 可以算得不同的反应谱曲线，虽然他们之间有着某些共性，但毕竟存在着许多差别。在进行工程设计时，也无法预知该建筑物将会遭遇怎样的地震。因此，仅用某一次地震加速度时程曲线 $\ddot{u}_g(t)$ 所得到的反应谱曲线 $S_a(T)$ 作为设计标准来计算地震作用是不恰当的。而且，依据单个地震所绘制的反应谱曲线起伏波动、变化频繁，也很难在实际抗震设计中应用。为此，必须根据同一场地上所得到的强震时地面运动加速度记录 $\ddot{u}_g(t)$ 分别计算出它的反应谱曲线，然后将这些谱曲线进行统计分析，求出其中最具有代表性的平均谱曲线作为设计依据，通常称这样的谱曲线为抗震设计反应谱。

《建筑抗震设计规范》(GB 50011—2010)给出的地震影响系数 α 考虑了建筑场地类别的影响，也考虑了震级、震中距及阻尼比的影响，地震影响系数 α 曲线如图 6.13 所示。

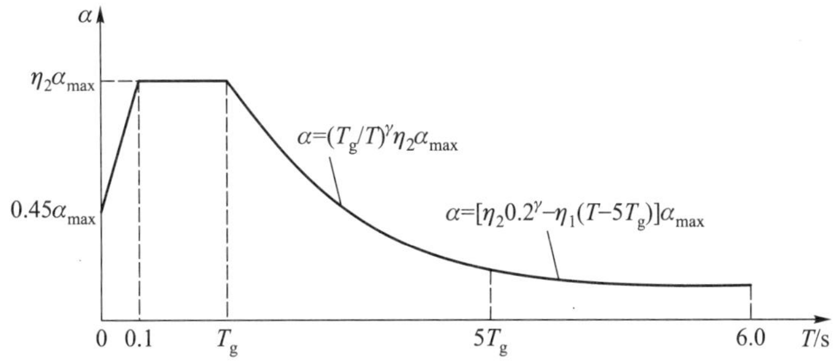

图 6.13 地震影响系数曲线

图中，α 为地震影响系数，α_{max} 为地震影响系数最大值，η_1 为直线下降段的下降斜率调整系数，γ 为衰减指数，T_g 为特征周期，η_2 为阻尼调整系数，T 为结构自振周期

地震影响系数 α 是地震系数 k 与动力系数 β 的乘积，地震系数 k 是地震地面运动峰值加速度 $\ddot{u}_{g0}(t)$ 与重力加速度 g 的比值，它反映了一个地区基本烈度的大小，基本烈度愈高，地震系数 k 愈大，而与结构性能无关。当基本烈度确定

后，地震系数 k 为常数，地震影响系数 α 曲线的形状仅随动力系数 β 变化。

图 6.13 中系数 η_1、η_2 和 γ 仅与阻尼比 ζ 有关，如果阻尼比 ζ 确定，则地震影响系数 α 将由其他两个参数完全确定，即地震影响系数最大值 α_{max} 和反应谱特征周期 T_g。地震影响系数最大值 α_{max} 由表 6.1 给出，它与场地的基本烈度有关，特征周期 T_g 由表 6.2 给出，它由场地类别和设计地震分组决定，计算 8 度、9 度罕遇地震时，特征周期应增加 0.05 s。

表 6.1　地震影响系数最大值 α_{max}

地震影响	6 度	7 度	8 度	9 度
多遇地震	0.04	0.08(0.12)	0.16(0.24)	0.32
罕遇地震	0.28	0.50(0.72)	0.90(1.20)	1.40

注：表中括号中数值分别用于设计基本地震加速度为 0.15g 和 0.30g 的地区。

表 6.2　反应谱特征周期值 T_g(s)

设计地震分组	场地类别				
	I_0	I_1	Ⅱ	Ⅲ	Ⅳ
第一组	0.20	0.25	0.35	0.45	0.65
第二组	0.25	0.30	0.40	0.55	0.75
第三组	0.30	0.35	0.45	0.65	0.90

建筑结构地震影响系数曲线的阻尼调整和形状参数应符合下列要求：

(1) 除有专门规定外，建筑结构的阻尼比 ζ 应取 0.05，地震影响系数曲线的阻尼调整系数 η_2 应按 1.0 采用，形状参数应符合下列规定：

(a) 直线上升段，周期小于 0.1 s 的区段；

(b) 水平段，周期自 0.1 s 至特征周期 T_g 的区段，地震影响系数应取最大值 α_{max}；

(c) 曲线下降段，自特征周期至 5 倍特征周期区段，衰减指数 γ 应取 0.9；

(d) 直线下降段，自 5 倍特征周期至 6 s 区段，下降斜率调整系数 η_1 应取 0.02。

(2) 当建筑结构的阻尼比不等于 0.05 时，相关系数应按下列规定调整：

(a) 曲线下降段的衰减指数 γ 按式(6.78)确定：

$$\gamma=0.9+\frac{0.05-\zeta}{0.5+5\zeta} \tag{6.78}$$

式中，ζ 为阻尼比；

(b) 直线下降段的下降斜率调整系数 η_1 按式(6.79)确定：

$$\eta_1 = 0.02 + \frac{0.05-\zeta}{4+32\zeta} \tag{6.79}$$

当 $\eta_1<0$ 时，取 0；

(c) 阻尼调整系数 η_2 按式(6.80)确定：

$$\eta_2 = 1 + \frac{0.05-\zeta}{0.08+1.6\zeta} \tag{6.80}$$

当 $\eta_2<0.55$ 时，取 0.55。

用《建筑抗震设计规范》给出的地震影响系数 α 计算单自由度结构地震反应的步骤如下 5 步。

(1) 确定给定工程场地地震影响系数(ζ 为 0.05 时的地震影响系数如图 6.14 所示)；

(2) 计算结构的自振周期 T(用公式 $T=2\pi/\omega=2\pi/\sqrt{m/k}$ 或经验公式计算)；

(3) 计算地震作用 $F=G\alpha(T)$，G 为结构质量；

(4) 计算结构位移最大值(最大变形) $|u|_{\max}=F/k$；

(5) 计算结构构件的最大内力等。

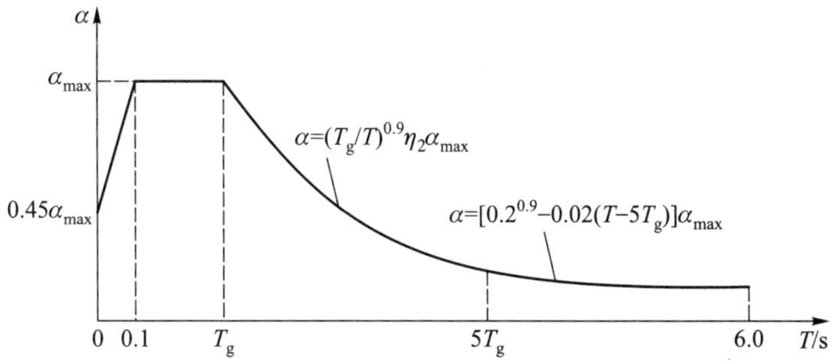

图 6.14 阻尼比为 0.05 时地震影响系数曲线

6.6.1 数值算例 1

如图 6.15 所示的单榀钢筋混凝土框架，横梁与柱的截面抗弯刚度分别为 E_bI_b 和 E_cI_c，且 $E_bI_b \gg E_cI_c$；梁重 G 为 1 600 kN；柱高 H 为 5.5 m，横截面为 0.40 m×0.40 m，材料为 C20 混凝土，忽略柱的质量。工程场地类别为Ⅱ类，设计地震分组为第二组，由地震动参数区划图给出的设计基本地震加速度为 0.15g。确定按第一阶段设计时，即考虑多遇地震(小震)作用情况下，水平地震作用的标准值 F 和最大层间位移 $|u|_{\max}$。

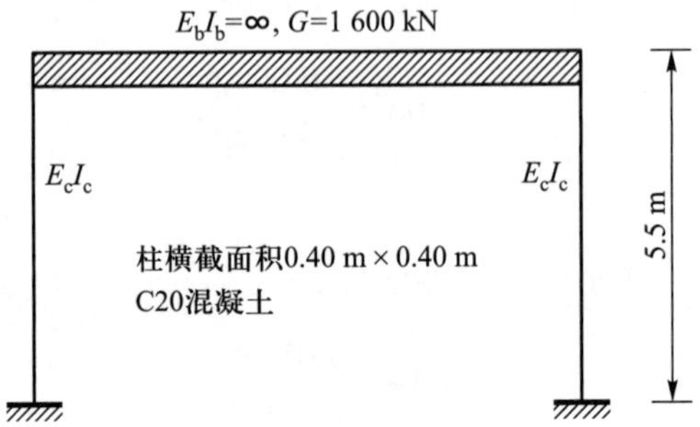

图 6.15　单榀钢筋混凝土框架

(1) 确定工程场地地面运动反应谱 α 曲线。

根据《建筑抗震设计规范》(GB 50011—2010),由设计基本地震加速度值与烈度的对应关系,可知场地的设防烈度为 7 度;根据烈度为 7 度和设计基本地震加速度为 0.15g,由表 6.1 可查得地震影响系数最大值 α_{max} = 0.12;根据Ⅱ类场地分类和设计地震分组(第二组),由表 6.2 查得反应谱特征周期 T_g = 0.4 s;根据地震影响系数最大值 α_{max} = 0.12 和反应谱特征周期 T_g = 0.4 s 可以确定反应谱 α 曲线如图 6.16 所示。

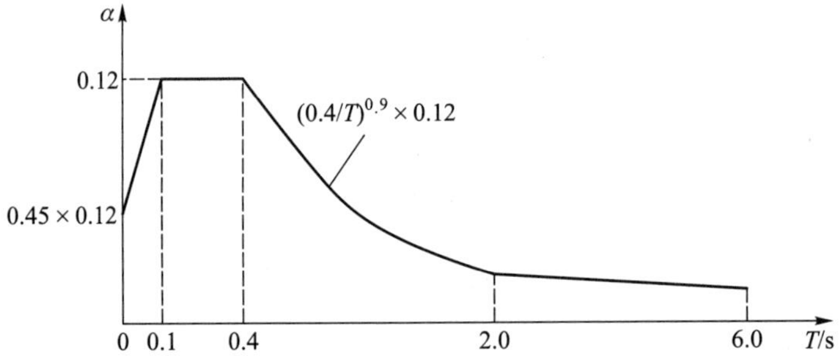

图 6.16　反应谱曲线

(2) 计算结构的自振周期 T_n。

小震作用下,结构应处于线弹性工作状态,与混凝土相比,钢筋对结构弹性刚度的贡献较小,因此在进行小震作用下结构反应分析时可忽略钢筋的影响。

C20 混凝土的弹性模量:

$$E = 25.5\ \text{kN/mm}^2 = 25.5\times10^6\ \text{kN/m}^2$$

柱的惯性矩:

$$I = \frac{1}{12}ab^3 = \frac{1}{12}\times0.40^4\ \text{m}^4 = 2.13\times10^{-3}\ \text{m}^4$$

框架结构的层间刚度:

$$k=2\left(\frac{12EI}{H^3}\right)=2\left(\frac{12\times25.5\times10^6\times2.13\times10^{-3}}{5.5^3}\right)\text{ kN/m}=7.84\times10^3\text{ kN/m}$$

框架结构的自振周期 T_n 为

$$T_n=2\pi\sqrt{\frac{m}{k}}=2\pi\sqrt{\frac{G}{gk}}=2\pi\sqrt{\frac{1\ 600}{9.8\times7.84\times10^3}}\text{ s}\approx0.91\text{ s}$$

(3) 计算地震作用 F_{Ek}。

由(1)中给定的 α 曲线和(2)中得到的结构自振周期 T_n，可以求得结构的地震影响系数为

$$\alpha=\left(\frac{T_g}{T_n}\right)^{0.9}\alpha_{max}=\left(\frac{0.4}{0.91}\right)^{0.9}\times0.12\approx0.057$$

则水平地震作用为

$$F_{Ek}=G\alpha=1\ 600\times0.057\text{ kN}=91.2\text{ kN}$$

(4) 计算结构最大位移 $|u|_{max}$。

地震引起的结构最大层间位移为

$$|u|_{max}=\frac{F_{Ek}}{k}=\frac{91.2}{7.84\times10^3}\text{ m}\approx1.16\times10^{-2}\text{ m}$$

最大层间位移角 θ 为

$$\theta=\frac{|u|_{max}}{H}=\frac{1.16\times10^{-2}}{5.5}\approx1/474$$

根据《建筑抗震设计规范》(GB 50011—2010)的规定，对于钢筋混凝土框架结构，小震作用下层间位移角的限值为 $\theta\leqslant[\theta_e]=1/550$。可见初步设计不满足抗震规范的要求，需要重新进行设计。

6.6.2 数值算例 2

如图 6.17 所示的二层框架结构，横梁刚度无穷大，各楼层的质量：$m_1=100$ t，$m_2=80$ t；层间刚度：$k_1=6\times10^4$ kN/m，$k_2=4\times10^4$ kN/m；层高分别为 4 m 和 4 m；工程场地条件：Ⅰ类场地；设防烈度 8 度，设计基本地震加速度为 $0.2g$，设计地震分组为第一组，求结构各楼层的剪力及结构位移反应。

(1) 结构的自振周期和振型。

结构的质量矩阵和刚度矩阵分别为

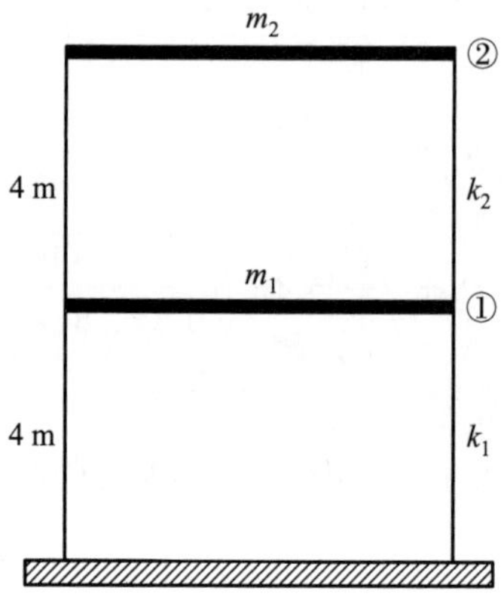

图 6.17　二层框架结构模型

$$\boldsymbol{M}=\begin{bmatrix} m_1 & 0 \\ 0 & m_2 \end{bmatrix},\quad \boldsymbol{K}=\begin{bmatrix} k_1+k_2 & -k_2 \\ -k_2 & k_2 \end{bmatrix}$$

将结构的质量矩阵和刚度矩阵代入频率方程(6.39)，得

$$\begin{vmatrix} k_1+k_2-m_1\omega^2 & -k_2 \\ -k_2 & k_2-m_2\omega^2 \end{vmatrix}=0$$

将各楼层的质量和层间刚度代入，得

$$\begin{vmatrix} 6\times10^4+4\times10^4-100\omega^2 & -4\times10^4 \\ -4\times10^4 & 4\times10^4-80\omega^2 \end{vmatrix}=0$$

展开，得

$$8\omega^4-1.2\times10^4\omega^2+2.4\times10^6=0$$

上式是关于 ω^2 的一元二次方程，由此可解得两个实根：

$$\omega_1^2=237.65,\quad \omega_2^2=1\ 262.35$$

由此得到结构的两个自振频率为

$$\omega_1=15.42\ \text{rad/s},\quad \omega_2=35.53\ \text{rad/s}$$

自振周期为

$$T_1=0.407\ \text{s},\quad T_2=0.177\ \text{s}$$

将自振频率 ω_1 和 ω_2 分别代入运动方程的特征方程，解得结构的两个振型为

$$\boldsymbol{\phi}_1=\begin{bmatrix}0.524\ 7\\1\end{bmatrix},\quad \boldsymbol{\phi}_2=\begin{bmatrix}-1.524\ 7\\1\end{bmatrix}$$

（2）设计用反应谱。

由Ⅰ类场地和设计地震第一组查得反应谱的特征周期为 $T_g=0.25$。由 8 度设防烈度和设计基本地震加速度为 $0.2g$ 查得地震影响系数最大值为 $\alpha_{max}=0.16$。

（3）振型地震作用。

$$\begin{cases}\alpha_1=\left(\dfrac{T_g}{T_1}\right)^{0.9}\alpha_{max}=\left(\dfrac{0.25}{0.407}\right)^{0.9}\times 0.16=0.103\ 2\\ \gamma_1=\boldsymbol{\phi}_1^{T}\boldsymbol{MI}/(\boldsymbol{\phi}_1^{T}\boldsymbol{M\phi}_1)=1.231\ 9\\ \boldsymbol{F}_1=1.231\ 9\times 0.103\ 2\times 9.8\begin{bmatrix}m_1&0\\0&m_2\end{bmatrix}\begin{bmatrix}0.524\ 7\\1\end{bmatrix}\text{kN}=1.245\ 9\begin{bmatrix}0.524\ 7m_1\\m_2\end{bmatrix}=\begin{bmatrix}65.372\\99.672\end{bmatrix}\text{kN}\end{cases}$$

$$\begin{cases}\alpha_2=\alpha_{max}=0.16\\ \gamma_2=\boldsymbol{\phi}_2^{T}\boldsymbol{MI}/(\boldsymbol{\phi}_2^{T}\boldsymbol{M\phi}_2)=-0.231\ 9\\ \boldsymbol{F}_2=-0.231\ 9\times 0.16\times 9.8\begin{bmatrix}m_1&0\\0&m_2\end{bmatrix}\begin{bmatrix}-1.524\ 7\\1\end{bmatrix}\text{kN}=-0.363\ 6\begin{bmatrix}-1.524\ 7m_1\\m_2\end{bmatrix}=\begin{bmatrix}55.441\\-29.090\end{bmatrix}\text{kN}\end{cases}$$

（4）结构的内力(剪力)。

要求结构的总内力,首先求每一振型内力,可将相应振型地震作用加在结构上,再用静力法求解。

$$\boldsymbol{V}_1=\begin{bmatrix}65.372+99.672\\99.672\end{bmatrix}=\begin{bmatrix}165.044\\99.672\end{bmatrix}$$

$$\boldsymbol{V}_2=\begin{bmatrix}-29.090+55.441\\-29.090\end{bmatrix}=\begin{bmatrix}26.351\\-29.090\end{bmatrix}$$

最后结构总的内力为

$$\boldsymbol{V}=\begin{bmatrix}\sqrt{\boldsymbol{V}_1\cdot\boldsymbol{V}_1^{T}}\\\sqrt{\boldsymbol{V}_2\cdot\boldsymbol{V}_2^{T}}\end{bmatrix}=\begin{bmatrix}\sqrt{165.044^2+99.672^2}\\\sqrt{26.351^2+(-29.090)^2}\end{bmatrix}\text{kN}=\begin{bmatrix}192.81\\39.25\end{bmatrix}\text{kN}$$

（4）结构的位移。

结构的层间位移反应可在已求出的结构剪力基础上,用静力方法求解:

$$\boldsymbol{u}=\begin{bmatrix}\dfrac{192.81}{6}\\\dfrac{39.25}{4}\end{bmatrix}\times 10^{-4}\ \text{m}=\begin{bmatrix}32.135\\9.813\end{bmatrix}\times 10^{-4}\ \text{m}$$

层间位移角为

$$\boldsymbol{\theta}=\begin{bmatrix}\dfrac{32.135}{4}\\ \dfrac{9.813}{4}\end{bmatrix}\times10^{-4}=\begin{bmatrix}\dfrac{1}{1\ 245}\\ \dfrac{1}{4\ 076}\end{bmatrix}$$

其中最大层间位移角为 1/1 245,《建筑抗震设计规范》(GB 50011—2010)规定小震作用下钢筋混凝土框架结构层间位移角的限值为$[\theta_e]=1/550$,因此结构初步设计满足抗震规范的要求$\theta\leqslant[\theta_e]$。

注意在第(4)步计算时,并不是先求结构的总的地震作用,再用总体地震作用求结构的位移(地震效应),而是用地震作用的效应,即结构的楼层内力,来计算结构的层间位移,因此这一计算过程也是正确的。

参考文献

[1] 中华人民共和国建设部. 建筑结构设计术语和符号标准: GB/T 50083—97[S]. 北京: 中国建筑工业出版社, 1997.

[2] 洑旭江, 常素萍, 陈国兴. 地下结构地震反应分析拟静力法与动力非线性时程法的比较[J]. 地震工程与工程振动, 2016, 36(1): 44-51.

[3] 中华人民共和国住房和城乡建设部. 建筑抗震设计规范: GB 50011—2010[S]. 北京: 中国建筑工业出版社, 2016.

[4] 刘晶波, 刘祥庆, 薛颖亮. 地下结构抗震分析与设计的 Pushover 方法适用性研究[J]. 工程力学, 2009, 26(1): 49-57.

[5] Huston R L, Passerello C E. Multibody structural dynamics including translation between the bodies[J]. Computers and Structures, 1980, 12(5): 713-720.

[6] 梁启智, 熊俊明, 黄庆辉. 调谐液体阻尼器对高层建筑和高耸结构动力反应控制研究综述[J]. 世界地震工程, 2002, 18(1): 123-128.

[7] 陈波, 温增平. 基于一致可靠度的地震动记录样本容量确定方法研究[J]. 地震工程学报, 2018, 40(6): 1295-1305.

[8] 何浩祥, 闫维明, 陈彦江. 地震动加加速度反应谱的概念及特性研究[J]. 工程力学, 2011, 28(11): 124-129.

[9] López O A, Torres R. The critical angle of seismic incidence and the maximum structural response[J]. Earthquake Engineering and Structural Dynamics, 1997, 26(9): 881-894.

[10] Jeng V, Kasai K, Maison B F. A spectral difference method to estimate building separations to avoid pounding[J]. Earthquake Spectra, 1992, 8(2): 201-223.

第 7 章 结构静力弹塑性地震反应分析

7.1 静力弹塑性分析方法的发展

静力弹塑性分析方法是一种分析结构弹塑性地震反应的简化方法，该方法不仅能够弥补传统静力线性分析方法（底部剪力法和振型分解反应谱法）的不足，保证分析结果的精度，而且能够克服动力时程分析方法的耗时困难，操作简便易行，得到了世界各国研究人员和工程师的广泛应用。

静力弹塑性分析方法在国外的研究和应用较早。1975 年 Freeman 等[1]将结构的静力弹塑性分析结果与结构的反应谱相结合，提出了能够快速评定结构抗震性能的能力谱方法，后来经过不断的完善和改进，现在已经成为实施静力弹塑性分析的重要方法。1981 年 Saidi 等[2]通过逐级增加水平单调荷载，获得了多自由度结构体系的基底剪力-顶点位移关系曲线，同时依据动力学理论将基底剪力-顶点位移关系曲线转化为等效单自由度体系的恢复力-位移关系，并用等效单自由度体系代替多自由度结构体系进行弹塑性地震反应分析，这一简化分析方法得到了后续学者的认同，对后来的静力弹塑性分析方法的发展产生了很重要的作用。1998 年 Fajfar[3]提出了基于静力弹塑性分析的 N2 方法，并不断地加以完善，该方法基本思想是用两个不同的计算模型代替多自由度结构进行非线性分析，此处的 N 是指非线性(Nonlinear)，2 代表两个计算模型。1998 年 Krawinkler 等[4]对静力弹塑性分析方法做了较为全面的阐述，论述了该方法的优缺点和适用范围，肯定了该方法的理论价值。与静力弹塑性分析方法在理论上的进展相适应，其在实践中的应用也越来越多，美国的联邦应急委员会等机构[5]颁布的文件中引入了静力弹塑性分析方法，日本《建筑基准法》[6]也采用了基于性能设计概念的能力谱法。此外，许多结构计算软件也增加了静力弹塑性分析功能，如 Sap2000、SCM3D、DRAIN-TBAS 等。

与国外相比，我国对静力弹塑性分析方法的研究起步较晚，始于 20 世纪 90 年代，但近年来，该方法逐渐得到了国内广大学者和工程设计人员的重视，开展了大量的研究工作。钱稼茹等[7]概括了静力弹塑性分析方法在结构抗震设计中的用途。欧进萍等[8]把概率理论应用于静力弹塑性分析，提出了能考虑地震和结构响应随机性的概率静力弹塑性分析方法，该方法可应用于基于可靠度性能的结构抗震设计和评估中。朱杰江等[9]对高层复杂钢筋混凝土结构进行了静力弹塑性分析的研究，并编制了相应的静力弹塑性分析程序。扶长生[10]阐明了静力弹塑性分析是反应谱理论在非线性分析中的应用，结合中国设计市场的实际情况，给出了静力弹塑性分析在自振周期小于 2 s 的结构抗震性能评估中的实施要点。汪梦甫和周锡元[11]以反应谱理论为依据，建立了循环侧推的多振型高层建筑结构静力弹塑性分析方法，在此基础上，归纳、总结了整体结构的等效恢复力模型，发展了较为简单且较为精确的结构抗震性能评估方法。侯爽和欧进萍[12]、熊向阳和戚震华[13]研究了侧向力分布形式对结构静力弹塑性分析结果的影响，发现随着结构层数和地震动强度的增加，高阶振型的影响变大，侧向力分布形式的选取变得十分重要，在此基础上，对受高阶振型影响较大的高层钢筋混凝土框架结构在静力弹塑性分析中侧向力的选取提出了建议。我国《建筑抗震设计规范》(GB 50011—2010)[14]也引入了静力弹塑性分析方法，规范条文 3.6.2 中规定：不规则且具有明显薄弱部位可能导致重大地震破坏的建筑结构，应按本规范有关规定进行罕遇地震作用下的弹塑性变形分析。此时，可根据结构特点采用静力弹塑性分析或弹塑性时程分析方法。

7.2　静力弹塑性分析方法的基本理论

静力弹塑性分析方法是通过对结构逐步施加沿其高度成一定分布形式的水平荷载，将结构推覆至某一预定的位移限值或失效机制，得到结构的基底剪力 V_b 和顶点位移 u_{roof} 关系曲线，然后根据动力学基本理论，将 V_b-u_{roof} 关系曲线转化为能力谱曲线，结合预期地震弹塑性需求谱或直接估算的目标性能需求点，获取结构在预期地震作用下的抗震性能状态，实现对结构的抗震性能评估。

7.2.1 基本假定

静力弹塑性分析方法没有严格的理论基础,其在应用过程中采用了下述两个假定:① 实际结构的地震响应与某一等效单自由度体系的响应相关,该假定表明结构的地震响应仅由结构的某一振型控制,一般为第一振型,其他振型的影响忽略不计;② 在结构整个加载过程中,不论结构是否进入塑性状态,预先规定的沿结构高度方向的位移形状向量始终保持不变。对于结构抗震弹塑性分析,显然,上述两个假定是不准确的。但是,经过很多学者的探索性研究[3, 7, 15]表明,对于受第一阶振型控制的规则结构,静力弹塑性分析方法能够很好地预测结构在地震作用下的弹塑性响应。

7.2.2 等效单自由度体系

在上述假定的基础上,静力弹塑性分析方法采用动力学基本理论,将多自由度结构体系等效为单自由度体系,即将 V_b-u_{roof}关系曲线转化为能力谱曲线,由此可知,静力弹塑性分析的理论基础,可由下述等效单自由度体系的建立得到。

一般多自由度结构体系的动力学方程为

$$\boldsymbol{M}\ddot{\boldsymbol{u}}+\boldsymbol{C}\dot{\boldsymbol{u}}+\boldsymbol{Q}=-\boldsymbol{M}\boldsymbol{I}\ddot{u}_g \tag{7.1}$$

式中,$\boldsymbol{M}$、$\boldsymbol{C}$ 和 $\boldsymbol{Q}$ 分别是多自由度结构的质量、阻尼和刚度矩阵;$\boldsymbol{u}$ 是结构的楼层恢复力向量;$\boldsymbol{I}$ 是各元素全部为 1 的单位向量;u_g 是地震动加速度时程。

根据 7.2.1 节中的两种假定可知,结构的楼层恢复力向量 $\boldsymbol{u}$ 可用一个预先规定的不变的位移形状向量和结构顶点位移 u_{roof}表示。研究表明[4],对受第一阶振型控制的结构进行静力弹塑性分析时,使用结构第一阶振型向量作为规定的位移形状向量,可以得到满意的结果。因此,位移形状向量通常选用按 u_{roof}归一化后的第一阶振型向量 $\boldsymbol{\phi}_1$:

$$\boldsymbol{u}=\boldsymbol{\phi}_1 u_{roof} \tag{7.2}$$

将式(7.2)代入式(7.1)后,等式两边同时左乘 $\boldsymbol{\phi}_1^T$ 可得

$$\boldsymbol{\phi}_1^T\boldsymbol{M}\boldsymbol{\phi}_1\ddot{u}_{roof}+\boldsymbol{\phi}_1^T\boldsymbol{C}\boldsymbol{\phi}_1\dot{u}_{roof}+\boldsymbol{\phi}_1^T\boldsymbol{Q}=-\boldsymbol{\phi}_1^T\boldsymbol{M}\boldsymbol{I}\ddot{u}_g \tag{7.3}$$

定义等效单自由度体系的位移 u^* 与多自由度结构体系的顶点位移 u_{roof}关系如下:

$$u^*=\frac{\boldsymbol{\phi}_1^T\boldsymbol{M}\boldsymbol{\phi}_1}{\boldsymbol{\phi}_1^T\boldsymbol{M}\boldsymbol{I}}u_{roof} \tag{7.4}$$

将式(7.4)代入式(7.3)，可得等效单自由度体系的动力学方程，如下：

$$M^* \ddot{u}^* + C^* \dot{u}^* + Q^* = -M^* \ddot{u}_g \tag{7.5}$$

式中，M^*、C^*、Q^* 分别为等效单自由度体系的质量、阻尼和恢复力，计算方式如下：

$$M^* = \boldsymbol{\phi}_1^{\mathrm{T}} \boldsymbol{M} \boldsymbol{I} \tag{7.6}$$

$$C^* = \boldsymbol{\phi}_1^{\mathrm{T}} \boldsymbol{C} \boldsymbol{\phi}_1 \frac{\boldsymbol{\phi}_1^{\mathrm{T}} \boldsymbol{M} \boldsymbol{I}}{\boldsymbol{\phi}_1^{\mathrm{T}} \boldsymbol{M} \boldsymbol{\phi}_1} \tag{7.7}$$

$$Q^* = \boldsymbol{\phi}_1^{\mathrm{T}} \boldsymbol{Q} \tag{7.8}$$

多自由度结构体系的楼层恢复力向量 $\boldsymbol{Q}$ 与施加在其上的侧向力相等，即

$$\boldsymbol{Q} = \lambda \boldsymbol{R} \tag{7.9}$$

式中，$\boldsymbol{R}$ 表示与 $\boldsymbol{Q}$ 成比例的向量；λ 表示确定侧向力大小的系数。

基底剪力 V_b 与楼层恢复力向量 $\boldsymbol{Q}$ 的关系为

$$V_b = \boldsymbol{I}^{\mathrm{T}} \boldsymbol{Q} \tag{7.10}$$

联立式(7.8)至式(7.10)，可得等效单自由度体系恢复力 Q^* 与多自由度结构体系基底剪力 V_b 的关系为

$$Q^* = \frac{\boldsymbol{\phi}_1^{\mathrm{T}} \boldsymbol{R}}{\boldsymbol{I}^{\mathrm{T}} \boldsymbol{R}} V_b \tag{7.11}$$

施加在结构上的侧向力分布形式被预先确定，通常情况下，令多自由度结构的楼层恢复力向量 $\boldsymbol{Q}$ 与结构一阶模态惯性力 $\boldsymbol{M}\boldsymbol{\phi}_1$ 成比例[4]，则有

$$\boldsymbol{R} = \boldsymbol{M} \boldsymbol{\phi}_1 \tag{7.12}$$

将式(7.12)代入式(7.11)得

$$Q^* = \frac{\boldsymbol{\phi}_1^{\mathrm{T}} \boldsymbol{M} \boldsymbol{\phi}_1}{\boldsymbol{\phi}_1^{\mathrm{T}} \boldsymbol{M} \boldsymbol{I}} V_b \tag{7.13}$$

可见，等效单自由度体系的恢复力 Q^* 和位移 u^* 均可还原为多自由度结构基底剪力 V_b 和顶点位移 u_{roof} 的函数。

得到上述等效单自由度体系的 Q^*-u^* 关系曲线后，为了便于评价结构的抗震性能，可按照反应谱理论[10]将上述等效单自由度模型的 Q^*-u^* 关系曲线转化为谱加速度 S_a 与谱位移 S_d 的关系曲线，即能力谱曲线。由于 Q^*-u^* 关系可由 V_b-u_{roof} 关系转换得到，因此最终 S_a 和 S_d 的计算公式为

$$S_a = \frac{\boldsymbol{\phi}_1^T \boldsymbol{M} \boldsymbol{\phi}_1}{\boldsymbol{\phi}_1^T \boldsymbol{M} \boldsymbol{I}} \frac{V_b}{M^*} \tag{7.14}$$

$$S_d = \frac{\boldsymbol{\phi}_1^T \boldsymbol{M} \boldsymbol{\phi}_1}{\boldsymbol{\phi}_1^T \boldsymbol{M} \boldsymbol{I}} \frac{u_{roof}}{\phi_{1r}} \tag{7.15}$$

式中，ϕ_{1r}为结构一阶模态对应的顶点位移分量。

进行结构抗震性能评估时，如果谱位移 S_d 超过地震位移响应需求，则结构的弹塑性抗震性能满足要求，否则抗震性能不满足要求。图 7.1 给出了建立等效单自由度体系的基本原理图。

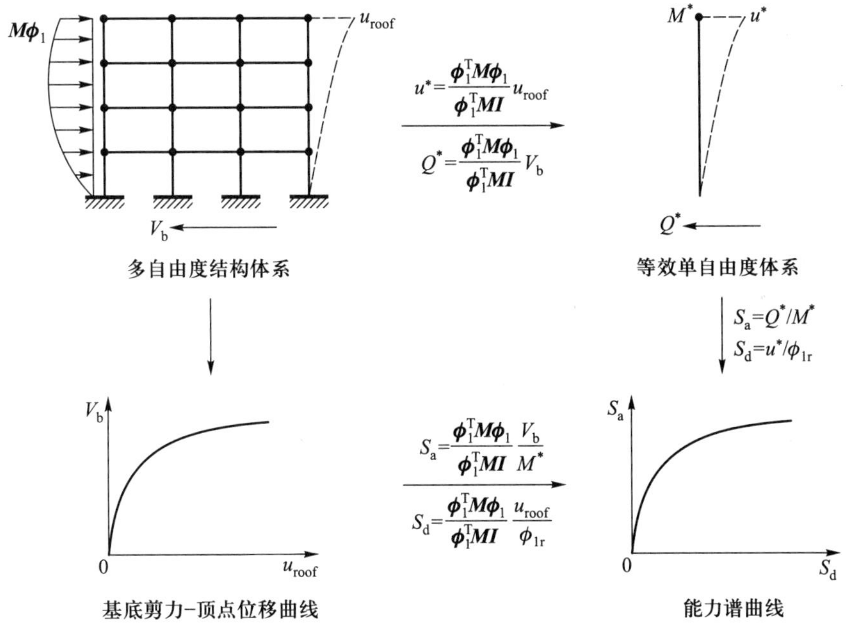

图 7.1　建立等效单自由度体系的基本原理图

7.2.3　目标位移

在建筑结构的静力弹塑性地震反应分析中，结构在地震作用下的目标性能需求点的确定是进行结构抗震性能评估的前提。结构的目标性能需求点通常指结构的顶点目标位移。由于结构进入弹塑性后，其非线性行为非常复杂，故而目标位移的确定也非常复杂，不同学者提出了不同的确定方法。目前，常用的确定结构目标位移的方法为 ATC 40 提出的能力谱法[16]和 FEMA 356 提出的位移系数法[5]。两种方法的介绍如下。

1. 能力谱法

能力谱法通过将结构弹塑性耗能引起的滞回阻尼并入结构系统本身的初始阻尼，得到有效阻尼 ζ_{eff}，按 ζ_{eff} 折减弹性反应谱获得弹塑性反应谱，确定结构的目标位移。能力谱法的实施步骤如下：

（1）建立多自由度结构的数值模型，如上述图 7.1 所示。

（2）沿结构高度方向施加某种分布形式的水平荷载，将结构推覆至某一预定的位移限值或失效机制，得到结构的 V_b–u_{roof} 关系曲线，如图 7.1 所示。

（3）按照 7.2.2 中基本理论，将结构的 V_b–u_{roof} 关系曲线转化为 S_a–S_d 能力谱曲线，如图 7.1 所示。

（4）按照面积相等的原则，将 S_a–S_d 能力谱曲线简化为一个双线型模型，K_e 为弹性刚度，K_s 为屈服后刚度。假定该模型在往复受力过程中保持稳定，即滞回环没有承载力退化、刚度退化和捏拢效应，如图 7.2 所示。

（5）确定能力谱曲线上的初始位移尝试点（S_{di}，S_{ai}），并计算双线型模型在当前尝试点下的一个往复周期里的弹塑性耗能 E_D 和割线刚度 K_{sec}，如图 7.2 所示。

（6）这里假设存在一个弹性单自由度体系，它的弹性刚度和 K_{sec} 相同，且一个周期的振动阻尼耗能 E_s 和 E_D 相同，如图 7.2 所示。

（7）计算弹性单自由度体系的等效周期 T_{eq} 和等效阻尼比 ζ_{eq}，公式如图 7.2 所示。

（8）计算有效阻尼 $\zeta_{eff}=\kappa\zeta_{eq}+\zeta$，其中，$\zeta$ 为结构本身初始阻尼比，取 0.05，κ 为等效阻尼调整系数，其取值与结构的耗能特性相关：对强耗能能力结构，$\kappa=1.0$；对中等耗能能力结构，$\kappa=0.67$；对弱耗能能力结构，$\kappa=0.33$。

（9）根据 ζ_{eff} 折算阻尼比为 0.05 的弹性反应谱，得到阻尼比为 $\kappa\zeta_{eq}+0.05$ 的弹塑性反应谱，将它们均转化为 S_a–S_d 格式需求谱，计算对应于等效周期 T_{eq} 的谱位移需求值 S_{dj}，如图 7.2 所示；

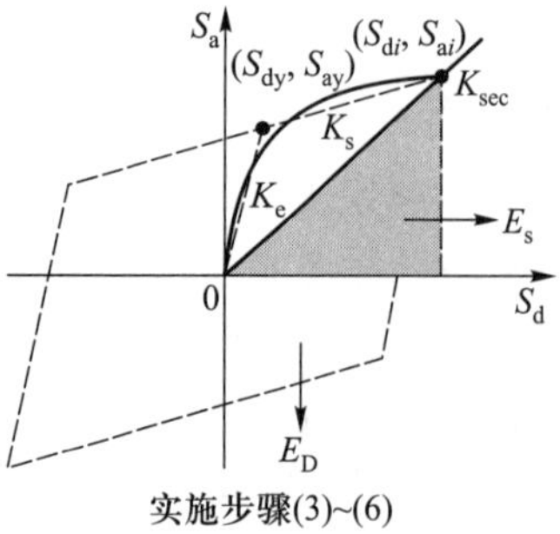

$$T_{eq}=T_c\sqrt{\frac{\mu}{1+\alpha_s\mu-\alpha_s}}$$

$$\zeta_{eq}=\frac{2(\mu-1)(1-\alpha_s)}{\pi\mu(1+\alpha_s\mu-\alpha_s)}$$

$$\alpha_s=K_s/K_e$$

$$\mu=S_{di}/S_{dy}$$

$$\zeta_{eff}=\kappa\zeta_{eq}+\zeta$$

实施步骤(7)、(8)

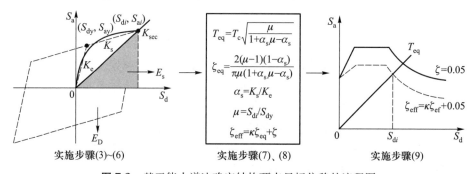

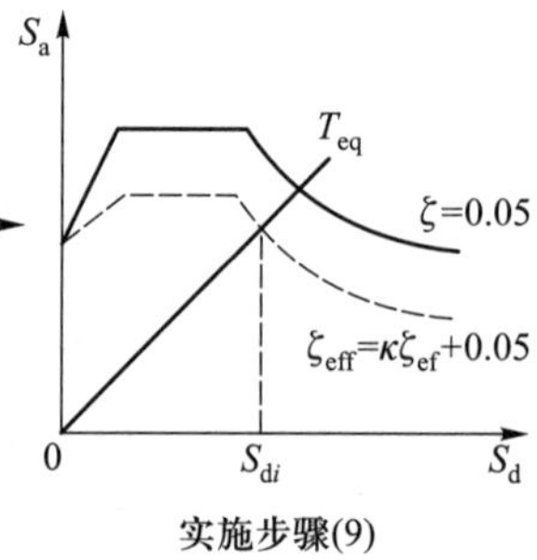

图 7.2　基于能力谱法确定结构顶点目标位移的流程图

(10) 如果$(S_{dj}-S_{di})/S_{dj}$小于误差允许值，则按S_{di}确定结构的顶点目标位移；否则，令$S_{di}=S_{dj}$，重复(5)～(9)步，直至$(S_{dj}-S_{di})/S_{dj}$小于误差允许值。

2. 位移系数法

位移系数法是一种直接计算结构顶点目标位移的方法，其通过弹性反应谱确定结构等效单自由度体系的谱位移，并通过一系列经过动力非线性分析校准的统计经验系数修正谱位移，得到多自由度结构的顶点目标位移，其计算公式如下：

$$u_{\mathrm{roof}}=C_0C_1C_2C_3S_{\mathrm{a}}\frac{T_{\mathrm{e}}^2}{4\pi^2}g \tag{7.16}$$

式中，u_{roof}为多自由度结构的顶点目标位移；T_{e}为等效单自由度体系的有效周期；S_{a}为等效单自由度体系在有效周期和有效阻尼下的谱加速度；g为重力加速度；S_{a}为等效单自由度体系的谱位移；$C_0\sim C_3$为经过动力非线性分析校准的修正系数。

位移系数法的实施步骤如下：

(1)～(2)同上述能力谱法；

(3) 将$V_{\mathrm{b}}-u_{\mathrm{roof}}$关系曲线简化为一个双线型模型，简化过程中满足面积相等原则，双线型模型的弹性刚度K_{e}取0.6倍屈服点强度V_{y}和对应位移与原点连线的割线刚度，如图7.3所示；

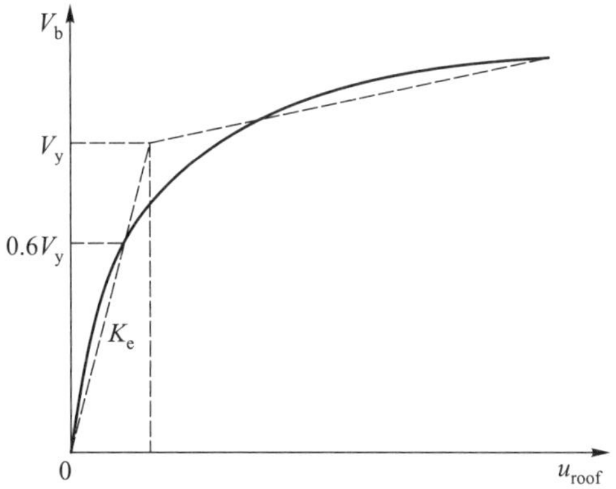

图 7.3　双线型$V_{\mathrm{b}}-u_{\mathrm{roof}}$关系模型

(4) 依据双线型模型的弹性刚度K_{e}，计算有效周期T_{e}和有效阻尼ζ_{e}，在此基础上，根据弹性反应谱，进一步计算结构等效单自由度体系在T_{e}和ζ_{e}下的谱加速度S_{a}；

(5) 确定修正系数$C_0\sim C_3$的取值，取值方式在下面详细介绍；

(6) 用式(7.16)计算目标位移。

以下逐一介绍修正系数 $C_0 \sim C_3$ 的取值方法。

(1) C_0 为等效单自由度体系的谱位移转化为多自由度结构顶点弹性位移的修正系数,取值方法有以下几种:

(a) 振型参与系数,如果只考虑结构第一阶振型,则取第一阶振型参与系数;

(b) 查表 7.1,其中,当结构层数位于表格所给参数区间之内时,采用线性插值方法计算相应的修正系数,剪切型建筑结构是指结构的层间位移为自下向上逐渐减小模式的结构,侧力分布模式将在后续的章节中详细讨论。

表 7.1　修正系数 C_0 的取值

层数	剪切型结构		其他结构
	倒三角侧力模式	均布侧力模式	任意侧力模式
1	1.0	1.0	1.0
2	1.2	1.15	1.2
3	1.2	1.2	1.3
5	1.3	1.2	1.4
10+	1.3	1.2	1.5

(2) C_1 为结构最大弹性位移转化为结构最大弹塑性位移的修正系数,根据理论和实验资料,FEMA 356[5] 建议按式(7.17)取值:

$$C_1=\begin{cases}1.0, & T_{\mathrm{e}} \geqslant T_{\mathrm{g}} \\ \dfrac{1.0+\dfrac{(R_s-1)T_{\mathrm{g}}}{T_{\mathrm{e}}}}{R_s}, & T_{\mathrm{e}}<T_{\mathrm{g}}\end{cases} \tag{7.17}$$

式中,T_{g} 为场地特征周期;R_s 为承载力折减系数。

(3) C_2 为考虑结构在往复加载下的滞回捏拢、承载力和刚度退化等对结构最大弹塑性位移影响的修正系数,可通过查表 7.2 得到。其中,第一类结构形式是指整体结构中超过 30% 的层剪力由以下任意一部分子结构或其组合承担,包括普通抗弯框架、中心支撑框架、部分刚接框架、受拉支撑框架、未加钢筋砌体墙、剪切破坏框架等;第二类结构形式指所有不属于第一类结构形式的结构;当结构基本周期 T 位于表格所给参数之间时,采用线性插值方法计算相应的修正系数。

表 7.2 修正系数 C_2 的取值

结构性能水准	$T \leqslant 0.1$ s		$T \geqslant T_g$	
	1 类框架	2 类框架	1 类框架	2 类框架
立即使用	1.0	1.0	1.0	1.0
生命安全	1.3	1.0	1.1	1.0
防止倒塌	1.5	1.0	1.2	1.0

(4) C_3 为考虑动力二阶效应对结构最大弹塑性位移影响的修正系数,对于有理想弹塑性和强化型 V_b-u_{roof} 关系曲线的结构,$C_3=1.0$;对于有软化型 V_b-u_{roof} 关系曲线的结构,按式(7.18)确定:

$$C_3=1.0+\frac{|\alpha_s|(R_s-1)^{3/2}}{T_e} \tag{7.18}$$

式中,α_s 为 V_b-u_{roof} 双线型模型中的屈服后刚度与弹性刚度之比。

7.2.4 侧向力分布模式

在静力弹塑性分析中,施加在结构上的侧向力分布模式反映出地震作用下结构各层惯性力的分布特征,其对结构的静力弹塑性分析结果有很大影响,因此侧向力分布模式的选取是静力弹塑性分析中的一个关键问题。侧向力分布模式有固定分布和自适应分布两大类[10],下面依次介绍。在实际工程中,建议从下述侧向力分布模式中选取不少于两种的分布模式进行静力弹塑性分析。

1. 固定侧向力分布模式

固定分布的特点是结构在推覆分析过程中侧向力的分布模式始终保持不变。实际上,结构在地震作用下各层惯性力的分布会随地震动强度的不同以及结构进入非线性程度的不同而发生改变,如果采用固定的侧向力分布模式,即人为假定结构在地震作用下的楼层惯性力分布是恒定的,那么这显然和真实情况不符。但是,有研究表明,当结构高阶振型影响不明显且结构只有一个失效模式时,固定分布模式可较好地预测结构在地震作用下的响应。下述介绍了目前常用的几种固定侧向力分布模式。

(1) 均匀侧向力分布:结构各层侧向力与该层质量成比例,结构在第 i 层的侧向力 F_i 为

$$F_i=\frac{G_i}{\sum_{j=1}^{N}G_j}V_b \tag{7.19}$$

式中，G_i 和 G_j 分别为结构的第 i 楼层和第 j 楼层的质量；N 为结构的楼层总数。

（2）考虑高度影响的侧向力分布：该分布类型引入了高度影响因子 k，以考虑地震惯性力沿结构高度的变化，结构在第 i 层的侧向力为

$$F_i = \frac{G_i h_i^r}{\sum_{j=1}^{N} G_j h_j^r} V_b \tag{7.20}$$

式中，h_i 和 h_j 分别为结构的第 i 楼层和第 j 楼层的层高；r 的取值与结构的基本周期 T 相关，$T<0.5$ s，$r=1.0$，此时该种分布模式被称为倒三角分布，$T>2.5$ s，$r=2.0$，此时该种分布模式被称为抛物线分布，周期 T 在其他情况下，采用线性插值法计算 r 值。FEMA 356 指出，在结构第一振型质量超过总质量的75%时，可采用该分布模式，并同时要采用均布侧力模式进行分析。

（3）与第一阶振型成比例的侧向力分布，结构在第 i 层的侧向力 F_i 为

$$F_i = \phi_{1i} V_b \tag{7.21}$$

式中，ϕ_{1i} 为结构第一阶振型在第 i 层的相对位移。FEMA 356 建议采用该分布时第一阶振型参与质量应超过总质量的75%。

（4）各弹性振型组合的侧向力分布：求出结构的各阶周期和振型，根据振型分解反应谱法中的平方和的平方根（SRSS）方法计算结构各楼层的层间剪力 V_i：

$$V_i = \sqrt{\sum_{j=1}^{l} \left(\sum_{s=i}^{N} \gamma_j G_s \phi_{js} \alpha_j \right)^2} \tag{7.22}$$

式中，j 为结构振型阶号；l 为考虑参与组合的振型个数；G_s 为结构第 s 层的质量；γ_j 为第 j 阶振型的振型参与系数；ϕ_{js} 为结构第 j 振型在第 s 层的相对位移；α_j 为结构第 j 振型的地震影响系数。根据式（7.22）计算出的层间剪力可反算出各层侧向力 F_i

$$F_i = V_i - V_{i+1} \tag{7.23}$$

FEMA 356 建议采用该种分布模式时所考虑振型数的参与质量需达到总质量的90%，并选用合适的地震动反应谱，同时要求结构基本周期 $T>1.0$ s。

2. 自适应侧向力分布模式

自适应分布的特点是在推覆分析过程中侧向力的分布模式随着结构动力特征的改变而不断地进行调整。具体的调整方法有很多，如根据前一步骤确定的结构振型模态、结构变形形式或结构层抗剪强度分配各层惯性力。以杨溥等[17]的研究结果为代表介绍自适应分布模式。在该分布模式中，每一步侧向

力模式的计算如式(7.22)和式(7.23)所示,不同的是,此时,γ_j 代表加载前一步第 j 阶振型的振型参与系数;ϕ_{js} 代表加载前一步结构第 j 阶振型在第 s 层的相对位移;α_j 代表加载前一步结构第 j 阶振型的地震影响系数。

自适应分布模式考虑了结构进入塑性阶段后动力特性的改变对结构地震惯性力分布的影响,该分布模式比固定分布模式合理,但是其增加了静力弹塑性分析的计算量,使静力弹塑性分析的计算过程复杂化,而且没有足够的研究结果及严格的数学理论证明自适应分布模式一定比固定分布模式准确。基于上述原因,自适应分布模式并没有被广泛应用。

7.3 静力弹塑性分析方法的适用范围和优缺点

7.3.1 静力弹塑性分析方法的适用范围

静力弹塑性分析方法是进行结构在地震作用下弹塑性反应分析的简化方法,由于该方法的实施过程是建立在一系列假设之上的,因此,该方法的适用范围是有限的。基于目前的研究现状可知,静力弹塑性分析方法主要用于以第一阶振型占地震响应主导地位的中低层规则结构的地震弹塑性反应分析,对于受高阶振型影响较大的结构,或是平面、立面不规则的结构,静力弹塑性分析方法的适用性还有待研究。

7.3.2 静力弹塑性分析方法的优点

即使静力弹塑性分析方法有很多理论缺陷,但是该方法在工程应用上有着很好的优势,其主要优点包括:

(1) 该方法可以通过比较简单的分析过程得到结构在地震全过程中从构件到结构多层面的弹塑性性能,包括构件塑性铰出现的先后顺序、结构塑性铰的分布、结构的薄弱部位等,这些结果可为工程人员了解结构的破坏过程提供依据。

(2) 静力弹塑性分析得到的结构基底剪力-顶点位移关系曲线,可以从总体上反映结构抵抗地震作用的能力,为新建建筑的抗震设计和既有建筑的抗震评估提供参考。

(3) 相比于传统的静力线性分析方法,静力弹塑性分析方法能够更合理地考虑结构在地震作用下的力学特性,提高分析结果的可靠性;相比于动力时程分析方法,静力弹塑性分析方法有较高的计算效率,更便于工程应用。

7.3.3 静力弹塑性分析方法的不足

静力弹塑性分析方法的不足主要体现在以下几个方面:

(1) 该方法是建立在一系列假定之上的,其理论基础不严密;

(2) 对于平面不规则的二维结构或是平面、立面不规则的三维结构,考虑到结构扭转效应的影响,如何采用静力弹塑性分析方法得到合理的分析结果还有待进一步研究;

(3) 该方法是一种静力非线性分析方法,因此,其无法考虑地震动的持时、频谱等特性,也无法考虑结构材料的动态性能、结构在地震往复作用下的强度和刚度退化特性、不能反映实际结构在地震作用下的大量不确定性因素;

(4) 对受高阶振型的影响较大的结构,尤其是长周期复杂结构,静力弹塑性分析方法的准确性和适用性还有待进一步研究;

(5) 该方法采用预先假定的位移形状向量和侧向力分布模式,且其分析结果的准确性和程度上依赖于这两者选择的合理性,然而目前这两者的选择方式还只是依据经验,没有明确的理论依据。

参考文献

[1] Freeman S, Nicoletti J, Tyrell J. Evaluations of existing buildings for seismic risk: A case study of Puget Sound Naval Shipyard, Bremerton, Washingtion[C]//1st US National Conference on Earthquake Engineering, Ann Arbor, MI, USA, June 18–20, 1975.

[2] Saiidi M, Sozen M A. Simple nonlinear seismic analysis of R/C structures[J]. Journal of the Structural Division, 1981, 107(5): 937–953.

[3] Fajfar P, Gaspersic P. The N2 method for the seismic damage analysis for RC buildings[J]. Earthquake Engineering & Structural Dynamics, 1996, 25: 31–46.

[4] Krawinkler H, Seneviratna G D P K. Pros and cons of a pushover analysis of seismic performance evaluation[J]. Engineering Structures, 1998, 20(4–6): 452–464.

[5] ASCE. FEMA 356: Prestandard and commentary for the seismic rehabilitation of buildings[S]. Washington DC: Federal Emergency Management Agency, 2000.

[6] BCJ. The building standard law of Japan(BCJ—1990)[S]. Tokyo: The Building Center of Japan, 2000.

[7] 钱稼茹, 罗文斌. 静力弹塑性分析——基于性能/位移抗震设计的分析工具[J]. 建筑结构, 2000, 30(6): 23–26.

[8] 欧进萍, 侯钢领, 吴斌. 概率 Pushover 分析方法及其在结构体系抗震可靠度评估中的应用[J]. 建筑结构学报, 2001, 22(6): 81–86.

[9] 朱杰江, 吕西林, 容柏生. 复杂体型高层结构的推覆分析方法和应用[J]. 地震工程与工程振动, 2003, 23(2): 26–36.

[10] 扶长生, 张小勇. 推覆分析的原理和实施[J]. 建筑结构, 2012, 42(11): 1–10.

[11] 汪梦甫, 周锡元. 高层建筑结构抗震弹塑性分析方法及抗震性能评估的研究[J]. 土木工程学报, 2003, 36(11): 44–49.

[12] 侯爽，欧进萍. 结构 Pushover 分析的侧向力分布及高阶振型影响[J]. 地震工程与工程振动，2004，24(3)：89-97.

[13] 熊向阳，戚震华. 侧向荷载分布方式对静力弹塑性分析结果的影响[J]. 建筑科学，2001，17(5)：8-13.

[14] 中华人民共和国住房和城乡建设部. 建筑抗震设计规范：GB 50011—2010[S]. 北京：中国建筑工业出版社，2016.

[15] Guptas A, Krawinkler H. Estimation of seismic drift demands for frame structures [J]. Earthquake Engineering & Structural Dynamics, 2000, 29(99): 1287-1305.

[16] ATC. Seismic evaluation and retrofit of concrete buildings(ATC40—1996)[S]. Redwood City, California: Applied Technology Council, 1996.

[17] 杨溥，李英民，王亚勇，等. 结构静力弹塑性分析(push-over)方法的改进[J]. 建筑结构学报，2000，21(1)：44-51.

第 8 章 结构动力弹塑性地震反应分析

8.1 概述

为了实现建筑结构的“小震不坏、中震可修、大震不倒”的三水准抗震设防目标,我国《建筑抗震设计规范》(GB 50011—2010)[1]通过“两阶段设计”来达到设防目标。第一阶段,对多遇地震(超越概率为 63.2%)下的结构和构件的承载力和结构弹性变形进行验算。对于多数结构,可以只进行第一阶段设计,而通过概念设计和抗震构造措施来满足三水准的设计要求。但对于特殊要求的建筑、地震时易倒塌的结构以及有明显薄弱层的不规则结构等,还需要进行大震作用下结构的弹塑性变形验算。

振型分解反应谱法是以反应谱理论和振型分解法为基础的地震作用计算方法,然而,这一方法尚存许多不足之处,如该方法是以叠加原理为基础,因此只适用于线弹性地震反应分析,不能进行几何非线性和结构弹塑性地震反应分析;只能计算出地震反应的最大值,不能反映地震反应的发展过程。现对上述不足说明如下[2]:

(1) 出于安全和经济的原因,抗震设计原则为“小震不坏、大震不倒”。这一原则普遍为国际同行接受并被广泛采纳。因此,结构及构件在地震作用下不能保证永远处于弹性阶段。叠加原理不能使用,反应谱法也不能准确反映非弹性震动过程中所消耗的地震能量。

(2) 地震作用是一个时间持续过程。由于构件开裂、屈服引起非弹性变形造成结构、构件间的内力重分配时刻都在发生，所以结构最大地震反应与变形积累或变形过程有关。反应谱法无法正确判断结构薄弱层或结构部位，此外，结构地震反应最大值以及达到最大值的时刻也是结构设计所关心的问题。

(3) 科学研究和震害调查表明，结构在地震中是否发生破坏或倒塌与最大变形能力、结构耗能能力有直接关系。如果不能计算出结构的最大变形或实际耗能，将无法保证“大震不倒”原则的实现。另外，近年来，结构隔震和消能减震技术的应用均需要准确计算隔震装置(如叠层橡胶支座)、减震装置(如阻尼器)的非弹性变形，从而确定其变形能力，这是采用隔震和减震技术进行结构设计的关键内容。

(4) 用统计方法建立的设计反应谱，即便是给出了地震反应的概率或标准差，也不能很好地符合具体的工程地质条件，不能反映场地各土层动力特性的影响，不能计算地基与结构之间的动力相互作用。遇到场地特殊情况，也不能正确估计地震反应的变化。

因此，有必要进行结构动力弹塑性地震反应分析。结构动力弹塑性地震反应分析的目的是，通过认识结构从弹性到弹塑性，从开裂到屈服、损坏直至倒塌的全过程，来研究结构内力重分配的机理，提出防止结构破坏的条件和防止结构倒塌的措施，从而实现结构设计兼顾安全性和经济性的原则。

8.2　结构计算模型

结构力学模型是指能确切反映结构的刚度、质量和承载力分布的结构计算简图。对于建筑结构，分析中常采用的力学模型包括层模型、杆模型等。实际应用中，可根据计算的目的和要求的精度选择适当的力学模型。

8.2.1　层模型

层间模型是将结构质量集中于各楼层，而将每一层内所有的构件合并为一个单一的构件，采用一个单一的恢复力特性曲线综合各柱构件的弹塑性特征，如图 8.1 所示。根据不同类型结构在地震作用下侧向位移曲线的不同特征，层间模型又分为层间剪切模型、层间弯曲模型和层间弯剪模型。

层间剪切模型是一种最简单的层间模型，它不考虑楼层的变形，结构变形集中在竖向抗侧力构件上，因此可将每层中所有抗侧力构件合并成一个总的层间抗剪构件来进行计算。这种模型能快速、简便地提供工程设计上所需的层间剪力和层间位移，但是仅适用于以剪切变形为主的规则结构，不能考虑整体弯曲的影响，并且采用这种计算方法只能得到结构在地震作用下的宏观反应，无

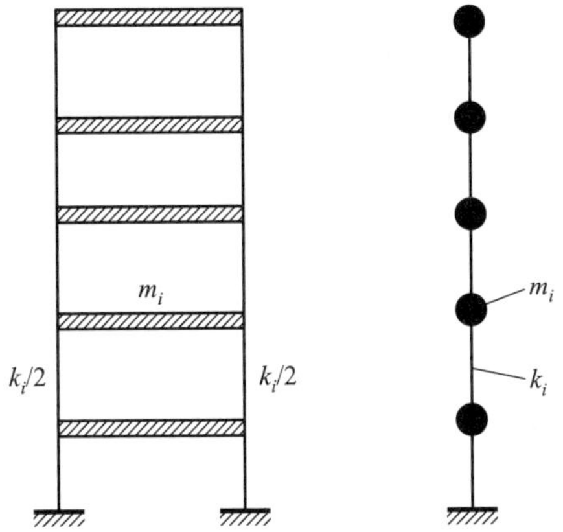

图 8.1 结构层间剪切模型

法反映每个构件的地震反应。层间剪切模型最适合用于强梁弱柱型框架类的结构体系。这种模型的主要困难在于弹塑性层间刚度的确定。

层间弯剪模型与层间剪切模型的不同之处在于,在确定层刚度时,考虑了框架梁的变形以及上、下层之间的相互影响。此种模型是在层间剪切模型的基础上增加了一个反映弯曲变形的弯曲弹簧。层间弯剪模型不仅适用于强柱弱梁型框架,也可用于框架-剪力墙、框架-支撑等结构体系[3]。

对于层间弯曲模型,在确定层刚度时,每个质点仍考虑平动和转动自由度,但层间单元仅考虑弯曲变形。该模型主要适用于弯曲型结构,如高层剪力墙结构等。

层间模型是高度简化的力学模型,采用这一模型可以大大简化动力弹塑性分析过程,节省计算时间。但层间模型参数的合理确定存在相当的难度,同时用高度简化的模型也无法准确描述楼层整体的弹塑性特性。

1. 剪切型模型

剪切型模型是指某层的层间侧移变形仅在该层产生层间剪力。图 8.2(a)所示的梁刚度很大的框架结构为典型的剪切型模型。对于高度不大的多层建筑结构、强梁弱柱型框架结构,一般可近似采用剪切型模型。剪切型模型是最简单且应用较早的多自由度体系动力分析模型。该模型中各层质量集中于楼层位置,每层仅用一个反映层间侧移刚度 k_i 的弹簧来表示,如图 8.2(b)所示。

设各楼层的侧向变形为 $\boldsymbol{x}=[x_1,x_2,\cdots,x_n]^{\mathrm{T}}$,由于剪切型模型的楼层剪力仅与该层层间侧移变形有关,则由图 8.2(c)可知,第 i 层层间剪力与楼层侧移变形的关系为

$$\begin{bmatrix} V_i \\ V_{i-1} \end{bmatrix} = \begin{bmatrix} k_i & -k_i \\ -k_i & k_i \end{bmatrix} \begin{bmatrix} x_i \\ x_{i-1} \end{bmatrix} \tag{8.1}$$

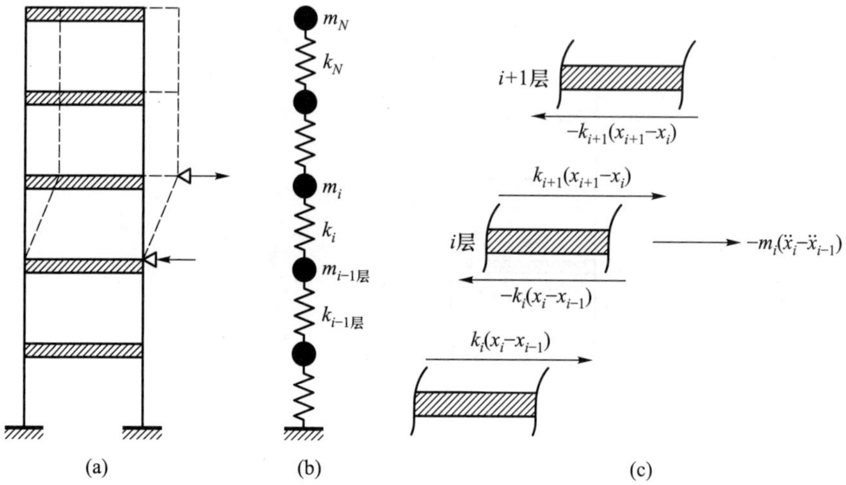

图 8.2　剪切型模型

式中，V_i 为第 i 层的层间剪力。则第 i 层的恢复力为

$$F_i=V_i-V_{i+j}=-k_i x_{i-1}+(k_i+k_{i+1})x_i-k_{i+1}x_{i+1} \tag{8.2}$$

因此可得整个结构的刚度矩阵为

$$\boldsymbol{K}=\begin{bmatrix} k_1+k_2 & -k_2 & & & & \\ -k_2 & k_2+k_3 & -k_3 & & & \\ & \cdots & \cdots & \cdots & & \\ & & -k_i & k_i+k_{i+1} & -k_{i+1} & \\ & & & \cdots & \cdots & \cdots \\ & & & & -k_n & k_n \end{bmatrix} \tag{8.3}$$

可见刚度矩阵为三对角带状矩阵。当进行弹性时程分析时，各层弹簧的侧移刚度可根据结构形式和受力特点，按以下几种方法确定：

(1) 对于梁刚度很大的框架结构，第 i 层的侧移刚度 k_i 可取该层所有竖向构件的侧移刚度之和，即

$$k_i=\sum_{s=1}^{m}\frac{12EI_{i,s}}{(1+2\beta_s)h_i^3} \tag{8.4}$$

$$\beta_s=\frac{6\mu_{sf}EI_{i,s}}{GA_{i,s}h_i^2} \tag{8.5}$$

式中，$EI_{i,s}$为第 i 层第 s 个竖向构件的抗弯刚度；$GA_{i,s}$为第 i 层第 s 根柱的抗剪刚度；h_i 为第 i 层的层高；μ_{sf}为剪应力不均匀系数。

(2) 对于一般框架结构,各层的侧移刚度可采用 D 值法确定。对于第 i 层有

$$k_i = \sum_{s=1}^{m} \alpha_{i,s} \frac{12EI_{i,s}}{(1+2\beta_s)h_i^3} \tag{8.6}$$

式中,$\alpha_{i,s}$为第 i 层第 s 根柱的 D 值法系数,根据柱端条件确定,如表 8.1 所示。

表 8.1 D 值法系数

楼层		简图		$\bar{i}$	α
一般层		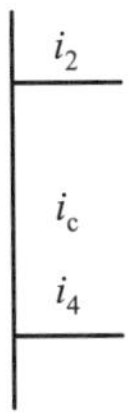	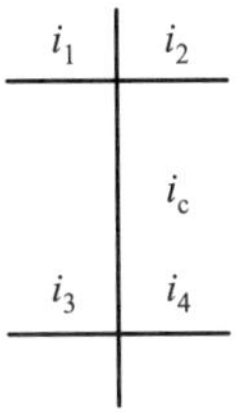	$\bar{i}=\frac{i_1+i_2+i_3+i_4}{2i_c}$	$\alpha=\frac{\bar{i}}{2+\bar{i}}$
底层	固接	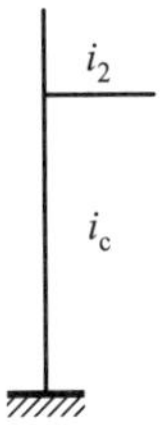	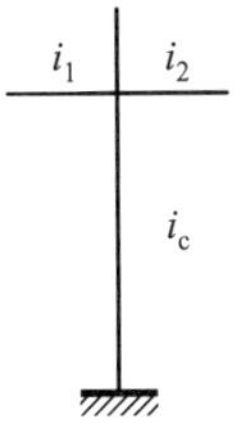	$\bar{i}=\frac{i_1+i_2}{i_c}$	$\alpha=\frac{0.5+\bar{i}}{2+\bar{i}}$
	铰接		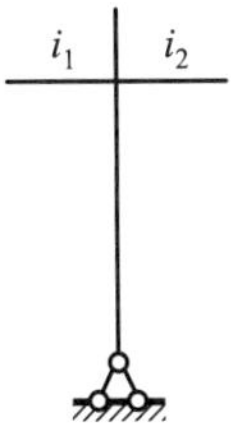	$\bar{i}=\frac{i_1+i_2}{i_c}$	$\alpha=\frac{0.5\bar{i}}{2+\bar{i}}$
	铰接有连梁	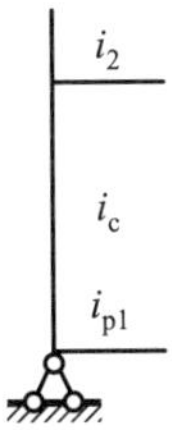	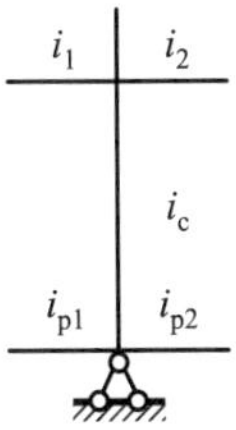	$\bar{i}=\frac{i_1+i_2+i_{p1}+i_{p2}}{2i_c}$	$\alpha=\frac{\bar{i}}{2+\bar{i}}$

注:表中 i_1、i_2、i_3 和 i_4 分别为与柱子相连接的 4 根梁的线刚度;i_c为柱子的线刚度;i_{p1}和 i_{p2}为连梁的线刚度。边柱情况下,i_1、i_3 或 i_{p1}取值为 0。

(3) 对于结构中有剪力墙的框架-剪力墙结构的,当近似采用剪切层模型

时,可假定水平地震力分布形式,由静力分析得到各层层间剪力 V_i 和层间侧移 δ_i(图 8.3),则第 i 层的侧移刚度为

$$k_i = \frac{V_i}{\delta_i} = \frac{V_i}{y_i - y_{i-1}} \tag{8.7}$$

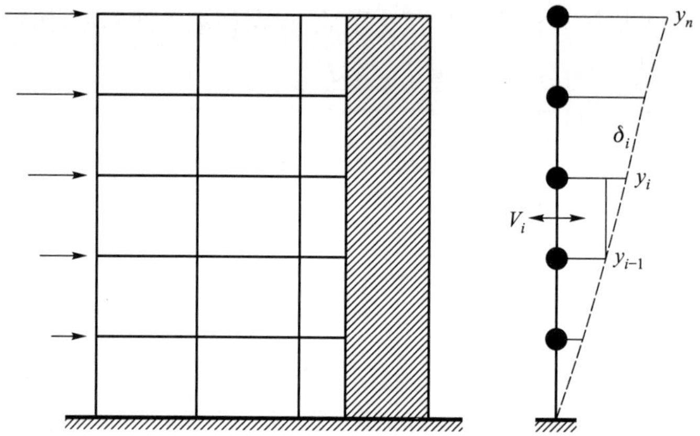

图 8.3　框架-剪力墙结构剪切层模型

水平地震力分布形式通常按倒三角分布。该方法对一般框架结构同样适用,且比 D 值法更为精确。

2. 弯曲型模型

对于剪力墙、烟囱等竖向悬臂结构,侧移主要由弯曲变形产生,此时可采用弯曲型模型,如图 8.4 所示。与剪切型模型不同的是,弯曲型模型除考虑质点的水平变形外,还要考虑质点的转动变形,当忽略轴向变形的影响时,每个质点有两个自由度。在弹性分析时,第 i 层层间单元力与变形的关系如下(图 8.5)。

$$\begin{bmatrix} V_i \\ M_i \\ V_{i-1} \\ M_{i-1} \end{bmatrix} = \begin{bmatrix} \dfrac{12EI_i}{h_i^3} & -\dfrac{6EI_i}{h_i^2} & -\dfrac{12EI_i}{h_i^3} & -\dfrac{6EI_i}{h_i^2} \\ -\dfrac{6EI_i}{h_i^2} & \dfrac{4EI_i}{h_i} & \dfrac{6EI_i}{h_i^2} & \dfrac{2EI_i}{h_i} \\ -\dfrac{12EI_i}{h_i^3} & \dfrac{6EI_i}{h_i^2} & \dfrac{12EI_i}{h_i^3} & \dfrac{6EI_i}{h_i^2} \\ -\dfrac{6EI_i}{h_i^2} & \dfrac{2EI_i}{h_i} & \dfrac{6EI_i}{h_i^2} & \dfrac{4EI_i}{h_i} \end{bmatrix} \begin{bmatrix} y_i \\ \theta_i \\ y_{i-1} \\ \theta_{i-1} \end{bmatrix} \tag{8.8}$$

对应转动变形,质量矩阵需考虑质点的转动惯性效应,一般可取质点转动惯量为 0。也可利用自由度凝聚方法,将与转动有关的刚度系数项并入仅与水平

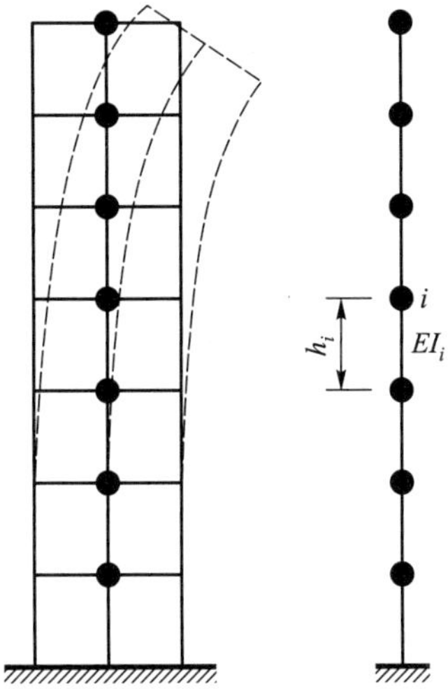

图 8.4 弯曲型模型

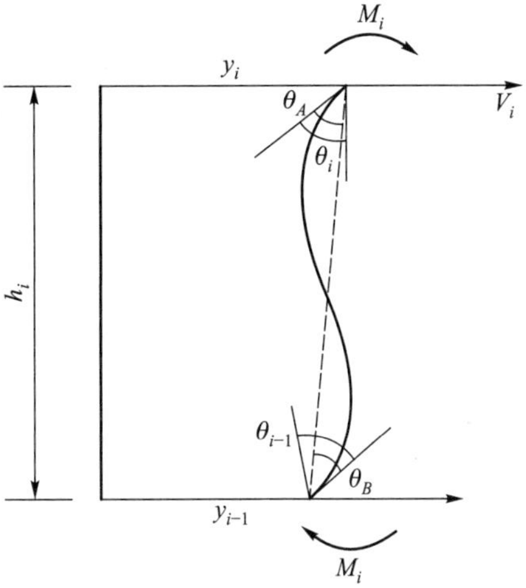

图 8.5 第 i 层层间单元力与变形示意图

位移有关的刚度系数项,使得所需求解的自由度数与质点数一致。对于无阻尼自由振动的情况,将各单元组装后的结构总振动方程按水平位移和转动变形分离,可表示成如下形式:

$$\begin{bmatrix} \boldsymbol{M} & \boldsymbol{0} \\ \boldsymbol{0} & \boldsymbol{0} \end{bmatrix} \begin{bmatrix} \ddot{\boldsymbol{y}} \\ \ddot{\boldsymbol{\theta}} \end{bmatrix} + \begin{bmatrix} \boldsymbol{K}_{vv} & \boldsymbol{K}_{v\theta} \\ \boldsymbol{K}_{\theta v} & \boldsymbol{K}_{\theta\theta} \end{bmatrix} \begin{bmatrix} \boldsymbol{y} \\ \boldsymbol{\theta} \end{bmatrix} = \boldsymbol{0} \tag{8.9}$$

式中,$\boldsymbol{M}$ 为对应各质点水平位移的质量矩阵,为对角阵。由式(8.9)第 2 行可解出

$$\boldsymbol{\theta} = -\boldsymbol{K}_{\theta\theta}^{-1}\boldsymbol{K}_{\theta v}\boldsymbol{y} \tag{8.10}$$

将式(8.10)代入式(8.9)第 1 行,可得

$$\boldsymbol{M}\,\ddot{\boldsymbol{y}} + \boldsymbol{K}\boldsymbol{y} = \boldsymbol{0} \tag{8.11}$$

式中,自由度凝聚后的刚度矩阵为

$$\boldsymbol{K} = \boldsymbol{K}_{vv} - \boldsymbol{K}_{v\theta}\boldsymbol{K}_{\theta\theta}^{-1}\boldsymbol{K}_{\theta v} \tag{8.12}$$

式(8.12)刚度矩阵称为等效侧移刚度矩阵,为满阵。

等效侧移刚度矩阵也可以由柔度矩阵求逆的方法确定,即在每一层施加单位水平力,计算出各层的水平位移 δ_{ij},则组成侧向柔度矩阵 D。

$$\boldsymbol{D} = \begin{bmatrix} \delta_{11} & \delta_{12} & \cdots & \delta_{1n} \\ \delta_{21} & \delta_{22} & \cdots & \delta_{2n} \\ \vdots & \vdots & & \vdots \\ \delta_{n1} & \delta_{n2} & \cdots & \delta_{nn} \end{bmatrix} \tag{8.13}$$

对柔度矩阵求逆,则可得到等效侧移刚度矩阵。

$$\boldsymbol{K}=\boldsymbol{D}^{-1} \tag{8.14}$$

在弹塑性分析时,可将层间单元的塑性转动变形集中于杆端的转动弹簧来考虑,中部仍按弹性杆考虑。同样,对于弹塑性分析也可采用由柔度矩阵求逆来确定等效瞬时侧移刚度矩阵。

3. 弯剪型模型

高层框架结构、剪力墙结构和框架-剪力墙结构,一般其整体变形中既有剪切变形,又有弯曲变形。可同时考虑弯曲变形和剪切变形的模型称为弯剪型模型。弯剪型模型又可分为弯曲变形与剪切变形同时考虑的单串联型、弯曲变形与剪切变形分离考虑的并串联型,以及混合并串联型,如图 8.6 所示。

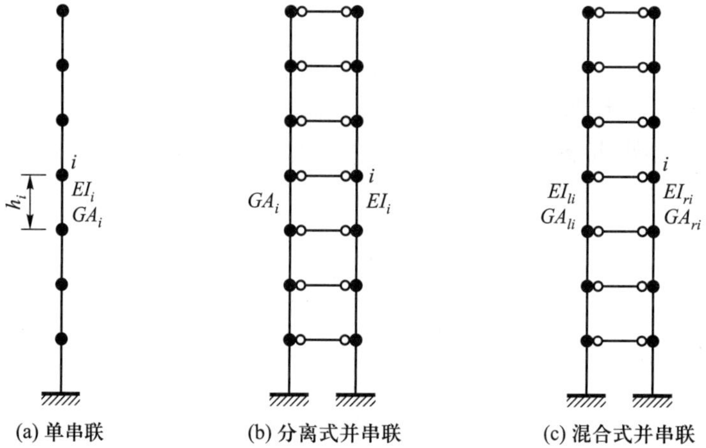

图 8.6　弯剪型模型

对于单串联弯剪型层模型,第 i 层层间单元力与变形的关系为

$$\begin{bmatrix} V_i \\ M_i \\ V_{i-1} \\ M_{i-1} \end{bmatrix}=\begin{bmatrix} c\dfrac{12EI_i}{h_i^3} & -c\dfrac{6EI_i}{h_i^2} & -c\dfrac{12EI_i}{h_i^3} & -c\dfrac{6EI_i}{h_i^2} \\ -c\dfrac{6EI_i}{h_i^2} & a\dfrac{4EI_i}{h_i} & \dfrac{6EI_i}{h_i^2} & b\dfrac{2EI_i}{h_i} \\ -c\dfrac{12EI_i}{h_i^3} & c\dfrac{6EI_i}{h_i^2} & c\dfrac{12EI_i}{h_i^3} & c\dfrac{6EI_i}{h_i^2} \\ -c\dfrac{6EI_i}{h_i^2} & b\dfrac{2EI_i}{h_i} & c\dfrac{6EI_i}{h_i^2} & a\dfrac{4EI_i}{h_i} \end{bmatrix}\begin{bmatrix} y_i \\ \theta_i \\ y_{i-1} \\ \theta_{i-1} \end{bmatrix} \tag{8.15}$$

刚度矩阵中的剪切变形影响系数为

$$a=\frac{1+0.5\beta_s}{1+2\beta_s},b=\frac{1-\beta_s}{1+2\beta_s},c=\frac{1}{1+2\beta_s},\beta_s=\frac{6\mu_{\mathrm{sf}}EI_i}{GA_i h_i{}^2} \tag{8.16}$$

式中,GA_i 为第 i 层层间单元的剪切刚度,μ_{sf}为剪切不均匀系数。

对于高层框架结构,根据水平力作用下的静力分析结果,分离剪切变形和弯曲变形,然后分别确定等效剪切刚度和等效弯曲刚度。等效剪切刚度可按前述剪切型模型方法确定。考虑到弯曲变形主要由柱轴向变形引起,等效弯曲刚度可取中性轴到各柱距离的平方与柱截面乘积之和。但一般柱的轴向变形分布往往不服从平截面假定,此时可根据各个柱的竖向位移和该柱的轴力,求出与其位能之和相等且保持平截面的等效转角,然后再算出与此相对应的等效弯曲刚度。

在弹塑性分析时,应分别根据弯矩-曲率关系和剪力-剪切变形关系的恢复力模型,对抗弯刚度和剪切刚度进行修正,然而,由弯矩-曲率关系的恢复力模型对抗弯刚度的修正方法目前仍不成熟。不过对于高层框架结构,柱轴向变形一般很少进入弹塑性,故由此引起的弯曲可仅按弹性考虑,即只考虑剪切变形进入弹塑性。对于剪力墙,其弯剪型弹塑性单元刚度矩阵见 8.2.3 节剪力墙模型。

对于框架-剪力墙结构,可采用并串联弯剪型模型。各串联杆件可根据分析需要,分别采用剪切型、弯曲型或弯剪型。同样,也可采用自柔度矩阵求逆的方法来确定弯剪型模型的等效侧移刚度矩阵。

虽然弯剪型模型在概念上可行,但对于弹塑性实用分析仍存在许多问题,且一般需要采用由柔度矩阵求逆来确定等效侧移刚度矩阵。因此目前较为实用的且同时考虑弯曲和剪切变形影响的弹塑性动力分析方法,仍然是利用静力弹塑性全过程分析方法获得各层层间剪力与层间侧移的骨架线,然后采用剪切型模型进行分析。

8.2.2 杆单元模型

层模型虽然分析较为简单,但在形成分析模型时采用了一系列的近似和简化,从而给计算结果带来一定的误差,同时分析结果一般仅反映层间总体受力情况,往往不能获得结构各部分、各构件的具体反应状况,因此对构件性能仍不能较好地全面掌握。随着计算机能力的迅速发展,近年来采用杆模型进行结构地震弹塑性动力分析已取得很大进展[4-9],具体如下。

1. 两端简支杆单元

利用杆模型进行弹塑性动力分析,关键是建立能较好反映杆单元弹塑性受力性能的力学模型,即单元刚度矩阵。因此,先讨论弹性杆单元刚度矩阵。

图 8.7 为两端简支的弹性杆，抗弯刚度为 EI，轴向刚度为 EA，两端作用的弯矩分别为 M_A、M_B，轴力为 N_{AB}，杆两端的转角变形 θ_A、θ_B 和轴向变形 δ_{AB} 与杆端弯矩和轴力之间关系为

$$\begin{bmatrix} N_{AB} \\ M_A \\ M_B \end{bmatrix} = \begin{bmatrix} \dfrac{EA}{L} & 0 & 0 \\ 0 & \dfrac{4EI}{L} & \dfrac{2EI}{L} \\ 0 & \dfrac{2EI}{L} & \dfrac{4EI}{L} \end{bmatrix} \begin{bmatrix} \delta_{AB} \\ \theta_A \\ \theta_B \end{bmatrix} \tag{8.17}$$

式(8.17)可用矩阵表示简写为 $\boldsymbol{F}_{AB}=\boldsymbol{K}_{AB}\boldsymbol{e}_{AB}$，其中 $\boldsymbol{K}_{AB}$ 为单元刚度矩阵。

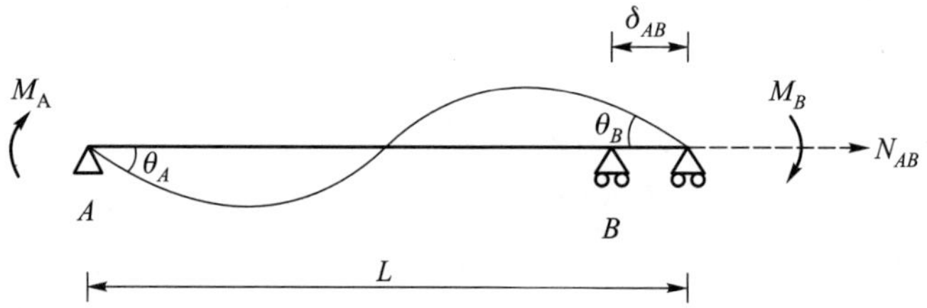

图 8.7　两端简支的弹性杆

2. 两端自由杆单元

对于图 8.8 所示的两端自由杆，杆端 1 处的变形为 $\boldsymbol{d}_1=[u_1 \quad v_1 \quad \theta_1]^{\mathrm{T}}$，作用的外力为 $\boldsymbol{F}_1=[X_1 \quad Y_1 \quad M_1]^{\mathrm{T}}$；杆端 2 处的变形为 $\boldsymbol{d}_2=[u_2 \quad v_2 \quad \theta_2]^{\mathrm{T}}$，作用的外力为 $\boldsymbol{F}_2=[X_2 \quad Y_2 \quad M_2]^{\mathrm{T}}$。图 8.8 中若以 AB 为基准线，则相应简支杆杆端的变形与两端自由杆杆端的变形有以下转换关系：

$$\begin{aligned} \delta_{AB} &= -u_1+u_2 \\ \theta_A &= \theta_1-(v_1-v_2)/L \\ \theta_B &= \theta_2-(v_1-v_2)/L \end{aligned} \tag{8.18}$$

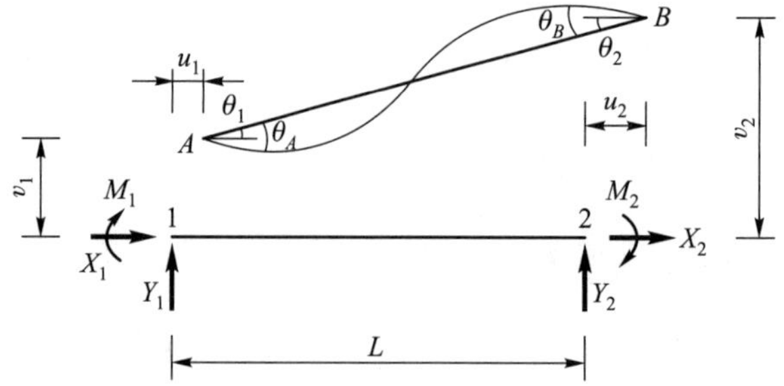

图 8.8　两端自由的弹性杆

式(8.18)写成矩阵形式为

$$\begin{bmatrix}\delta_{AB}\\ \theta_A\\ \theta_B\end{bmatrix}=\begin{bmatrix}-1 & 0 & 0\\ 0 & -\dfrac{1}{L} & 1\\ 0 & -\dfrac{1}{L} & 0\end{bmatrix}\begin{bmatrix}u_1\\ v_1\\ \theta_1\end{bmatrix}+\begin{bmatrix}1 & 0 & 0\\ 0 & \dfrac{1}{L} & 0\\ 0 & \dfrac{1}{L} & 1\end{bmatrix}\begin{bmatrix}u_2\\ v_2\\ \theta_2\end{bmatrix} \tag{8.19}$$

或简写为

$$\boldsymbol{e}_{AB}=\boldsymbol{B}_1\boldsymbol{d}_1+\boldsymbol{B}_2\boldsymbol{d}_2=[\boldsymbol{B}_1 \quad \boldsymbol{B}_2]\begin{bmatrix}\boldsymbol{d}_1\\ \boldsymbol{d}_2\end{bmatrix} \tag{8.20}$$

同理,相应 AB 简支杆杆端作用力与两端自由杆杆端作用力之间的转换关系为

$$\begin{cases}X_1=-N_{AB}\\ Y_1=-(M_A+M_B)/L\\ M_1=M_A\end{cases} \tag{8.21}$$

$$\begin{cases}X_2=N_{AB}\\ Y_2=(M_A+M_B)/L\\ M_2=M_B\end{cases} \tag{8.22}$$

式(8.21)和式(8.22)可写成矩阵形式为

$$\begin{aligned}\begin{bmatrix}X_1\\ Y_1\\ M_1\end{bmatrix}&=\begin{bmatrix}-1 & 0 & 0\\ 0 & -\dfrac{1}{L} & -\dfrac{1}{L}\\ 0 & 1 & 0\end{bmatrix}\begin{bmatrix}N_{AB}\\ M_A\\ M_B\end{bmatrix}\\ \begin{bmatrix}X_2\\ Y_2\\ M_2\end{bmatrix}&=\begin{bmatrix}1 & 0 & 0\\ 0 & \dfrac{1}{L} & \dfrac{1}{L}\\ 0 & 0 & 1\end{bmatrix}\begin{bmatrix}N_{AB}\\ M_A\\ M_B\end{bmatrix}\end{aligned} \tag{8.23}$$

或简写为

$$\left.\begin{aligned}\boldsymbol{F}_1=\boldsymbol{B}_1^{\mathrm{T}}\boldsymbol{F}_{AB}\\ \boldsymbol{F}_2=\boldsymbol{B}_2^{\mathrm{T}}\boldsymbol{F}_{AB}\end{aligned}\right\}\rightarrow\begin{bmatrix}\boldsymbol{F}_1\\ \boldsymbol{F}_2\end{bmatrix}=[\boldsymbol{B}_1 \quad \boldsymbol{B}_2]^{\mathrm{T}}\boldsymbol{F}_{AB} \tag{8.24}$$

利用上述转换关系,则可由简支杆的单元刚度矩阵 $\boldsymbol{K}_{AB}$得到两端自由杆杆端作用力与杆端变形的关系:

$$
\begin{aligned}
\begin{bmatrix} \boldsymbol{F}_1 \\ \boldsymbol{F}_2 \end{bmatrix} &= [\boldsymbol{B}_1 \quad \boldsymbol{B}_2]^{\mathrm{T}} \boldsymbol{F}_{AB} = [\boldsymbol{B}_1 \quad \boldsymbol{B}_2]^{\mathrm{T}} \boldsymbol{K}_{AB} \boldsymbol{e}_{AB} \\
&= [\boldsymbol{B}_1 \quad \boldsymbol{B}_2]^{\mathrm{T}} \boldsymbol{K}_{AB} [\boldsymbol{B}_1 \quad \boldsymbol{B}_2] \begin{bmatrix} \boldsymbol{d}_1 \\ \boldsymbol{d}_2 \end{bmatrix} = \boldsymbol{K} \begin{bmatrix} \boldsymbol{d}_1 \\ \boldsymbol{d}_2 \end{bmatrix}
\end{aligned} \tag{8.25}
$$

因此,单元刚度矩阵 $\boldsymbol{K}$ 为

$$
\boldsymbol{K} = [\boldsymbol{B}_1 \quad \boldsymbol{B}_2]^{\mathrm{T}} \boldsymbol{K}_{AB} [\boldsymbol{B}_1 \quad \boldsymbol{B}_2] = \boldsymbol{B}^{\mathrm{T}} \boldsymbol{K}_{AB} \boldsymbol{B} \tag{8.26}
$$

刚度矩阵的具体表达式为

$$
\boldsymbol{K} = \begin{bmatrix}
\dfrac{EA}{L} & 0 & 0 & -\dfrac{EA}{L} & 0 & 0 \\
0 & \dfrac{12EI}{L^3} & -\dfrac{6EI}{L^2} & 0 & -\dfrac{12EI}{L^3} & -\dfrac{6EI}{L^2} \\
0 & -\dfrac{6EI}{L^2} & \dfrac{4EI}{L} & 0 & \dfrac{6EI}{L^2} & \dfrac{2EI}{L} \\
-\dfrac{EA}{L} & 0 & 0 & \dfrac{EA}{L} & 0 & 0 \\
0 & -\dfrac{12EI}{L^3} & \dfrac{6EI}{L^2} & 0 & \dfrac{12EI}{L^3} & \dfrac{6EI}{L^2} \\
0 & -\dfrac{6EI}{L^2} & \dfrac{2EI}{L} & 0 & \dfrac{6EI}{L^2} & \dfrac{4EI}{L}
\end{bmatrix} \tag{8.27}
$$

式(8.27)即为一般平面杆单元的刚度矩阵。从以上推导可见,刚度矩阵可通过转换矩阵 $\boldsymbol{B} = [\boldsymbol{B}_1 \quad \boldsymbol{B}_2]$ 并由简支杆的刚度矩阵得到,故在后面的讨论中均以简支杆建立各种情况的单元刚度矩阵。

3. 两端有刚域杆单元

图 8.9 所示为两端有刚域的简支杆单元,两端刚域的长度分别为 $\lambda_A L$ 和 $\lambda_B L$,两端的弯矩分别为 M_A 和 M_B,两端的转角变形分别为 θ_A 和 θ_B。杆件中部弹性部分 $A'B'$ 段两端的弯矩分别为 M'_A 和 M'_B,且以图中 $A'B'$ 为基准,$A'B'$ 段两端的转角变形分别为 θ'_A 和 θ'_B,则由变形后的三角形 $AA'C$ 和 $BB'C$ 可得

$$
\begin{cases} \theta'_A = R_{A'B'} + \theta_A \\ \theta'_B = R_{A'B'} + \theta_B \end{cases} \tag{8.28}
$$

$$
R_{A'B'} = \frac{\theta_A \lambda_A + \theta_B \lambda_B}{1 - \lambda_A - \lambda_B} \tag{8.29}
$$

将式(8.29)代入式(8.28)得

$$\theta_A' = \frac{(1-\lambda_B)\theta_A + \lambda_B\theta_B}{1-\lambda_A-\lambda_B}$$
$$\theta_B' = \frac{\lambda_A\theta_A + (1-\lambda_A)\theta_B}{1-\lambda_A-\lambda_B} \tag{8.30}$$

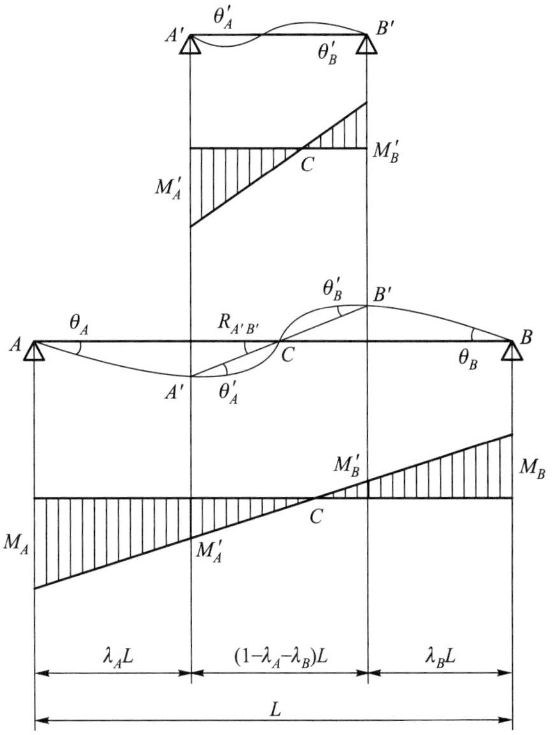

图 8.9 两端有刚域的简支杆

此外,AB 段与 $A'B'$ 段的轴向变形相等。因此,中部弹性 $A'B'$ 杆两端变形与有刚域杆 AB 两端变形的转换关系为

$$\begin{bmatrix} \delta_{A'B'} \\ \theta_A' \\ \theta_B' \end{bmatrix} = \begin{bmatrix} 1 & 0 & 0 \\ 0 & \dfrac{1-\lambda_B}{1-\lambda_A-\lambda_B} & \dfrac{\lambda_B}{1-\lambda_A-\lambda_B} \\ 0 & \dfrac{\lambda_A}{1-\lambda_A-\lambda_B} & \dfrac{1-\lambda_A}{1-\lambda_A-\lambda_B} \end{bmatrix} \begin{bmatrix} \delta_{AB} \\ \theta_A \\ \theta_B \end{bmatrix} \tag{8.31}$$

式(8.31)简写为

$$\boldsymbol{e}'_{A'B'} = \boldsymbol{A}\boldsymbol{e}_{AB} \tag{8.32}$$

同理可得有刚域 AB 杆两端作用力 $\boldsymbol{F}_{AB}$ 与中部弹性 $A'B'$ 杆两端作用力 $\boldsymbol{F}'_{A'B'}$ 的转换关系为

$$\boldsymbol{F}_{AB}=\boldsymbol{A}^{\mathrm{T}}\boldsymbol{F}'_{A'B'} \tag{8.33}$$

因此,有刚域 AB 杆的刚度矩阵可由中部弹性 $A'B'$ 杆的刚度矩阵经以下转换得到。

$$\boldsymbol{K}_{AB}=\boldsymbol{A}^{\mathrm{T}}\boldsymbol{K}'_{A'B'}\boldsymbol{A} \tag{8.34}$$

4. 杆端设置弹塑性弹簧杆模型

在弹塑性分析时,杆件刚度随着杆件的损伤而不断产生变化。因此,分析中通常采用增量形式表达杆端作用力增量与杆端变形增量的关系,即

$$\begin{bmatrix}\Delta N_{AB}\\ \Delta M_A\\ \Delta M_B\end{bmatrix}=\begin{bmatrix}k_{11} & k_{12} & k_{13}\\ k_{21} & k_{22} & k_{23}\\ k_{31} & k_{32} & k_{33}\end{bmatrix}\begin{bmatrix}\Delta\delta_{AB}\\ \Delta\theta_A\\ \Delta\theta_B\end{bmatrix} \tag{8.35}$$

其中,刚度矩阵是弹塑性变形历程中的瞬时刚度矩阵,需要根据前一步计算得到的变形状况而确定。一般情况下,轴向与弯曲变形的耦合影响可忽略,即 $k_{12}=k_{21}=0$,$k_{13}=k_{31}=0$。轴向刚度 k_{11} 可根据杆件在单向受力情况下的轴力-变形关系确定。以下主要讨论弹塑性弯曲变形的处理。

杆件的弹塑性损伤通常并不是集中在某一个截面位置,而是有一定长度的区域。图 8.10(a)为钢筋混凝土杆件的开裂损伤状况,图 8.10(b)和图 8.10(c)分别为弯矩和曲率分布。常用的一种处理杆件弹塑性的分析模型是将塑性变形产生的转角集中于杆端,用一个塑性转动弹簧代替,而杆件的其他部分仍按弹性处理,如图 8.10(d)所示。塑性转动弹簧的瞬时转动刚度分别记为 $k_{A\mathrm{p}}$ 和 $k_{B\mathrm{p}}$。杆端弯矩-转角关系,以及杆端弯矩-弹性转角关系和杆端弯矩-塑性转角关系如图 8.11 所示。

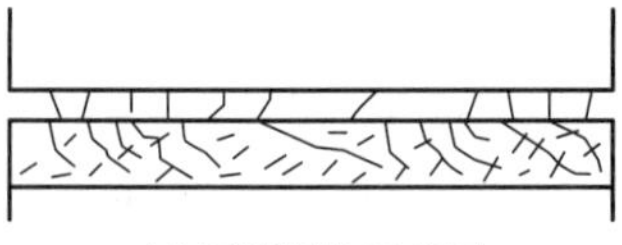

(a) 开裂损伤示意图

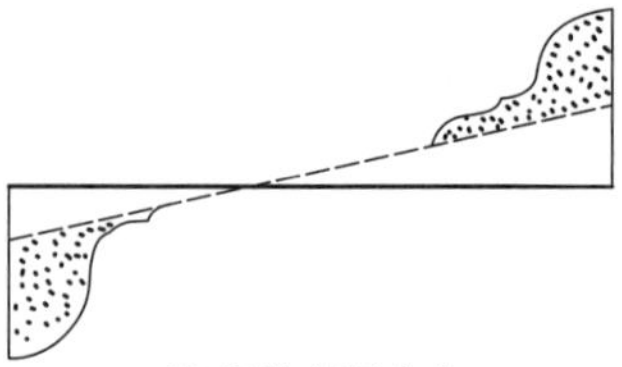

(b) 杆件弯矩分布

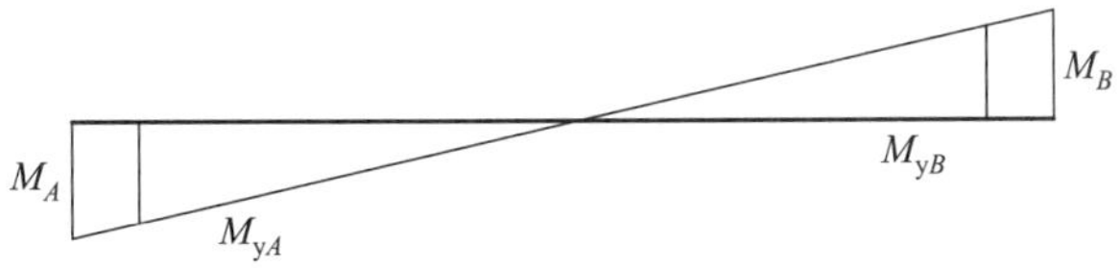

(c) 杆件曲率分布

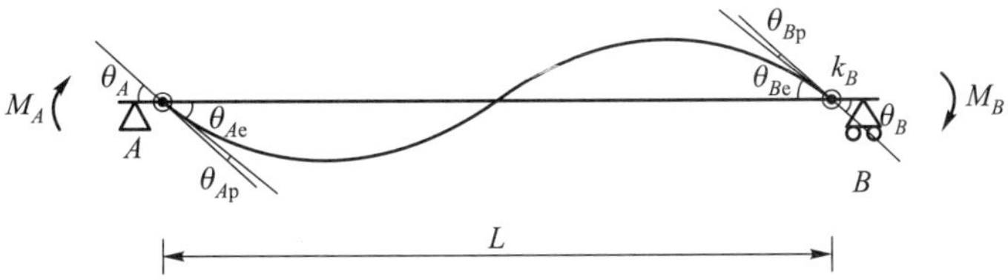

(d) 分析模型

图 8.10 钢筋混凝土杆件开裂损伤受力分布及分析模型

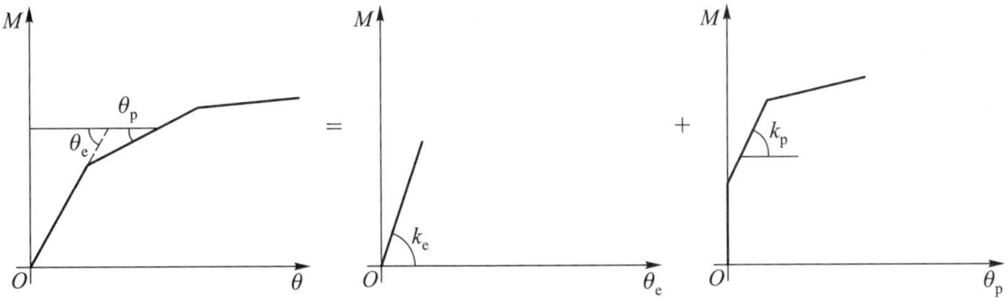

图 8.11 杆端弯矩-塑性转角关系

由图 8.10(d)可知,杆端的转角为杆端弹性转角与杆端塑性转角之和,即

$$
\begin{aligned}
\Delta\theta_A &= \Delta\theta_{Ae} + \Delta\theta_{Ap} \\
\Delta\theta_B &= \Delta\theta_{Be} + \Delta\theta_{Bp}
\end{aligned}
\tag{8.36}
$$

对于简支弹性杆,其杆端弹性转角与杆端弯矩的关系为

$$
\begin{bmatrix} \Delta\theta_{Ae} \\ \Delta\theta_{Be} \end{bmatrix} = \begin{bmatrix} \dfrac{L}{3EI} & -\dfrac{L}{6EI} \\ -\dfrac{L}{6EI} & \dfrac{L}{3EI} \end{bmatrix} \begin{bmatrix} \Delta M_A \\ \Delta M_B \end{bmatrix} \tag{8.37}
$$

杆端塑性转角与杆端弯矩的关系为

$$
\begin{bmatrix} \Delta\theta_{Ap} \\ \Delta\theta_{Bp} \end{bmatrix} = \begin{bmatrix} \dfrac{1}{k_{Ap}} & 0 \\ 0 & \dfrac{1}{k_{Bp}} \end{bmatrix} \begin{bmatrix} \Delta M_A \\ \Delta M_B \end{bmatrix} \tag{8.38}
$$

因此,杆端总转角与杆端弯矩的关系为

$$\begin{bmatrix}\Delta\theta_A\\ \Delta\theta_B\end{bmatrix}=\begin{bmatrix}\dfrac{L}{3EI}+\dfrac{1}{k_{\mathrm{Ap}}} & -\dfrac{L}{6EI}\\ -\dfrac{L}{6EI} & \dfrac{L}{3EI}+\dfrac{1}{k_{\mathrm{Bp}}}\end{bmatrix}\begin{bmatrix}\Delta M_A\\ \Delta M_B\end{bmatrix} \tag{8.39}$$

取 $s_A=(6EI/L)/k_{\mathrm{Ap}}$ 及 $s_B=(6EI/L)/k_{\mathrm{Bp}}$,则式(8.39)可写成

$$\begin{bmatrix}\Delta\theta_A\\ \Delta\theta_B\end{bmatrix}=\frac{L}{6EI}\begin{bmatrix}2+s_A & -1\\ -1 & 2+s_B\end{bmatrix}\begin{bmatrix}\Delta M_A\\ \Delta M_B\end{bmatrix} \tag{8.40}$$

简写为

$$\Delta\boldsymbol{e}_{AB}=\boldsymbol{f}_{AB}\Delta\boldsymbol{F}_{AB} \tag{8.41}$$

式中,$\boldsymbol{f}_{AB}$为柔度矩阵,对其求逆可得刚度矩阵,即 $\boldsymbol{K}_{AB}=\boldsymbol{f}_{AB}^{-1}$,因此杆端弯矩与杆端转角的关系为

$$\begin{bmatrix}\Delta M_A\\ \Delta M_B\end{bmatrix}=\frac{(6EI/L)}{(2+s_A)(2+s_B)-1}\begin{bmatrix}2+s_B & 1\\ 1 & 2+s_A\end{bmatrix}\begin{bmatrix}\Delta\theta_A\\ \Delta\theta_B\end{bmatrix} \tag{8.42}$$

5. 其他弹塑性杆模型

1) 分布弹簧杆模型

分布弹簧杆模型是在上述杆端弹簧杆模型的基础上,进一步沿杆件再考虑若干个转动弹簧,如图 8.12 所示。设第 i 个弹簧的瞬时转动柔度为f_i,即第 i 个弹簧的转角增量与其弯矩增量的关系为

$$\Delta\theta_i=f_i\Delta M_i \tag{8.43}$$

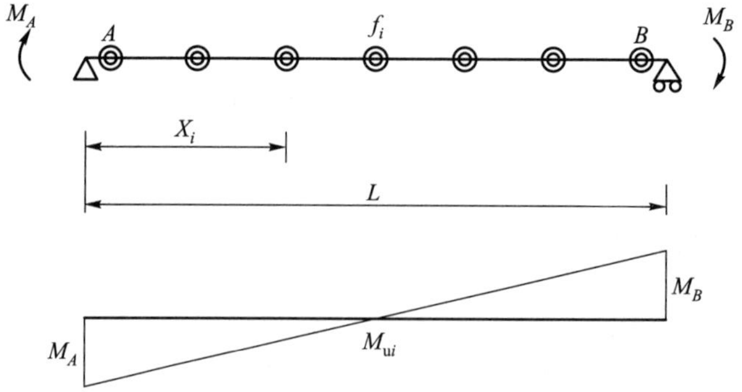

图 8.12　分布弹簧杆模型

在杆端弯矩增量 ΔM_A 和 ΔM_B 的作用下,第 i 个弹簧的弯矩增量 ΔM_i 为(以截面底部受拉为正)

$$\Delta M_i=\left(1-\frac{x_i}{L}\right)\Delta M_A-\left(\frac{x_i}{L}\right)\Delta M_B \tag{8.44}$$

采用单位力法可确定杆端转角增量与杆端弯矩增量的关系。设在杆端 A 作用单位弯矩,则在第 i 个弹簧处产生的弯矩 $\Delta M_{\mathrm{u}i,\mathrm{A}}$为

$$\Delta M_{\mathrm{u}i,A}=\left(1-\frac{x_i}{L}\right) \tag{8.45}$$

因此,杆端 A 的转角增量 $\Delta\theta_A$ 为

$$\begin{aligned}\Delta\theta_A &= \sum_i M_{\mathrm{u}i,A}\cdot\Delta\theta_i\\ &= \sum_i\left(1-\frac{x_i}{L}\right)\cdot f_i\left[\left(1-\frac{x_i}{L}\right)\Delta M_A-\left(\frac{x_i}{L}\right)\Delta M_B\right]\\ &=f_{AA}\Delta M_A+f_{AB}\Delta M_B\end{aligned} \tag{8.46}$$

同理可得

$$\begin{aligned}\Delta\theta_B &= \sum_i M_{\mathrm{u}iB}\cdot\Delta\theta_i\\ &= \sum_i\left(-\frac{x_i}{L}\right)\cdot f_i\left[\left(1-\frac{x_i}{L}\right)\Delta M_A-\left(\frac{x_i}{L}\right)\Delta M_B\right]\\ &=f_{BA}\Delta M_A+f_{BB}\Delta M_B\end{aligned} \tag{8.47}$$

将式(8.46)和式(8.47)写成矩阵形式,有

$$\begin{bmatrix}\Delta\theta_A\\ \Delta\theta_B\end{bmatrix}=\begin{bmatrix}f_{AA} & f_{AB}\\ f_{BA} & f_{BB}\end{bmatrix}\begin{bmatrix}\Delta M_A\\ \Delta M_B\end{bmatrix} \tag{8.48}$$

式(8.48)中柔度矩阵中的元素为

$$f_{AA}=\sum_i\left(1-\frac{x_i}{L}\right)^2\cdot f_i \tag{8.49}$$

$$f_{AB}=f_{BA}=-\sum_i\left(\frac{x_i}{L}\right)\left(1-\frac{x_i}{L}\right)\cdot f_i \tag{8.50}$$

$$f_{BB}=\sum_i\left(\frac{x_i}{L}\right)^2\cdot f_i \tag{8.51}$$

对式(8.48)中的柔度矩阵求逆即可得刚度矩阵。

2）分割杆模型

双分割杆模型最早是由 Clough 提出的，该模型用两根平行杆模拟构件，一根表示屈服特性的理想弹塑性杆，一根表示硬化特性的完全弹性杆，非弹性变形集中在杆端的集中塑性铰处。两个杆件共同工作，当单元一端弯矩等于或大于屈服弯矩 M_y 且处于加载状态时，该端理想弹塑性杆形成塑性铰；卸载时，当杆端弯矩小于屈服弯矩时移去铰。与单分量模型相同，杆端弯矩-转角关系取决于两端弯矩[4]。由于两个假想杆件共同受力，则梁单元的刚度矩阵可由两个假想杆件刚度矩阵组合而成，如图 8.13 所示。弹性杆用以反映杆端进入塑性变形后的应变硬化性能。弹塑性杆决定了杆端的屈服，而弹性杆模拟了强化规律。

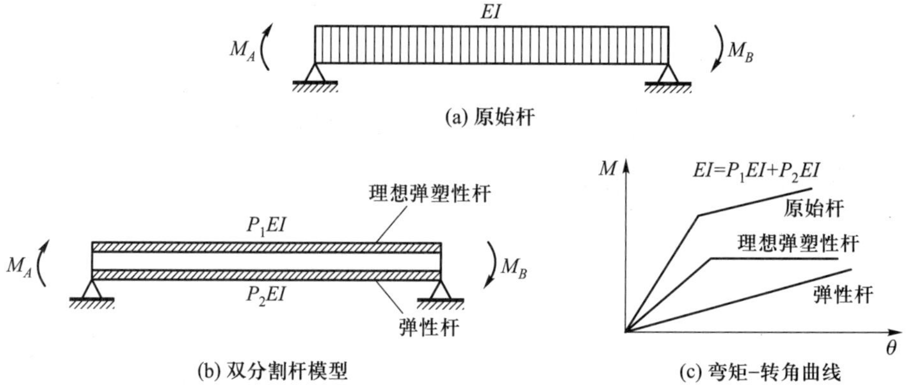

图 8.13　双分割杆模型及其双线型恢复力骨架曲线

分割杆模型具有清晰的力学概念，能反映不同变形机理对构件滞回性能的影响，还能考虑两个杆端塑性区域间的耦合关系，但是由于它采用的是双线型恢复力模型，因而在结构的非线性分析中受到限制，无法模拟连续变化的刚度和刚度退化。

为考虑混凝土开裂非线性的影响，可采用三分量模型。假设杆件由 3 根不同性质的分杆组成，其中一分杆是弹性分杆，表述杆件的弹性变形性质；另两个分杆是弹塑性分杆，其中一分杆表述混凝土的开裂性质，另一分杆表述钢筋的屈服。三分量模型可以反映杆端的弯曲开裂、屈服弯矩，以及屈服后应变硬化特征，为三线型恢复力模型。图 8.14 给出了三分量模型及三线型恢复力骨架曲线。由于采用了反弯点位于杆中间点的假设，三分量模型要求杆件两端屈服弯矩相同。

学者们还提出了四分割杆模型。该模型用 4 根平行杆模拟实际的杆：弹性杆、两端铰的塑性杆、左（上）端铰塑性杆和右（下）端铰塑性杆，如图 8.15 所示。

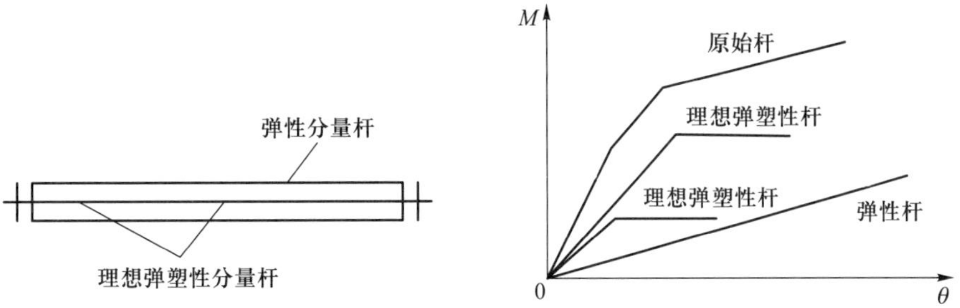

(a) 三分割杆模型　　(b) 弯矩-转角曲线

图 8.14　三分割杆模型及其三线型恢复力骨架曲线

四分量模型和三分量模型一样,为三线型恢复力模型,可以考虑混凝土梁、柱构件的开裂、屈服和强化。与三分量模型不同的是,四分量模型的两端可以规定不同的屈服弯矩。

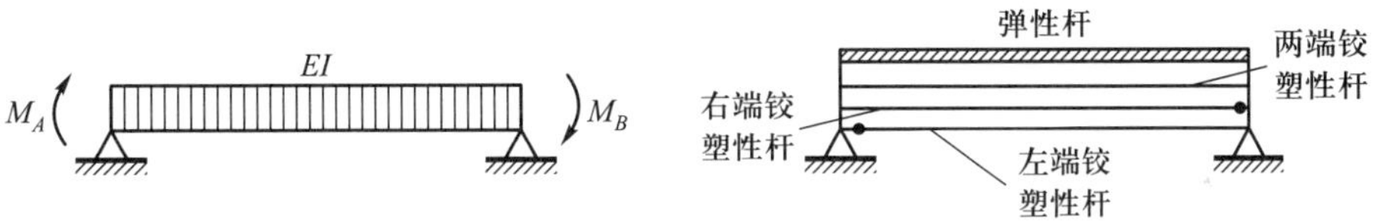

(a) 原始杆　　(b) 四分量模型

图 8.15　四分割杆模型

3）曲率分布杆模型

对于钢筋混凝土杆件,当出现裂缝后,截面刚度沿杆件是变化的。反映这种变化影响的另一种分析模型如图 8.16 所示,即假定截面曲率 $1/EI(x)$ 沿杆件的分布形式,由此得到式(8.52)所示的杆端转角-弯矩增量关系中的柔度矩阵。

$$\begin{bmatrix}\Delta\theta_A\\\Delta\theta_B\end{bmatrix}=\begin{bmatrix}f_{AA}&f_{AB}\\f_{BA}&f_{BB}\end{bmatrix}\begin{bmatrix}\Delta M_A\\\Delta M_B\end{bmatrix}\tag{8.52}$$

对于两端简支杆,假定杆件截面瞬时曲率 $1/EI(x)$ 和瞬时剪切刚度 $GA/\beta(x)$ 的分布形式后,柔度矩阵中各元素分别为

$$f_{AA}=\int_0^L\frac{(1-x/L)^2}{EI(x)}\mathrm{d}x+\frac{1}{L^2}\int_0^L\frac{1}{GA/\beta(x)}\mathrm{d}x\tag{8.53}$$

$$f_{AB}=f_{BA}=\int_0^L\frac{-(x/L)(1-x/L)^2}{EI(x)}\mathrm{d}x+\frac{1}{L^2}\int_0^L\frac{1}{GA/\beta(x)}\mathrm{d}x\tag{8.54}$$

$$f_{BB}=\int_0^L\frac{(x/L)^2}{EI(x)}\mathrm{d}x+\frac{1}{L^2}\int_0^L\frac{1}{GA/\beta(x)}\mathrm{d}x\tag{8.55}$$

通常假定截面曲率 $1/EI(x)$ 沿杆件为二次抛物线分布，因此具体分布函数将取决于杆件两端的截面曲率 $1/EI_A$ 和 $1/EI_B$ 以及截面曲率 $1/EI_0$，如图 8.16 所示。反弯点可在杆件内或在杆件外。截面曲率最小值 $1/EI_0$ 通常可按弹性阶段计算，而杆端的截面曲率可根据杆端弯矩-转角关系得到。

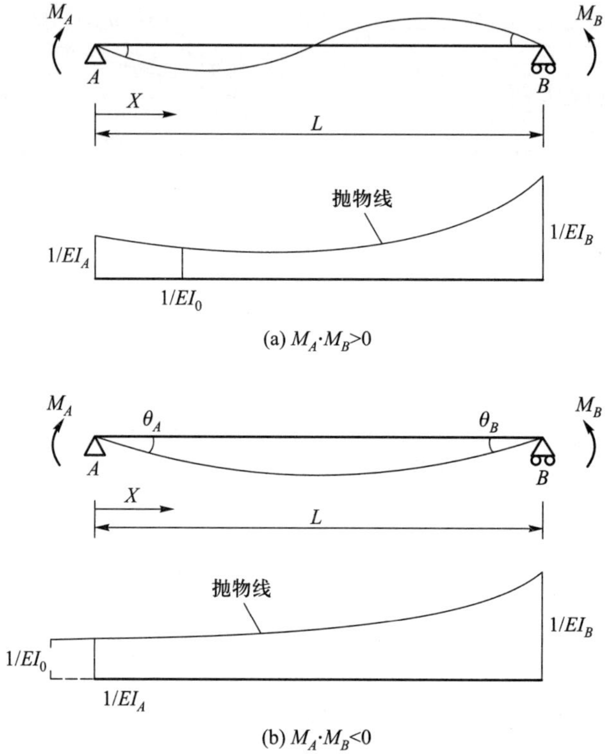

图 8.16　曲率分布杆模型

对于弯矩为反对称分布的情况，如忽略剪切变形的影响，当假定截面曲率 $1/EI(x)$ 按二次抛物线分布时，则由其杆端弯矩-转角关系，可得瞬时柔度矩阵

$$\begin{bmatrix}\Delta\theta_A\\ \Delta\theta_B\end{bmatrix}=\begin{bmatrix}2f_A+\dfrac{f_B-f_0}{3}-f_{AB} & -\dfrac{f_A+f_B}{2}+\dfrac{2f_{AB}}{3}\\ -\dfrac{f_A+f_B}{2}+\dfrac{2f_{AB}}{3} & 2f_B+\dfrac{f_A-f_0}{3}-f_{AB}\end{bmatrix}\begin{bmatrix}\Delta M_A\\ \Delta M_B\end{bmatrix} \tag{8.56}$$

式中，f_A 和 f_B 表示在反对称弯矩分布下，由相应杆端弯矩-转角关系确定的瞬时截面转动柔度，$f_A=\Delta\theta_A/\Delta M_A$，$f_B=\Delta\theta_B/\Delta M_B$；$f_0$ 为弹性阶段的转动柔度，$f_0=L/(6EI)$；f_{AB} 为两端相互影响的转动柔度，按式(8.57)确定

$$f_{AB}=\mathrm{sign}(M_A\cdot M_B)\sqrt{(f_A-f_0)(f_B-f_0)} \tag{8.57}$$

6. 多轴弹簧模型

多轴弹簧(multiple spring,MS)模型由两个多轴弹簧构件和一个弹性构件组成,如图 8.17 所示。多轴弹簧模型是一种比较精细的计算模型,由一组表达钢筋材料或混凝土材料刚度的轴向弹簧组成,可以考虑结构中每个构件的力和变形关系,找出比较准确的薄弱部位,得到每个构件的反应结果。该模型用于考虑钢筋混凝土构件双向弯曲和轴向力之间的相互作用。

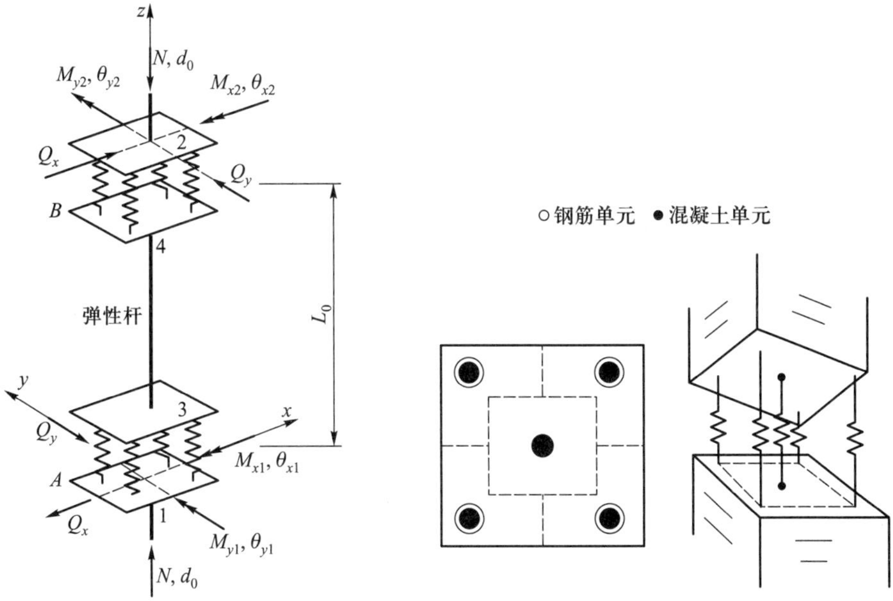

(a) 柱的多轴弹簧模型　　(b) 多轴弹簧构件

图 8.17 多轴弹簧模型示意图

图 8.17 中的弹塑性柱可以看成由 1 个弹性杆单元(位于中部)与 2 个多弹簧单元(位于两端)共同组成。而多轴弹簧构件可以看成是由 5 个混凝土弹簧与 4 个纵筋弹簧构成。其中混凝土和纵筋弹簧均沿杆的轴向布设,5 个混凝土弹簧中,一个位于杆横截面的中心,用以描述核心约束混凝土,其余 4 个布设于横截面边缘靠角点处,用以描述其余的混凝土的影响;4 个纵筋弹簧布设位置与 4 个边缘混凝土弹簧位置重合或相近,以描述纵向钢筋的影响。该模型比较适用于塑性区集中在构件两端的情况,实际柱构件在较大侧向荷载作用下两端的弯矩大多接近反对称分布,此时构件中间段弯矩较小,可认为处于弹性变形阶段,因此用这种模型来模拟柱在大多数情况下是合理的。

早期常用的是集中塑性铰多弹簧模型,它不考虑塑性区段的剪切变形,认为弹簧塑性区域的长度为 0。后经改进,考虑剪切弹性变形影响的塑性区段的多弹簧模型被提出和应用。但实际情况中，弹塑性单元模型里每个弹簧区域同时受到轴力和剪力，在材料线性阶段，这两者之间的应力-应变关系相互独立，进入非线性阶段后，弹塑性的轴向变形和剪切变形之间会有相互耦合影响。针对这一问题，学者们[10, 11]提出了考虑剪切变形对弹塑性刚度影响的多轴弹簧模型的空间梁柱单元。受到当时计算机性能的限制，早期的多轴弹簧模型仅采用较少的弹簧来表达钢筋混凝土构件。近年来，通过增加更多的混凝土弹簧模拟塑性区混凝土的力学和几何性质，有将混凝土部分进一步细化的趋势，相应的钢筋弹簧的个数也可根据需要增加，使该模型得到了改进。

7. 纤维模型

纤维模型就是将杆件截面划分成若干个纤维，每个纤维均为单轴受力，并用材料单轴应力应变关系来描述该纤维材料的受力特性，纤维间的变形协调则采用平截面假定。对于长细比较大的杆系结构，纤维模型具有以下优点：纤维模型将构件截面划分为若干混凝土纤维和钢筋纤维，并通过用户自定义每根纤维的截面位置、面积和材料的单轴本构关系，该模型可适用于各种截面形状；纤维模型可以准确考虑轴力和（单向和双向）弯矩的相互关系；由于纤维模型将截面分割，因而同一截面的不同纤维可以有不同的单轴本构关系，这样就可以采用更加符合构件受力状态的单轴本构关系，如可模拟构件截面不同部分受到侧向约束作用（如箍筋、钢管或外包碳纤维布）时的受力性能。

纤维模型目前应用较多：如清华大学土木工程系基于纤维模型原理编制了 THUFIBER 程序，该程序通过引入更加完善的钢筋和混凝土本构，并将所编制的材料本构模型嵌入通用商用程序 MSC.MARC 结构分析软件中，用于复杂受力状态下混凝土杆系结构及构件受力的数值分析；该模型在 CANNY 中已有运用，但为了简化计算该程序做了较多假设，因此对计算精度有一定的影响；OpenSees 平台中的梁柱纤维模型在算法上更接近实际，能很好地模拟实际构件的反应。纤维模型不能反映剪切变形和黏接滑移等，但剪切变形和黏接滑移在细长构件中往往相对较小，因此这种模型是模拟梁、柱单元在轴力、双轴弯矩等任意广义应力历史作用下力学性能的有效方法。

8.2.3　剪力墙单元模型

剪力墙非线性分析的模型可分为两大类，一类为基于固体力学的精细化微观模型。微观单元模型要求将结构划分为足够小的单元，因此计算量较大，只适用于构件或较小规模结构的非线性分析，对于大型结构的非线性分析，微观单元模型是不适用的；另一类为以一个构件为一个单元的宏观模型，这类模型是通过简化处理将剪力墙化为一个非线性单元，这种模型存在一定的局限性，一般只有在满足其简化假设的条件下，才能较好地模拟结构的真实形态。由于宏观模型相对简单,从实际结构分析考虑,仍是目前钢筋混凝土剪力墙研究和使用中最主要的模型。下面讨论常用的剪力墙宏观模型。

1. 柱模型

如图 8.18 所示,剪力墙柱模型对矩形剪力墙的上下两对节点分别用刚性梁连接,在两刚性梁中点的连线(轴线)上串联布设转动弹簧、轴向弹簧和剪切弹簧,可以反映剪力墙的弯曲变形、剪切变形和竖向变形。上下端弹塑性转动弹簧的弯矩-转角关系可根据弯矩沿墙高的分布形式确定,可取均匀分布或反对称分布。底部几层的剪力墙通常按均匀弯矩分布。考虑剪切变形和轴向变形的杆端变形与杆端受力的增量关系及相应的瞬时柔度矩阵为

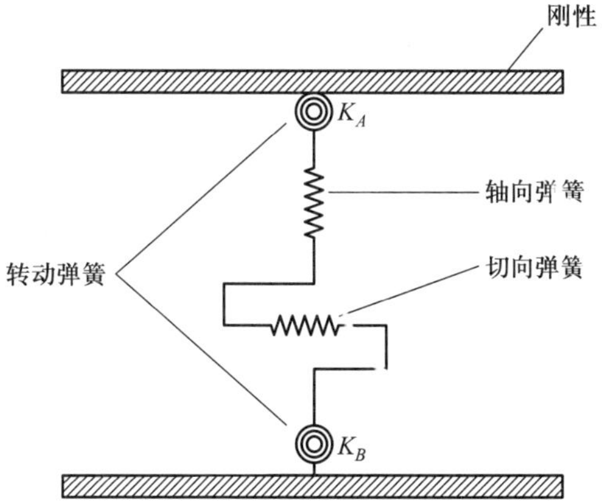

图 8.18 剪切墙柱模型

$$\begin{bmatrix}\Delta\delta_{AB}\\ \Delta\theta_A\\ \Delta\theta_B\end{bmatrix}=\begin{bmatrix}\dfrac{h}{EA} & 0 & 0\\ 0 & 2f_0+f_A+g_0 & -f_0+g_0\\ 0 & -f_0+g_0 & 2f_0+f_B+g_0\end{bmatrix}\begin{bmatrix}\Delta N_{AB}\\ \Delta M_A\\ \Delta M_B\end{bmatrix} \tag{8.58}$$

式中,$f_0=h/(6EI)$,其中 EI 为中部弹性部分的弯曲刚度;$f_A=1/K_A$;$f_B=1/K_B$;$g_0=\beta_n h/(GA_w)$;h 为剪力墙的净层高;K_A、K_B 分别为上下端转动弹簧的瞬时转动刚度;GA_w/β_n 为剪力墙截面的剪切刚度,β_n 为截面剪切不均匀系数,当考虑弹塑性剪切变形时,剪切刚度应减小。

由于柱模型位于剪力墙截面形心位置,上下刚性梁两端产生大小相同、方向相反的竖向位移。实际上随着塑性变形的发展,截面中和轴会不断偏移,剪力墙两侧边缘的轴向变形率会随之产生影响,从而使得轴向刚度与弯曲刚度之间存在耦联效应,这在柱模型中不能得到体现。

2. 斜撑模型

斜撑模型中，剪力墙的上下两对节点仍然分别用刚性梁连接，在剪力墙的 4 个节点之间分别布设两竖向（轴向）杆和两交叉的斜撑杆，如图 8.19 所示。弯曲变形由轴向变形反映，剪切变形由斜撑变形反映。斜撑模型对于以剪切变形为主的剪力墙比较有效。受拉斜撑杆和受拉竖杆的轴向刚度应考虑混凝土开裂对刚度降低的影响。

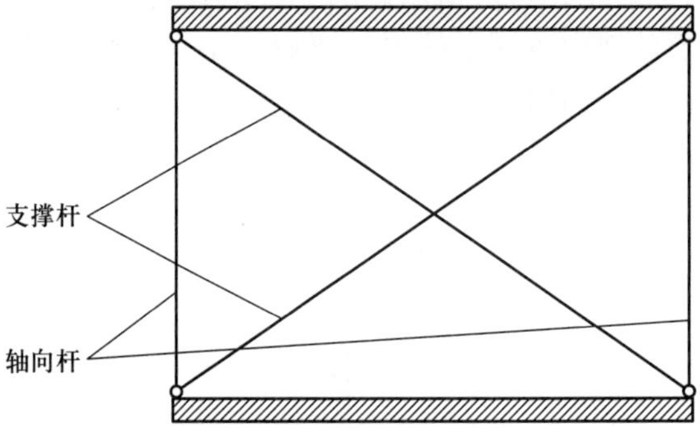

图 8.19　斜撑模型

3. 三垂直杆单元模型

Kabeyasawa 等[12]在 1984 年提出了宏观三垂直杆单元模型，也称“边柱+中柱复合模型”[13]。在该模型中，3 个垂直杆元通过楼层上下楼板位置处的无限刚性梁连接，如图 8.20 所示。其外侧的两个杆元代表了墙的两边柱的轴向刚度，中间的单元由垂直、水平和弯曲弹簧组成，各代表了中间墙板的轴向、剪切和弯曲刚度，墙体滞回特性就是由这 3 个杆元分别模拟的。两侧竖杆的受压刚度和受拉刚度有很大差别，受压刚度可假定为弹性，而受拉刚度应考虑混凝土开裂和钢筋屈服的弹塑性特性。这个模型的主要优点是克服了柱模型的缺点，能模拟墙横截面中性轴的移动，而且物理意义清晰，但弯曲弹簧的刚度的确定存在一定的困难，弯曲弹簧的变形也很难与边柱的变形协调。考虑剪切变形和轴向变形的杆端变形与杆端受力的增量关系及相应的瞬时柔度矩阵为

$$\begin{bmatrix} \Delta\delta_{AB} \\ \Delta\theta_A \\ \Delta\theta_B \end{bmatrix} = \begin{bmatrix} \dfrac{h}{EA_1}+\dfrac{h}{EA_2}+\dfrac{h}{EA_3} & 0 & 0 \\ 0 & 2f_0+g_0 & -f_0+g_0 \\ 0 & -f_0+g & 2f_0+f_R+g_0 \end{bmatrix} \begin{bmatrix} \Delta N_{AB} \\ \Delta M_A \\ \Delta M_B \end{bmatrix} \tag{8.59}$$

式中，$f_0=h/(6EI_w)$，其中，EI_w 为扣除两侧边柱截面后的剪力墙弹性弯曲刚度；$f_R=1/K_R$；$g_0=\beta_n h/(GA_w)$；h 为剪力墙的净高；K_R 为下端转动弹簧的瞬

时转动刚度；GA_w/β_n 为剪力墙截面的剪切刚度，β_n 为截面剪切不均匀系数，当考虑弹塑性剪切变形时，剪切刚度应减小。各项力和变形均以刚性梁中点为基准。

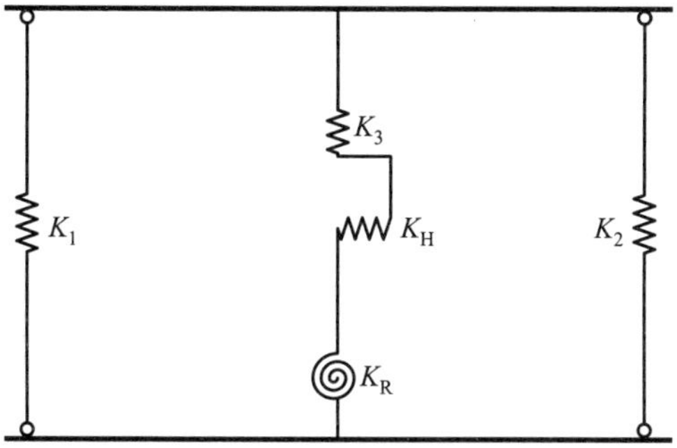

图 8.20 三垂直杆单元模型图

Milev[14]对三垂直杆单元模型进行了改进，采用二维平面单元代替原模型的中心杆元，并用非线性有限元分析的方法得到模型中部二维平面单元的非线性滞变特性。Vulcano 等[15]对三垂直杆模型做了简化，去掉了三元件中滞变特性比较难确定的拉压杆弹簧，将其刚度以及滞变特性包含在弯曲弹簧中，从而形成一个两元件模型。孙景江等[5]推导了二元件模型墙单元的刚度矩阵，并对剪切弹簧和弯曲弹簧恢复力骨架曲线的取值给出了简单实用的算法，具有较高的精度。

4. 多垂直杆单元模型

为解决三垂直杆单元模型中弯曲弹簧和两边柱杆元相协调的问题，Vulcano 和 Bertero[16]提出了一个修正模型，即多垂直杆模型。在多垂直杆模型中，用几个垂直弹簧来替代弯曲弹簧，剪力墙的弯曲刚度和轴向刚度由这些垂直弹簧代表，剪切刚度由一个水平弹簧代表，如图 8.21 所示。这样，只需给出单根杆件的拉压或剪切滞回关系，从而避免了弯曲弹簧滞回关系难以确定的问题，同时还可以考虑中性轴的移动。模型中剪切弹簧距离底部刚性梁的距离 ch 代表了弯曲中心的位置，应该根据层间曲率分布加以确定。但在实际应用中存在很多困难，不同学者给出了 ch 的不同取值方法，但一般在 0.33~0.50 倍层高之间。多垂直杆单元模型是目前使用最广的非线性剪力墙分析模型。

5. 四弹簧模型

1994 年，瑞士学者 Linda 等[17]在三垂直杆单元模型的基础上，根据悬臂墙的弹性理论和有代表性的单片墙体动力实验结果，提出了四弹簧模型。与三垂

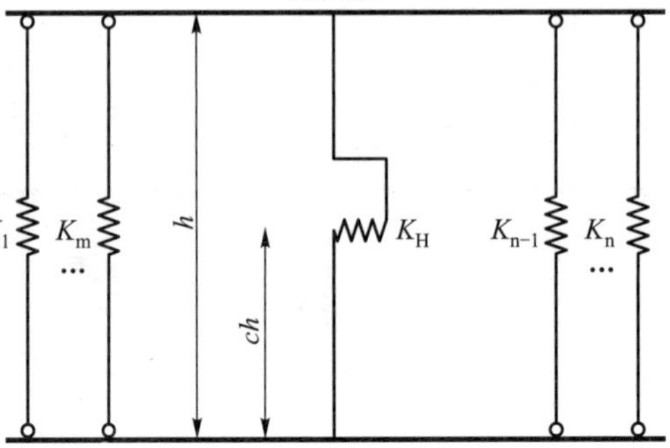

图 8.21　多垂直杆单元模型

直杆单元模型相比，四弹簧模型忽略了三垂直杆单元模型的中心弹簧组件中的弯曲弹簧，墙的抗弯能力由单元两受力侧的两根非线性弹簧 K_1、K_2 来代替；墙的抗剪能力由中心弹簧组件中的水平非线性弹簧 K_H代表；墙的轴向刚度则由单元两侧的非线性弹簧 K_1、K_2 和中心弹簧中的竖向线性弹簧 K_3 共同代表，如图 8.20 所示。研究认为，四弹簧模型比带刚域的柱模型能更好地反映剪力墙弯曲受力时左右墙的不对称性，适合在框架-剪力墙结构弹塑性地震反应分析中应用。

6. CANNY 多弹簧单元和纤维墙单元模型

基于柱的多轴弹簧单元，CANNY 中给出了剪力墙的多弹簧单元模型如图 8.22 所示。纤维模型采用纵向纤维束表达钢筋或混凝土材料的刚度，模拟了柱或剪力墙单元某一个截面的弯矩-曲率关系和轴力-轴向应变关系以及两者之间的相互作用。纤维墙单元是指将墙板和边缘柱或翼墙离散为纤维束，其中每个纤维基于材料的应力-应变关系，纤维束通过平截面假定建立联系，并考虑墙体弯矩和轴力间的相互作用以及分布非线性；墙板、边缘柱或翼墙的剪切变形分别用剪切弹簧表示，如图 8.23 所示。程序中为了简便，这种关系只建立在杆端两个截面上，通过假定柔度沿杆轴方向线性分布或抛物线分布，求得杆端变形。

7. 分层壳模型

以上介绍的宏观剪力墙模型力学概念清晰、计算效率高。然而由于其简化较多，存在很多问题；此外，这些模型参数标定困难，也影响了这些模型的实用性。分层壳单元基于复合材料力学原理，将一个壳单元沿厚度方向划分成若干层，各层可根据构件的实际尺寸和配筋情况赋予相应的材料（钢筋和混凝土）和厚度，如图 8.24 所示。计算时首先获得壳单元中心层的应变和曲率，根据平截

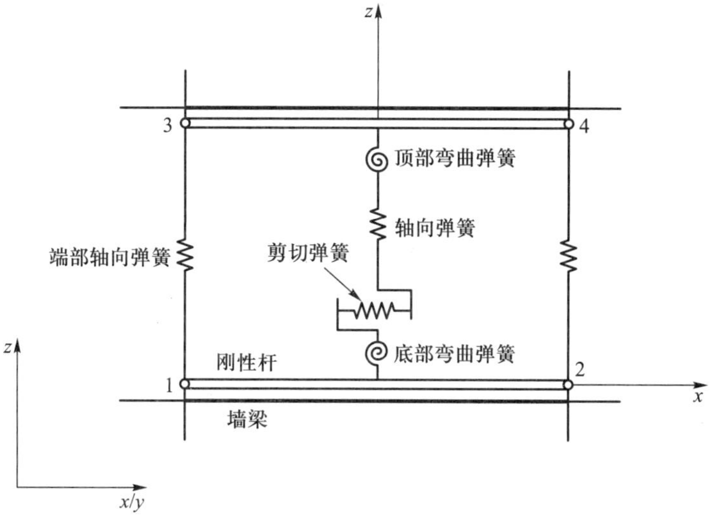

图 8.22 多弹簧墙单元模型

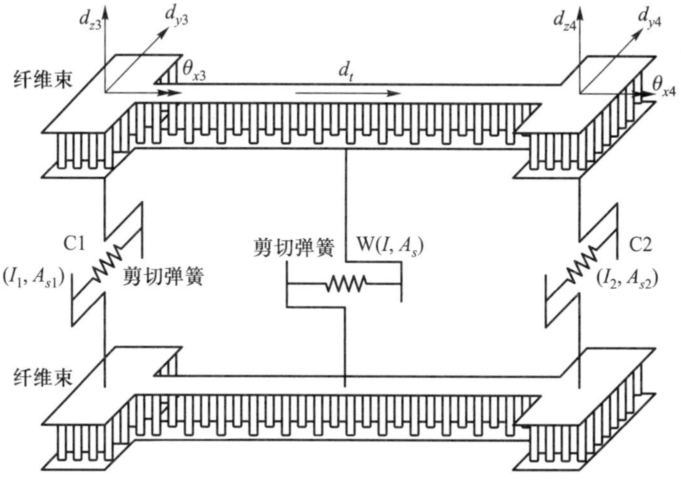

图 8.23 纤维墙单元模型

面假定计算得到其他各层的应变,进而由各层的材料本构模型得到各层积分点上的应力,最终通过数值积分得到壳单元的内力。分层壳单元考虑了面内弯曲,面内剪切和面外弯曲之间的耦合,能较全面地反映钢筋混凝土壳体构件的空间力学性能。分层壳单元假设混凝土层与钢筋“层”之间无相对滑移;每个分层壳单元可以有不同的分层数,每层厚度可以不同,但同一分层内保持厚度均匀。

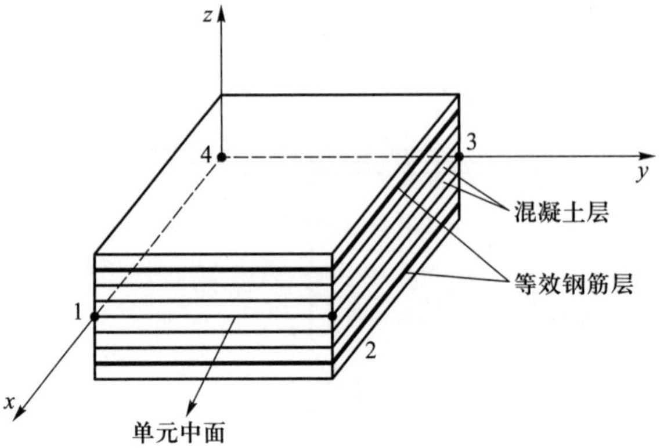

图 8.24　分层壳单元示意图

8.2.4　按结构体系划分结构计算模型

常用的结构体系有框架结构、框架-剪力墙结构、筒体结构等。一般来说，这些结构都可以使用精细化有限元模型建立结构计算模型。但是，考虑到结构工程行业对计算精度的要求和计算工作量，可对计算模型进行一定程度的简化，根据需要选择符合实际情况的计算模型。

框架结构由框架梁、柱、楼板组成。平面框架模型适合于结构平面布局、竖向布局比较规则的框架结构。可根据需要使用层间模型或杆系模型。框架-剪力墙结构可使用等效平面框架模型计算。所谓等效，是将开洞剪力墙折算为带刚域的框架，节点刚域的大小应按照有关规程的规定确定。筒体结构体系一般有框架-筒体、筒中筒、成组筒等多种构造，应使用精细化有限元模型建立结构计算模型。但在非弹性地震反应分析时，对于结构布置比较规则的筒体结构，为减小计算工作量，可通过多种途径简化。例如，将实腹筒视为剪力墙，框筒视为壁式框架，按框架-剪力墙结构建立计算模型。也可将框架-筒体等效展开成平面框架建立计算模型。

这里需要指出的是，选取简化计算模型必须十分慎重。对初步建立的计算模型要考察结构总体工作性能(刚度、承载力)、应力分布的合理性、构件之间连接的合理性、构件之间的内力分配规律、质量分布的合理性、振型表现的合理性以及结构的非弹性性能，例如刚度、承载力退化规律和力-位移滞回关系等。使用不当的结构简化计算模型会提供不当信息，使工程设计产生难以估计的后果。

8.3　恢复力模型

恢复力模型是描述结构或构件的抗力-变形关系的数学模型，可以是任何加载历程下的力-变形关系(包括往复加载),可以反映结构或构件的刚度、承载力、耗能能力,是进行结构弹塑性地震反应分析的基础。恢复力的数学模型大致有两类:一类是用复杂的数学公式予以描述的曲线型,另一类是分段线性化的折线型。

曲线型恢复力模型给出的刚度是连续变化的,与工程实际较为接近,具有模拟精度高的优点,但在刚度确定和计算方法上存在不足,因而目前较少采用。分段线性化的折线型模型在对真实力与变形曲线模拟方面不如曲线模型精度高,但这种模型计算工作量小,因而得到广泛的应用。因此,国内外很多学者都在弹塑性恢复力的数学模型方面做了大量的工作,得到了许多适用于不同情况的双线型、三线型、四线型(带负刚度段)、退化双线型、退化三线型、指向原点型、滑移型恢复力模型等。

现有的钢筋混凝土结构非线性分析模型中所采用的广义本构模型关系归纳起来有 5 种。

(1) 材料模型:材料的应力-应变关系(σ-ε);

(2) 截面模型:构件截面广义内力与广义变形的关系,一般研究弯矩-曲率(M-φ)关系;

(3) 构件模型:构件杆端力与相应变形之间的关系,即弯矩-转角(M-θ)关系或力-位移(P-δ)关系;

(4) 层间模型:层间位移与相应层剪力(V-δ)的关系;

(5) 总体模型:结构的总体外荷载与总体变形之间的关系,一般为基底剪力-顶点位移(V-δ)关系。

恢复力模型是基于试验基础的理论化,模型的建立要符合实际、便于应用。由于地震作用过程中结构的变形速度不快,且是反复多次循环加载过程,因此,可以在结构恢复力特性的试验研究基础上,加以综合、理想化而形成特定的恢复力模型。确定恢复力模型的试验方法主要有 3 种:往复静荷载试验法(拟静力试验)、周期循环动荷载试验法、振动台试验法。目前多采用往复静荷载试验法确定恢复力曲线。

恢复力模型主要由两部分组成:一是骨架曲线;二是具有不同滞回规则的滞回曲线。恢复力特性曲线充分反映了结构或构件的承载力、刚度、延性、耗能能力等力学性能,是分析结构抗震性能的重要依据。

8.3.1　骨架曲线

骨架曲线即恢复力模型的包络线,更确切地讲,是各次滞回曲线峰值点的连线,它提供了力-变形关系的包络线,和一次性加载的曲线相接近。如果从原点出发做滞回曲线第一圈的切线,它代表初始切线刚度,如果每一圈开始加载点都作切线，可以发现，随着变形（曲率或位移）的不断加大，切线的斜率将不断降低，刚度不断减小，这就是刚度退化现象。

骨架曲线的代表形式有：弯矩-曲率、弯矩-转角、剪力-剪切变形、钢筋黏结力-滑移等关系。骨架曲线通常由静力加载试验获得，也可以根据钢筋和混凝土的应力-应变关系，由构件截面计算获得。

由于采用计算模型完整反映所有构件特性是很困难的，因此，可以通过将模型理想化。目前已确定了一些便于计算且能反映实际情况的恢复力模型，采用的骨架曲线主要有：双线型、三线型、四线型以及曲线型。一般情况下，钢结构采用双线型，对于钢筋混凝土结构，由于裂缝出现、塑性区域的逐步形成等，一般采用三线型。

1. 双线型

双线型骨架曲线如图 8.25 所示，其中 P_y 代表屈服荷载（剪力或弯矩），δ_y 代表屈服位移（线位移或转角位移）。双线型骨架曲线为骨架曲线中最简单的一种，采用这一骨架曲线仅需确定构件或截面的滑移屈服特征点和屈服后骨架曲线的斜率，可以模拟简单的弹塑性模型，其中起始斜率即表示初始刚度。

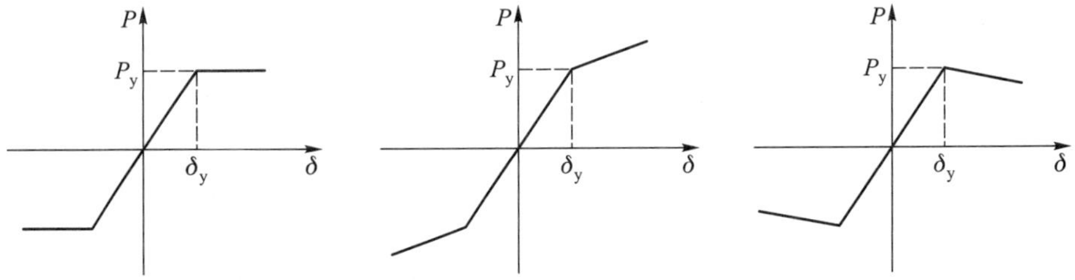

(a) 理想弹塑性　(b) 硬化弹塑性　(c) 软化弹塑性

图 8.25　双线型骨架曲线

2. 三线型

三线型模型如图 8.26 所示，是钢筋混凝土结构中较常用的一种，可以用于考虑构件的开裂点和屈服点，其中 P_c 和 δ_c 分别代表开裂荷载和开裂位移，P_y 和 δ_y 分别代表屈服荷载和屈服位移。

3. 四线型

为了更好地模拟刚度变化趋势，有时模型也采用四线型骨架曲线。四线型骨架曲线可以用来考虑开裂点、屈服点和负刚度。负刚度是指屈服后增量刚度或切线刚度 $dK=dP/d\delta<0$ 的现象，如混凝土材性曲线。对于不具有负刚度材性的钢材来说，由于 P-δ 效应、支撑屈曲等因素的影响，其滞回曲线也同样会出现负刚度现象，也就是考虑了刚度退化的情形。图 8.27 给出了常用的考虑刚度退化的四线型骨架曲线示意图。

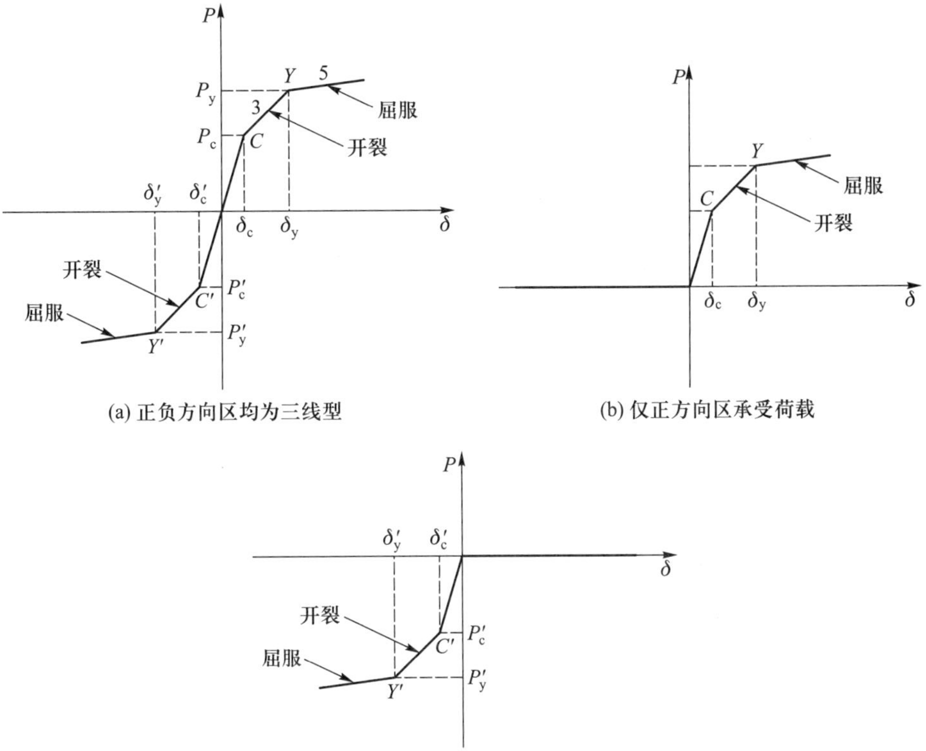

(a) 正负方向区均为三线型

(b) 仅正方向区承受荷载

(c) 仅负方向区承受荷载

图 8.26　三线型骨架曲线

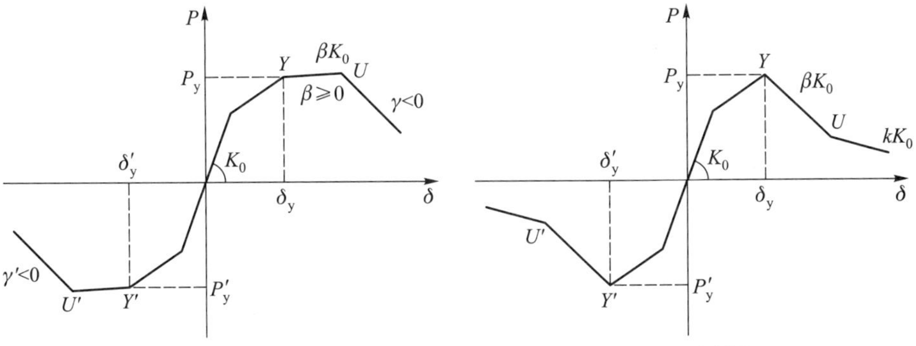

(a) 单段负刚度

(b) 两段负刚度

图 8.27　刚度退化的四线型骨架曲线示意图

4. 曲线型

曲线型骨架曲线的代表性模型是 Ramberg-Osgood 模型和 Masing 模型，图 8.28 给出模型示意图。曲线型的骨架曲线可以较好地模拟实际构件的刚度变化形态。从试验数据中进行的模拟通常都是曲线形态，但是进行数值计算时，这种骨架曲线较难实现。

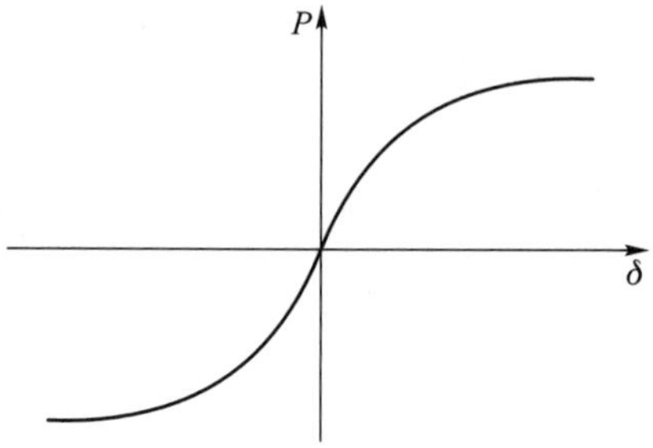

图 8.28　曲线型骨架曲线示意图

8.3.2　滞回模型

滞回模型是描述反复加载下结构或构件某种作用力与变形间滞回关系的数学模型。构件或截面的力-变形的滞回过程中有几个关键的状态：加载→开裂→屈服→卸载→反向加载→屈服→卸载→再加载→……。在确定滞回模型时，想要完整地反映实际的恢复力特性是极其困难的。因此，只能加以理想化，提出一些便于计算而又大体上能反映实际情况的滞回模型。下面介绍一些常用的滞回模型，其中，模型 1~4 适用于描述压弯构件，均不考虑剪切破坏、黏结破坏，多适用于混凝土受弯构件和压弯构件。但在地震作用下，某些构件的非弹性剪切变形是十分重要的，如在弯曲变形控制的构件的塑性铰区，非弹性剪切变形可以达到塑性铰区变形的 50%。剪力墙中的非弹性剪切变形尤为突出，即使构件设计得有较高的剪切承载力，比如超过相应于弯曲屈服时的抗剪能力，剪切屈服也可由弯曲屈服而诱发。因此对于剪力墙，即使具有较强的抗剪承载力，也并不能保证构件仅具有弹性剪切性态。模型 5~8 为几种常用的剪切型滞回模型，模型 9 为双重抗侧力体系的恢复力模型。

1. 非退化型模型

非退化型模型是滞回模型中最简单的一种。这一模型假设：卸载刚度等于初始刚度，往复加载刚度无退化，再加载刚度等于初始刚度。常用的有：双线型模型和 Wen 模型，图 8.29 给出这两种滞回模型的示意图。

非退化型滞回模型的曲线形状接近于“梭形”，在用于钢筋混凝土结构和钢结构时都存在不符合的地方。例如，对于混凝土结构，屈服后，卸载再加载刚度将发生退化，变形大则退化多；而对于钢结构，屈服后，由于包辛格效应而发生软化。虽然存在不能较好地描述结构滞回特性的缺点，但这是最简单的一种计算模型，因此也得到了广泛的应用。主要适用于焊接钢结构构件和结构，也能

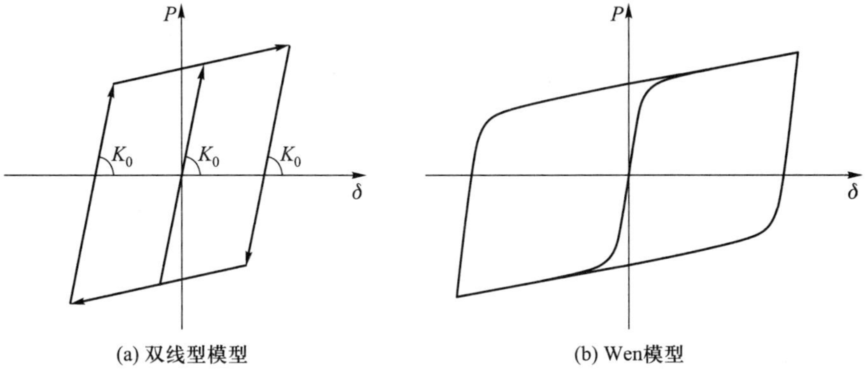

图 8.29 非退化型滞回曲线

近似地适用于钢筋混凝土构件和结构。

2. Clough 双线型退化型模型

Clough 双线型退化型模型是在非退化型基础上发展的，与非退化型相比，可以反映再加载刚度的退化，如图 8.30 所示。

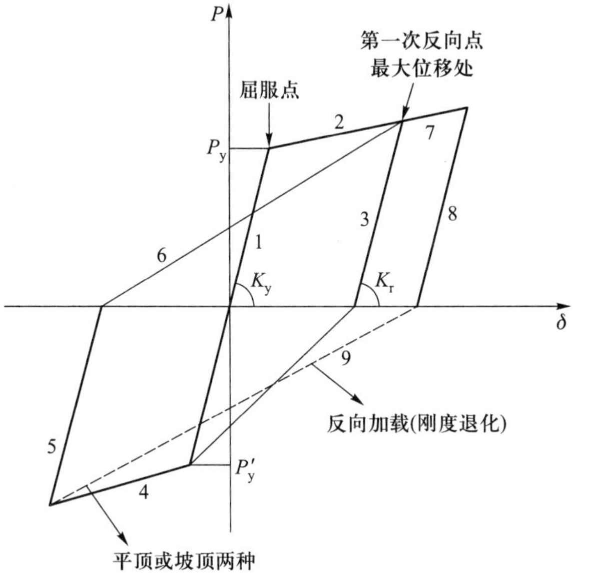

图 8.30 Clough 双线型退化型模型滞回曲线

Clough 双线型退化型模型简单，对于具有棱形滞回曲线的受弯构件应用广泛。该模型中有两个关键部分：① 卸载刚度等于屈服（初始）刚度，即 $K_r = K_y$；② 屈服后反向加载时，曲线指向反向变位最大点（若反向未屈服，则指向反向屈服点),这样即可以反映再加载刚度的退化。

Clough 双线型退化型模型的骨架曲线可以是平顶或坡顶两种。该模型卸载刚度仍等于初始刚度,但再加载段考虑了刚度退化,对钢筋混凝土结构而言,该模型由于能反映材料的刚度退化因而具有较好适用性。但模型对于压弯构件上不够合理,且没有考虑材料屈服后卸载刚度的变化。

3. 改进的 Clough 模型

虽然 Clough 模型较好地反映了构件反复加载过程中的再加载刚度的退化,但还不能反映卸载刚度的退化。为此对 Clough 模型进行了改进,以反映卸载刚度的退化。图 8.31 给出了改进 Clough 模型的滞回曲线,可以看出改进模型的卸载刚度随变形增大不断降低。

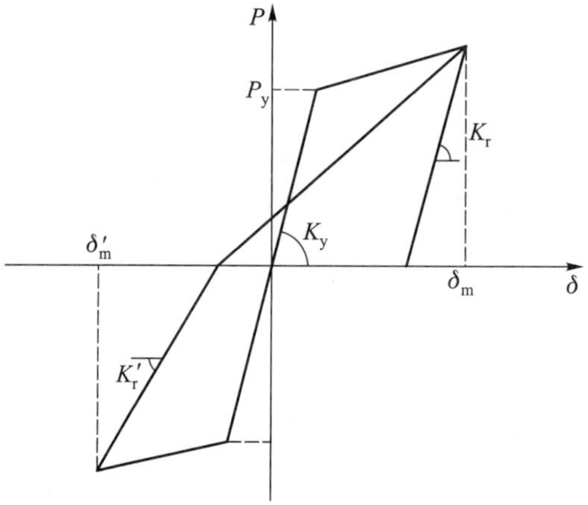

图 8.31　改进的 Clough 模型滞回曲线

在改进的 Clough 模型中,卸载刚度以式(8.60)计算

$$K_r = K_y\left(\frac{\delta_m}{\delta_y}\right)^{-\alpha_0}$$

$$K'_r = K_y\left(\frac{\delta'_m}{\delta_y}\right)^{-\alpha_0} \tag{8.60}$$

式中,K_r 和 K'_r分别为正向和负向卸载刚度;δ_m 和 δ'_m表示正向和负向曾达到的最大变形;K_y 为屈服刚度;α_0 为小于 1 的常数,对于钢筋混凝土构件 $\alpha_0=0.4\sim0.6$。

4. Takeda 退化型模型

Takeda 退化型模型也称为武田三线型模型。该模型是在修正 Clough 模型基础上考虑了构件开裂对刚度的影响。它的形式比较复杂,但更具有合理性,考虑刚度退化的三线型模型能较好地描述钢筋混凝土构件受力全过程的情况。与 Clough 模型相比，Takeda 退化型模型有如下 3 个特点。

(1) 考虑开裂所引起的构件刚度降低，骨架曲线取为三折线。即开裂前直线用于线弹性阶段，混凝土受拉开裂后用第二段直线，纵向受拉钢筋屈服后用第三段直线。

(2) 卸载退化刚度规律与 Clough 模型近似，即卸载刚度随变形增加而降低，具体形式为

$$K_{\mathrm{r}}=\frac{P_{\mathrm{c}}+P_{\mathrm{y}}}{\delta_{\mathrm{c}}+\delta_{\mathrm{y}}}\left(\frac{\delta_{\mathrm{m}}}{\delta_{\mathrm{y}}}\right)^{-\alpha} \tag{8.61}$$

式中，$(P_{\mathrm{c}},\delta_{\mathrm{c}})$ 为开裂点的承载力及变形；$(P_{\mathrm{y}},\ \delta_{\mathrm{y}})$ 为屈服点的承载力及变形；δ_{m} 为屈服后曾达到的最大变形。

(3) 采用了较为复杂的主、次滞回规律。其核心概括为：卸载刚度 K_{r} 按式 (8.61) 计算。主滞回反向加载按反向是否开裂、屈服分别考虑次滞回反向加载指向外侧滞回的峰点。

Takeda 退化型模型共有 16 条加载规则，图 8.32 为 Takeda 退化型模型的两种主要滞回状态。Takeda 退化型模型能细致地刻画以受弯为主的混凝土构件非线性刚度退化的特点，因此得到了广泛应用。

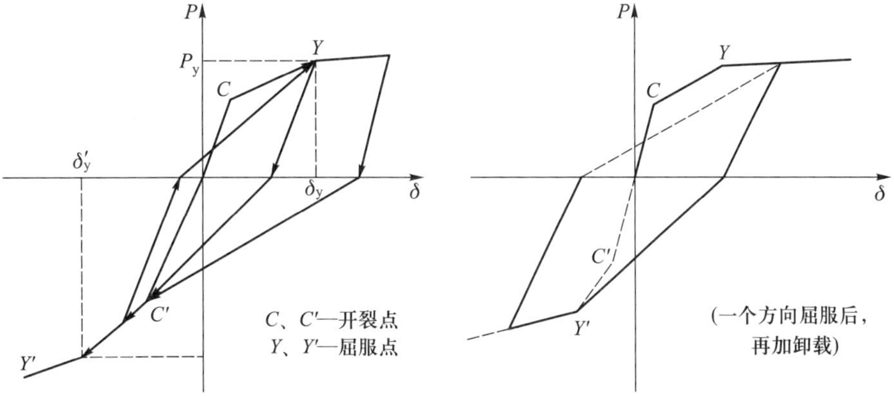

图 8.32　Takeda 退化型模型滞回曲线

5. 原点指向型滞回模型

原点指向型滞回模型是一种简单和常用的剪力墙滞回模型，如图 8.33 所示。该模型在卸载和再加载过程中，均指向原点。图 8.33 中纵坐标为剪力，横坐标为广义剪切变形。

研究指出，原点指向型滞回模型不适合描述剪力墙的剪切滞变性能，特别是在高剪应力时，该模型的误差较大。

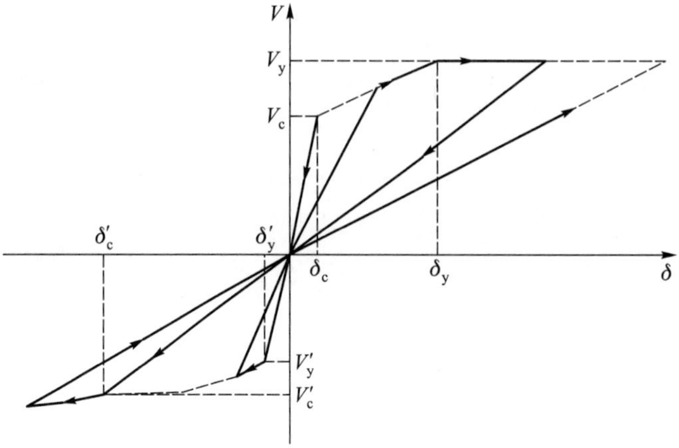

图 8.33　原点指向型滞回模型

6. 改进的原点指向型滞回模型

武藤清对原点指向型滞回模型进行了改进，即在中、低剪应力阶段，为典型的原点指向型滞回模型，而在高剪应力阶段，遵循 Clough 双线型退化型模型，如图 8.34 所示。即剪切屈服后，变形沿着第 3 斜率增加，卸载刚度平行于原点与屈服点连线的屈服点刚度，再加载指向与最大位移点根据原点相对称的点，构成了随变形的增大刚度逐渐降低的 Clough 双线型。应用该模型来描述多弹簧剪力墙单元模型中的水平弹簧的剪切滞回特性能较好地反映墙单元的实际非线性状态。

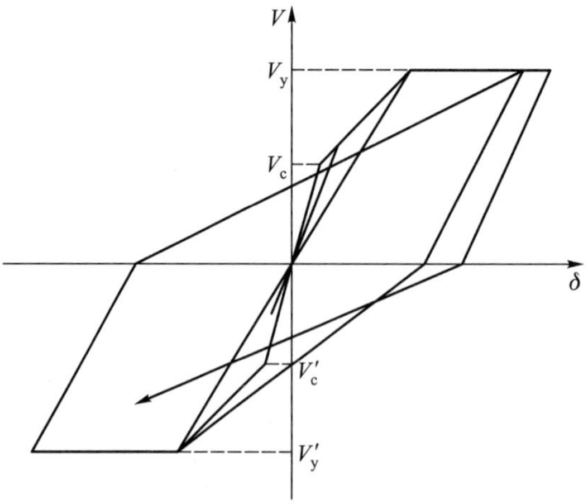

图 8.34　改进的原点指向型滞回模型

7. Takeda 滑移模型(修正 Takeda 模型)

带捏缩的修正 Takeda 模型能较好地反映剪切滞回性态的主要特性,并且使用简便,是较为理想的剪切滞回模型。如图 8.35 所示,该模型采用的是双折线骨架曲线,其初始刚度 K_e 和屈服后刚度 K_p 分别为

$$K_e = V_y/\delta_y \tag{8.62}$$

$$K_p = \alpha_r K_s \tag{8.63}$$

式中,V_y 和 δ_y 分别表示屈服剪力和屈服位移;α_r 为屈服后刚度与初始刚度的比。

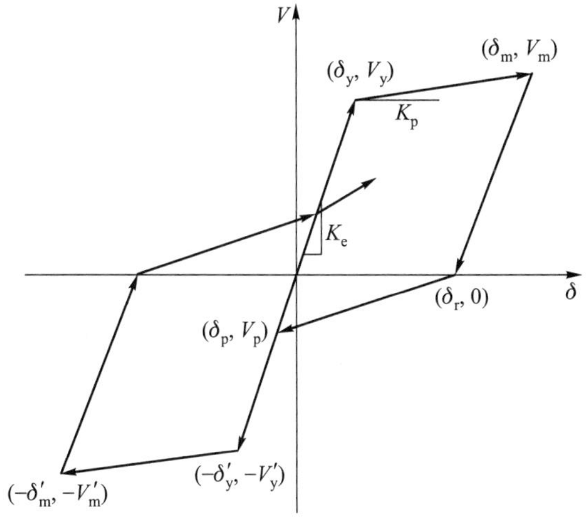

图 8.35 Takeda 滑移模型滞回曲线

图 8.35 中,V_m、δ_m 分别表示极限剪力和极限位移;δ_0 为零剪力时的残余位移。由于张开的剪裂缝在重新加载下趋于闭合,从而引起刚度显著增大,导致滞回曲线呈"捏缩"形状。(δ_p,V_p)为反向加载的一个捏缩点。

8. 轴向滞回模型

剪力墙三垂直杆单元模型、多垂直杆单元模型等以及钢支撑构件等中都需要给出轴向滞回模型。相对于剪切滞回模型,已有的轴向受力杆的试验研究很少,对其在轴向反复荷载作用下的试验研究更少。主要有:Kabeyasawa 等[12]在三垂直杆单元模型中对表征剪力墙轴向刚度的两边桁架和中央竖向杆单元建议了一个轴向刚度滞回模型,但该模型带有较多的经验假设,而且过于复杂,并与试验结果相差较大。Fajfar、Fischinger[18]和孙景江[11]分别对该模型进行了修正,提出了修正模型。江近仁等[19]为了合理地描述多竖杆剪力墙分析模型中竖向单元的轴向刚度滞回特性,进行了 5 个钢筋混凝土柱试件的轴向拉压

试验，测得了试件在轴向反复循环荷载作用下的滞回特性，并由此给出了一个轴向刚度滞回模型，此模型目前应用较多。图 8.36 分别给出了这 4 种模型的示意图。图中(D_{yt},F_y)和(D_m,F_m)分别表示受拉垂直杆的屈服点和最大点的变形及承载力。$(D_{yc},-F_y)$表示受压垂直杆的屈服点的变形及承载力。

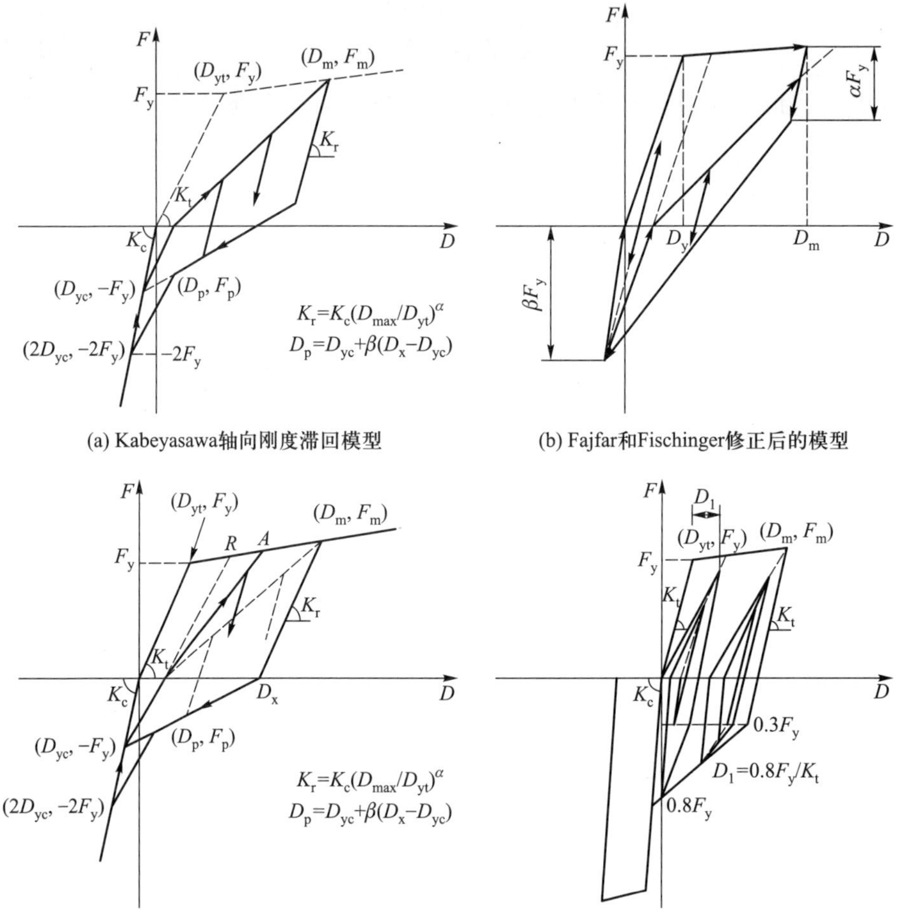

(a) Kabeyasawa轴向刚度滞回模型　　(b) Fajfar和Fischinger修正后的模型

(c) 孙景江修正后的模型　　(d) 江近仁等提出的轴向刚度滞回模型

图 8.36　轴向滞回模型

9. 双重抗侧力体系的恢复力模型

双重抗侧力体系具有两道抗震防线，在首道抗震防线失效时，会出现承载力和刚度的突然损失，之后由第二道抗震防线继续承担地震作用。以中心支撑钢框架结构体系为例对考虑首道抗震防线失效的双重抗侧力体系恢复力模型进行介绍。结构侧向总刚度 k 由框架抗侧刚度 k_f 与支撑抗侧刚度 k_b 两部分组成，即 $k=k_f+k_b$。由于支撑的设置使得体系具有较高的初始抗侧向刚度，而钢框架自身则具有一定的延性耗能能力,支撑破坏后的体系由框架继续抵御地震作用,并通过钢框架的塑性变形耗散地震输入能量。由于框架提供的抗侧刚度往往低于支撑所提供的刚度,故在计算模型中假定 $k_f \leqslant k_b$。图 8.37 给出了中心支撑钢框架结构体系的恢复力关系模型,随着等效地震侧向力 F 的增大,体系保持弹性状态,并处于直线 OA 段,直至支撑失效破坏(对应图 8.37 中的 A 点)。OA 段的斜率为体系的总刚度 k,A 点对应的承载力 F_y 为支撑破坏时刻结构体系的承载力,位移 u_y 是支撑失效时刻对应的位移。在此假定支撑同时失效,不考虑支撑屈曲、屈服等特性。支撑失效会导致结构体系承载力和刚度突然损失,使承载力从 A 点骤降到 B 点。此时,框架部分成为体系的储备体系,框架的承载力和刚度作为体系的储备承载力与储备刚度继续承担地震作用。框架部分的恢复力模型为理想弹塑性模型,直线 BC 的斜率代表框架的抗侧刚度 k_f,C 点代表框架的屈服点,F_f 和 u_f 分别是框架的屈服强度与屈服位移。不考虑承载力与刚度的退化,则卸载刚度与加载刚度相同。

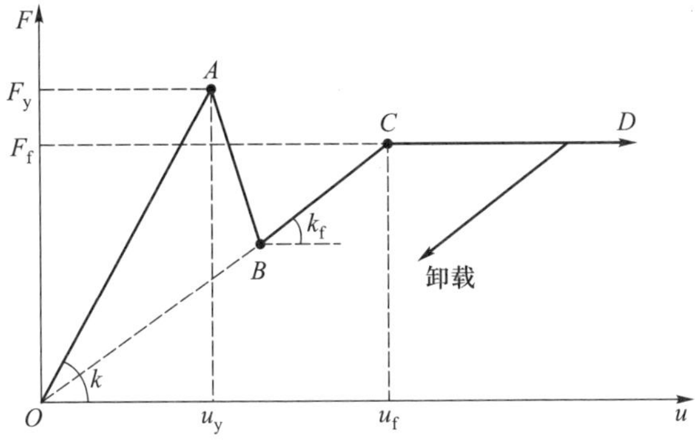

图 8.37　考虑承载力和刚度突然损失的双重抗侧力体系恢复力模型

在计算分析中,为了准确描绘双重抗侧力体系的恢复力模型,探究支撑与框架之间承载力与刚度的设计比例,Li 等[20-22]建立了两个基本设计参数,分别是承载力储备系数 α 与刚度储备系数 β。α 是框架屈服承载力与支撑破坏时体系的承载力之比,用来衡量框架部分对于整体体系的承载力储备能力,即 $\alpha = F_f/F_y$;β 是框架刚度与体系总刚度之比,用来表示框架部分对于整体体系的刚度储备能力,即 $\beta = k_f/k$。根据该类体系的受力特点,支撑失效的发生常先于框架屈服,即 $u_f \geqslant u_y$,所以 $\alpha \geqslant \beta$。

8.4　时域逐步积分法

在弹塑性反应分析时,系统的弹塑性恢复力用数学模型表示出来后,需要用其他适当的方法进行反应分析。其中,最常用的方法就是时域逐步积分法。时域逐步积分法研究的是离散时间点上的值,例如位移 $u_i=u(t_i)$,速度 $\dot{u}=\dot{u}(t_i)$,$i=0,1,2,\cdots$。而这种离散化正符合计算机存储的特点。一般情况下采用等步长离散,即 $t_i=i\Delta t$,其中 Δt 为时间离散步长。与运动变量的离散化相对应,体系的运动微分方程也不一定要求在全部时间上都满足,而仅要求在离散时间点上满足。时域逐步积分法是结构动力分析问题中一个得到广泛研究的课题。它适用于任何线性和非线性的结构分析。

按是否需要联立求解耦联方程组,时域逐步积分法又可分为两大类:

(1) 显式方法:逐步积分计算公式是解耦的方程组,无需联立求解。显式方法的计算工作量小,增加的工作量与自由度呈线性关系,如中心差分方法。

(2) 隐式方法:逐步积分计算公式是耦联的方程组,需联立求解。隐式方法的计算工作量大,增加的工作量至少与自由度的平方成正比,例如 Newmark-β 法、Wilson-θ 法。

在强荷载下,例如强地震作用下,结构可能发生较大的变形,构件将出现弹塑性变形,结构反应进入弹塑性,主要表现是结构的弹性恢复力,此时也称为抗力,与结构的位移或变形不再保持线性关系,如图 8.38 所示,即

$$R_s \neq K_0 u \tag{8.64}$$

而是位移的函数:

$$R_s = R_s(u) \tag{8.65}$$

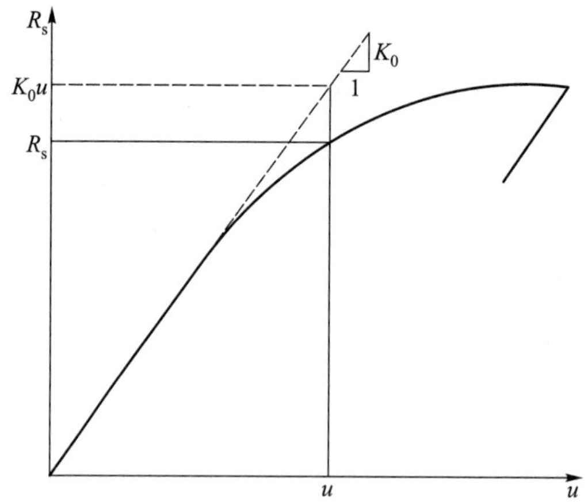

图 8.38　非线性位移和抗力关系

8.4.1 中心差分法

中心差分法可以给出显式算法格式,为有条件稳定的计算方法。该方法是基于以有限差分代替位移对时间的求导(即速度和加速度)。如果采用等时间步长,则速度和加速度的中心差分近似为

$$\dot{\boldsymbol{u}}_i=\frac{\boldsymbol{u}_{i+1}-\boldsymbol{u}_{i-1}}{2\Delta t} \tag{8.66}$$

$$\ddot{\boldsymbol{u}}_i=\frac{\boldsymbol{u}_{i+1}-2\boldsymbol{u}_i+\boldsymbol{u}_{i-1}}{\Delta t^2} \tag{8.67}$$

式中,Δt 为离散时间步长;$\boldsymbol{u}_i=\boldsymbol{u}(t_i)$,$\dot{\boldsymbol{u}}_i=\dot{\boldsymbol{u}}_i(t_i)$,$\ddot{\boldsymbol{u}}_i=\ddot{\boldsymbol{u}}(t_i)$,$i=0,1,2,\cdots$。

体系的运动方程为

$$\boldsymbol{M}\ddot{\boldsymbol{u}}(t)+\boldsymbol{C}\dot{\boldsymbol{u}}(t)+\boldsymbol{K}\boldsymbol{u}(t)=\boldsymbol{P}(t) \tag{8.68}$$

式中,$\boldsymbol{M}$、$\boldsymbol{C}$ 和 $\boldsymbol{K}$ 分别为体系的质量、阻尼和刚度矩阵;$\ddot{\boldsymbol{u}}(t)$、$\dot{\boldsymbol{u}}(t)$、$\boldsymbol{u}(t)$ 分别为结构的加速度、速度和位移向量。

将速度和加速度的差分近似公式(8.66)和(8.67)代入由式(8.68)给出的在 t_i 时刻的运动方程可以得到

$$\boldsymbol{M}\frac{\boldsymbol{u}_{i+1}-2\boldsymbol{u}_i+u_{i-1}}{\Delta t^2}+\boldsymbol{C}\frac{\boldsymbol{u}_{i+1}-\boldsymbol{u}_{i-1}}{2\Delta t}+\boldsymbol{R}_{si}=\boldsymbol{P}_i \tag{8.69}$$

式中,$\boldsymbol{R}_{si}$ 为 t_i 时刻结构的恢复力;$\boldsymbol{P}_i$ 为 t_i 时刻外荷载向量。

在式(8.69)中,假设 $\boldsymbol{u}_i$ 和 $\boldsymbol{u}_{i-1}$ 是已知的,即 t_i 及 t_i 以前时刻的运动状态已知,则可以把已知项移到方程的右边,整理得

$$\left(\frac{1}{\Delta t^2}\boldsymbol{M}+\frac{1}{2\Delta t}\boldsymbol{C}\right)\boldsymbol{u}_{i+1}=\boldsymbol{P}_i-\boldsymbol{R}_{si}+\left(\frac{2}{\Delta t^2}\boldsymbol{M}\right)\boldsymbol{u}_i-\left(\frac{1}{\Delta t^2}\boldsymbol{M}-\frac{1}{2\Delta t}\boldsymbol{C}\right)\boldsymbol{u}_{i-1} \tag{8.70}$$

由式(8.70)就可以根据 t_i 及 t_i 以前时刻的运动状态,求得 t_{i+1} 时刻的运动,如果需要,利用式(8.66)和(8.67)可以求得体系的速度和加速度值。式(8.70)即为结构动力反应分析的中心差分法逐步计算公式。

8.4.2 Newmark-β 法

1. 增量动力方程的建立

若采用 Newmark-β 法进行结构非线性动力计算,采用增量平衡方程较合适。所谓"增量"是与以前的"全量"相比而言,可以分别给出 t_i 时刻运动方程:

$$\boldsymbol{M}\ddot{\boldsymbol{u}}(t_i)+\boldsymbol{C}\dot{\boldsymbol{u}}(t_i)+\boldsymbol{K}(t_i)\boldsymbol{u}(t_i)=\boldsymbol{P}(t_i) \tag{8.71}$$

和 $t_{i+1}=t_i+\Delta t$ 时刻运动方程：

$$\boldsymbol{M}\ddot{\boldsymbol{u}}(t_i+\Delta t)+\boldsymbol{C}\dot{\boldsymbol{u}}(t_i+\Delta t)+\boldsymbol{K}(t_i+\Delta t)\boldsymbol{u}(t_i+\Delta t)=\boldsymbol{P}(t_i+\Delta t) \tag{8.72}$$

由 t_{i+1} 减去 t_i 时刻的运动方程得到运动的增量平衡方程：

$$\boldsymbol{M}\Delta\ddot{\boldsymbol{u}}_i+\boldsymbol{C}\Delta\dot{\boldsymbol{u}}_i+\Delta\boldsymbol{R}_{si}=\Delta\boldsymbol{P}_i \tag{8.73}$$

式中，$\Delta\boldsymbol{u}_i=\boldsymbol{u}(t_i+\Delta t)-\boldsymbol{u}(t_i)$；$\Delta\dot{\boldsymbol{u}}_i=\dot{\boldsymbol{u}}(t_i+\Delta t)-\dot{\boldsymbol{u}}(t_i)$；$\Delta\ddot{\boldsymbol{u}}_i=\ddot{\boldsymbol{u}}(t_i+\Delta t)-\ddot{\boldsymbol{u}}(t_i)$；$\Delta\boldsymbol{P}_i=\boldsymbol{P}(t_i+\Delta t)-\boldsymbol{P}(t_i)$；$\Delta\boldsymbol{R}_{si}=\boldsymbol{K}(t_i+\Delta t)\boldsymbol{u}(t_i+\Delta t)-\boldsymbol{K}(t_i)\boldsymbol{u}(t_i)$。

假设结构的受力-变形关系在一个微小的时间步距内是线性的，相当于用分段直线来逼近实际的曲线。虽然结构反应进入非线性，但只要时间步长 Δt 足够小，可以认为在$[t_i, t_{i+1}]$区间内结构的本构关系是线性的，则

$$\Delta\boldsymbol{R}_{si}=\boldsymbol{K}_i^{s}\Delta\boldsymbol{u}_i \tag{8.74}$$

其中，$\boldsymbol{K}_i^{s}$ 为 t_i 和 t_{i+1}点之间结构的割线刚度阵，以单自由度体系为例，如图 8.39 所示。

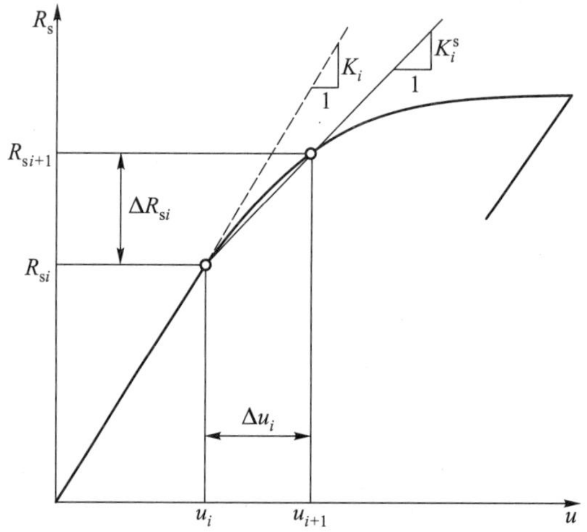

图 8.39 $[t_i, t_{i+1}]$区间内结构的受力-变形关系

由于 u_{i+1}未知，因此 K_i^{s} 不能预先准确估计，这时可以采用 i 点的切线刚度 K_i 代替 K_i^{s}，则 $\Delta R_{si}\approx K_i\Delta u_i$，对于多自由体系则有

$$\Delta\boldsymbol{R}_{si}=\boldsymbol{K}_i\Delta\boldsymbol{u}_i \tag{8.75}$$

式中，$\boldsymbol{K}_i=\boldsymbol{K}(t_i)$，为 t_i 时刻结构的切线刚度阵。

将式(8.75)代入式(8.73)得到结构的增量平衡方程为

$$\boldsymbol{M}\Delta\ddot{\boldsymbol{u}}_i+\boldsymbol{C}\Delta\dot{\boldsymbol{u}}_i+\boldsymbol{K}_i\Delta\boldsymbol{u}_i=\Delta\boldsymbol{P}_i \tag{8.76}$$

式中，系数矩阵 $\boldsymbol{M}$、$\boldsymbol{C}$、$\boldsymbol{K}_i$ 和外荷载 $\boldsymbol{P}_i$ 均为已知。

2. Newmark-β 法

Newmark-β 法同样将时间离散化，运动方程仅要求在离散的时间点上满足。假设 t_i 时刻的 $\boldsymbol{u}_i$、$\dot{\boldsymbol{u}}_i$、$\ddot{\boldsymbol{u}}_i$ 均已求得，然后计算 t_{i+1} 时刻的运动。与中心差分法不同的是，它不是用差分对 t_i 时刻的运动方程展开来得到外推计算 t_{i+1} 的公式的，而是通过对 $t_i \sim t_{i+1}$ 时段内加速度变化规律的假设，以 t_i 时刻的运动量为初始值，通过积分方法得到 t_{i+1} 时刻的运动计算公式。

设离散时间点 t_i 和 t_{i+1} 时刻的加速度值为 $\ddot{u}_i$ 和 $\ddot{u}_{i+1}$，Newmark-β 法假设在 t_i 和 t_{i+1} 之间的加速度值是介于 $\ddot{u}_i$ 和 $\ddot{u}_{i+1}$ 之间的某一常量，记为 a，如图 8.40 为其中一个自由度的示意图。

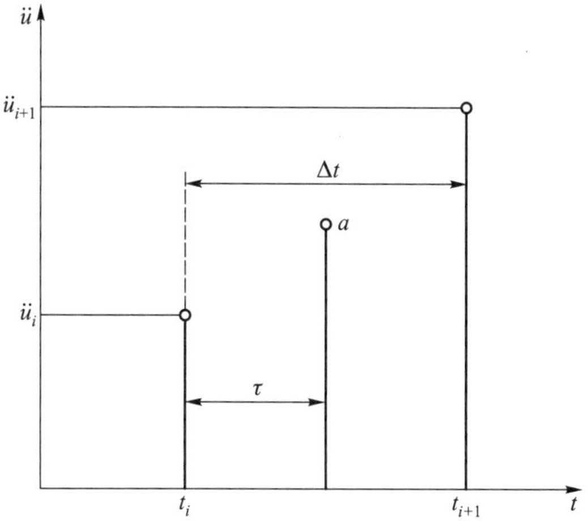

图 8.40 Newmark-β 法离散时间点及加速度假设

根据 Newmark-β 法的基本假设，有

$$\boldsymbol{a} = (1-\gamma_0)\ddot{\boldsymbol{u}}_i + \gamma\ddot{\boldsymbol{u}}_{i+1}, \quad 0 \leqslant \gamma_0 \leqslant 1 \tag{8.77}$$

为得到稳定和高精度的算法，$\boldsymbol{a}$ 也用另一控制参数 β_0 表示：

$$\boldsymbol{a} = (1-2\beta_0)\ddot{\boldsymbol{u}}_i + 2\beta_0\ddot{\boldsymbol{u}}_{i+1}, \quad 0 \leqslant \beta_0 \leqslant 1/2 \tag{8.78}$$

通过在 t_i 到 t_{i+1} 时间段上对加速度 $\boldsymbol{a}$ 积分，可得 t_{i+1} 时刻的速度和位移分别为

$$\dot{\boldsymbol{u}}_{i+1} = \dot{\boldsymbol{u}}_i + \Delta t\boldsymbol{a} \tag{8.79}$$

$$\boldsymbol{u}_{i+1} = \boldsymbol{u}_i + \Delta t\,\dot{\boldsymbol{u}}_i + \frac{1}{2}\Delta t^2\boldsymbol{a} \tag{8.80}$$

分别将式(8.77)代入式(8.79)、将式(8.78)代入式(8.80)得

$$\begin{aligned}\dot{\boldsymbol{u}}_{i+1}&=\dot{\boldsymbol{u}}_{i}+(1-\gamma_0)\Delta t\,\ddot{\boldsymbol{u}}_{i}+\gamma_0\Delta t\,\ddot{\boldsymbol{u}}_{i+1}\\ \boldsymbol{u}_{i+1}&=\boldsymbol{u}_{i}+\Delta t\,\dot{\boldsymbol{u}}_{i}+\left(\frac{1}{2}-\beta_0\right)\Delta t^2\,\ddot{\boldsymbol{u}}_{i}+\beta_0\Delta t^2\ddot{\boldsymbol{u}}_{i+1}\end{aligned}\tag{8.81}$$

式(8.81)是 Newmark-β 法的两个基本递推公式，由式(8.81)可解得 t_{i+1}时刻的加速度和速度的计算公式：

$$\begin{aligned}\ddot{\boldsymbol{u}}_{i+1}&=\frac{1}{\beta_0\Delta t^2}(\boldsymbol{u}_{i+1}-\boldsymbol{u}_{i})-\frac{1}{\beta_0\Delta t}\dot{\boldsymbol{u}}_{i}-\left(\frac{1}{2\beta_0}-1\right)\ddot{\boldsymbol{u}}_{i}\\ \dot{\boldsymbol{u}}_{i+1}&=\frac{\gamma_0}{\beta_0\Delta t}(\boldsymbol{u}_{i+1}-\boldsymbol{u}_{i})+\left(1-\frac{\gamma_0}{\beta_0}\right)\dot{\boldsymbol{u}}_{i}+\left(1-\frac{\gamma_0}{2\beta_0}\right)\Delta t\,\ddot{\boldsymbol{u}}_{i}\end{aligned}\tag{8.82}$$

将式(8.82)改写成增量的形式

$$\begin{aligned}\Delta\ddot{\boldsymbol{u}}_{i+1}&=\frac{1}{\beta_0\Delta t^2}\Delta\boldsymbol{u}_{i}-\frac{1}{\beta_0\Delta t}\dot{\boldsymbol{u}}_{i}-\left(\frac{1}{2\beta_0}-1\right)\ddot{\boldsymbol{u}}_{i}\\ \Delta\dot{\boldsymbol{u}}_{i+1}&=\frac{\gamma_0}{\beta_0\Delta t}\Delta\boldsymbol{u}_{i}+\left(1-\frac{\gamma_0}{\beta_0}\right)\dot{\boldsymbol{u}}_{i}+\left(1-\frac{\gamma_0}{2\beta_0}\right)\Delta t\,\ddot{\boldsymbol{u}}_{i}\end{aligned}\tag{8.83}$$

将式(8.83)代入式(8.76)，得到 $\Delta\boldsymbol{u}_i$ 的计算式为

$$\begin{aligned}&\widehat{\boldsymbol{K}}_i\Delta\boldsymbol{u}_i=\Delta\widehat{\boldsymbol{P}}_i\\ &\widehat{\boldsymbol{K}}_i=\boldsymbol{K}_i+\frac{1}{\beta_0\Delta t^2}\boldsymbol{M}+\frac{\gamma_0}{\beta\Delta t}\boldsymbol{C}\\ &\Delta\widehat{\boldsymbol{P}}_i=\Delta\boldsymbol{P}_i+\boldsymbol{M}\left(\frac{1}{\beta_0\Delta t}\dot{\boldsymbol{u}}_i+\frac{1}{2\beta_0}\ddot{\boldsymbol{u}}_i\right)+\boldsymbol{C}\left[\frac{\gamma_0}{\beta_0}\dot{\boldsymbol{u}}_i+\frac{\Delta t}{2}\left(\frac{\gamma_0}{\beta_0}-2\right)\ddot{\boldsymbol{u}}_i\right]\end{aligned}\tag{8.84}$$

用式(8.84)求得 $\Delta\boldsymbol{u}_i$ 后，则可以计算出 t_{i+1}时刻的总位移：

$$\boldsymbol{u}_{i+1}=\boldsymbol{u}_i+\Delta\boldsymbol{u}_i\tag{8.85}$$

将 $\Delta\boldsymbol{u}_i$ 代入式(8.82)，可以得到

$$\begin{aligned}\ddot{\boldsymbol{u}}_{i+1}&=\frac{1}{\beta_0\Delta t^2}\Delta\boldsymbol{u}_{i}-\frac{1}{\beta_0\Delta t}\dot{\boldsymbol{u}}_{i}-\left(\frac{1}{2\beta_0}-1\right)\ddot{\boldsymbol{u}}_{i}\\ \dot{\boldsymbol{u}}_{i+1}&=\frac{\gamma_0}{\beta_0\Delta t}\Delta\boldsymbol{u}_{i}+\left(1-\frac{\gamma_0}{\beta_0}\right)\dot{\boldsymbol{u}}_{i}+\left(1-\frac{\gamma_0}{2\beta_0}\right)\Delta t\,\ddot{\boldsymbol{u}}_{i}\end{aligned}\tag{8.86}$$

这样，t_{i+1}时刻的运动状态全部求得。

在时域逐步积分计算方法研究中，发展了一批计算方法，例如，平均常加速

度方法、线性加速度方法等。Newmark-β 法中控制参数 β_0 取不同的值，可以得到相应的计算方法。表 8.2 给出了参数 β_0 取不同值时 Newmark-β 法所对应的逐步积分法，分别为平均常加速度法、线性加速度法和中心差分法。图 8.41给出线性加速度法和平均常加速度法在 t_i 到 t_{i+1}时间段内假设的加速度变化规律。Newmark-β 法仅当参数 γ_0 取 1/2 时才为二阶精度。

表 8.2 参数取不同值时 Newmark-β 法所对应的逐步积分法

参数取值	对应的逐步积分法	稳定性条件
$\gamma_0=\frac{1}{2},\ \beta_0=\frac{1}{4}$	平均常加速度法	无条件稳定
$\gamma_0=\frac{1}{2},\ \beta_0=\frac{1}{6}$	线性加速度法	$\Delta t\leqslant\frac{\sqrt{3}}{\pi}T_{\mathrm{n}}=0.551T_{\mathrm{n}}$
$\gamma_0=\frac{1}{2},\ \beta_0=0$	中心差分法	$\Delta t\leqslant\frac{1}{\pi}T_{\mathrm{n}}$

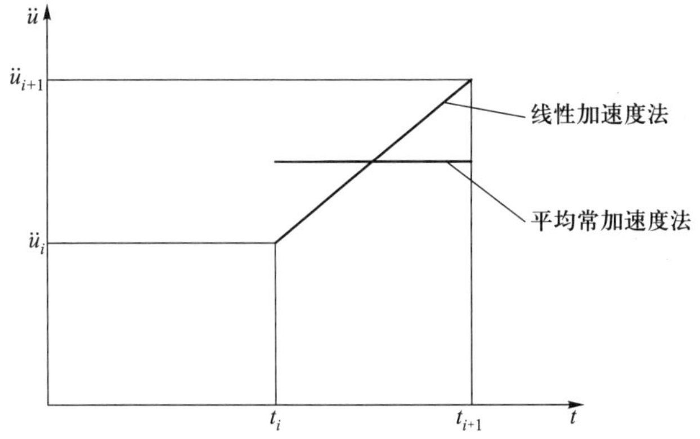

图 8.41 线性加速度法和平均常加速度法的加速度变化规律

由于 Newmark-β 方法具有较好的稳定性和精度，特别是对于强非线性问题，因此在结构动力反应问题研究中得到广泛应用。

8.4.3 Wilson-θ 法

Wilson-θ 法是在线性加速度法的基础上发展的一种数值积分方法。图 8.42给出了 Wilson-θ 法的基本思路和实现方法，这一方法假设加速度在时间段$[t,t+\theta\Delta t]$内线性变化，首先采用线性加速度法计算体系在 $t_i+\theta\Delta t$ 时刻的运动，其中参数 $\theta\geqslant1$，然后采用内插计算公式得到体系在 $t_i+\Delta t$ 时刻的运动物理量。由于内插计算可以抑制高频振动分量而有助于提高算法的稳定性，因此当θ足够大时，会给出稳定性良好的积分方法，可以证明当$\theta>1.37$时，Wilson-θ法是无条件稳定的。

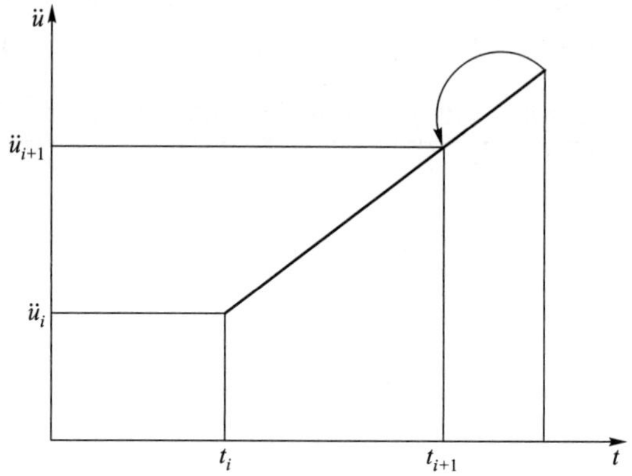

图 8.42　Wilson-θ法原理示意图

下面推导 Wilson-θ 法的逐步积分公式。根据线性加速度假设，加速度a在区间$[t,t+\theta\Delta t]$上可表示为

$$\boldsymbol{a}(\tau)=\ddot{\boldsymbol{u}}(t_i)+\frac{\tau}{\theta\Delta t}[\ddot{\boldsymbol{u}}(t_i+\theta\Delta t)-\ddot{\boldsymbol{u}}(t_i)] \tag{8.87}$$

式中，τ为局部时间坐标，$0\leqslant\tau\leqslant\theta\Delta t$，坐标原点位于$t_i$。

对式(8.87)进行积分，得到速度和位移分别为

$$\dot{\boldsymbol{u}}(t_i+\tau)=\dot{\boldsymbol{u}}(t_i)+\tau\ddot{\boldsymbol{u}}(t_i)+\frac{\tau^2}{2\theta\Delta t}[\ddot{\boldsymbol{u}}(t_i+\theta\Delta t)-\ddot{\boldsymbol{u}}(t_i)] \tag{8.88}$$

$$\boldsymbol{u}(t_i+\tau)=\boldsymbol{u}(t_i)+\tau\dot{\boldsymbol{u}}(t_i)+\frac{\tau^2}{2}\ddot{\boldsymbol{u}}(t_i)+\frac{\tau^3}{6\theta\Delta t}[\ddot{\boldsymbol{u}}(t_i+\theta\Delta t)-\ddot{\boldsymbol{u}}(t_i)] \tag{8.89}$$

当$\tau=\theta\Delta t$时，由式(8.88)和式(8.89)得到

$$\dot{\boldsymbol{u}}(t_i+\theta\Delta t)=\dot{\boldsymbol{u}}(t_i)+\theta\Delta t\,\ddot{\boldsymbol{u}}(t_i)+\frac{\theta\Delta t}{2}[\ddot{\boldsymbol{u}}(t_i+\theta\Delta t)-\ddot{\boldsymbol{u}}(t_i)] \tag{8.90}$$

$$\boldsymbol{u}(t_i+\theta\Delta t)=\boldsymbol{u}(t_i)+\theta\Delta t\,\dot{\boldsymbol{u}}(t_i)+\frac{(\theta\Delta t)^2}{6}[\ddot{\boldsymbol{u}}(t_i+\theta\Delta t)+2\ddot{\boldsymbol{u}}(t_i)] \tag{8.91}$$

由式(8.90)和式(8.91)可解得用$\boldsymbol{u}(t_i+\theta\Delta t)$表示的$\ddot{\boldsymbol{u}}(t_i+\theta\Delta t)$和$\dot{\boldsymbol{u}}(t_i+\theta\Delta t)$：

$$\ddot{\boldsymbol{u}}(t_i+\theta\Delta t)=\frac{6}{(\theta\Delta t)^2}[\boldsymbol{u}(t_i+\theta\Delta t)-\boldsymbol{u}(t_i)]-\frac{6}{\theta\Delta t}\dot{\boldsymbol{u}}(t_i)-2\ddot{\boldsymbol{u}}(t_i) \tag{8.92}$$

$$\dot{\boldsymbol{u}}(t_i+\theta\Delta t)=\frac{3}{\theta\Delta t}[\boldsymbol{u}(t_i+\theta\Delta t)-\boldsymbol{u}(t_i)]-2\dot{\boldsymbol{u}}(t_i)-\frac{\theta\Delta t}{2}\ddot{\boldsymbol{u}}(t_i) \tag{8.93}$$

将式(8.92)和(8.93)改写成增量的形式

$$\Delta\ddot{\boldsymbol{u}}_i=\frac{6}{(\theta\Delta t)^2}\Delta\boldsymbol{u}_i-\frac{6}{\theta\Delta t}\dot{\boldsymbol{u}}(t_i)-3\ddot{\boldsymbol{u}}(t_i) \tag{8.94}$$

$$\Delta\dot{\boldsymbol{u}}_i=\frac{3}{\theta\Delta t}\Delta\boldsymbol{u}_i-3\dot{\boldsymbol{u}}(t_i)-\frac{\theta\Delta t}{2}\ddot{\boldsymbol{u}}(t_i) \tag{8.95}$$

令 $\Delta\boldsymbol{u}_i=\boldsymbol{u}(t_i+\theta\Delta t)-\boldsymbol{u}(t_i)$，$\Delta\dot{\boldsymbol{u}}_i=\dot{\boldsymbol{u}}(t_i+\theta\Delta t)-\dot{\boldsymbol{u}}(t_i)$，$\Delta\ddot{\boldsymbol{u}}_i=\ddot{\boldsymbol{u}}(t_i+\theta\Delta t)-\ddot{\boldsymbol{u}}(t_i)$，$\Delta\boldsymbol{P}_i=\boldsymbol{P}(t_i+\theta\Delta t)-\boldsymbol{P}(t_i)$。将式(8.94)和式(8.95)代入增量动力方程(8.76)，得

$$\hat{\boldsymbol{K}}\Delta\boldsymbol{u}_i=\Delta\hat{\boldsymbol{P}}_i$$

$$\hat{\boldsymbol{K}}=\boldsymbol{K}_i+\frac{6}{(\theta\Delta t)^2}\boldsymbol{M}+\frac{3}{\theta\Delta t}\boldsymbol{C}$$

$$\Delta\hat{\boldsymbol{P}}_i=\Delta\boldsymbol{P}_i+\boldsymbol{M}\left(\frac{6}{\theta\Delta t}\dot{\boldsymbol{u}}_i+3\ddot{\boldsymbol{u}}_i\right)+\boldsymbol{C}\left(3\dot{\boldsymbol{u}}_i+\frac{\theta\Delta t}{2}\ddot{\boldsymbol{u}}_i\right) \tag{8.96}$$

用式(8.96)求得 Δu_i 后，代入式(8.92)则可得

$$\ddot{\boldsymbol{u}}(t_i+\theta\Delta t)=\frac{6}{(\theta\Delta t)^2}\Delta\boldsymbol{u}-\frac{6}{\theta\Delta t}\dot{\boldsymbol{u}}(t_i)-2\ddot{\boldsymbol{u}}(t_i) \tag{8.97}$$

将式(8.97)代入(8.87)，并令 $\tau=\Delta t$，得

$$\ddot{\boldsymbol{u}}_{i+1}=\frac{6}{\theta^3\Delta t^2}\Delta\boldsymbol{u}_i-\frac{6}{\theta^2\Delta t}\dot{\boldsymbol{u}}_i+\left(1-\frac{3}{\theta}\right)\ddot{\boldsymbol{u}}_i \tag{8.98}$$

将(8.98)分别代入式(8.88)和式(8.89)，并取 $\tau=\Delta t$，可得 t_{i+1}时刻的速度和位移为

$$\dot{\boldsymbol{u}}_{i+1}=\dot{\boldsymbol{u}}_i+\frac{\Delta t}{2}(\ddot{\boldsymbol{u}}_{i+1}+\ddot{\boldsymbol{u}}_i) \tag{8.99}$$

$$\boldsymbol{u}_{i+1}=\boldsymbol{u}_i+\Delta t\,\dot{\boldsymbol{u}}_i+\frac{\Delta t^2}{6}(\ddot{\boldsymbol{u}}_{i+1}+2\ddot{\boldsymbol{u}}_i) \tag{8.100}$$

因此，当 t_i 时刻的$\ddot{\boldsymbol{u}}_i$、$\dot{\boldsymbol{u}}_i$、$\boldsymbol{u}_i$ 已知，根据式(8.96)求得 $\Delta\boldsymbol{u}_i$ 后，再按式(8.98)~式(8.100)可得到 t_{i+1}时刻的$\ddot{\boldsymbol{u}}_{i+1}$、$\dot{\boldsymbol{u}}_{i+1}$、$\boldsymbol{u}_{i+1}$。

当 $\theta=1$ 时，Wilson-θ 法即退化为线性加速度法。在时域逐步积分法发展的早期，Wilson-θ 法曾得到广泛应用。粗略分析，Wilson-θ 法由于采用了线性加速度假设，比无条件稳定的 Newmark-β 法(即平均常加速度法)更精

确,而且也是无条件稳定的,应是一种优秀的逐步积分法。但随着对数值算法特性研究的深入,发现 Wilson-θ 法存在一系列弊病。目前 Newmark-β 法,特别是$\beta_0=1/4$ 格式得到广泛应用。此外,中心差分法虽然算法的稳定性差一些,但因其简单、高效的特点也得到一系列的应用,对于一些特殊的问题,计算精度的要求有时与稳定性条件的要求相近,这时采用中心差分法的优势更明显。

8.4.4 非平衡力及拐点的处理

1. 非平衡力的处理

造成非平衡力的主要原因有两个:一是由于计算过程中,将非线性恢复力、阻尼力、惯性力函数曲线 Δt 时间段内的割线斜率以切线斜率代替;二是在程序的时程计算中,假定每个 Δt 时间段中,结构刚度矩阵保持不变,以计算出个节点在 Δt 时间段内的位移增量。如果在 Δt 时间段内,结构中所有单元的弹塑性状态都不发生改变,则假定成立。如果在 Δt 时间段内,结构中某些单元发生屈服或由屈服状态卸载恢复弹性,则这些单元根据已知的节点位移增量计算得到的杆端力增量将不等于程序计算所分配的外力,即结构的刚度将发生变化,结构变形实际承担的外力 $\Delta \boldsymbol{F}_{nl}$ 与程序计算所分配的外力 $\Delta \boldsymbol{F}_l=\boldsymbol{K}_{\mathrm{T}}\Delta \boldsymbol{X}$ 将不相等,增量动平衡方程不再成立。

为避免积分数步之后,由于这些不平衡力累积而导致误差,程序在每积分一步后,应计算出各单元的未平衡力之和 $\Delta \boldsymbol{F}_u=\Delta \boldsymbol{F}_l-\Delta \boldsymbol{F}_{nl}$,并加到下一步的外力增量中去。

2. 拐点的处理

所谓拐点,就是在体系的变形过程中,体系速度为 0 的点,在拐点处恢复力反向,体系的刚度发生很大的变化。

一般来说,在时程积分过程中,在某一个 Δt 时间段内,如果速度发生反向,则必须修改步长 Δt 以考虑拐点。此时步长由 Δt 修改为 $p\Delta t(0<p<1)$。为了确定 p 值,可以采用对分法对 $u(t)$ 在$(t,t+\Delta t)$范围内求解令$\dot{u}(t)=0$ 的点,也可以采用下述方法求解:

$$\dot{u}(t+pt)=\dot{u}(t)+\Delta\dot{u}(pt)=0 \tag{8.101}$$

$$\Delta\dot{u}(p\Delta t)=-\dot{u}(t)=\ddot{u}(t)(p\Delta t)+\frac{\ddot{u}(t)}{\Delta t}\frac{(p\Delta t)^2}{2} \tag{8.102}$$

从而求得新的计算步长 $p\Delta t$,如果仍然不满足$\dot{u}(t+p\Delta t)=0$,可以重复上述过程,在$(t,t+p\Delta t)$范围内求解新的 $p_{\text{next}}\Delta t$,直到精度满足要求为止。

8.5 延性运动方程

在介绍延性运动方程之前，首先引入强度折减系数的概念。

8.5.1 强度折减系数

强度折减系数是结构在设防地震作用下结构的弹性承载力与结构设计承载力之比。世界上多国的抗震规范中都涉及强度折减系数的概念，用于折减结构在一定水平地震加速度作用下对应的弹性地震力。各国规范中对强度折减系数的定义与称谓不尽相同，例如，在美国规范称其为反应修正系数 R(response modification factor)，也就是强度折减系数，本章推导延性方程时所用的强度折减系数均用 R 表示；欧洲规范 Eurocode8 称其为性能系数 q，由结构类型的不同而决定；日本规范 IAEE－1992 中称其为延性因子 $1/D_s$，其中 D_s 为结构特征系数，其取值由结构类型、材料与关键反应参数确定；新西兰荷载规范 NZS 4203 中称为结构形态系数 S_P，该值反映了结构的滞回、耗能能力，常用取值为 0.67；我国现行《建筑抗震设计规范》(GB 50011—2010)对于强度折减系数并没有直接定义，但通过强度折减系数的倒数——结构影响系数 C，可以得到强度折减系数的取值。

美国规范《建筑和其他结构的最小设计荷载》ASCE7－10 中，有明确的强度折减系数 R 的含义与使用方法，采用 R 对设防地震强度进行折减，然后根据得到的水平地震作用计算结果进行结构构件截面的选择。美国规范(ASCE 7)通过对结构考虑两种强度等级的地震作用——“设计地震”(design basis earthquake，DBE)和“最大考虑地震”(maximum considered earthquake，MCE)，来实现结构的抗震目标：“最大考虑地震”是指对应于地震作用区划图上 50 年超越概率为 2%(重现期 2 475 年)的罕遇地震。从超越概率的角度来看，基本上对应于我国规范的“大震”水准；“设计地震”谱加速度为“最大考虑地震”的 2/3。从超越概率的角度来看(50 年超越概率为 5%～10%)，“设计地震”强度水准大致与我国规范的“中震”水准相当。实际上，美国规范(ASCE 7)是以“最大考虑地震”为最终设防目标，各地区最大考虑地震的年超越概率是相同的，在此基础上，采用最大考虑地震强度的 2/3 作为设计地震强度，所以直接乘以 2/3 即可得到设计地震强度。设计地震强度的 50 年超越概率在不同地区是不同的，其中美国西部强震地区接近 5%，中东部弱震地区约为 10%[23]。在结构设计时以设计地震强度为基准，进一步除以强度折减系数对结构进行抗震设计。

我国采用三水准的设防标准，即小震(多遇地震)、中震(设防烈度地震)、大震(罕遇地震)，相应的 50 年超越概率分别为 63.2%、10%、2%～3%，对应的重现期大约为 50 年、475 年、1 975 年。其中，中震对应的烈度即地震输入峰值加速度由地震烈度区划图给出，然后，以中震烈度 I 为基准，定义小震的烈度为 $I-1.55$ 度，大震烈度为 $I+1$ 度。该定义为人为约定，是以华北、西北、西南地区的 45 个城区的地震危险性分析为基础，进一步统计分析得到的平均值，具有一定的局限性。此外，如果以超越概率或重现期来界定小震和大震，则与中震的差异并不等于 -1.55 度和 $+1$ 度[23]。

严格意义上来说，我国实际上是由中震的水准（超越概率、烈度、地震重现期）来进行设防，并非按照小震和大震。而美国是根据最大考虑地震的水准来进行设防。从超越概率、地震重现期来看，美国规范中 DBE（设计地震）强度水准大致与我国规范的“中震”水准相当。美国规范（ASCE 7）中对于结构进行抗震设计时，根据结构形式的不同，选取不同的强度折减系数 R 值，采用 DBE（设计地震）强度除以 R 值得到设计谱加速度。我国则直接采用小震进行设计，虽然我国《抗震规范》中没有强度折减系数的定义，但 DBE（设计地震）与中震相当，因此，我国隐含的 R 值为中震与小震强度（谱加速度或峰值加速度）的比值，经计算，我国的 R 值为 2.73~2.86 之间的数值，如表 8.3 所示。

表 8.3　我国隐含的强度折减系数取值（PGA 单位为 cm/s^2）

地震影响	6 度	7 度 （0.1 g）	7 度 （0.15 g）	8 度 （0.2 g）	8 度 （0.3 g）	9 度
小震 PGA	18	35	55	70	110	140
中震 PGA	50	100	150	200	300	400
R 值	2.78	2.86	2.73	2.86	2.73	2.86

我国对于不同结构均采用相同的地震输入峰值加速度以及设计谱加速度，即采用了相同的 R 值，且 R 取值相对偏小；而美国规范（ASCE 7）关于 R 取值要求中，最低延性的钢结构可以采用 $R=3$，此时无需考虑抗震细部构造设计，对于普通中心支撑钢框架结构、特殊中心支撑钢框架结构、偏心支撑钢框架结构分别取值为 $R=3.25$、$R=6$ 和 $R=8$，折减程度显著大于我国规范。较高的 R 取值等同于采用较小的设计承载力，常与较好的延性能力相协调，我国《建筑抗震设计规范》（GB 50011—2010）在结构延性能力方面并未给出明确的指标，导致结构设计偏于保守。例如，在美国学者参与我国某高层钢结构建筑的设计过程中[24]，发现由于我国规范的限制，尽管采用了提高结构延性的措施，但并不能降低结构的设计承载力，最终导致结构造价提高。由此可见，按照我国规范设计的钢结构建筑，虽然抗震性能得到了保证，但是不够经济，并未发挥出钢结构延性性能好的优势，导致用钢量的增加，在一定程度上制约了钢结构产业的发展。

8.5.2 延性运动方程

对于单自由度中心支撑框架(concentrically braced frame,CBF)体系而言,其运动方程为

$$m\ddot{u}+c\dot{u}+F(u,\dot{u})=-m\ddot{u}_{\mathrm{g}} \tag{8.103}$$

式中,c 是阻尼系数;F 为体系的恢复力,可表示为位移 u 和速度$\dot{u}$的函数;$\ddot{u}_{\mathrm{g}}$ 为地震记录时程。对式(8.103)两端同除以质量 m 与屈服位移 u_{y},并定义延性系数 $\mu=u/u_{\mathrm{y}}$,可得到

$$\dot{\mu}+2\zeta\omega_{\mathrm{n}}\dot{\mu}+\frac{F(\mu,\dot{\mu})}{mu_{\mathrm{y}}}=-\frac{\ddot{u}_{\mathrm{g}}}{u_{\mathrm{y}}} \tag{8.104}$$

令

$$\widetilde{F}(\mu,\dot{\mu})=\frac{F(\mu,\dot{\mu})}{F_{\mathrm{y}}} \tag{8.105}$$

其中,

$$F_{\mathrm{y}}=ku_{\mathrm{y}}=m\omega_{\mathrm{n}}^{2}u_{\mathrm{y}} \tag{8.106}$$

$\widetilde{F}(\mu,\dot{\mu})$代表归一化的恢复力。将式(8.105)与式(8.106)代入式(8.104),得

$$\ddot{\mu}+2\zeta\omega_{\mathrm{n}}\dot{\mu}+\omega_{\mathrm{n}}^{2}\widetilde{F}(\mu,\dot{\mu})=-\frac{\ddot{u}_{\mathrm{g}}}{u_{\mathrm{y}}} \tag{8.107}$$

屈服位移 u_{y} 可表示为

$$u_{\mathrm{y}}=\frac{F_{\mathrm{y}}}{k}=\frac{F_{\mathrm{y}}}{m\omega_{\mathrm{n}}^{2}}=\frac{\dfrac{F_{\mathrm{e}}}{R}}{\omega_{\mathrm{n}}^{2}\dfrac{F_{\mathrm{e}}}{S_{\mathrm{a}}}}=\frac{S_{\mathrm{a}}}{\omega_{\mathrm{n}}^{2}R} \tag{8.108}$$

其中,R 为强度折减系数:

$$R=\frac{F_{\mathrm{e}}}{F_{\mathrm{y}}} \tag{8.109}$$

F_{e} 是弹性体系的最大恢复力。S_{a} 为弹性反应谱,表示为

$$S_{\mathrm{a}}=\frac{F_{\mathrm{e}}}{m} \tag{8.110}$$

S_a 采用我国《抗震规范》[1]反应谱。将式(8.108)代入式(8.107)得[25]

$$\ddot{\mu}+2\zeta\omega_n\dot{\mu}+\omega_n^2\widetilde{F}(\mu,\dot{\mu})=-\frac{\omega_n^2 R}{S_a}\ddot{u}_g \tag{8.111}$$

8.5.3　中心支撑钢框架结构体系延性需求分析

采用延性运动方程对单自由度中心支撑钢框架结构体系进行求解,采用 Newmark 线性加速度逐步积分法进行计算。地震波选取 Hines 等[26]给出的一组地震动进行分析,这组地震动包含美国中、低烈度设防地区的地震动 15 条,编号为 GM1 至 GM15。以如下两个工况为例,对结构特性进行描述:采用地震动为 GM3,$R=2.8$,结构周期 $T=0.5$ s,$\alpha=0.5$,β 分别为 0.1 和 0.2,考虑重力二阶效应。图 8.43 为框架延性反应的时程曲线以及结构滞回曲线,图 8.43(a)和(b)中纵坐标为框架延性反应,横坐标为时间,圆点为支撑失效的时刻。从时程曲线可见,结构在支撑失效前后,周期发生了明显的改变,且延性反应在支撑失效后明显增大,表明该类结构的储备体系具有较柔的特性。图 8.43(c)和(d)的滞回曲线的横坐标为框架延性反应,纵坐标为按支撑失效承载力归一化的力,即 F/F_y,可以看出,支撑失效前结构保持弹性,支撑失效导致结构承载力和刚度突然降低。在框架屈服前,结构并未出现耗能。此外,由于支撑失效后,结构显著变柔,一旦框架进入塑性阶段,较容易出现残余变形[图 8.43(d)]。

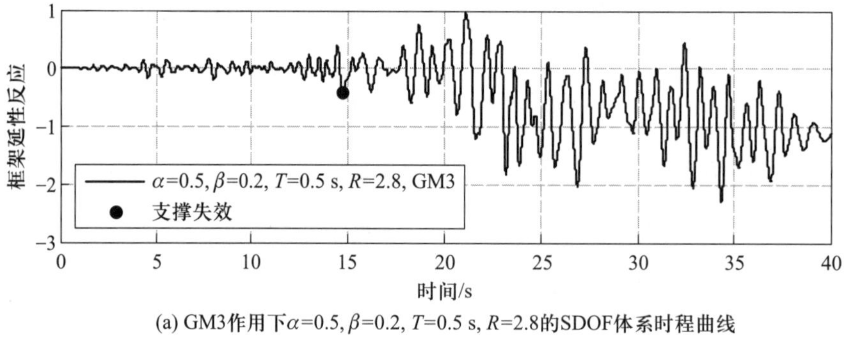

(a) GM3作用下$\alpha=0.5$, $\beta=0.2$, $T=0.5$ s, $R=2.8$的SDOF体系时程曲线

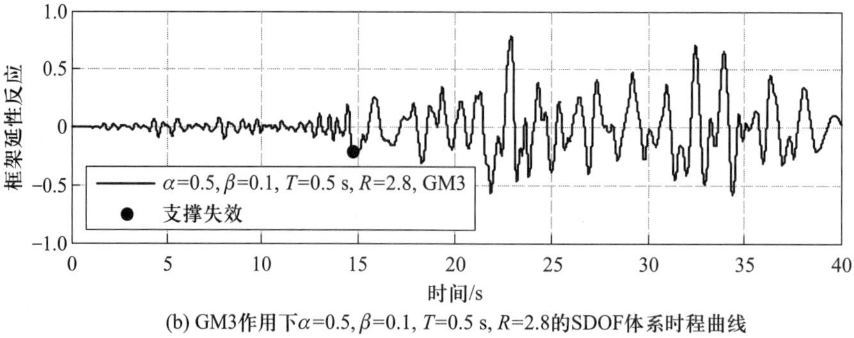

(b) GM3作用下$\alpha=0.5$, $\beta=0.1$, $T=0.5$ s, $R=2.8$的SDOF体系时程曲线

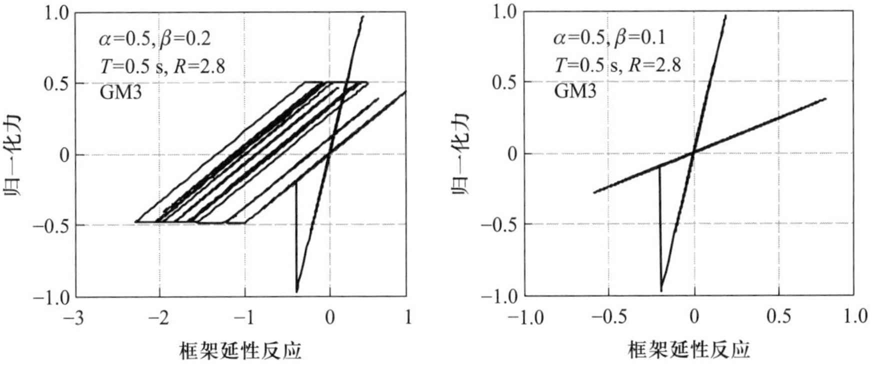

(c) 滞回曲线(α=0.5, β=0.2)　　(d) 滞回曲线(α=0.5, β=0.1)

图 8.43　GM3 作用下结构延性反应时程曲线与滞回曲线

对于一个特定的参数组合 R、T、α 和 β,可以得到结构的延性需求谱。α 和 β 是反映结构储备体系能力储备的参数,其取值会对结构抗震性能产生影响,结构储备承载力越大,反应越小。当 α 取值极小($\alpha<0.1$)时,如 $\alpha=$ 0.05 时,结构反应如图 8.44 所示,由图可知结构几乎不具有储备刚度,出现了过大的延性需求,甚至发散,即结构倒塌。过小的承载力储备难以阻止结构发生倒塌,因此,在分析中,当 $\alpha<0.1$ 时认为结构不具有能力储备。

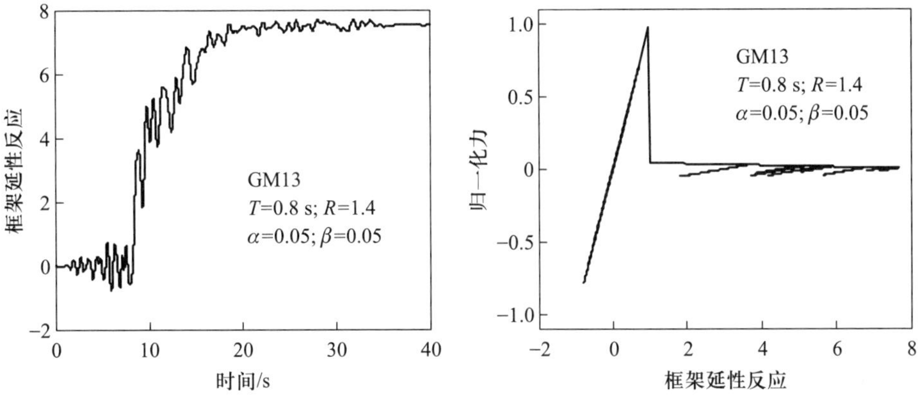

图 8.44　GM13 作用下 $\alpha=0.05$,$\beta=0.05$ 体系的延性需求时程曲线与滞回曲线

参考文献

[1] 中华人民共和国住房和城乡建设部. 建筑抗震设计规范: GB 50011—2010[S]. 北京: 中国建筑工业出版社, 2016.

[2] 薛素铎, 赵均, 高向宇. 建筑抗震设计[M]. 北京: 科学出版社, 2012.

[3] 吕西林. 建筑结构抗震设计理论与实例[M]. 上海：同济大学出版社，2011.
[4] 胡聿贤. 地震工程学[M]. 北京：地震出版社，2006.
[5] 孙景江. 钢筋混凝土剪力墙非线性分析模型综述分析[J]. 世界地震工程，1994(1)：43-46.
[6] 郭继武. 建筑抗震设计[M]. 北京：中国建筑工业出版社，2006.
[7] 尚守平. 结构抗震设计[M]. 北京：高等教育出版社，2003.
[8] 李爱群. 工程结构抗震设计[M]. 北京：中国建筑工业出版社，2005.
[9] 傅金华. 建筑抗震设计及实例:建筑结构的设计及弹塑性反应分析[M]. 北京：中国建筑工业出版社，2008.
[10] 方明霁，李国强. 基于多弹簧模型的钢框架结构三维弹塑性地震反应分析[J]. 地震工程与工程振动，2007，27(3)：22-29.
[11] 孙景江，江近仁. 框架-剪力墙型结构的非线性随机地震反应和可靠性分析[J]. 地震工程与工程振动，1992，12(2)：59-68.
[12] Kabeyasawa T, Shioara H, Otani S. U. S.-Japan cooperative research on R/C full-scale building test：Discussion on dynamic response system[C]//8th WCEE, California, USA, 1984.
[13] 潘鹏，张耀庭. 建筑结构抗震设计理论与方法(上册)[M]. 北京：科学出版社，2017.
[14] Milev J. Two dimensional analytical model of reinforced concrete shear walls[C]//11th WCEE, Acapulco, Mexico. Elsevier Science Ltd, 1996.
[15] Vulcano A, Bertero V V, Colotti V. Analytical modeling of R/C structural walls [C]//9th WCEE, Tokyo-Kyoto, Japan, August 2-9, 1988.
[16] Vulcano A, Bertero V V, Analytical model for predicating the lateral response of RC shear wall：Evaluation of their reliability：UCB/EERC-87/19[R]. Berkeley, California：Earthquake Engineering Research Center, 1987.
[17] Linda P, Bachmann H. Dynamic modeling and design of earthquake-resistant walls [J]. Earthquake Engineering & Structural Dynamics, 1994, 23(12)：1331-1350.
[18] Fajfar P, Fischinger M. Non-linear seismic analysis of RC buildings：Implications of a case study[J]. European Earthquake Engineering, 1987, 1(1)：31-43.
[19] 江近仁，孙景江，丁世文，等. 轴向循环荷载下钢筋混凝土柱的试验研究[J]. 世界地震工程，1998，14(4)：12-16.
[20] Li G, Dong Z Q, Li H N. Simplified collapse prevention evaluation for the reserve system of low-ductility steel concentrically braced frames[J]. Journal of Structural Engineering, 2018, 144(7)：04018071.
[21] 董志骞. 基于能力储备的中心支撑钢框架结构抗震性能研究[D]. 大连：大连理工大学，2018.
[22] 董志骞，李钢，李宏男. 多层中心支撑钢框架结构抗震性能简化评估方法[J]. 建筑结构学报，2018，39(5)：1-9.
[23] 罗开海. 建筑抗震设防标准和性能设计方法研究：中美欧抗震设计规范比较分析[D].

北京：中国建筑科学研究院，2005.
[24] Hines E M, Henige R A. Seismic performance of a 62-story steel frame hotel tower [J]. Engineering Journal, 2007, 44(2): 91-102.
[25] 肖帕. 结构动力学理论及其在地震工程中的应用[M]. 北京：高等教育出版社，2007.
[26] Hines E, Baise L, Swift S. Ground-motion suite selection for Eastern North America[J]. Journal of Structural Engineering, 2011, 137(3): 358-366.

第三篇　结构减震控制

第 9 章 基础隔震体系

9.1 概述

基础隔震是在结构物地面以上部分的底部设置隔震层,使之与固结于地基中的基础顶面分开,限制地震动向结构物的传递。目前采用的基底隔震主要用于隔离水平地震作用,隔离层的水平刚度应显著低于上部结构的侧向刚度,这样就延长了结构的地震周期,使结构的加速度大大减小。同时,结构在地震响应过程中的大变形主要集中在基底隔震层处,而结构本身的变形很小,此时可近似认为上部结构是一个刚体,从而为建筑物的地震防护提供良好的安全保障。

与传统的抗震结构相比,基础隔震结构具有以下优点[1]:

(1) 提高了地震时结构的安全性及舒适感。根据基底隔震结构在地震中的强震记录和振动台模拟地震试验可知,这种隔震结构的加速度响应是传统抗震结构的 1/12 ~1/4。

(2) 避免了非结构构件的破坏和建筑物内物品的移动和翻倒(图 9.1),在中小地震作用下,隔震结构基本未发生破坏,仍处在弹性阶段;在罕遇大地震作用下,隔震结构仅发生部分破坏或非结构构件破坏而不致倒塌。上部结构近似于刚体运动。

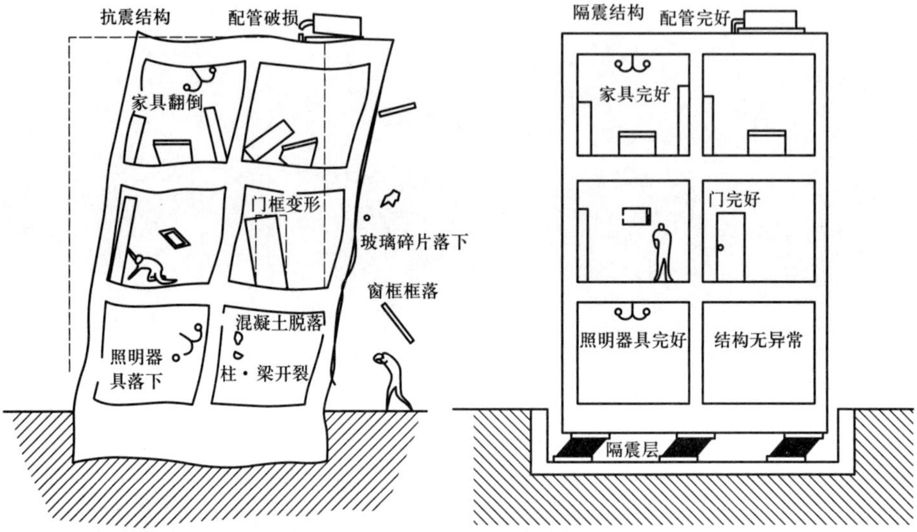

图 9.1　隔震与非隔震结构地震响应的对比

(3) 降低了房屋结构造价。虽然隔震装置需要增加约 5% 的造价,但由于地震时上部结构的地震作用大大降低,使上部结构的构件截面、配筋等减少,且构造措施和施工简单,因此隔震结构总造价仍可降低。统计表明:抗震设防烈度为 7 度区采用基础隔震体系后可节省成本 1% ~3% ,在 8 度区可节省 10% ~20% 。

(4) 结构平立面设计较为灵活。由于上部结构地震作用减少很多,使得对建筑和结构设计时的严格限制大大放宽。

(5) 可以保持仪器和设备的正常使用功能。

基础隔震方法通常有以下几种[1-5]:

(1) 橡胶支座隔震。用作隔震装置的橡胶支座,可以是天然橡胶,也可以是人工合成橡胶。为提高支座的竖向承载力和竖向刚度,橡胶支座一般由橡胶片与薄钢板叠合成,并将钢板边缩入橡胶内,以防止钢板锈蚀,如图 9.2 所示。当沿竖向压缩橡胶支座时,橡胶的剪切刚度会限制钢板间的橡胶片外流。同时,橡胶层的总厚度越小,橡胶支座能承受的竖向荷载越大,它的竖向和侧向刚度也越大。

橡胶支座的水平刚度一般为竖向刚度的 1% 左右,且具有显著的非线性特性(图 9.3)。小变形时,由于刚度较大,对抗风性能非常有利,可以保证建筑物具有正常使用功能;大变形时,橡胶支座的剪切刚度下降很多,只有初始刚度的 1/6~1/4,从而可以大大降低结构的自振频率,减小地震响应。通常情况下,隔震体系的刚度每降低 25% ,建筑物的加速度平均减小 10% 。当橡胶支座的剪应变超过 50% 后,刚度又逐渐回复,这又能起到了安全阀的作用,对防止建筑物的过量位移具有很好作用。

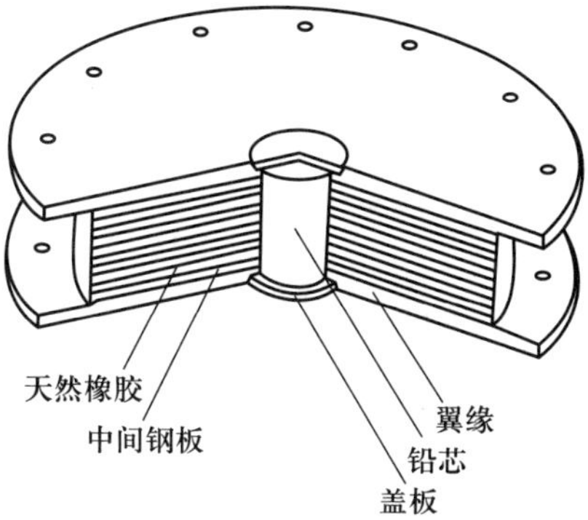

图 9.2 橡胶支座隔震装置

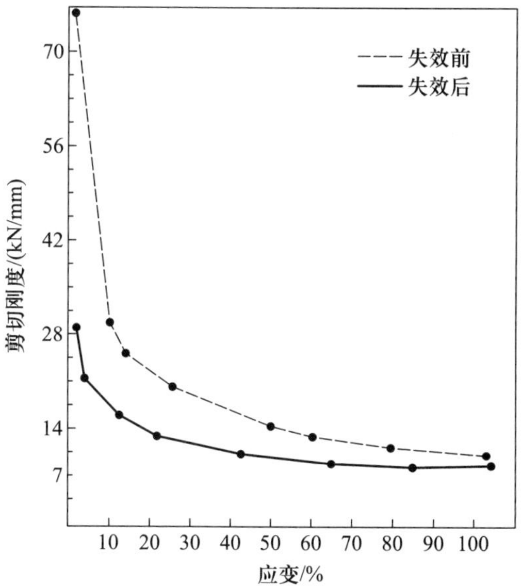

图 9.3 橡胶支座剪切刚度-应变关系

(2) V 形口橡胶隔震支座。英国某医学院教学楼,于 20 世纪 60 年代采用了盆式橡胶隔震技术(图 9.4)。为了使楼内的电子显微镜正常工作,这幢楼建在一块钢筋混凝土板上,板下伸出 4 条钢筋混凝土支脚,放置在 V 形杯口状的基础上。在 V 形杯口内垫一层 10 cm 的天然橡胶,起到隔震作用。支脚可用千斤顶顶起,以便于更换橡胶。

(3) 滚轴隔震。日本松下清夫于 1966 年提出一项滚轴隔震专利,如图 9.5 所示。该装置是在基础与上部结构之间设置上、下两层彼此垂直的滚轴,滚轴在椭圆形的弧沟槽内滚动,因而该装置具有自复位的能力。

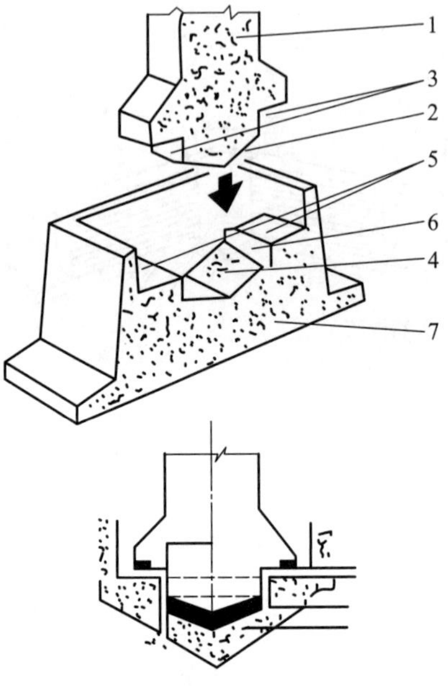

1—钢筋混凝土支脚；2—支脚底部的脚趾；3—支脚肩部；4—橡胶垫层；
5、6—与脚趾不接触的面；7—浅V形杯状基础

图 9.4　V形杯口橡胶支座隔震

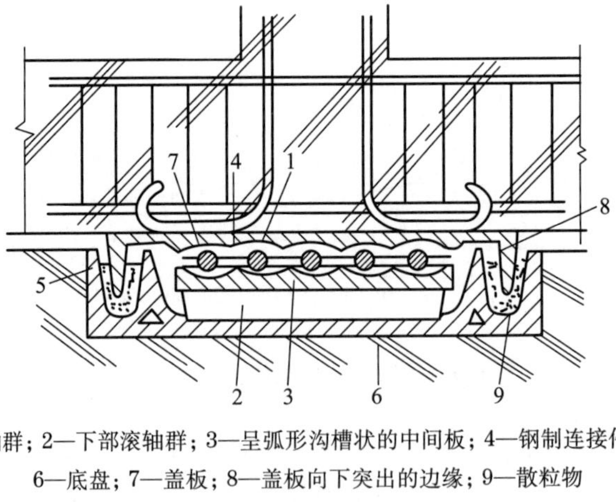

1—上部滚轴群；2—下部滚轴群；3—呈弧形沟槽状的中间板；4—钢制连接件；5—销子；
6—底盘；7—盖板；8—盖板向下突出的边缘；9—散粒物

图 9.5　双排滚轴隔震装置

(4) 滚珠隔震。墨西哥的工程师 Flores 设计了一种滚珠隔震装置，在一个直径为 50 cm 的高光洁度的钢板内安装了 400 个直径为 0.97 cm 的钢珠，钢珠用钢箍圈住，不致散落，上面再覆盖钢板，如图 9.6 所示。该装置已用在墨西哥城一幢 5 层钢筋混凝土结构的学校建筑的底层柱脚和地下室柱之间。为保证不在风荷载下产生过大的水平位移，地下室采用了交叉钢拉杆风稳定装置，如图 9.7 所示。

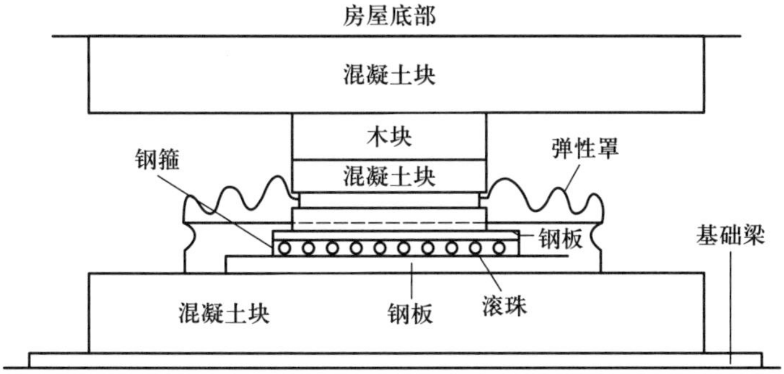

图 9.6 滚珠隔震装置

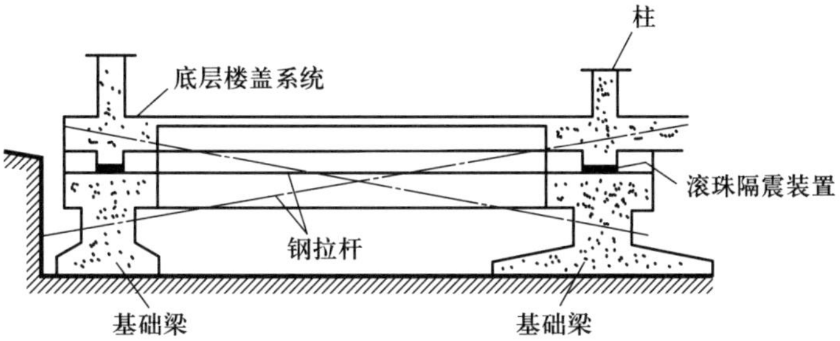

图 9.7 交叉钢拉杆风稳定滚珠隔震装置

1973 年,日本的田芳提出了采用横向油压千斤顶限位的滚珠隔震方案,如图 9.8 所示。其构造为:上部结构与平板基础之间设置滚珠,在平板基础周边突缘与上部结构下角之间安装油压千斤顶,千斤顶上部装有地震传感控制机构。这种机构感到有地震发生时,马上解除千斤顶的推压力,滚珠即可把水平向的地震动隔开。震后若建筑物不在原位,可开动油压千斤顶使之复位。在日常风载作用下,油压千斤顶可防止建筑物移动。

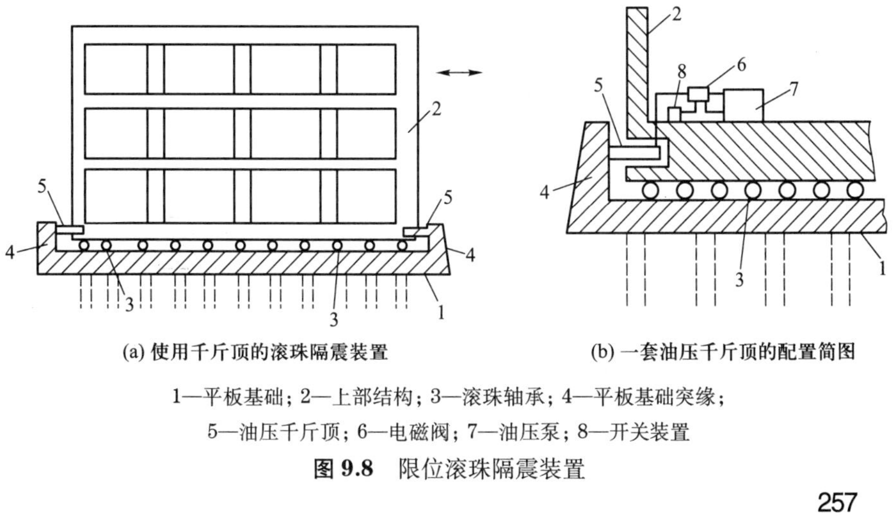

(a) 使用千斤顶的滚珠隔震装置　　(b) 一套油压千斤顶的配置简图

1—平板基础; 2—上部结构; 3—滚珠轴承; 4—平板基础突缘;
5—油压千斤顶; 6—电磁阀; 7—油压泵; 8—开关装置

图 9.8 限位滚珠隔震装置

（5）悬挂基础隔震。图9.9是墨西哥设计的悬挂柱子底部的框架结构房屋。这种隔震装置的优点是：震后使建筑物自动复位，恢复稳定性；便于安装。

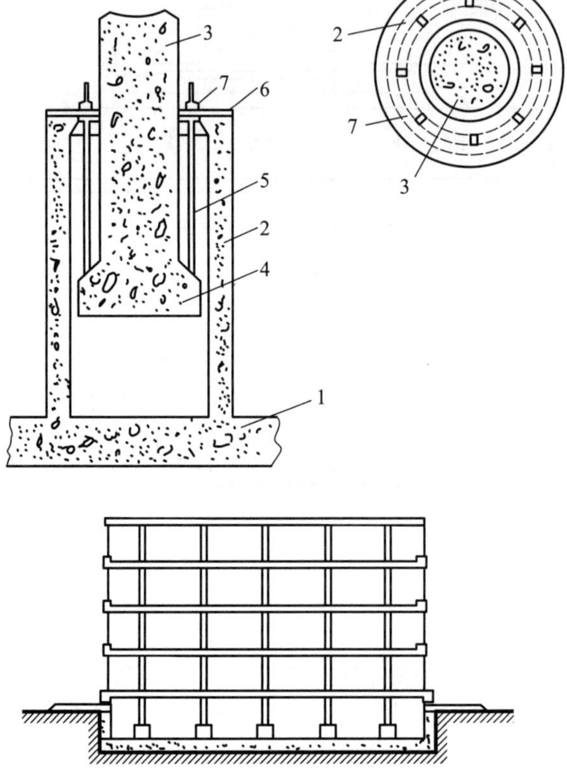

1—基础；2—空心圆筒体；3—框架结构；4—柱下端扩口；5—钢丝束或钢杆；6—铅板；7—螺栓

图9.9　悬挂柱底基础隔震装置

（6）摇摆支座隔震：图9.10是日本提出的一种摇摆支座隔震装置。这是在杯形基础内，设置上下端有竖孔的双圆摇摆体。孔内穿预应力钢丝束，并锚固在基础和上部盖板上，起到压紧摇摆体和提供复位力的作用。在摇摆体和基础壁之间填充沥青或散粒物，可提供阻尼。试验证明，当地面加速度幅值达到330 cm/s^{2}时，隔震房屋的加速度响应减至1/3左右。

（7）新西兰提出了一种踏步式隔震支座（图9.11），用于细高的结构物，如烟囱、桥墩、框架筒体建筑等。这种踏步式隔震支座，对于外边缘点出现的竖向相对位移，可安装竖向工作的阻尼器吸收能量。这种支座已应用到实际结构中，如新西兰Rangitikei铁路桥的3个65 m和两个40 m高桥墩就采用了这种支座，支座最大可升起10 cm；惠灵顿一幢4层办公楼也采用了这种支座，支座

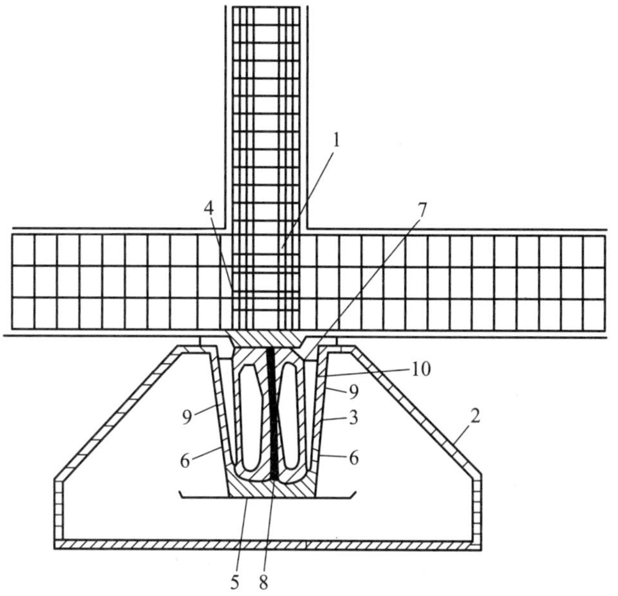

1—柱子；2—杯形基础；3—隔震支座；4—上部承台；5—下部承台；
6—摇摆倾动体；7—预应力钢丝束；8—锚具；9—基础壁体；10—粒状填充料

图 9.10　摇摆支座隔震装置

可升起 15 cm。采用踏步式隔震支座，应注意保证结构不会发生倾倒。

(8) 滑动摩擦隔震基础。这种隔震基础是在上部结构与基础之间设置可相互滑动的滑板，风载或小震时，静摩擦力使结构固结于基础上；大震时，结构水平滑动，以其摩擦阻尼消耗地震能量，从而减小地震作用。通常使用的摩擦材料有：涂层滑层（聚氯乙烯等），粉粒滑层（铅粒、砂粒、滑石、石墨等）。

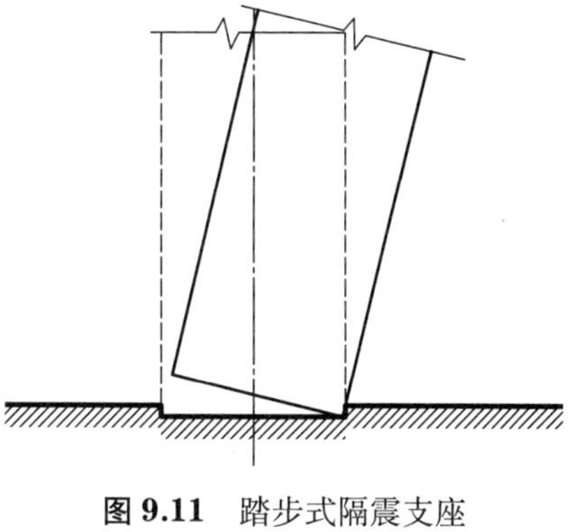

图 9.11　踏步式隔震支座

9.2　结构地震动力响应分析

9.2.1　隔震层分析模型

在建立基底隔震房屋的分析模型时，首先要考虑隔震层的简化。对于多层橡胶垫隔震支座，一般可根据以下几点对模型进行简化：

（1）考虑隔震层的最大位移在多层橡胶隔震支座的线性范围内（一般最大变形约为 250%），故在该范围内模型可取为线弹性模型［图 9.12（b）］。

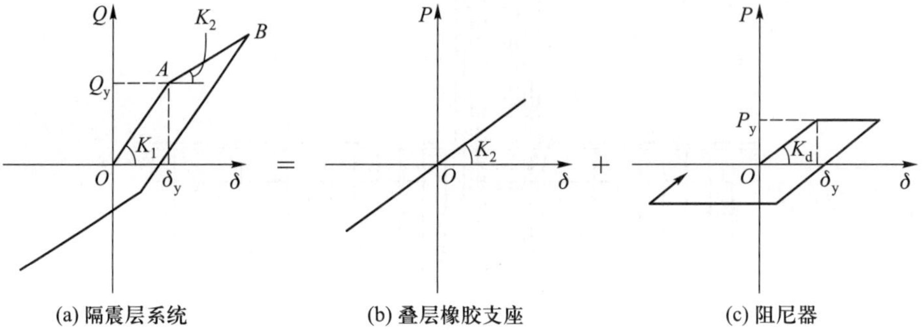

图 9.12　橡胶垫支座隔震层滞回模型

（2）当采用的阻尼器为黏滞型阻尼器时，阻尼力 F 可以按式（9.1）计算：

$$F=Cv^{n} \tag{9.1}$$

式中，v 为相对速度；C 为阻尼常数；n 为待定常数，一般取 $n=0.5\sim2.0$。

（3）当采用的阻尼器为滞回型阻尼器时，根据实验结果，为简化起见可取双线型模型，如图 9.12（c）所示。叠层橡胶支座的滞回模型通常为图 9.12（b）所示的线性模型，因此隔震层系统分析模型可采用如图 9.12（a）所示的双线型模型。

（4）由实验结果可知，铅芯多层橡胶隔震支座和高阻尼橡胶支座可采用修正的双线型模型，如图 9.13 所示。

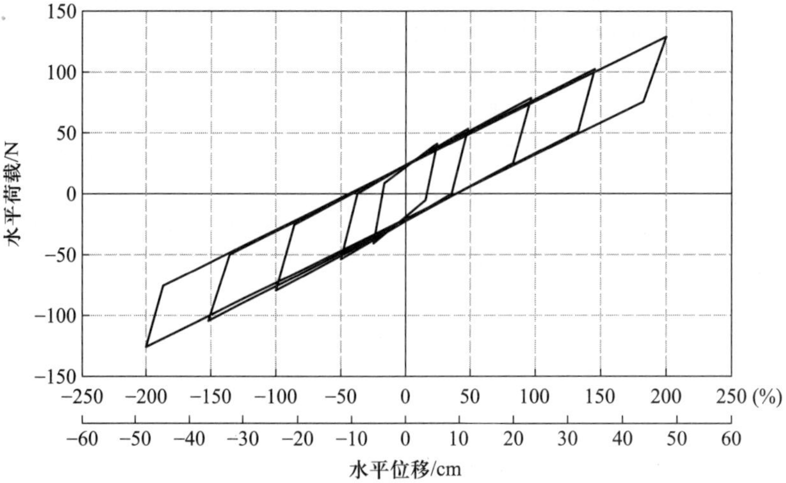

图 9.13　修正的双线型滞回模型

9.2.2 隔震体系分析模型及动力方程

1. 刚体模型

基底隔震多用于高宽比较小的中低层房屋。如果上部结构的刚度较大,则隔震层的水平刚度相对小得多,因此上部结构可简化成刚体,如图 9.14 所示。这是一个具有 3 个自由度体系的模型,即一个水平方向位移 x_h、一个竖直方向位移 x_v 和一个绕刚体质心的转角 θ。当仅考虑水平地震加速度 $\ddot{x}_g$ 输入时,体系的运动方程为

$$\boldsymbol{M}\ddot{\boldsymbol{U}}+\boldsymbol{C}\dot{\boldsymbol{U}}+\boldsymbol{K}\boldsymbol{U}=-\boldsymbol{M}\boldsymbol{I}\ddot{x}_g \tag{9.2}$$

式中,$\boldsymbol{U}$ 为体系的位移向量,$\boldsymbol{U}=[x_h,x_v,\theta]^T$;$\boldsymbol{M}$、$\boldsymbol{C}$ 和 $\boldsymbol{K}$ 分别为隔震结构体系的质量矩阵、阻尼矩阵和刚度矩阵,$\boldsymbol{M}$ 与上部结构的质量 m 和惯量 J 有关,$\boldsymbol{K}$ 与隔震层的水平刚度 K_H和竖向刚度 K_V有关,$\boldsymbol{C}$ 与隔震层的阻尼相关。

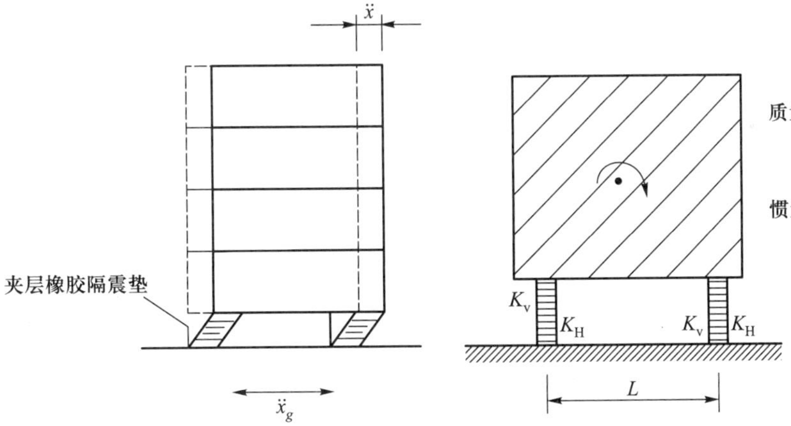

图 9.14 隔震结构的刚体模型

2. 多质点体系平动分析模型

当上部结构相对较柔、层间变形较大时(如多层框架结构),可将隔震房屋简化为多质点体系,如图 9.15。通常情况下,由于橡胶支座的竖向刚度远大于其水平刚度,故在进行地震响应分析时可近似认为结构只有平动,而忽略隔震层的竖向变形引起的摆动。根据达朗贝尔原理,可导出隔震体系的运动方程为

$$\boldsymbol{M}\ddot{\boldsymbol{X}}+\boldsymbol{C}\dot{\boldsymbol{X}}+\boldsymbol{K}\boldsymbol{X}=-\boldsymbol{M}\boldsymbol{I}\ddot{x}_g \tag{9.3}$$

其中,$\boldsymbol{X}=[x_b \quad x_{s1} \quad x_{s2} \quad \cdots \quad x_{sn}]^T$ 表示隔震层及上部结构各层相对于地面的位移。

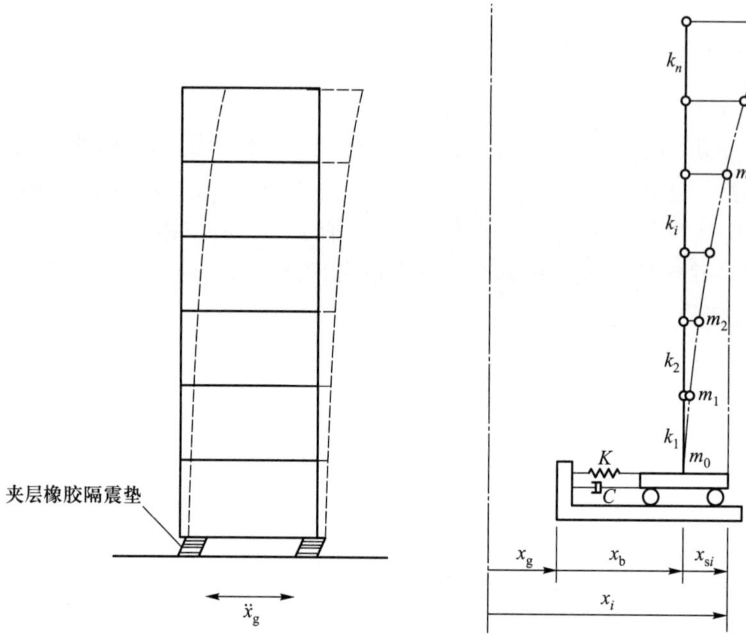

图 9.15　多质点平动体系的分析模型

3. 多质点体系平动-摇摆分析模型

当上部结构层间刚度相对较小、竖向荷载较大，而采用的多层橡胶总厚度较大时，可能会产生明显的竖向变形。在这种情况下，不仅要考虑结构的水平运动，而且还要考虑结构的摇摆，它的分析模型如图 9.16 所示。根据达朗贝尔原理，可导出隔震体系的运动方程为

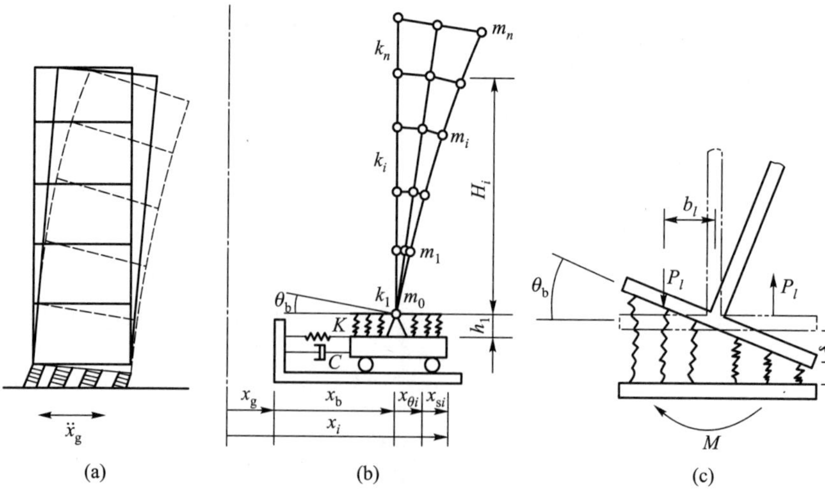

图 9.16　多质点隔震体系平动-摇摆分析模型

$$M\ddot{X}+C\dot{X}+KX=-M(I\ddot{x}_g+HI\ddot{\theta}_b) \tag{9.4}$$

式中，$\ddot{\theta}_b$ 为结构底板的摇摆角加速度；$\boldsymbol{H}$ 为结构各质点的位置矩阵，$\boldsymbol{H}=\mathrm{diag}[H_1,H_2,\cdots H_n]$，$H_i$为第 i 层质点的高度。

9.2.3 隔震效果分析

以一个 4 层橡胶垫隔震结构为例来验证隔震效果[2]，所采用的地震波如表 9.1所示，其地震响应分析结果如图 9.17 所示。

表 9.1 输入地震动参数

地震动名称	实测记录		标准化最大加速度/(cm/s^2)	分析时间/s
	最大速度/(cm/s)	最大加速度/(cm/s^2)		
El Centro	33.45	341.70	59.8	30.0
Taft	17.71	175.95	496.8	30.0
Hachinohe	34.08	225.00	330.1	35.0
Hachinohe	35.81	182.90	255.4	35.0
Tokoyo	7.63	74.00	484.9	11.0

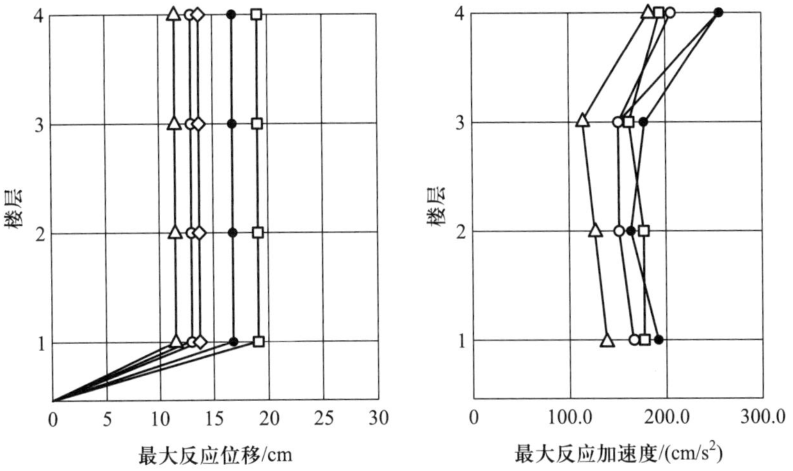

图 9.17 隔震结构地震响应分析结果

沈阳市第一幢橡胶垫隔震建筑——沈阳市文化路小学教学楼[5]，结构类型为砖混结构，总建筑面积为 7 210 m^2，高度为 22.5 m，设防烈度为 7 度，建筑场地属抗震规范中的Ⅱ类[6]。由于使用功能的要求，原设计方案不满足抗震规范要求(超高，大开间)。为解决这一矛盾，采用了橡胶隔垫隔震措施，在整个建筑布置了 103 个隔震垫。采用美国 1940 年 El Centro 地震加速度记录进行计算，结果示于表 9.2。

表 9.2　隔震与非隔震结构层间剪力比较　　单位：kN

层号	横向			纵向		
	隔震结构	非隔震结构	隔震/非隔震	隔震结构	非隔震结构	隔震/非隔震
6	750.2	2 062	0.36	754.6	1 757	0.43
5	1 747.3	4617	0.38	1 757.5	3 949	0.45
4	2 741.1	6 876	0.40	2 757.6	5 931	0.46
3	3 729.9	8 717	0.43	3 753.4	7 585	0.49
2	4 712.2	10 056	0.47	4 744.2	8 812	0.54
1	5 686.2	10 866	0.52	5 729.3	9 535	0.60

从以上两例可以看出，在地震作用下采用橡胶垫隔震技术措施，隔震效果是非常明显的。这是因为这种措施延长了结构的自振周期，大大降低了结构的加速度响应，结构最大变形集中在隔震层处，上部结构基本等效于刚体运动。已有资料表明，隔震效果 D_s（隔震结构的最大加速度与非隔震结构的最大加速度之比）一般在如下范围：

$$D_s=\frac{\ddot{x}_s(\text{隔震结构})}{\ddot{x}_f(\text{非隔震结构})}=\frac{1}{12}\sim\frac{1}{4} \tag{9.5}$$

为达到合理的隔震效果，隔震装置的水平剪切刚度应当使得地面运动的卓越频率为隔震体系的 2.0~4.5 倍，隔震装置的阻尼比 ζ 应为 10%~30%，即满足

$$\frac{f}{f_s}=2.0\sim4.5 \tag{9.6}$$

$$\zeta=0.1\sim0.3 \tag{9.7}$$

式中，f 和 f_s 分别为地面运动的卓越频率和结构的基频。根据式(9.6)和式(9.7)，可以确定隔震装置的关键参数。

9.3 隔震结构设计

9.3.1 隔震结构设计的一般原则

隔震结构设计的一般原则包括以下 7 个方面。

(1) 在设计基底隔震建筑时，需设计地震动参数，如反应谱、地震波等应选

择与建筑所在场地相适应的地震动参数。

(2) 在竖向地震动作用下,叠层橡胶垫隔震结构的设计方法与传统的基底抗震结构相同。

(3) 在满足必要的竖向承载力的同时,隔震装置的水平刚度应尽可能小,以减小隔震结构的固有频率,使其远低于地震动的卓越频率范围,以确保地震响应有较大的衰减。同时,隔震层的最大位移应控制在允许的范围内。

(4) 在风荷载作用下,隔震结构的水平位移不应过大。因此,结构基底隔震系统往往需要配备风稳定装置,使之在小于设计风荷载的风力作用下,隔震层几乎不发生变形;而在超过设计风荷载的地震作用下,风稳定装置与隔震装置要协同作用,共同用于隔震结构。

(5) 在采用橡胶垫隔震措施的各类房屋中,其建筑总高度和层数宜符合表 9.3的要求:

表 9.3 隔震建筑总高度和层数限制

结构类型	高度	层数
砌体结构	按传统的砌体抗震结构采用	
钢筋混凝土结构	30	10
钢筋混凝土框架-剪力墙、抗震墙结构	40	12

(6) 隔震结构中的叠层橡胶垫不宜出现受拉状态,因此房屋最大高宽比不应超过表 9.4 限值:

表 9.4 隔震房屋最大高宽比

设防烈度	6	7	8	9
最大高宽比	2.5	2.5	2.5	2.0

(7) 橡胶垫隔震支座和隔震层的其他部件,尚应根据隔震层所在位置的耐火等级采取相应的防火措施。

9.3.2 隔震结构的设计步骤

隔震结构的设计步骤可按图 9.18 的流程进行。

9.3.3 隔震结构的计算要点

1. 隔震支座

隔震层的各橡胶支座在永久荷载和可变荷载作用下组合的竖向平均压应力设计值,不应超过表 9.5 中的数值;在强震作用下,橡胶支座不宜出现拉应力。

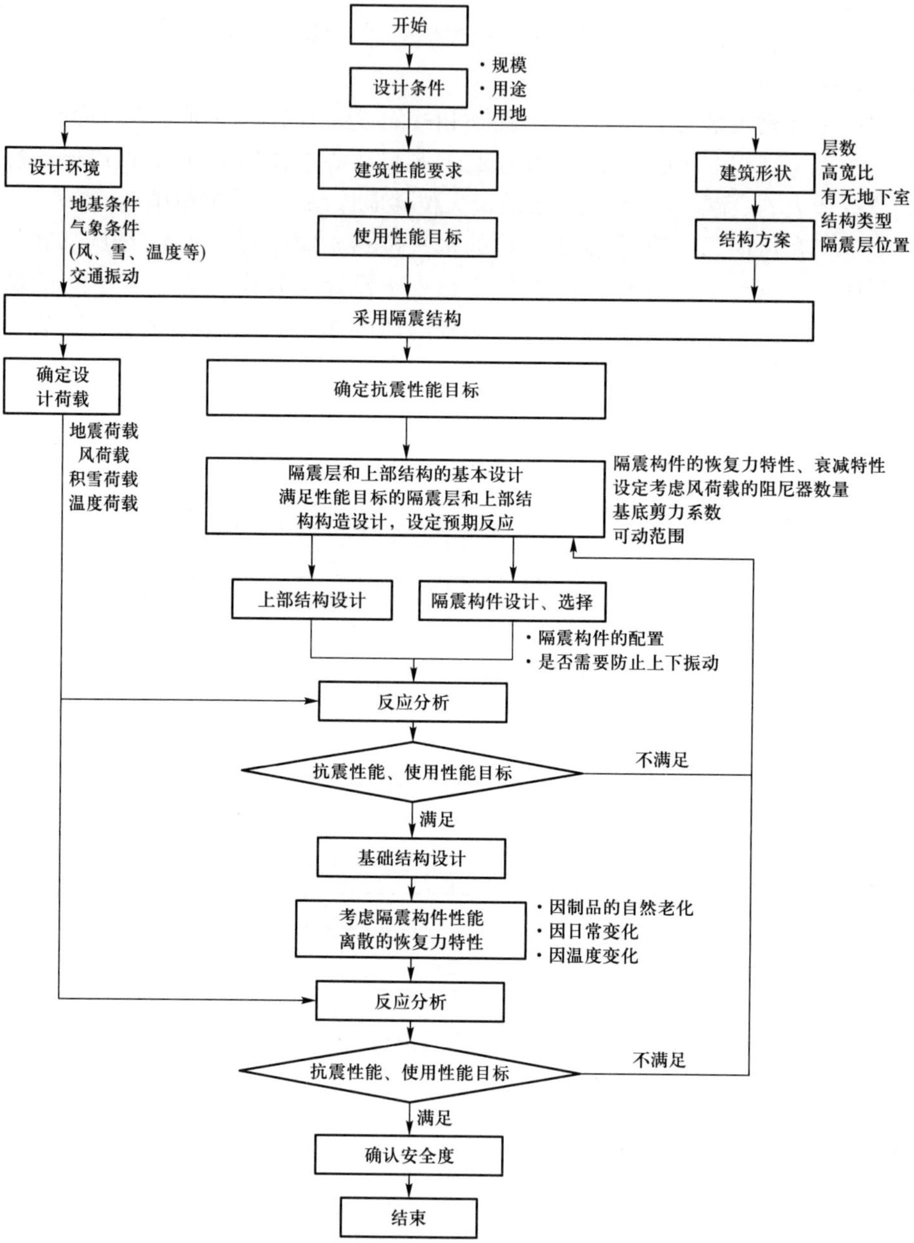

图 9.18　隔震结构的设计步骤

表 9.5 橡胶支座所受平均压应力限值

建筑类别	平均压应力/MPa
甲类建筑	10
乙类建筑	12
丙、丁类建筑	15

注:表中建筑类别按《建筑抗震设计规范》(GB 50011—2010)中的规定采用。

2. 隔震结构体系

当采用橡胶垫隔震支座时,可采用逐步积分法计算体系的地震响应;体系的计算模型可以采取以下几种形式。

(1) 刚体模型。当上部结构的刚度较大(如砌体结构与其基本周期相当的结构)时,可将体系简化为 9.2.2 节中的刚体模型,由此可计算地震动作用下的隔震层响应。这时,体系基本周期可按式(9.8)计算:

$$T_n = 2\pi\sqrt{\frac{G}{K_H g}} \tag{9.8}$$

式中,T_n为隔震体系的基本周期;G 为上部结构的总质量;K_H为相应于隔震体系的水平刚度;g 为重力加速度。

(2) 多质点体系模型。当上部结构相对比较柔、层间相对变形较大时,体系可简化为 9.2.2 节中的多质点体系模型。这时,将隔震层作为第一层,上部结构各层质点化。

(3) 当上部结构明显不对称时,可把结构各层假定成刚性楼板,考虑两个水平方向的位移 u、v 和角位移 θ,据此可计算出隔震层及上部结构的地震响应。

9.3.4 构造措施

1. 结构部分的构造措施

隔震层以上结构应采取不阻碍隔震层在罕遇地震下发生大变形的措施:

(1) 上部结构的周边应设置防震缝,缝宽应不小于各隔震支座在罕遇地震下的最大水平位移值的 1.2 倍。

(2) 上部结构(包括与其相连的任何构件)与地面(包括地下室和与其相连的任何构件)之间,宜设置明确的水平防震缝;当水平隔震接缝难以设置时,应设置可靠的水平滑移垫层。

(3) 在走廊、楼梯、电梯等部位,应无任何障碍。

2. 隔震层与上部结构的连接

隔震层与上部结构的连接,应符合下列规定:

（1）隔震层顶部应设置梁板式楼盖（现浇或装配整体式混凝土板），隔震支座上方的纵、横梁应采用现浇钢筋混凝土结构；隔震层顶部梁板的刚度和承载力，宜大于一般楼面梁板的刚度和承载力；隔震支座附近的梁、柱应计算冲切和局部承压，加密箍筋并根据需要配制网状钢筋。

（2）隔震支座和阻尼器应安装在维修人员易于接近的位置；隔震支座与上部结构、基础结构之间的连接件应能传递罕遇地震下支座的最大水平剪力；抗震墙下隔震支座的间距不宜大于 2.0 m；外露的预埋件应有可靠的防锈措施；预埋件的锚固钢筋应与钢板牢固连接。

参考文献

[1] 周福霖. 工程结构减震控制[M]. 北京：地震出版社，1997.
[2] 日本免震构造协会. 图解隔震结构入门[M]. 北京：科学出版社，1900.
[3] Kelly J M. Aseismic base isolation：Review and bibliography[J]. Soil Dynamics and Earthquake Engineering, 1986, 5(4)：202-216.
[4] 李杰，李国强. 地震工程学导论[M]. 北京：地震出版社，1992.
[5] 李宏男，霍林生. 结构多维减震控制[M]. 北京：科学出版社，2008.
[6] 中华人民共和国住房和城乡建设部. 建筑抗震设计规范：GB 50011—2010[S]. 北京：中国建筑工业出版社，2016.

第 10 章

调谐减震结构体系

10.1 概述

调谐减震是通过附加子结构,使结构的振动能量在原结构与子结构之间重新分配,从而达到减小结构振动的目的。常见的调谐减震装置有调谐质量阻尼器(tuned mass damper,TMD)、调谐液体阻尼器(tuned liquid damper,TLD)、悬吊质量摆阻尼器(suspended mass pendulous damper,SMPD),以及碰撞调谐质量阻尼器(pounding tuned mass damper,PTMD)。

调谐减震结构体系的基本原理是:当结构在外激励作用下产生振动时,结构带动子结构系统一起振动,子结构系统相对运动产生的惯性力反作用到结构上来调谐这个惯性力,使其对结构的振动产生控制作用,从而可以减小结构的地震响应。

调谐减震结构体系的优点是:① 附加子结构的质量与主体结构的质量相比很小,因此对结构功能的影响小;② 附加子结构是一个独立的系统,它通过弹簧、阻尼器等连接部件与主体结构相联系,安装简单、方便,减震装置的维修、更换也比较容易;③ 与传统的结构抗震相比,采用调谐减震体系可以减少工程建设的造价;④ 结构上安装调谐减震装置,可以不更改主体结构的原设计方案,因此既适用于新建建筑的减震设计，也适用于旧有建筑的改造加固。

10.2　调谐质量阻尼器

调谐质量阻尼器是高层建筑与高耸结构振动控制中应用最早的结构被动控制装置之一。TMD 系统是一个由弹簧、阻尼器和质量块组成的振动控制系统，一般支撑或悬挂在结构上。经过学者们大量的研究，结果表明，将 TMD 系统的自振频率调谐至与结构某一振型自振频率一致时，TMD 系统对此振型的振动响应控制效果最佳。

为减小建筑物的风振响应，20 世纪 70 年代，美国纽约世界贸易中心大楼在顶部安装了 360 t 的 TMD；美国波士顿的 Lohn Hancock 大楼在顶部安装了两个 300 t 的 TMD；澳大利亚悉尼电视塔在顶部和中部安装了两个 TMD 装置。日本从 1986 年到 1993 年，有 6 座百米以上的建筑物安装了 TMD 系统，用来减小结构的风振和地震响应。

10.2.1　TMD 的计算模型及影响参数分析

如果将结构简化为单自由度体系，则结构利用 TMD 系统减震的计算模型如图 10.1 所示。在单自由度结构体系上安装 TMD 后，使整个结构系统变成双自由度的体系，其运动方程为

$$\boldsymbol{M}\begin{bmatrix}\ddot{x}_1\\ \ddot{x}_2\end{bmatrix}+\boldsymbol{C}\begin{bmatrix}\dot{x}_1\\ \dot{x}_2\end{bmatrix}+\boldsymbol{K}\begin{bmatrix}x_1\\ x_2\end{bmatrix}=-\boldsymbol{MI}\ddot{x}_{\mathrm{g}}(t) \tag{10.1}$$

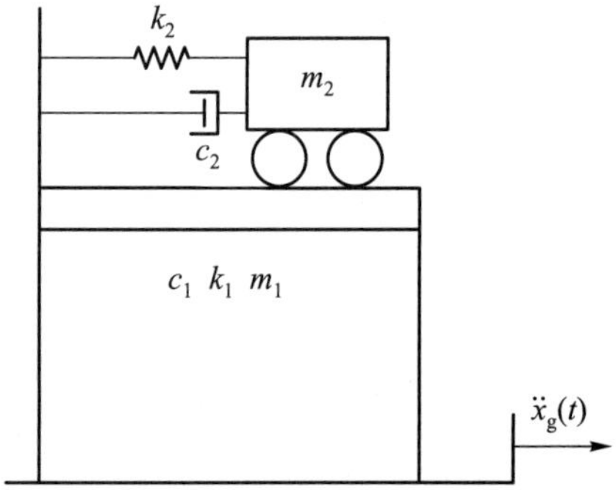

图 10.1　TMD-结构体系计算模型

式中，$\boldsymbol{M}$、$\boldsymbol{C}$ 和 $\boldsymbol{K}$ 分别为体系的质量矩阵、阻尼矩阵和刚度矩阵，具体形式如下：

$$\boldsymbol{M}=\begin{bmatrix}m_1 & 0\\ 0 & m_2\end{bmatrix},\quad \boldsymbol{K}=\begin{bmatrix}k_1+k_2 & -k_2\\ -k_2 & k_2\end{bmatrix},\quad \boldsymbol{C}=\begin{bmatrix}c_1+c_2 & -c_2\\ -c_2 & c_2\end{bmatrix}$$

$\boldsymbol{I}$ 为单位列向量；x_1 表示结构相对于地面的位移；x_2 表示 TMD 系统相对于地面的位移；$\ddot{x}_{\mathrm{g}}(t)$ 表示地震动的加速度时程。

令 TMD 系统相对于结构的位移为 x_{d}，则

$$x_{\mathrm{d}}=x_2-x_1 \tag{10.2}$$

将 $x_2=x_1+x_d$ 代入式(10.1),得到

$$\begin{cases}\ddot{x}_1+2\zeta_1\omega_1\dot{x}_1+\omega_1^2x_1-\mu_s(2\zeta_2\dot{x}_d+\omega_2^2x_d)=-\ddot{x}_g(t)\\ \ddot{x}_1+\ddot{x}_d+2\zeta_2\omega_2\dot{x}_d+\omega_2^2x_d=-\ddot{x}_g(t)\end{cases}\tag{10.3}$$

式中,$\omega_1=\sqrt{k_1/m_1}$为结构的自振频率;$\omega_2=\sqrt{k_2/m_2}$为 TMD 系统的自振频率;ζ_1 和 ζ_2 分别为结构和 TMD 系统的阻尼比;$\mu_s=m_2/m_1$ 为 TMD 系统与结构的质量比。

解运动方程式(10.3)即可求得结构在地震作用下的动力响应。设结构系统受到简谐波激励为

$$\ddot{x}_g=e^{i\omega t}\tag{10.4}$$

则结构体系的响应可写为 $\boldsymbol{x}=\boldsymbol{H}(\omega)e^{i\omega t}$,即

$$\begin{cases}x_1(t)=H_1(\omega)e^{i\omega t}\\ x_d(t)=H_2(\omega)e^{i\omega t}\end{cases}\tag{10.5}$$

式中,$H_1(\omega)$和 $H_2(\omega)$表示体系响应的传递函数。

将式(10.4)和式(10.5)代入结构体系的运动方程式(10.3),得

$$\begin{bmatrix}\omega_1^2-\omega^2+2\zeta_1\omega_1(i\omega) & -\mu_s[\omega_2^2+2\zeta_2\omega_2(i\omega)]\\ -\omega^2 & \omega_2^2-\omega^2+2\zeta_2\omega_2(i\omega)\end{bmatrix}\begin{bmatrix}H_1(\omega)\\ H_2(\omega)\end{bmatrix}=-\begin{bmatrix}1\\ 1\end{bmatrix}\tag{10.6}$$

由式(10.6)解得传递函数为

$$H_1(\omega)=\frac{\omega^2-2\zeta_2\omega_2(1+\mu_s)(i\omega)-(1+\mu_s^2)\omega_2^2}{f(\omega)}\tag{10.7}$$

$$H_2(\omega)=-\frac{2\zeta_1\omega_1(i\omega)+\omega_1^2}{f(\omega)}\tag{10.8}$$

其中

$$\begin{aligned}f(\omega)=\omega^4-2i\omega^3[\zeta_1\omega_1+\zeta_2\omega_2(1+\mu_s)]-\\ \omega^2[\omega_1^2+(1+\mu_s)\omega_2^2+4\zeta_1\zeta_2\omega_1\omega_2]+\\ i\omega(2\zeta_1\omega_1\omega_2^2+2\zeta_2\omega_2\omega_1^2)+\omega_1^2\omega_2^2\end{aligned}\tag{10.9}$$

当外荷载加速度输入是白噪声(功率谱为 S_0)时,根据结构响应的传递函数可求出结构位移响应的方差为

$$\begin{aligned}\sigma_{x1}^2&=S_0\int_{-\infty}^{\infty}|H_1(\omega)|^2d\omega\\ \sigma_{x2}^2&=S_0\int_{-\infty}^{\infty}|H_2(\omega)|^2d\omega\end{aligned}\tag{10.10}$$

结构未安装 TMD 系统时，结构位移响应的方差为

$$\sigma_{x0}^2=\frac{\pi S_0}{2\xi_1\omega_1^3} \tag{10.11}$$

结构安装 TMD 后，位移响应方差与未安装 TMD 位移响应方差之比 R_d 为

$$R_d=\frac{\sigma_{x1}^2}{\sigma_{x0}^2} \tag{10.12}$$

R_d 是评价 TMD 系统减震效果的主要评价指标之一。如果 $R_d<1$，则 TMD 系统使结构的位移响应减小；如果 $R_d>1$，则 TMD 系统没有减震作用。

已有的研究结果表明，TMD 系统的阻尼比 ζ_2 越大，减震效果越好；TMD 系统的频率与结构的频率比 λ_s 及 TMD 系统的质量与结构的质量比 μ_s 对 TMD 系统的减震效果均有影响。当结构的阻尼比 ζ_1 取不同值时，采用优化算法求出最小响应方差比 R_d 绘于图 10.2 中，相应的 TMD 的阻尼比 ζ_2 与质量比 μ_s 的关系绘于图 10.3 中，频率比 λ_s 与阻尼比 ζ_2 的关系绘于图 10.4 中。

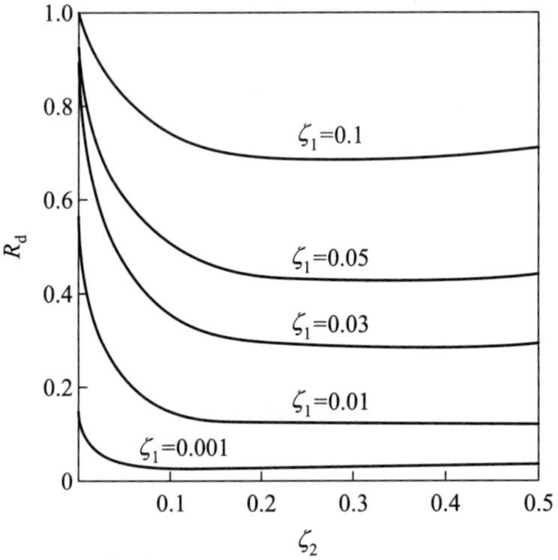

图 10.2　ζ_1 和 ζ_2 对 R_d 的影响

由图 10.2 可知，在所计算的参数范围内，随着 TMD 阻尼比 ζ_2 的增大，减震效果愈来愈好。当 ζ_2 达到一定值时，TMD 系统的减震效果趋于稳定。因此，在设计 TMD 系统时，参数 ζ_2 起着很重要的作用。

由图 10.2 还可以看出，TMD 系统的减震效果随着结构的阻尼比 ζ_1 的增大而减小。对于一个指定的结构，其阻尼比 ζ_1 是确定的，因而在对原始结构进行 TMD 系统的设计时，无法改变其阻尼比。如果对结构和 TMD 系统同时进行设

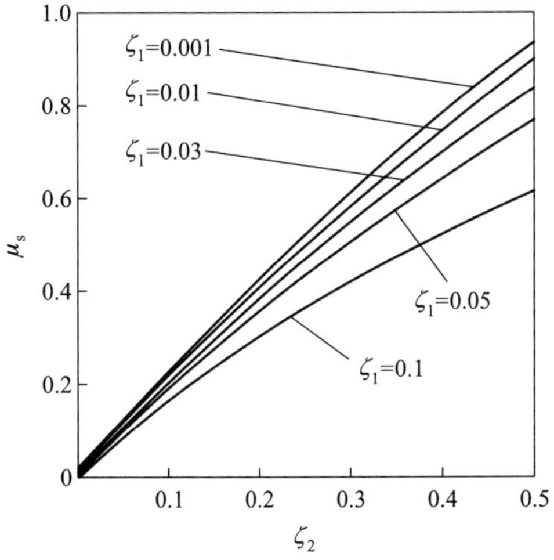

图 10.3 ζ_1 和 ζ_2 对 μ_s 的影响

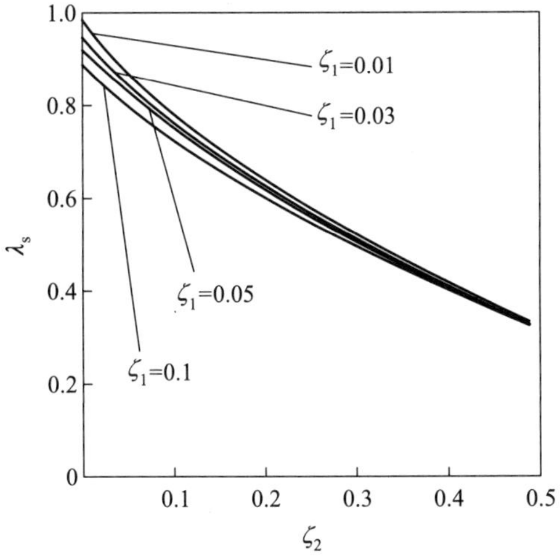

图 10.4 ζ_1 和 ζ_2 对 λ_s 的影响

计,则应考虑结构的阻尼比 ζ_1 的取值,使 TMD 系统产生最佳的减震效果。

由图 10.3 可知,随着 TMD 系统阻尼比 ζ_2 的增加,能够达到最佳减震效果的质量比 μ_s 也随之增加。同时,结构的阻尼比 ζ_1 越小,TMD 系统阻尼比 ζ_2 的改变对质量比 μ_s 的影响越明显。

由图 10.4 可见,随着 TMD 系统阻尼比 ζ_2 的增加,能达到最佳减震效果的频率比 λ_s 减小。对于阻尼比 ζ_1 不同的结构,频率比 λ_s 的变化大致相同。

由上述分析可以看出,在设计 TMD 减震系统时,应综合考虑质量比、频率比和阻尼比这些参数，才能使 TMD 产生最佳的减震作用。

10.2.2　TMD 系统对结构地震响应的控制

被简化为 n 个质点的结构在水平地震作用下的自由度为 n，在结构的第 i 个质点处安装 TMD 系统控制结构的地震响应。体系的运动方程为

$$\begin{aligned}&\boldsymbol{M}\ddot{\boldsymbol{x}}+\boldsymbol{C}\dot{\boldsymbol{x}}+\boldsymbol{K}\boldsymbol{x}=\boldsymbol{e}_1(c_{\mathrm{d}}\dot{x}_{\mathrm{d}}+k_{\mathrm{d}}x_{\mathrm{d}})-\boldsymbol{M}\boldsymbol{I}\ddot{x}_{\mathrm{g}}\\&m_{\mathrm{d}}\ddot{x}_{\mathrm{d}}+c_{\mathrm{d}}\dot{x}_{\mathrm{d}}+k_{\mathrm{d}}x_{\mathrm{d}}=-m_{\mathrm{d}}\boldsymbol{e}_1^{\mathrm{T}}\ddot{\boldsymbol{x}}-m_{\mathrm{d}}\ddot{x}_{\mathrm{g}}(t)\end{aligned}\tag{10.13}$$

式中，$\boldsymbol{x}$ 为结构各质点相对于地面的位移列向量，$\boldsymbol{x}=[x_1,\ x_2,\ \cdots,\ x_n]^{\mathrm{T}}$；$x_{\mathrm{d}}$ 为TMD 系统相对于第 i 质点的位移；$\boldsymbol{M}$、$\boldsymbol{C}$ 和 $\boldsymbol{K}$ 分别为结构的质量矩阵、阻尼矩阵和刚度矩阵；m_{d}、c_{d} 和 k_{d} 分别为 TMD 系统的质量、阻尼和刚度；$\boldsymbol{I}$ 为单位列向量，$\boldsymbol{I}=[1,1,\cdots,1]^{\mathrm{T}}$；$\boldsymbol{e}_1=[0,0,\cdots,1,\cdots,0]^{\mathrm{T}}$，表示 TMD 的位置向量，如果 TMD 放置在第 i 层，则 $\boldsymbol{e}_1$ 中第 i 个元素为 1，其余为 0。

设

$$\boldsymbol{x}=\boldsymbol{\Phi}\boldsymbol{q}\tag{10.14}$$

式中，$\boldsymbol{\Phi}$ 为结构振型向量矩阵；$\boldsymbol{q}$ 为广义坐标向量，$\boldsymbol{q}=[q_1,q_2,\cdots,q_n]^{\mathrm{T}}$。

将式(10.14)代入式(10.13)，得

$$\begin{aligned}&\ddot{\boldsymbol{q}}+\boldsymbol{C}^*\dot{\boldsymbol{q}}+\boldsymbol{K}^*\boldsymbol{q}=\boldsymbol{\gamma}_{\mathrm{d}}(c_{\mathrm{d}}\dot{x}_{\mathrm{d}}+k_{\mathrm{d}}x_{\mathrm{d}})-\boldsymbol{\gamma}\ddot{x}_{\mathrm{g}}(t)\\&\ddot{x}_{\mathrm{d}}+2\zeta_{\mathrm{d}}\omega_{\mathrm{d}}\dot{x}_{\mathrm{d}}+\omega_{\mathrm{d}}^2x_{\mathrm{d}}=-\boldsymbol{\beta}_{\mathrm{d}}\ddot{\boldsymbol{q}}-\ddot{x}_{\mathrm{g}}(t)\end{aligned}\tag{10.15}$$

式中，$\boldsymbol{C}^*=(\boldsymbol{M}^*)^{-1}\boldsymbol{\Phi}^{\mathrm{T}}\boldsymbol{C}\boldsymbol{\Phi}$；$\boldsymbol{K}^*=(\boldsymbol{M}^*)^{-1}\boldsymbol{\Phi}^{\mathrm{T}}\boldsymbol{K}\boldsymbol{\Phi}\ \boldsymbol{M}^*=\boldsymbol{\Phi}^{\mathrm{T}}\boldsymbol{M}\boldsymbol{\Phi}$；$\boldsymbol{\gamma}=(\boldsymbol{M}^*)^{-1}\boldsymbol{\Phi}^{\mathrm{T}}\boldsymbol{M}\boldsymbol{I}$；$\boldsymbol{\gamma}_{\mathrm{d}}=(\boldsymbol{M}^*)^{-1}\boldsymbol{\Phi}^{\mathrm{T}}\boldsymbol{e}_1$；$\boldsymbol{\beta}_{\mathrm{d}}=\boldsymbol{e}_1^{\mathrm{T}}\boldsymbol{\Phi}$；$\omega_{\mathrm{d}}^2=k_{\mathrm{d}}/m_{\mathrm{d}}$；$2\zeta_{\mathrm{d}}\omega_{\mathrm{d}}=c_{\mathrm{d}}/m_{\mathrm{d}}$。

在广义坐标下，式(10.15)中第一行的 n 个方程相互独立，其中第 j 个方程为

$$\ddot{q}_j+2\zeta_j\omega_j\dot{q}_j+\omega_j^2q_j=\mu_j\phi_{ij}[2\xi_{\mathrm{d}}\omega_{\mathrm{d}}\dot{x}_{\mathrm{d}}+\omega_{\mathrm{d}}^2x_{\mathrm{d}}]-\gamma_j\ddot{x}_{\mathrm{g}}(t),\quad j=1,2,\cdots,n\tag{10.16}$$

式中，μ_j 表示 TMD 系统的质量比，$\mu_j=m_{\mathrm{d}}/m_j^*$；$\gamma_j$ 为结构第 j 振型参与系数，$\gamma_j=\sum\limits_{i=1}^{n}m_i\phi_{ij}/m_j^*$；$\phi_{ij}$为结构第 j 振型向量中的第 i 个元素值；m_j^* 为结构第 j 振型的广义质量，$m_j^*=\sum\limits_{i=1}^{n}m_i\phi_{ij}^2$。

当结构的地震响应以某一振型(如第 j 振型)为主时，只考虑结构第 j 振型响应对 TMD 系统的影响，则式(10.15)的第二行可改写为

$$\ddot{x}_{\mathrm{d}}+2\zeta_{\mathrm{d}}\omega_{\mathrm{d}}\dot{x}_{\mathrm{d}}+\omega_{\mathrm{d}}^2x_{\mathrm{d}}=-\phi_{ij}\ddot{q}_j-\ddot{x}_{\mathrm{g}}(t)\tag{10.17}$$

联合求解式(10.16)与式(10.17),即可求得结构在安装 TMD 系统后的地震响应。

设 $\ddot{x}_g(t)=-e^{i\omega t}$,$q_j(t)=H_j(\omega)e^{i\omega t}$,$x_d(t)=H_d(\omega)e^{i\omega t}$,$\lambda_j=\omega_d/\omega_j$,可推导出结构地震响应的传递函数为

$$H_j(\omega)=\frac{1}{d}[(\gamma_j+\mu_j\phi_{ij})\lambda_d^2-\gamma_j\lambda_j^2+2\zeta_d(\gamma_j+\mu_j\phi_{ij})\lambda_d\lambda_j i] \tag{10.18}$$

$$H_d(\omega)=\frac{1}{d}[1+(\gamma_j\phi_{ij}-1)\lambda_j^2+2\zeta_j\lambda_j i] \tag{10.19}$$

$$\begin{aligned}d=&\omega_j^2\{\lambda_d^2-(1+\mu_j\phi_{ij}^2)\lambda_j^2\lambda_d^2-\lambda_j^2+\lambda_j^4-4\zeta_j\zeta_d\lambda_j^2\lambda_d+\\&2i[\zeta_j\lambda_j(\lambda_d^2-\lambda_j^2)+\zeta_d\lambda_j\lambda_d-\zeta_d\lambda_j^3\lambda_d-(1+\mu_j\phi_{ij}^2)\zeta_d\lambda_j^3\lambda_d]\}\end{aligned} \tag{10.20}$$

结构第 j 振型和 TMD 系统响应的均方差为

$$\sigma_j^2=\int_{-\infty}^{\infty}|H_j(\omega)|^2S_g(\omega)d\omega \tag{10.21}$$

$$\sigma_d^2=\int_{-\infty}^{\infty}|H_d(\omega)|^2S_g(\omega)d\omega \tag{10.22}$$

式中,$S_g(\omega)$为 $\ddot{x}_g(t)$ 的功率谱密度函数。

设 $\lambda_k=\omega_d/\omega_k$,$\mu_k=\omega_d/m_k^*$,图 10.5 给出了 TMD 系统与结构第 k 振型调谐时,结构第 k 振型响应的传递函数与 λ_k 的关系曲线。从图中可见,λ_k 趋近于 1 时,TMD 系统对结构的地震响应控制效果最好。H_{k0}为无 TMD 系统时结构第 k 振型共振响应的传递函数。

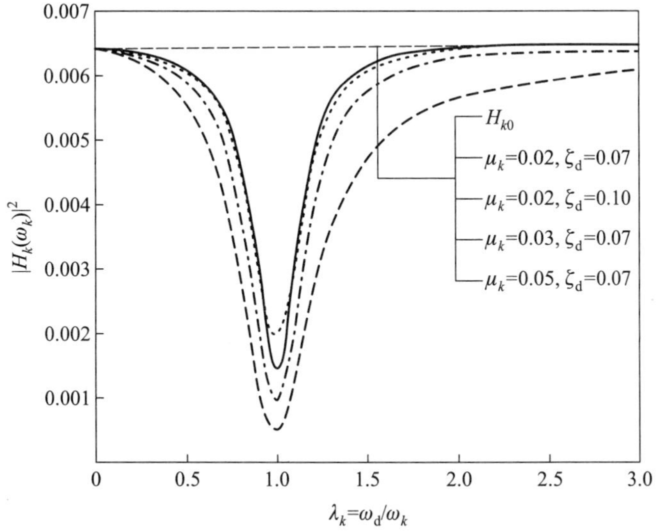

图 10.5 结构第 k 振型响应的传递函数随 λ_k 的变化曲线

一般剪切型建筑结构在地震作用下，结构的地震响应常常以第 1 振型为主，即结构相对于地面的最大位移响应发生在结构的顶层。因而，设置的 TMD 系统应与结构的第 1 振型调谐，且将 TMD 系统安装在结构的顶层，这样 TMD 系统对结构地震响应的控制效果较显著。

10.3　调谐液体阻尼器

调谐液体阻尼器也是一种结构被动控制装置，它是装有液体并固定在结构上的刚性容器。TLD 作为控制装置早期被利用在航天和航海的技术中，如火箭燃料箱中液体燃料的波动对火箭的影响、轮船的减摇水舱等。研究证明，TLD 的减震作用与容器液体的质量、频率、黏滞性及容器的尺寸等多种因素有关。TLD 对结构的控制力由两部分组成，一部分是液体随结构一起运动所产生的惯性力，另一部分是液体运动时产生的黏滞力。当 TLD 中的液体使用水时，由于水是低阻尼的液体，运动时产生的黏滞力可忽略不计。此时，水运动产生的惯性力构成了对结构的控制力，从而达到结构减震的目的是 TLD 设计的准则。图 10.6给出了结构利用 TLD 减震的力学模型。根据结构的自振频率，适当地调节容器中液体的质量及自振频率，可以找到一个最适宜的 TLD 尺寸，使得此时 TLD 中液体的惯性力最大，即 TLD 对结构的控制力最大。TLD 中液体的惯性力等于液体振荡时产生的动水压力。

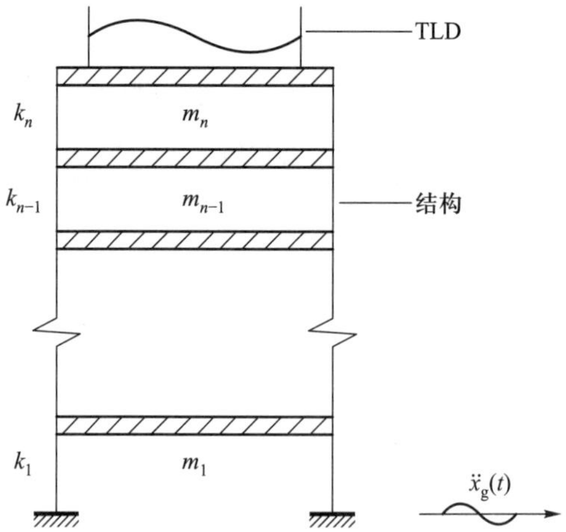

图 10.6　TLD 减震系统的力学模型

10.3.1 TLD 中动水压力的简化计算

矩形 TLD 中水的振荡的第 n 阶频率由式(10.23)给出：

$$f_n=\frac{1}{2\pi}\sqrt{\frac{\pi g}{2A}(2n-1)\tanh\frac{(2n-1)\pi h}{2A}} \tag{10.23}$$

式中，h 为液体的深度；A 为 TLD 沿外荷载输入方向的边长；g 为重力加速度；n 为液体自振频率的阶数。

图 10.7 给出了矩形 TLD 中液体第 1 阶振荡周期 T_w 与 h/A 的关系曲线，由图中可以看到：当容器的长度 A 确定后，液体的周期随 h/A 的增大而减小；h/A 确定后，液体的振荡周期 T_w 随容器长度 A 的增大而增大；h/A 大于 0.5 时，液体的振荡周期 T_w 趋于稳定值。

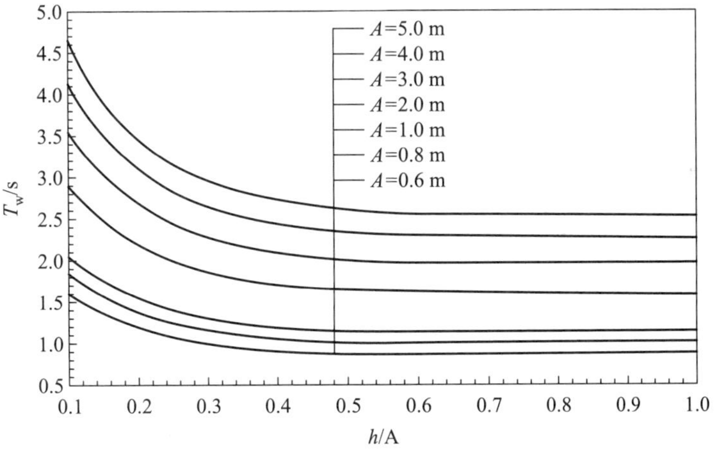

图 10.7 矩形 TLD 中液体第 1 阶振荡周期 T_w 与 h/A 的关系曲线

利用 TLD 减震，需将 TLD 中液体的振荡周期 T_w 调谐到结构的自振周期附近，从而得到最大的动水压力。根据所设计结构的自振周期，由图 10.7 可以选择出合适的 TLD 形式。

10.3.2 TLD 中液体动液压力的计算

液体晃动问题为典型的非线性问题，目前还无法得到其解析解。当液体运动出现大的变形时，采用有限元计算，误差较大。因此，数值计算方法得到了广泛的采用。流体体积(volume of fluid，VOF)法是求解不可压缩的、黏性的、瞬变的流体和具有自由表面流体运动的一种差分方法[1]。VOF 方法适用于较陡的自由表面和非单一表面的情形，具有处理三维自由表面流体力学问题的优点。

对于刚性、装有黏性流体的容器，假定流体是不可压缩的均匀层流，流体满足的 Navier-Stokes(N-S)方程为

$$\frac{\partial \dot{u}}{\partial t}+\dot{u}\frac{\partial \dot{u}}{\partial x}+\dot{v}\frac{\partial \dot{u}}{\partial y}+\dot{w}\frac{\partial \dot{u}}{\partial z}=-\frac{1}{\rho}\frac{\partial p}{\partial x}+f_x+v\left(\frac{\partial^2 \dot{u}}{\partial x^2}+\frac{\partial^2 \dot{u}}{\partial y^2}+\frac{\partial^2 \dot{u}}{\partial z^2}\right) \tag{10.24}$$

$$\frac{\partial \dot{v}}{\partial t}+\dot{u}\frac{\partial \dot{v}}{\partial x}+\dot{v}\frac{\partial \dot{v}}{\partial y}+\dot{w}\frac{\partial \dot{v}}{\partial z}=-\frac{1}{\rho}\frac{\partial p}{\partial z}+f_z+v\left(\frac{\partial^2 \dot{v}}{\partial x^2}+\frac{\partial^2 \dot{v}}{\partial y^2}+\frac{\partial^2 \dot{v}}{\partial z^2}\right) \tag{10.25}$$

$$\frac{\partial \dot{w}}{\partial t}+\dot{u}\frac{\partial \dot{w}}{\partial x}+\dot{v}\frac{\partial \dot{w}}{\partial y}+\dot{w}\frac{\partial \dot{w}}{\partial z}=-\frac{1}{\rho}\frac{\partial p}{\partial z}+f_z+v\left(\frac{\partial^2 \dot{w}}{\partial x^2}+\frac{\partial^2 \dot{w}}{\partial y^2}+\frac{\partial^2 \dot{w}}{\partial z^2}\right) \tag{10.26}$$

式中，$\dot{u}$、$\dot{v}$ 和 $\dot{w}$ 分别为流体微单元在 x、y 和 z 方向的速度；p 为流体的压力；ρ 为流体的密度；f_x、f_y 和 f_z 分别表示作用在液体微单元 x、y 和 z 方向的力；v 表示液体运动黏性系数。

相对坐标系统如图 10.8 所示，数值求解基本方程的有限差分单元结构如图 10.9所示。

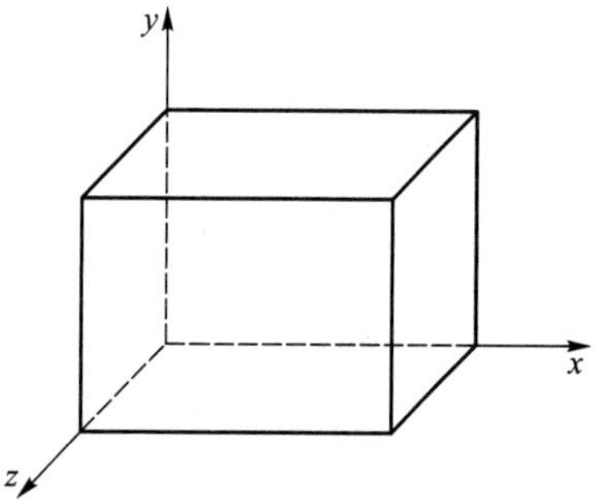

图 10.8　相对坐标系统

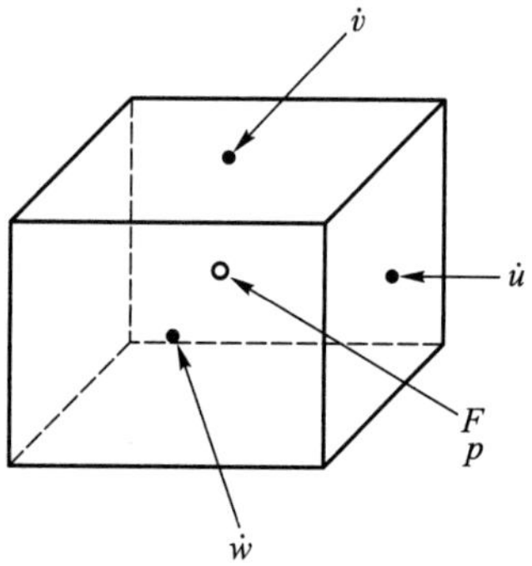

图 10.9　有限差分单元结构图

长方体单元的 3 个尺度为 δx、δy 和 δz，速度分量为 $\dot{u}$、$\dot{v}$ 和 $\dot{w}$，分别位于单元体右侧、顶面和前侧面中心。定义一个流体体积函数 $F(x,y,z,t)$，若单元体充满流体，则 F 值为 1；若单元体无流体时，F 值为 0；当单元体与自由体相交时，F 值介于 0 与 1 之间。压力 p 和流体体积函数 F 位于单元体中心。F 函数满足方程

$$\frac{\partial}{\partial t}F+\frac{\partial}{\partial x}(\dot{u}F)+\frac{\partial}{\partial y}(\dot{v}F)+\frac{\partial}{\partial z}(\dot{w}F)=0 \tag{10.27}$$

采用施主单元体与受主单元体方法来处理 F 的对流量。由两单元体公共面上的速度方向确定相邻的两单元体为施主单元体和受主单元体，施主单元体

总是位于边界的上游,受主单元体总是位于边界的下游。施主单元体与受主单元体确定后,就可以计算施主单元体在 Δt 时间内给出的流体量 ΔF(即受主单元体在 Δt 时间内得到的流体量)。此时,施主单元体新的 F 值应为前一时刻的 F 值减去 ΔF,而受主单元体的新的 F 值为前一时刻的 F 值加上 ΔF,上述过程是对全部单元体进行的。由于截断误差和舍入误差的影响,计算的每一个时间步长里都会对全部单元体的 F 值进行调整,使得积累误差占总流体体积的 1% 左右。利用有限差分法,通过计算分析得出单元宽矩形 TLD 中动液压力最大值 F_m 简化计算公式为[2]

(1) 当 $h/A=0.4$ 且 $0.6\ \text{m}\leqslant A\leqslant 5\ \text{m}$ 时,有

$$F_m=\alpha[\pm 2\,221.6A^{2.253\,7}(T/T_w)\mp 1\,594.2A^{2.266\,2}],\quad 0.8\leqslant T/T_w\leqslant 1.15 \tag{10.28}$$

$$F_m=\alpha[\pm 0.002\,014A^{-2.193}\mp 0.015\,87A^{-2.148\,4}(T/T_w)^{-20}]^{-1},\quad (1.15<T/T_w\leqslant 1.4) \tag{10.29}$$

$$\alpha=0.962\,2a_m^{0.997\,5+0.010\,3A},\quad a_m\leqslant 1\ \text{m/s}^2 \tag{10.30}$$

(2) 当 $h/A=0.5$ 且 $0.6\ \text{m}\leqslant A\leqslant 5\ \text{m}$ 时,有

$$F_m=\alpha[\pm 2\,675.9A^{2.181}(T/T_w)\mp 1\,976.8A^{2.175}],\quad 0.8\leqslant T/T_w\leqslant 1.15 \tag{10.31}$$

$$F_m=\alpha[\pm 0.001\,143A^{-2.193\,1}\mp 0.013\,24A^{-2.169\,4}(T/T_w)^{-20}]^{-1},\quad 1.2<T/T_w\leqslant 1.4 \tag{10.32}$$

$$\alpha=0.634\,59a_m^{1.012\,6A^{0.011\,7}},\quad a_m\leqslant 1.5\text{m/s}^2 \tag{10.33}$$

图 10.10 给出了 $A=4$ m,$h=2$ m 和 $a_m=1.5\ \text{m/s}^2$ 时,单位宽 TLD 中动水压力的计算结果。数值计算是利用差分法求解 N-S 方程的结果,简化公式是用式(10.31)~式(10.33)计算的结果。由图 10.10 可知,二者吻合得比较理想。

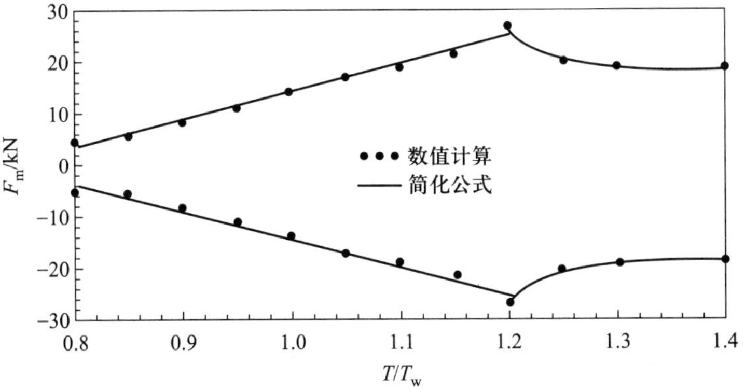

图 10.10 单位宽 TLD 中动水压力图($H/A=0.5$)

10.3.3 TLD-结构减震体系的简化计算方法

TLD 对结构的减震控制是 TLD-结构相互作用的结果，可以将 TLD-结构相互作用的体系看作一个控制系统。控制系统的数学模型对控制系统的研究是非常重要的。一个系统的变量个数可以构成一个有相应维数的空间，而整个系统在所有时间内的运动状态完全能够在这样一个相应的空间中来描述，这些构成相应维数空间的变量就叫做系统的状态变量。将这些空间变量之间的关系用它们的参数方程来描述，称为系统的状态方程。

在相对地面的坐标系统中，可简化成 n 个质点的结构装有 TLD 装置时，TLD-结构系统的受控响应方程可表示为

$$\boldsymbol{M}\ddot{\boldsymbol{x}}+\boldsymbol{C}\dot{\boldsymbol{x}}+\boldsymbol{K}\boldsymbol{x}=-\boldsymbol{M}\boldsymbol{I}\ddot{x}_{\mathrm{g}}+\boldsymbol{F}_{\mathrm{TLD}} \tag{10.34}$$

式中，$\boldsymbol{x}$、$\dot{\boldsymbol{x}}$、$\ddot{\boldsymbol{x}}$ 分别表示结构的位移、速度和加速度响应向量；$\boldsymbol{M}$、$\boldsymbol{C}$ 和 $\boldsymbol{K}$ 分别表示结构的质量、阻尼和刚度矩阵；$\boldsymbol{I}$ 为单位列向量；$\ddot{x}_{\mathrm{g}}$ 为地面运动的加速度；$\boldsymbol{F}_{\mathrm{TLD}}$表示 TLD 对结构施加的控制力；阻尼阵 $\boldsymbol{C}$ 取为瑞利阻尼。

定义结构的位移和速度响应为状态向量 $\boldsymbol{y}$，即

$$\boldsymbol{y}=\begin{bmatrix}\boldsymbol{x}\\ \dot{\boldsymbol{x}}\end{bmatrix} \tag{10.35}$$

则有

$$\dot{\boldsymbol{y}}=\begin{bmatrix}\dot{\boldsymbol{x}}\\ \ddot{\boldsymbol{x}}\end{bmatrix} \tag{10.36}$$

令

$$\boldsymbol{U}(t)=-\boldsymbol{M}\boldsymbol{I}\ddot{x}_{\mathrm{g}}+\boldsymbol{F}_{\mathrm{TLD}} \tag{10.37}$$

将式(10.37)代入式(10.34)，可以得到

$$\ddot{\boldsymbol{x}}=-\boldsymbol{M}^{-1}\boldsymbol{C}\dot{\boldsymbol{x}}-\boldsymbol{M}^{-1}\boldsymbol{K}\boldsymbol{x}+\boldsymbol{M}^{-1}\boldsymbol{U} \tag{10.38}$$

将式(10.38)代入式(10.36)，可以得到 TLD-结构体系的状态方程为

$$\dot{\boldsymbol{y}}=\begin{bmatrix}\boldsymbol{0} & \boldsymbol{E}\\ -\boldsymbol{M}^{-1}\boldsymbol{K} & -\boldsymbol{M}^{-1}\boldsymbol{C}\end{bmatrix}\begin{bmatrix}\boldsymbol{x}\\ \dot{\boldsymbol{x}}\end{bmatrix}+\begin{bmatrix}\boldsymbol{0}\\ \boldsymbol{M}^{-1}\end{bmatrix}\boldsymbol{U} \tag{10.39}$$

式中，$\boldsymbol{E}$ 表示单位对角矩阵。

求解状态方程(10.39)，即求得 TLD-结构这个控制系统的地震响应。

10.3.4 TLD-结构减震体系的计算实例

计算实例是一个18层剪切型高层建筑,结构参数如表10.1。

表10.1 计算模型参数

层号	质量/(10^5 kg)	刚度/(10^7 N/m)	层号	质量/(10^5 kg)	刚度/(10^7 N/m)
1	2.45	58.8	10	2.254	56.84
2	2.45	58.8	11	2.254	56.84
3	2.45	58.8	12	2.254	56.84
4	2.45	58.8	13	2.156	54.88
5	2.45	58.8	14	2.156	54.88
6	2.45	58.8	15	2.156	54.88
7	2.254	56.84	16	2.156	54.88
8	2.254	56.84	17	2.156	54.88
9	2.254	56.84	18	2.156	54.88

计算中输入的地震波为1976年唐山余震的宁河波,$|\ddot{x}_g|_{max}=0.05g$。被动减震装置TLD放在结构的顶层,TLD的尺寸为:长×宽×水深=1.5 m×1 m×0.75 m。将TLD中水的振荡周期调谐至结构的第一周期。TLD中水的质量是结构质量的3%。TLD对结构的控制力$F_{TLD}(t)$采用两种方法计算:方法一是将无控制时$\ddot{x}_g$直接作用于TLD,用VOF法计算$F_{TLD}(t)$,简称数值法;方法二是用模拟计算公式(10.28)~(10.33)计算$F_{TLD}(t)$,简称简化法。

图10.11给出了两种方法计算的结构各层最大位移响应曲线。图10.12给出了用两种方法计算的结构顶层位移响应时程曲线。由图10.11及图10.12的计算结果可见,两种计算方法计算出的最大位移响应吻合得较好。其中,图10.12前一时段结构顶层位移响应大的部分吻合得比较好;后一时段简化计算的位移响应略大于数值计算结果,这是由于简化计算输入的是简谐波,数值计算输入的是实际的地震波。不过这个略大于数值计算的结果对工程设计来说是可以接受的。

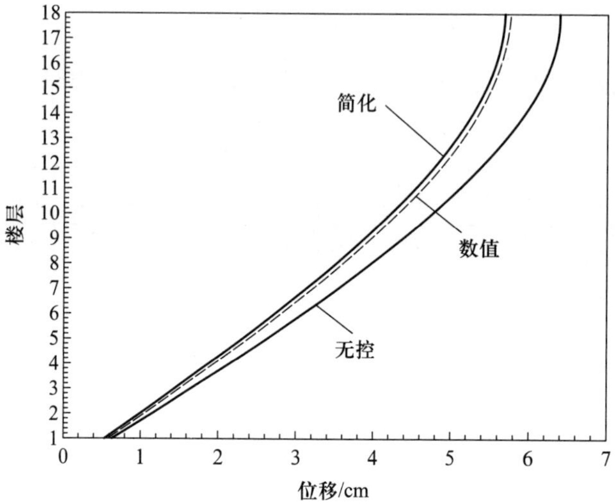

图 10.11　数值法和简化法计算的结构各层最大位移响应曲线

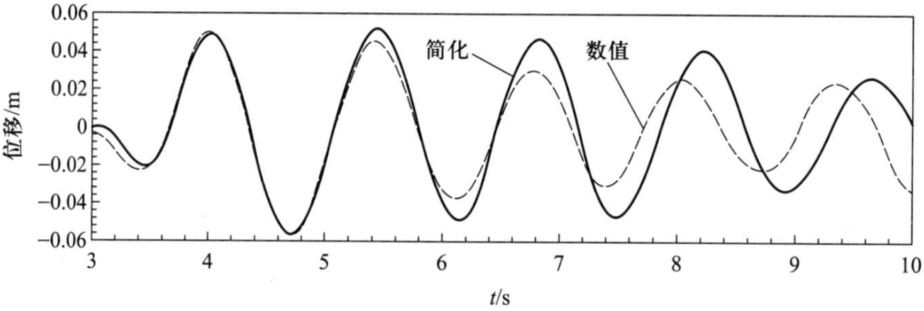

图 10.12　数值法和简化法计算的结构顶层位移响应时程曲线

10.4　悬吊质量摆阻尼器

悬吊质量摆阻尼器是将摆悬吊在结构上，当体系在地震动作用下产生水平方向振动时，带动摆一起振动，而摆振动产生的惯性力反作用于结构本身，当这种惯性力与结构本身的运动相反时，就产生了减震效果[3-8]。

10.4.1　体系计算模型和振动方程

假定在高层结构中设置 m 个悬吊质量摆，其设置方式如图 10.13 所示，则在地震作用下可简化成剪切型的高层结构的振动方程为

$$\boldsymbol{M}\ddot{\boldsymbol{x}}+\boldsymbol{C}\dot{\boldsymbol{x}}+\boldsymbol{K}\boldsymbol{x}=-\boldsymbol{M}\boldsymbol{I}\ddot{x}_{\mathrm{g}}(t) \tag{10.40}$$

式中，$\ddot{\boldsymbol{x}}$、$\dot{\boldsymbol{x}}$ 和 $\boldsymbol{x}$ 分别为结构体系的加速度、速度和位移向量；$\boldsymbol{I}$ 表示单位列向量；$\ddot{x}_g(t)$ 表示地震时的地面运动加速度；$\boldsymbol{M}$、$\boldsymbol{C}$ 和 $\boldsymbol{K}$ 分别表示结构体系的质量矩阵、阻尼矩阵和刚度矩阵，其中，阻尼矩阵 $\boldsymbol{C}$ 采用瑞利阻尼的形式，$\boldsymbol{M}$ 和 $\boldsymbol{K}$ 的具体形式为

$$\boldsymbol{M}=\mathrm{diag}[M_1,M_2,\cdots,M_n,m_1,m_2,\cdots,m_m] \tag{10.41}$$

$$\boldsymbol{K}=\begin{bmatrix}\boldsymbol{K}_{\text{结构}} & \boldsymbol{K}_{\text{耦联}}\\ \boldsymbol{K}_{\text{耦联}}^{\mathrm{T}} & \boldsymbol{K}_{\text{摆}}\end{bmatrix} \tag{10.42}$$

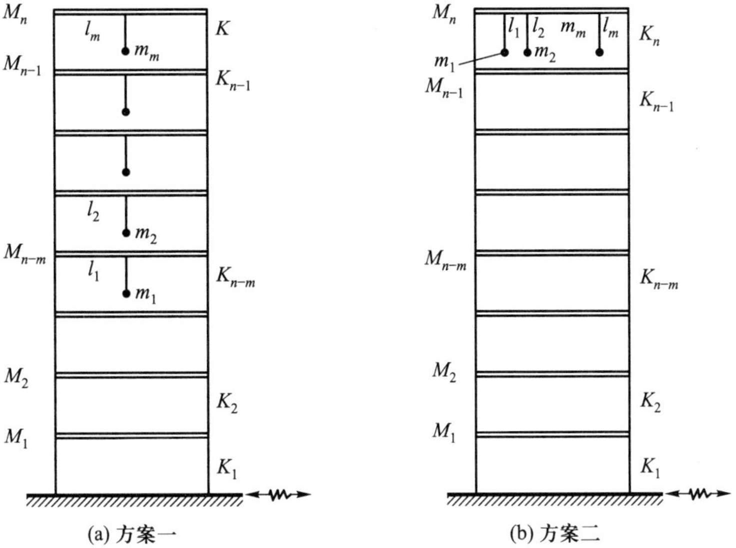

图 10.13　悬吊质量摆在结构中的设置方式

当采用方案一时，式(10.42)中，

$$\boldsymbol{K}_{\text{结构}}=\begin{bmatrix}K_1+K_2 & -K_2 & & & 0\\ -K_2 & K_2+K_3 & -K_3 & & \\ \cdots & \cdots & \cdots & & \\ -K_{n-m} & K_{n-m}+K_{n-m+1}+\dfrac{m_1 g}{l} & -K_{n-m+1} & & \\ & & \cdots & \cdots & \\ 0 & & -K_{n-1} & K_n+\dfrac{m_m g}{l_m} & \end{bmatrix}_{(n\times n)}$$

$$\boldsymbol{K}_{摆}=\begin{bmatrix} \dfrac{m_1 g}{l_1} & & & \\ & \dfrac{m_2 g}{l_2} & & \\ & & \cdots & \\ & & & \dfrac{m_m g}{l_m} \end{bmatrix}_{(m\times m)}$$

$$\boldsymbol{K}_{耦联}^{\mathrm{T}}=\begin{bmatrix} -\dfrac{m_1 g}{l_1} & & & & 0 \\ & -\dfrac{m_2 g}{l_2} & & & \\ & & \cdots & & \\ 0 & & & -\dfrac{m_m g}{l_m} & \end{bmatrix}_{(m\times n)}$$

当采用方案二时,式(10.42)中

$$\boldsymbol{K}_{结构}=\begin{bmatrix} K_1+K_2 & -K_2 & & & 0 \\ -K_2 & K_2+K_3 & -K_3 & & \\ \cdots & \cdots & \cdots & & \\ & -K_{n-1} & K_{n-1}+K_n & -K_n & \\ 0 & & -K_n & K_n+\sum\limits_{i=1}^{m}\dfrac{m_i g}{l_i} & \end{bmatrix}_{(n\times n)}$$

$$\boldsymbol{K}_{摆}=\begin{bmatrix} \dfrac{m_1 g}{l_1} & & & \\ & \dfrac{m_2 g}{l_2} & & \\ & & \cdots & \\ & & & \dfrac{m_m g}{l_m} \end{bmatrix}_{(m\times m)}$$

$$\boldsymbol{K}_{耦联}^{\mathrm{T}}=\begin{bmatrix} 0 & \cdots & 0 & -\dfrac{m_1 g}{l_1} \\ 0 & \cdots & 0 & -\dfrac{m_2 g}{l_2} \\ \vdots & \vdots & \vdots & \vdots \\ 0 & \cdots & 0 & -\dfrac{m_m g}{l_m} \end{bmatrix}_{(m\times n)}$$

10.4.2 数值计算与分析

数值计算时考虑一幢 30 层高层建筑,结构参数见表 10.2。地震输入采用 1940 年 5 月 18 日美国 El Centro 地震记录,峰值加速度为 341 cm/s^2。用下面定义的减震率来研究摆的减震效果:

$$R_d=\frac{D_0-D_1}{D_0}\times 100\% \tag{10.43}$$

式中,R_d 表示减震率;D_0 和 D_1 分别表示无悬吊质量摆和有悬吊质量摆的结构位移响应。

表 10.2 结构的基本参数

质量单位:10^5 kg;刚度单位:10^5 N/m

层号	1	2	3	4	5	6	7	8	9	10
质量	0.25	0.25	0.25	0.25	0.25	0.25	0.23	0.23	0.23	0.23
刚度	600	600	600	600	600	600	580	580	580	580
层号	11	12	13	14	15	16	17	18	19	20
质量	0.23	0.23	0.22	0.22	0.22	0.22	0.22	0.22	0.21	0.21
刚度	580	580	580	560	560	560	560	560	540	540
层号	21	22	23	24	25	26	27	28	29	30
质量	0.21	0.21	0.21	0.21	0.20	0.20	0.20	0.20	0.20	0.20
刚度	540	540	540	540	520	520	520	520	520	520

为验证悬吊质量摆的减震性能,通过对以下不同工况下进行数值计算研究结构的动力响应。

工况 1:在结构顶部 5 层各设置一个悬吊质量摆,每一个摆的频率均调谐至与结构的基频相等。

工况 2:在结构顶部 3 层各设计一个摆,摆的频率同工况 1。

工况 3:仅在结构顶部设置一个频率与结构频率相等的摆。

工况 4:在结构顶部 3 层分别设置摆,而每一个摆的频率分别调至与结构的前 3 阶频率相等。

在上述各种工况中,每一种工况的总质量均是相等的。计算结果列于表 10.3 中。每一种工况摆的总质量与结构质量比为 0.03。从表中的数值可看到,在摆的总质量相等的条件下,工况 4 的减震效果最好,顶部的减震效果可达 47.8%。这表明控制结构前 3 阶振型的方案比仅控制结构第 1 阶振型(无论设置几个摆)的方案效果要好得多。这些结果也可以从理论上加以解释:由于高层建筑周期比较长,前 3 阶振型在结构总响应中占有较大的比例,因此控制前 3 阶振型比仅控制第 1 阶振型效果好。

表 10.3 控制与非控制结构位移响应及减震率

楼层号	D_0/cm	工况 1		工况 2		工况 3		工况 4	
		D_1/cm	R_d/%	D_1/cm	R_d/%	D_1/cm	R_d/%	D_1/cm	R_d/%
1	1.584 0	1.307 5	17.485	1.305 3	17.593	1.253 0	20.894	1.385 5	12.532
2	3.119 5	2.561 4	17.894	2.557 7	18.010	2.459 4	21.160	2.715 5	12.592
3	4.645 8	3.812 6	17.934	3.807 2	18.049	3.658 4	21.253	4.011 7	13.648
4	6.166 4	5.039 4	18.278	5.031 5	18.405	4.854 0	21.284	5.282 2	14.339
5	7.653 1	6.248 1	18.359	6.238 3	18.486	6.021 9	21.314	6.330 7	17.280
6	9.116 4	7.412 2	18.694	7.400 0	18.828	7.169 6	21.354	7.323 2	19.669
7	10.578	8.589 5	18.800	8.574 6	18.940	8.320 3	21.341	8.287 7	21.658
8	12.009	9.712 5	19.124	9.695 5	19.264	9.439 1	21.399	9.201 2	23.339
9	13.381	10.805	19.253	10.785	19.405	10.528	21.320	10.021	24.815
10	14.719	10.840	19.557	10.815	19.720	10.472	21.380	10.848	26.296
11	15.991	12.846	19.671	12.819	19.836	12.596	21.321	10.467	27.669
12	17.232	13.797	19.932	13.767	20.105	13.580	21.193	12.213	29.128
13	18.453	14.755	20.043	14.723	20.215	14.578	20.998	12.926	29.955
14	19.655	15.681	20.218	15.646	20.398	15.562	20.819	13.621	30.700
15	20.804	16.575	20.347	16.538	20.506	16.523	20.579	14.279	31.364
16	21.934	17.466	20.367	17.425	20.555	17.485	20.281	14.880	32.160
17	23.016	18.323	20.390	18.279	20.583	18.422	19.961	15.423	32.990
18	24.076	19.175	20.378	19.123	20.571	19.347	19.643	15.922	33.866
19	25.109	20.007	20.375	19.955	20.525	20.263	19.302	16.370	34.807
20	26.121	20.826	20.273	20.773	20.773	21.166	18.970	16.762	35.831
21	27.064	21.586	20.242	21.532	20.443	22.009	18.667	17.092	36.841
22	27.931	22.298	20.165	22.240	20.375	22.789	18.409	17.345	37.899
23	28.727	22.963	20.066	22.902	20.378	23.532	18.086	17.539	38.946
24	29.454	23.549	20.044	23.487	20.257	24.196	17.851	17.657	40.049

续表

楼层号	D_0/cm	工况 1		工况 2		工况 3		工况 4	
		D_1/cm	R_d/%	D_1/cm	R_d/%	D_1/cm	R_d/%	D_1/cm	R_d/%
25	30.108	24.075	20.039	24.009	20.255	24.799	17.634	17.693	41.236
26	30.662	24.514	20.051	24.446	20.271	25.314	17.440	17.643	42.459
27	31.111	24.870	20.060	24.794	20.306	25.739	17.267	17.522	43.680
28	31.451	25.141	20.063	25.049	20.355	26.068	17.114	17.308	44.969
29	31.680	25.331	20.040	25.230	20.360	26.309	16.954	17.001	46.335
30	31.795	25.426	20.029	25.320	20.363	26.451	16.804	16.602	47.785

悬吊摆中质量的大小不仅影响结构的受力性能,而且也与经济、方案的可实施性密切相关,因此分析悬吊质量摆对结构响应的影响具有重要的实际意义[9-11]。以减震效果最好的工况 4 为例,对具有不同质量比 μ_s(摆的总质量与结构的质量之比)体系的减震效果进行了计算,其中顶层的减震效果如图 10.14。从图中可看出,随着质量比的增加,减震效果也在增加。当 $\mu_s \leqslant 1\%$ 时,增加的速度较显著;当 $\mu_s > 1\%$ 时,增加的速度较慢。因此,实际工程中应根据具体情况选择合适的减震率及相应的质量比。

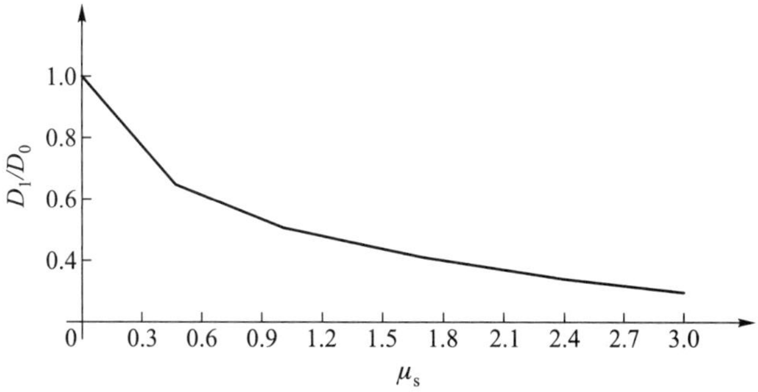

图 10.14 结构顶层的减震效果与悬吊摆和结构的质量比 μ_s 的关系

10.5 碰撞调谐质量阻尼器

碰撞阻尼器是利用振动过程中自由质量(冲击器)与主结构的碰撞来控制主结构的动力响应。碰撞调谐质量阻尼器结合了 TMD 和碰撞阻尼器的优点,在 TMD 两边增加了限制位移的挡板,并在挡板上粘贴了黏弹性缓冲材料,如图 10.15。当在外部激励较小时,阻尼器主要作为 TMD 吸收能量;当外部激励较大时，TMD 吸收的能量过大，质量块位移增大，在有限空间内与挡板发生碰撞，通过黏弹性缓冲材料以热能等形式耗散能量，形成 TMD 吸能和碰撞耗能的结合。PTMD 与碰撞阻尼器最大的不同在于 PTMD 与主结构的被控频率调谐能够从主结构内部吸收更多的能量，从而耗散更多的能量，有效减小结构的振动响应[12]。

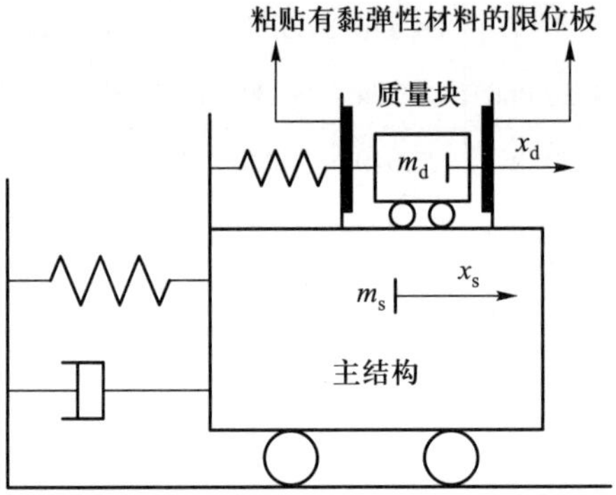

图 10.15　PTMD-结构计算模型

10.5.1　PTMD 的计算模型

如果将结构简化为单自由度体系，则结构利用 PTMD 减震系统的计算模型如图 10.15 所示。建立主结构的运动方程来分析在外部激励荷载下结构的动力响应。主结构可以简化为一个单自由度运动方程：

$$\begin{cases} m_s\ddot{x}_s(t)+c_s\dot{x}_s(t)+k_s x(t)+c_d[\dot{x}_s(t)-\dot{x}_d(t)]+k_d[x_s(t)-x_d(t)]=f(t)-F(t) \\ m_d\ddot{x}_d(t)+c_d(\dot{x}_d(t)-\dot{x}_s(t))+k_d(x_d(t)-x_s(t))=F(t) \end{cases} \tag{10.44}$$

式中，m_s、c_s 和 k_s 分别为主结构的质量、阻尼和刚度；m_d、c_d 和 k_d 分别为 PTMD 的质量、阻尼和刚度；$\ddot{x}_s$、$\dot{x}_s$ 和 x_s 分别是主结构的加速度、速度和位移；$\ddot{x}_d$、$\dot{x}_d$ 和 x_d 分别是 PTMD 中质量块的加速度、速度和位移；$f(t)$ 是外部激励；$F(t)$ 是质量块和主结构之间的碰撞力。

为了能够更精确地模拟碰撞过程，考虑碰撞过程中恢复阶段的表面残余变形，采用黏弹性模型的非线性碰撞力 $F(t)$ 表示如下：

$$F(t)=\begin{cases} k_v\delta^n+\zeta\delta^n\dot{\delta}, & \delta_{max}\geqslant\delta>0,\dot{\delta}>0 \\ f_e\left(\dfrac{\delta-\delta_e}{\delta_{max}-\delta_e}\right)^n, & \delta_{max}>\delta>\delta_e,\dot{\delta}<0 \\ 0, & \delta_e>\delta>0,\dot{\delta}<0 \end{cases} \tag{10.45}$$

式中，δ 是黏弹性材料的变形；$\dot{\delta}$ 表示发生碰撞时 PTMD 质量块相对于黏弹性材料的速度；k_v 表示碰撞刚度；ζ 和 δ_{max}分别是碰撞过程的阻尼比和黏弹性材料的最大变形；f_e 是在碰撞过程中的最大弹性力，由 $\delta=\delta_{max}$和 $\dot{\delta}=0$ 代入式(10.45)的第一个表达式来确定，因此 f_e 的表达式为

$$f_e=k_v\delta_{max}^n \tag{10.46}$$

ζ 的值可以由式(10.47)来计算：

$$\frac{1}{2}\left(1-e_{res}^2\right)\dot{\delta}_0^2=\left(1-e_{rem}\right)\left(\frac{k_v^2}{\zeta^2}\ln\left|\frac{\dot{\delta}_0+\dfrac{k_v}{\zeta}}{\dfrac{k_v}{\zeta}}\right|-\frac{k_v}{\zeta}\dot{\delta}_0\right)+\frac{\dot{\delta}_0^2}{2} \tag{10.47}$$

式中，e_{res}是恢复系数；e_{rem}是表面残余变形系数，由式(10.48)来确定：

$$e_{rem}=\frac{\delta_e}{\delta_{max}} \tag{10.48}$$

式中，δ_e 是表面残余变形，当碰撞力为 0 时，$\delta=\delta_e$。参数 e_{res}由式(10.49)确定。

$$e_{res}=\frac{x_{re}}{x_{in}} \tag{10.49}$$

式中，x_{re}是碰撞时 PTMD 质量块的弹回高度；x_{in}是碰撞时 PTMD 中质量块的初始位移。

10.5.2　数值计算与分析

考虑一幢 22 层高层建筑，结构参数见表 10.4。PTMD 安装在结构顶层，质量比为 0.03。为验证 PTMD 的减震性能，输入的地震波分别采用天津波、El Centro波和 Taft 波。

表 10.4　结构的基本参数

质量单位：10^5 kg；刚度单位：10^5 N/m

层号	1	2	3	4	5	6	7	8	9	10	11
质量	0.25	0.25	0.25	0.25	0.25	0.25	0.23	0.23	0.23	0.23	0.23
刚度	600	600	600	600	600	600	580	580	580	580	580
层号	12	13	14	15	16	17	18	19	20	21	22
质量	0.23	0.22	0.22	0.22	0.22	0.22	0.22	0.21	0.21	0.21	0.21
刚度	580	580	560	560	560	560	560	540	540	540	540

图 10.16 和图 10.17 分别为地震作用下天津波、El Centro 波、Taft 波的顶层位移时程曲线和位移包络图。

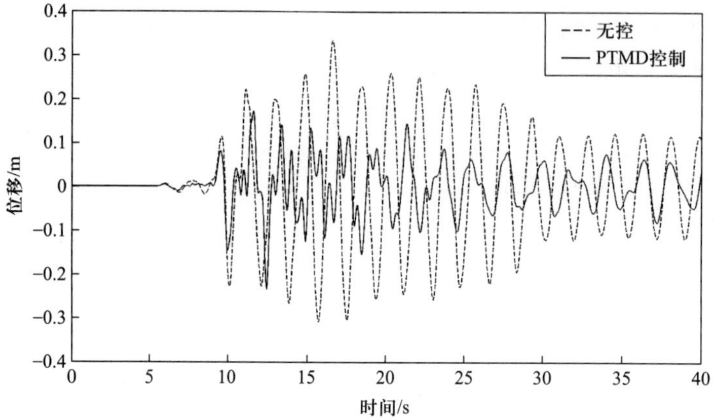

(a) 天津波

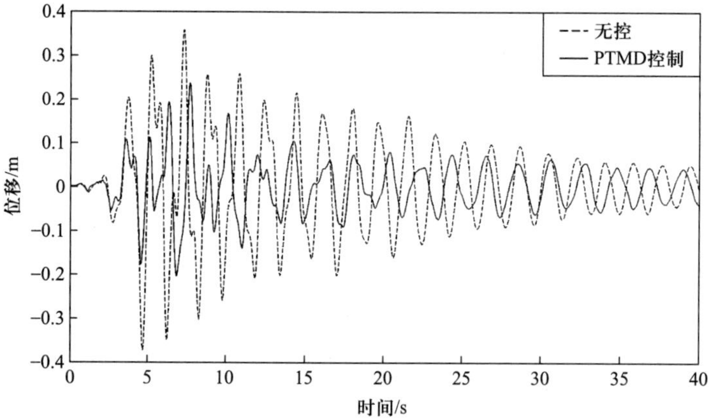

(b) El Centro波

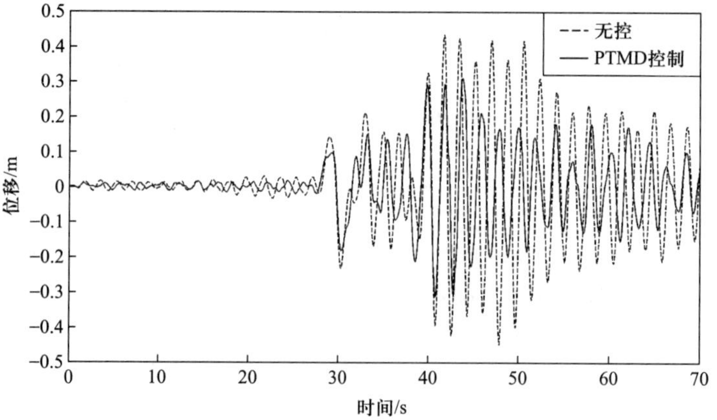

(c) Taft波

图 10.16　地震作用下的顶层位移时程曲线

由图 10.16 和图 10.17 可以看出,PTMD 对结构的位移响应具有良好的控制效果,3 种地震波作用下的减震率分别为 38.4%、42.6% 和 35.3%。

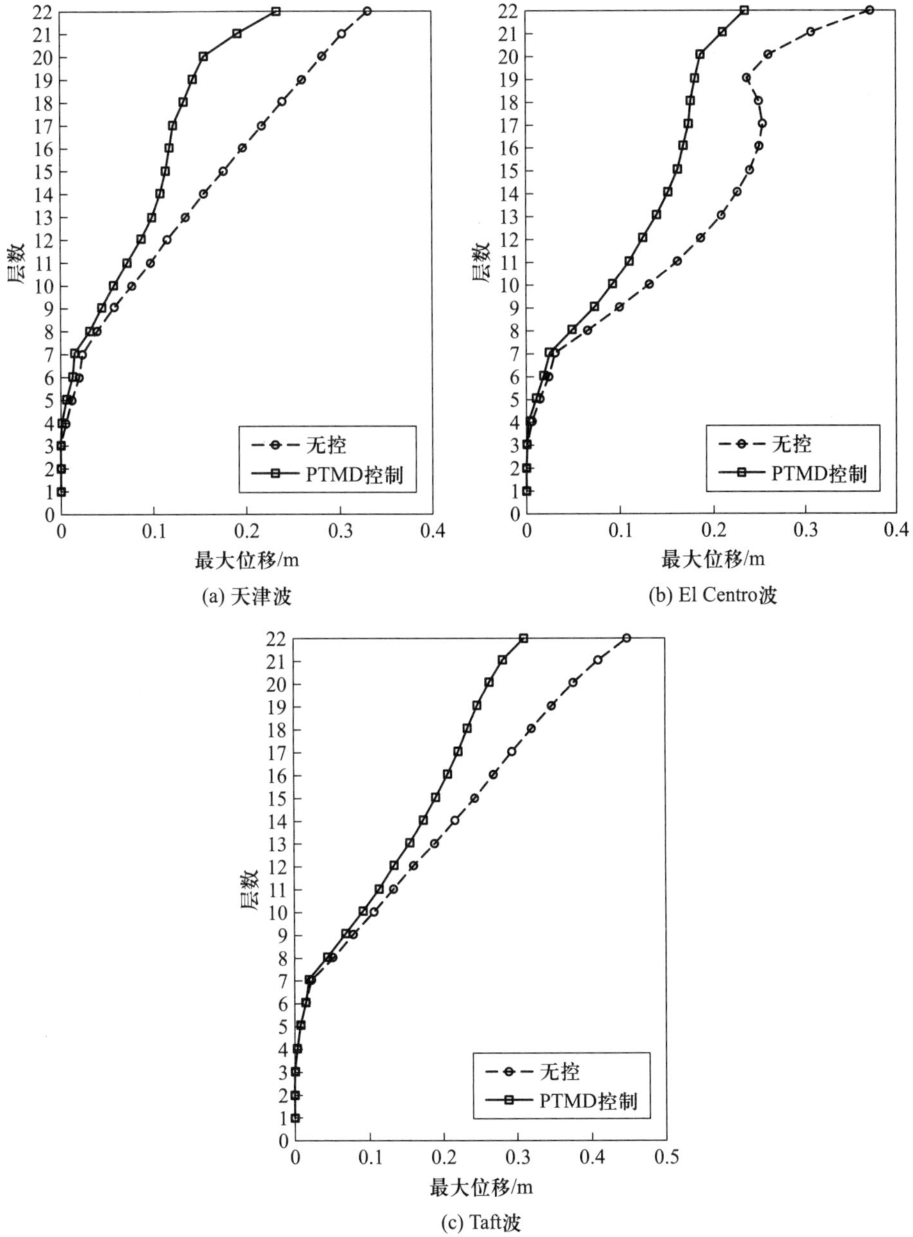

图 10.17 地震作用下结构的位移包络图

参考文献

[1] 王永学, Su T. 圆柱容器液体晃动问题的数值计算[J]. 空气动力学学报, 1991, 9(1): 112-119.

[2] 贾影, 李宏男, 李玉成. 调液阻尼器液体动水压力的模拟[J]. 地震工程与工程振动, 1998, 18(3): 82-86.

[3] 康希良. 高层建筑结构利用质量摆减震的分析[J]. 兰州交通大学学报, 1996, 15(4): 1-5.

[4] 谢绍松, 张敬昌, 钟俊宏. 台北 101 大楼的耐震及抗风设计[J]. 建筑施工, 2005, 27(10): 7-9.

[5] 李宏男, Singh M. 结构动力吸振摆的优化参数[J]. 世界地震工程, 1994, 11(4): 14-17.

[6] 李宏男. 摆-结构体系减震性能研究[J]. 工程力学, 1996, 13(3): 123-129.

[7] 李庆伟, 李宏男. 输电塔结构的动力稳定性研究[J]. 防灾减灾工程学报, 2008, 28(2): 80-85.

[8] 王肇民. 电视塔结构 TMD 风振控制研究与设计[J]. 建筑结构学报, 1994, 15(5): 2-13.

[9] 霍林生, 侯洁, 李宏男. 非线性悬吊质量摆减震控制的等效线性化方法研究[J]. 防灾减灾工程学报, 2015, 35(3): 283-289.

[10] 侯洁, 霍林生, 李宏男. 非线性悬吊质量摆对输电塔减振控制的研究[J]. 振动与冲击, 2014, 33(3): 177-181.

[11] Huang C, Huo L S, Gao H G, et al. Control performance of suspended mass pendulum with the consideration of out-of-plane vibrations[J]. Structural Control and Health Monitoring, 2018, 25(9): e2217.

[12] Duan Y, Wang W, Zhang P, et al. New type of pounding tuned mass damper for confined space[J]. Journal of Aerospace Engineering, 2020, 33(4): 04020023.

第 11 章 耗能减震结构体系

11.1 概述

耗能减震结构体系是指在结构的某些部位（如支撑、剪力墙、节点、连接缝、楼层空间、相邻建筑之间的空间等位置）设置耗能装置而形成的结构体系。耗能装置的摩擦、弯曲、剪切或扭转变形会导致其中的耗能元件产生弹塑性滞回变形，从而耗散或吸收地震时输入到结构中的能量，达到减小主体结构地震响应的目的，从而避免结构产生破坏或倒塌。耗能减震结构具有减震机理明确、减震效果显著、安全可靠、经济合理、技术先进、适用范围广等特点，目前已被广泛用于工程结构的减震控制中。

对于耗能减震，从能量的观点看，地震输入至结构中的能量是一定的，因此，耗能装置耗散的能量越多，则结构本身需要消耗的能量就越小，其地震响应也就越小。另一方面，从动力学的观点看，耗能装置的作用相当于增大了结构的阻尼，而结构阻尼的增大，必将使结构地震响应减小。在风和小震的作用下，耗能装置应具有较大的刚度，以保证结构的正常使用功能。在强烈地震作用时，耗能装置应率先进入非弹性状态，并大量消耗地震能量。目前，工程结构抗震中常用的耗能装置包括摩擦阻尼器、黏弹性阻尼器、黏滞液体阻尼器、金属屈服阻尼器和屈曲约束支撑等。

11.2　摩擦阻尼器

11.2.1　摩擦阻尼器的构造

摩擦阻尼器是根据摩擦做功而耗散能量的原理设计的。Pall 和 Marsh 早在 1981 年就利用此原理发明出一种旨在减缓建筑物运动的限位钢板摩擦阻尼器(图 11.1)。之后,他们又在此基础上提出一种 X 形摩擦阻尼器(图 11.2)。这种阻尼器可以设置在框架结构的斜支撑处,而它的改进形式(图 11.3)也成功应用于多种工程实践中[1, 2]。

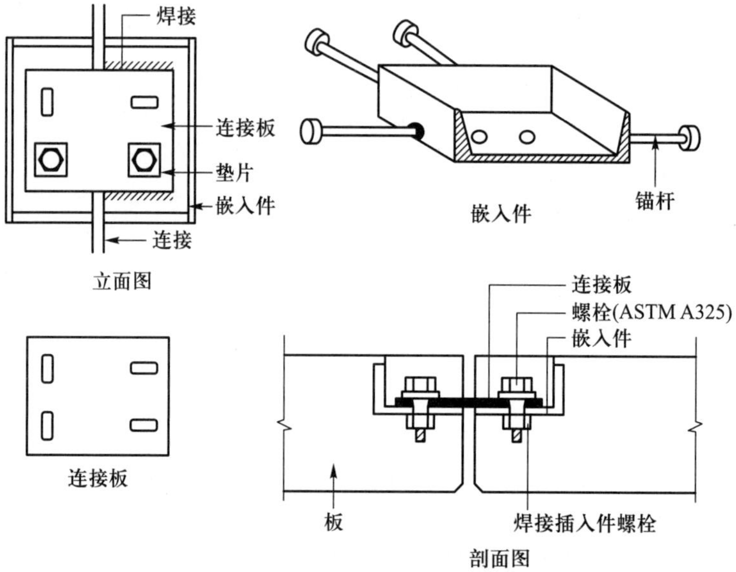

图 11.1　限位钢板摩擦阻尼器

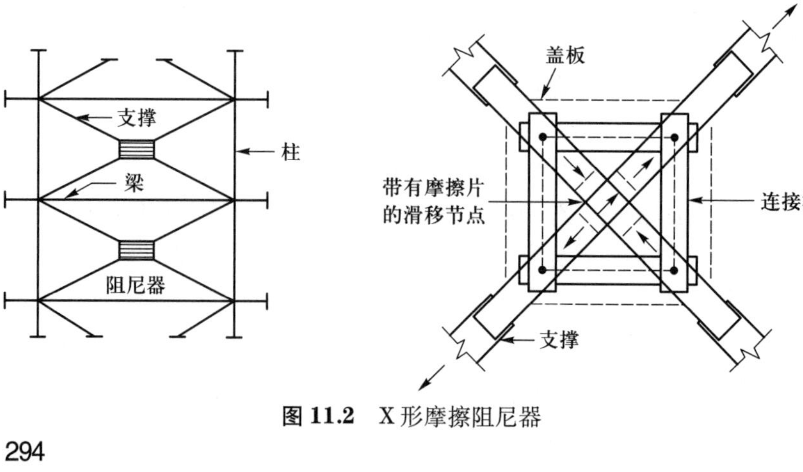

图 11.2　X 形摩擦阻尼器

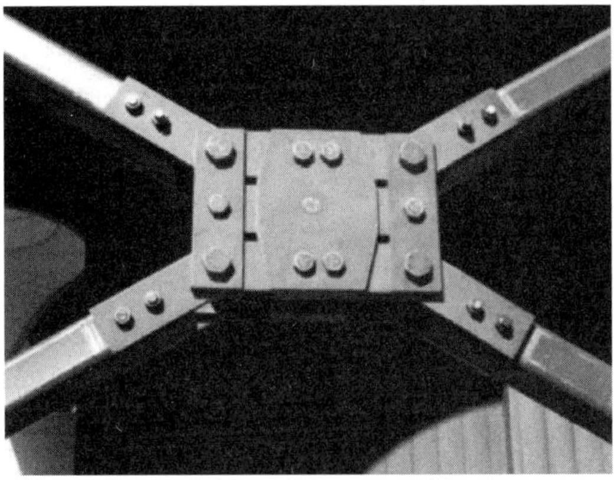

图 11.3 Pall 摩擦阻尼器

另一种类似的摩擦阻尼器是单轴摩擦阻尼筒,也称为 Sumitomo 摩擦阻尼器,它的摩擦阻尼力是由钢合金摩擦片与圆筒内表面相互摩擦而产生的,其具体构造如图 11.4 所示,这种阻尼器也成功应用于日本的工程实践中[3]。

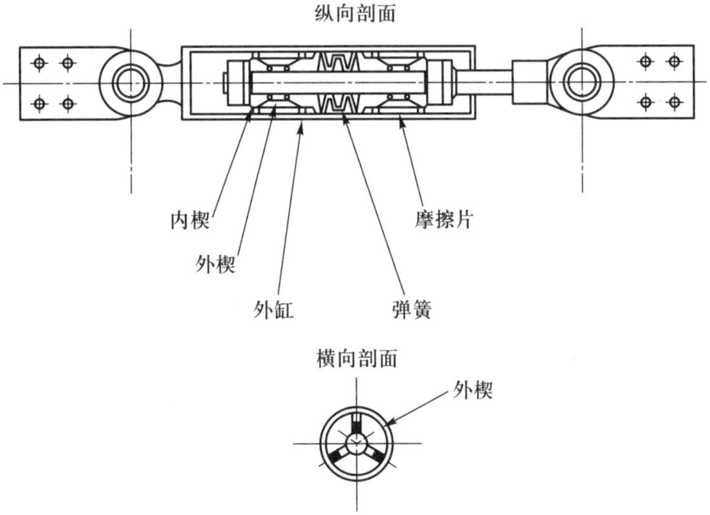

图 11.4 单轴摩擦阻尼筒

11.2.2 摩擦阻尼器的受力特性

摩擦阻尼器作为一种位移相关型的阻尼器,是利用两块固体之间相对滑动产生的摩擦力来耗散能量的。其基本理论主要建立在以下 3 个假设基础之上:

(1) 总的摩擦力与物体接触面的表面积无关;

(2) 总的摩擦力与作用在接触面上总的法向力成比例关系;

(3) 对于相对滑移速度较低情况,总的摩擦力与速度无关。

由以上假设,可得出摩擦力 F 的计算公式:

$$F=\mu N \tag{11.1}$$

式中,N 为法向压力;μ 为摩擦系数。

对于图 11.1 所示的限位钢板摩擦阻尼器,Pall 等提出了如图 11.5 所示的节点简化的滞回力学模型曲线,曲线中包含了滑移后刚度增长的情况[1]。

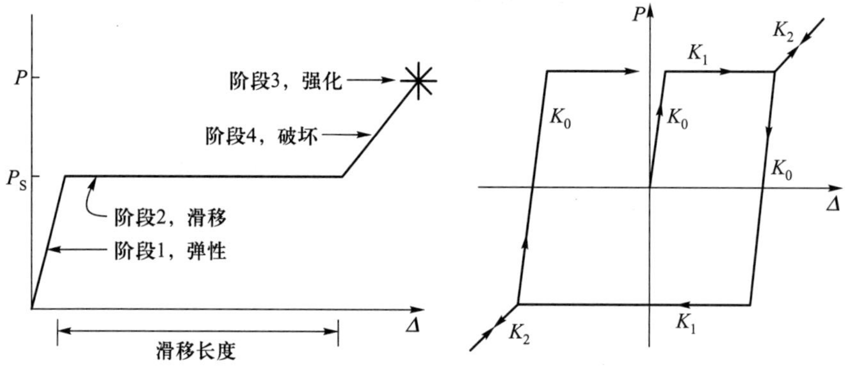

图 11.5　限位钢板摩擦阻尼器的滞回力学模型曲线

Pall 等对装有 X 形摩擦阻尼器的抗弯框架进行了试验[2],结果表明:未安装摩擦阻尼器时,斜支撑只能受拉而不能受压,很小的压力都会使斜支撑屈曲;安装摩擦阻尼器后,阻尼器在循环荷载作用下可以沿着支撑滑移,使得斜支撑可以承受拉力和压力,而这种滞回特性可以通过简单的弹塑性模型来模拟。

但是,Pall-Marsh 模型往往会高估阻尼的能量耗散,Filiatrault 和 Cherry 进一步提出了新的滞回力学模型[4],如图 11.6 所示。其中,图 11.6(a)表示外部交叉支撑的受拉屈服与受压屈曲的力学模型;图 11.6(b)表示连接板的受拉与受压屈曲的力学模型;图 11.6(c)表示交叉板的滞回力学模型。

单轴摩擦阻尼筒(图 11.4)的设计较为复杂,它是用预加压力的弹簧与两个方向的楔形连接来给铜合金摩擦片施加法向力的。这种摩擦片涂有石墨来提供润滑,使得它与筒壁之前的摩擦系数为常数。Aiken 和 Kelly 对其滞回性能进行试验研究,发现这种阻尼器的滞回曲线是非常有规律的矩形滞回环[3]。

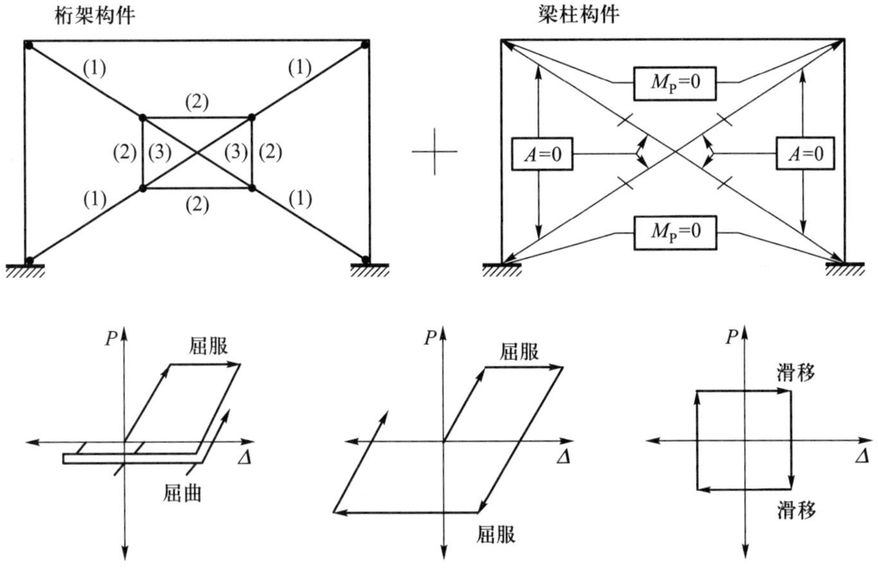

(a) 外部交叉支撑 (b) 连接板 (c) 交叉板

图 11.6 X 形支撑摩擦阻尼器滞回力学模型

11.2.3 摩擦阻尼器的减震设计

通过 11.2.2 节所述的摩擦阻尼器的滞回力学模型,对阻尼器进行简单的整体结构地震响应分析。

Pall 和 Marsh 通过对装有有限位钢板摩擦阻尼器的公寓建筑进行了参数研究[1],输入 1940 年 El Centro 地震记录的 S00E 分量,使用 DRAIN-2D 程序计算非线性地震响应,其中阻尼器的非线性滞回模型选用图 11.5。不同楼层建筑的计算结果如图 11.7 所示。其中,图 11.7(a)表示带有摩擦阻尼器的墙体和弹性墙体底部最大正应力的比率与滑移荷载之间的曲线关系;图 11.7(b)表示带有阻尼器的墙体和弹性墙体顶部最大位移的比率与滑移荷载之间的曲线关系。由分析可知,有限位钢板摩擦阻尼器对于刚度相对较小的 15 层与 20 层减震效果明显,但对于刚度较大的 5 层与 10 层的减震效果大大减弱。

此外,Pall 和 Marsh 还对装有 X 形摩擦阻尼器的 10 层建筑进行了地震响应分析[2],其中计算方法和地震记录与上述方法相同,但结构采用抗弯(moment resisting,MR)框架、支撑抗弯(braced moment resisting,BMR)框架和摩擦阻尼支撑(friction damped braced,FDB)框架 3 种不同的结构形式,其计算结果如图 11.8 所示。由图 11.8 可以看出,X 形阻尼器不仅能够大大限制结构的楼层位移,同时还能有效减小柱中剪力和弯矩,但其轴力明显高于抗弯框架的轴力。

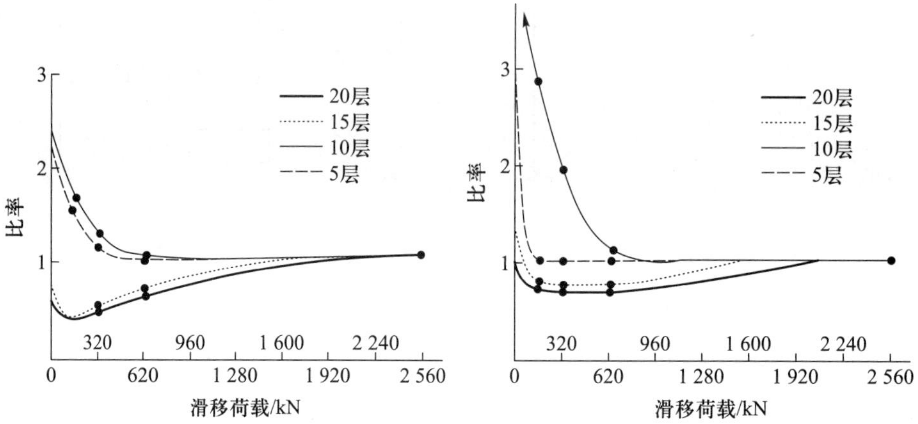

(a) 底部最大正应力比率与滑移荷载的变化关系　(b) 顶部最大位移比率与滑移荷载的变化关系

图 11.7　不同楼层建筑地震响应减震效果比较

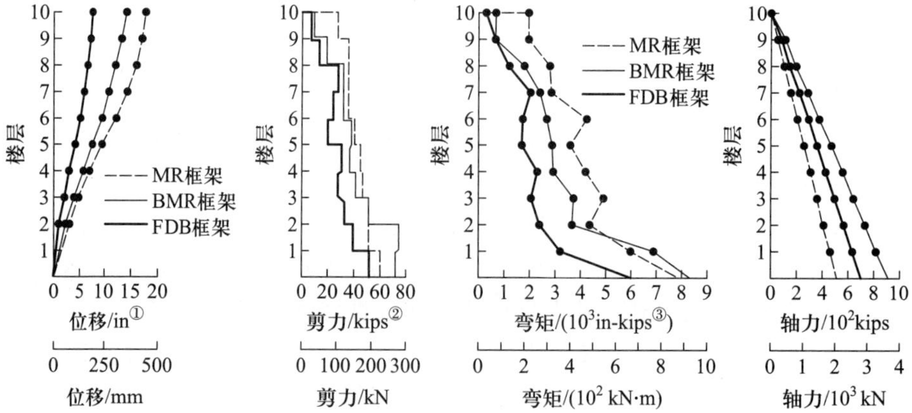

(a) 位移包络图　(b) 剪力包络图　(c) 弯矩包络图　(d) 轴力包络图

①—1 in=2.54 cm; ②—1 kips=4.448 22 kN; ③—1 in-kips=112.98 N·m

图 11.8　3 种不同结构形式的框架计算结果比较

Nims[5]等对装有与单轴摩擦阻尼筒相类似的阻尼筒的结构进行了地震响应分析,并对有阻尼支撑和非支撑结构的频率、非支撑结构的阻尼比 ζ、阻尼筒的初始滑移荷载与结构质量的比值、地震记录的幅值和频率成分等参数的影响进行了分析,计算结果如图 11.9 所示。在各种分析工况中,将有阻尼支撑结构的频率都设定为非支撑结构频率的两倍。由图 11.9 可知,除了低频结构外,摩擦阻尼筒能够有效减小结构的地震响应。

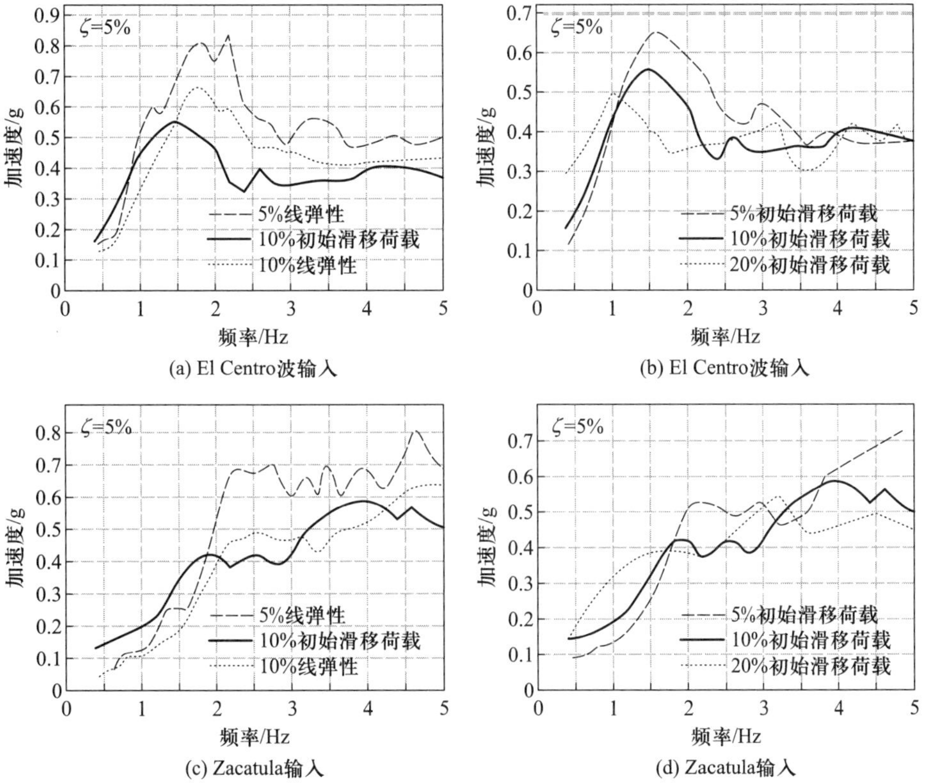

图 11.9 摩擦阻尼筒减震效果计算结果

将摩擦阻尼器运用于实际结构设计时,情况更为复杂。为了满足设计准则且达到设计目的,Filiatrault 和 Cherry[4, 6]编制了摩擦阻尼支撑框架分析程序(friction-damped braced frame analysis program, FDBFAP)。利用这个程序进行结构设计时,仍假定所有的构件均为弹性,而滑移荷载与其他主要参数的关系可以用式(11.2)表达:

$$V_{\mathrm{S}}=f\left(\frac{T_{\mathrm{b}}}{T_{\mathrm{u}}},\frac{T_{\mathrm{g}}}{T_{\mathrm{u}}},N\right)ma_{\mathrm{g}} \tag{11.2}$$

式中,V_{S}为 N 层结构所有摩擦阻尼器总的滑移剪力;m 为结构的总质量;a_{g} 为设计地面峰值加速度;T_{b}、T_{u} 和 T_{g} 分别为有阻尼支撑结构、无阻尼支撑结构和地震动的卓越周期。图 11.10 是一个典型的双线型设计滑移荷载谱。

建议的带阻尼斜撑的框架结构设计过程应包含以下 8 个步骤。

(1) 考虑所有应计算的荷载,设计无支撑框架结构。

(2) 确定 T_{u},并尽可能使带有摩擦阻尼交叉支撑结构的周期满足

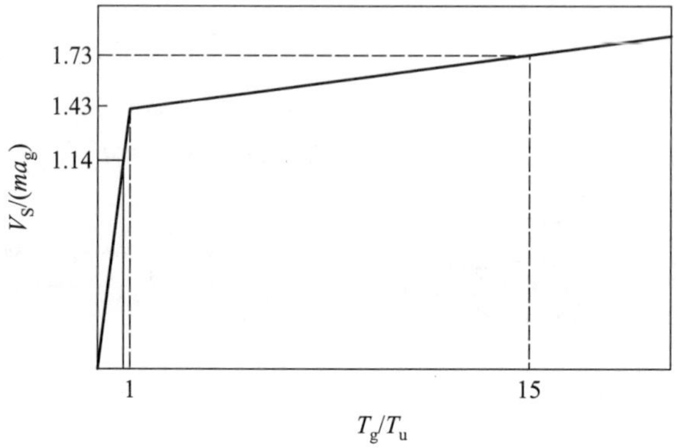

图 11.10　典型的双线型设计滑移荷载谱

$T_b<0.4T_u$。估计建筑所在场地的 a_g 和 T_g。

(3) 验证 T_b/T_u、T_g/T_u、a_g/g 和 N 是否都在参数研究的范围内。如果不是,使用程序 FDBFAP 进行更详细的动力分析,以确定优化的滑移荷载。

(4) 对于确定的 T_b/T_u 和 N,建立设计滑移荷载谱。

(5) 利用设计滑移荷载谱确定 V_S,并将滑移剪力均匀分配给各楼层。

(6) 将各楼层剪力分配给各楼层的阻尼器,并从几何形状上来确定阻尼器的滑移荷载。

(7) 校验阻尼器确保在风荷载作用下不产生滑移。如果需要,修改无阻尼支撑的框架结构设计,然后返回到步骤(2);或修正滑移荷载,进行详细的动力分析。

(8) 校验在滑移发生前,确保支撑在拉伸时不屈服。如果需要,再修改设计。

11.3　黏弹性阻尼器

11.3.1　黏弹性阻尼器的构造

黏弹性阻尼材料有很强的减震、降噪能力,在航空航天、机械及土木工程结构中均有应用。黏弹性阻尼器(viscoelastic damper,VED)在土木工程中的应用始于 1969 年,在美国纽约前世界贸易中心双塔的每个塔楼中安装了 10 000 个阻尼器[7],用以减小结构的风振响应。随后,美国西雅图在 1982 年和 1988 年又先后建成了分别安装有 260 个和 16 个大型的 VED,用以减小风振响应的 Columbia Center 大楼和 Two Square 大楼。20 世纪 90 年代,VED 被用来减小结构的地震响应。位于美国地震高烈度区的旧金山于 1976 年建造了 13 层的

Santa Clara County 钢框架大楼，后来为增加其地震的安全性，便在建筑立面的每层都安装了两个 VED[8]。经过测试研究发现，VED 的安装使得原先基本振型的阻尼比由 1% 增长到了 17%。此外，美国圣地亚哥的 3 层海军设备供应大楼是首个装有 VED 的钢筋混凝土建筑，对其进行地震响应分析以后发现，64 个 VED 的减震效果十分显著。

黏弹性阻尼器主要是由黏弹性材料和约束钢板构成，其中典型的阻尼器构造如图 11.11 所示，矩形钢板和两边的 T 形钢板通过钢板与钢板中心黏弹性材料的硫化过程相结合成整体。钢板在往复力的作用下会产生相对位移，黏弹性阻尼材料进行剪切变形从而耗散能量。黏弹性材料的力学特性介于黏滞液体和固体之间，同时具备弹簧和流体的性质。常用的黏弹性材料为异量高分子聚合物，它既有黏性，又有很好的弹性，可以起到稳定结构的作用，并耗散结构外部输入的能量。

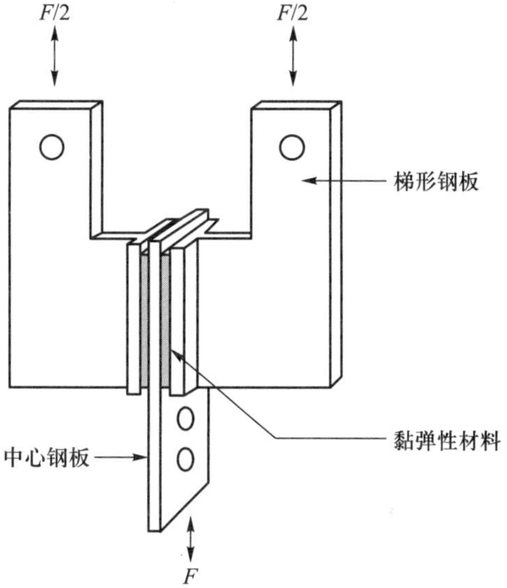

图 11.11 黏弹性阻尼器示意图

日本已研制出多种黏弹性阻尼器，表 11.1 列出了几种主要类型及其应用情况[9]。

表 11.1 日本研制的黏弹性阻尼器主要类型及其应用

阻尼器名称	开发单位	科学研究内容	工程应用状况
沥青橡胶组合黏弹性阻尼器(BRC)	Shimizu 公司	比较装有阻尼器和未装阻尼器的两建筑的地震响应	24 层钢结构双塔建筑(一个装有阻尼器，一个未装)
黏弹性橡胶剪切阻尼器	Bridgestone 公司	5 层钢框架模拟振动台试验	
黏弹阻尼墙系统(VDWS)	Oiles 和 Sumitomo 建筑公司	4 层足尺钢框架地震模拟试验	4 层钢筋混凝土试点建筑和一幢 16 层建筑
超塑性硅氧橡胶黏弹性剪切阻尼制震墙系统	Kumagai-Gumi 公司	3 层钢框架地震模拟试验	

11.3.2　黏弹性阻尼器的受力特性

在频率为 ω 的正弦荷载作用下,线性黏弹性材料的剪应变 $\gamma(t)$ 和剪应力 $\tau(t)$ 与 ω 的关系如下:

$$\gamma(t)=\gamma_0\sin(\omega t) \tag{11.3a}$$

$$\tau(t)=\tau_0\sin(\omega t+\delta) \tag{11.3b}$$

式中,γ_0、τ_0 和 δ 分别表示峰值应变、峰值应力和滞后角度,如图 11.12 所示,都是频率 ω 的函数。

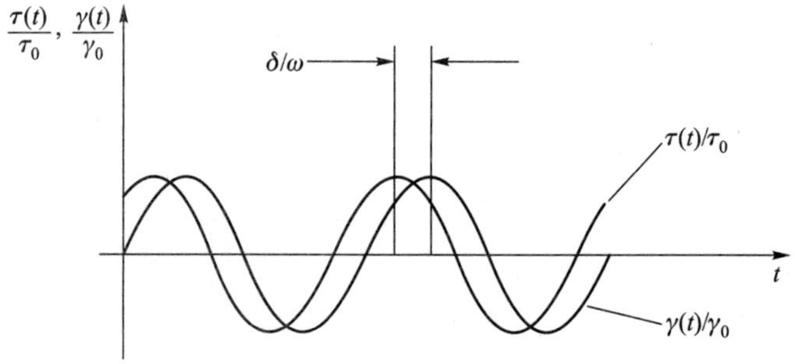

图 11.12　正弦荷载激励下线性黏弹性材料的应力、应变时程曲线

剪应力也可表达为

$$\tau(t)=\gamma_0[G'(\omega)\sin(\omega t)+G''(\omega)\cos(\omega t)] \tag{11.4}$$

式中,$G'(\omega)=\dfrac{\tau_0}{\gamma_0}\cos\delta$;$G''(\omega)=\dfrac{\tau_0}{\gamma_0}\sin\delta$。

由式(11.3a)可知,$\sin(\omega t)=\gamma(t)/\gamma_0$,$\cos(\omega t)=[1-\gamma^2(t)/\gamma_0^2]^{1/2}$,将其代入式(11.4),可以得到

$$\tau(t)=G'(\omega)\gamma(t)+G''(\omega)[\gamma_0^2-\gamma^2(t)]^{1/2} \tag{11.5}$$

将式(11.5)分别以应力和应变为纵轴和横轴绘出其本构关系(如图 11.13 所示),即为椭圆,它的面积表示单位体积的黏弹性材料振动一周所耗散的能量,可由式(11.6)求出:

$$\begin{aligned}E_{\mathrm{H}}&=\int_0^{\frac{2\pi}{\omega}}\tau(t)\dot{\gamma}(t)\,\mathrm{d}t\\&=\int_0^{\frac{2\pi}{\omega}}\gamma_0^2\omega\cos(\omega t)[G'(\omega)\sin(\omega t)+G''(\omega)\cos(\omega t)]\,\mathrm{d}t\\&=\pi\gamma_0^2G''(\omega)\end{aligned} \tag{11.6}$$

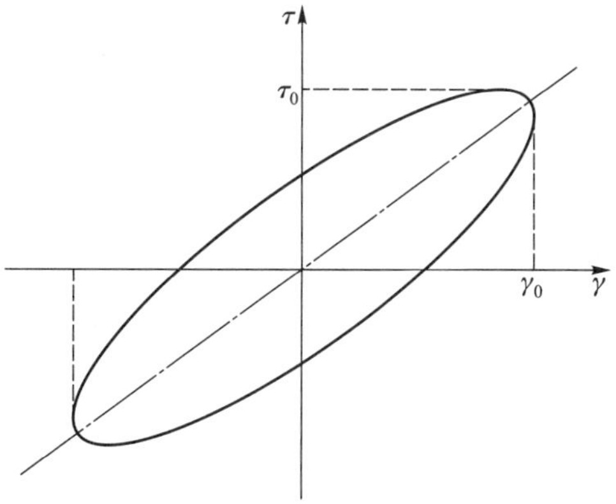

图 11.13 式(11.5)所示应力-应变关系图

将式(11.5)改写成如下形式:

$$\tau(t)=G'(\omega)\gamma(t)+\frac{G''(\omega)}{\omega}\dot{\gamma}(t) \tag{11.7}$$

从式(11.7)可以看出,$G'(\omega)$的物理意义为弹性模量;$G''(\omega)/\omega$ 的物理意义为阻尼系数,其等效阻尼比 ζ 为

$$\zeta=\frac{G''}{\omega}\left[\frac{\omega}{2G'(\omega)}\right]=\frac{1}{2}\frac{G''(\omega)}{G'(\omega)} \tag{11.8}$$

式中,$G'(\omega)$定义为黏弹性材料的剪力储存模量,表示每振动一周储存和恢复能量的度量;$G''(\omega)$定义为剪力损耗模量,表示每振动一周耗散能量的度量,定义损耗因子为

$$\eta=\frac{G''(\omega)}{G'(\omega)}=\tan\delta \tag{11.9}$$

式(11.9)也常作为黏弹性材料耗能能力的度量因子,即有关系式:

$$\zeta=\frac{\eta}{2} \tag{11.10}$$

11.3.3 剪力储存模量和损耗模量的影响因素

剪力储存模量和损耗模量正常是关于频率 ω、外部温度 T、剪应变 γ 和材料内部温度 T'的函数。Chang 等对图 11.11 所示的 3 种不同尺寸、不同材料的阻尼器(表 11.2)进行了试验研究[9]。试验结果如表 11.3 和表 11.4 所示。其中,表 11.3 表示频率为 3.5 Hz 和应变为 5% 时不同温度变化对 3 种类型阻尼器的

$G'(\omega)$、$G''(\omega)$和 η 的影响。从表中数据可以看出,随着外部温度的增高,阻尼器的耗能能力均在降低。表 11.4 则显示了频率与应变率对 B 型阻尼器的影响。从表中数据可以看出,随着频率和应变率的增大,阻尼器的耗能能力在增大,而对 η 的变化影响却不大。

表 11.2　试验的黏弹性阻尼器尺寸

类型	面积/in^2	厚度/in	体积/in^3
A	1.0×1.5	0.2	0.30
B	2.0×1.5	0.3	0.90
C	6.0×3.0	0.15	2.70

注:为了保持数据的完整性,表中数保持原文献的英制单位,下同。1 in=2.54 cm。

表 11.3　VED 阻尼器特性(频率 3.5 Hz,应变率 5%)

阻尼器类型	温度/℃	G'/psi	G''/psi	η
A	21	402.8	436.7	1.08
	24	305.0	344.5	1.13
	28	228.4	275.1	1.20
	32	169.0	198.2	1.17
	36	120.7	130.7	1.08
	40	91.4	92.0	1.01
B	25	251.1	301.3	1.20
	30	187.8	223.5	1.19
	34	136.9	161.5	1.18
	38	110.9	122.0	1.10
	42	89.8	94.3	1.05
C	25	28.2	24.6	0.87
	30	23.1	18.1	0.78
	34	21.0	15.0	0.71
	38	17.6	11.6	0.65
	42	15.6	9.8	0.62

注:为了保持数据的完整性,表中数保持原文献的英制单位,下同。1 psi=6.894 76 kN/m^2。

表 11.4 典型的阻尼器特性

温度/℃	频率/Hz	应变/%	G'/psi	G''/psi	η
24	1.0	5	142	170	1.20
24	1.0	20	139	167	1.20
24	3.0	5	272	324	1.19
24	3.0	20	256	306	1.20
36	1.0	5	59	67	1.13
36	1.0	20	58	65	1.12
36	3.0	5	108	119	1.10
36	3.0	20	103	112	1.09

以上 3 种类型阻尼器在频率为 3.5 Hz 和应变为 5% 时正弦荷载激励下的力–位移关系曲线如图 11.14 所示。从图中可看到，随着外部温度的增高，所有 3 种阻尼器的刚度和耗能能力都在降低。

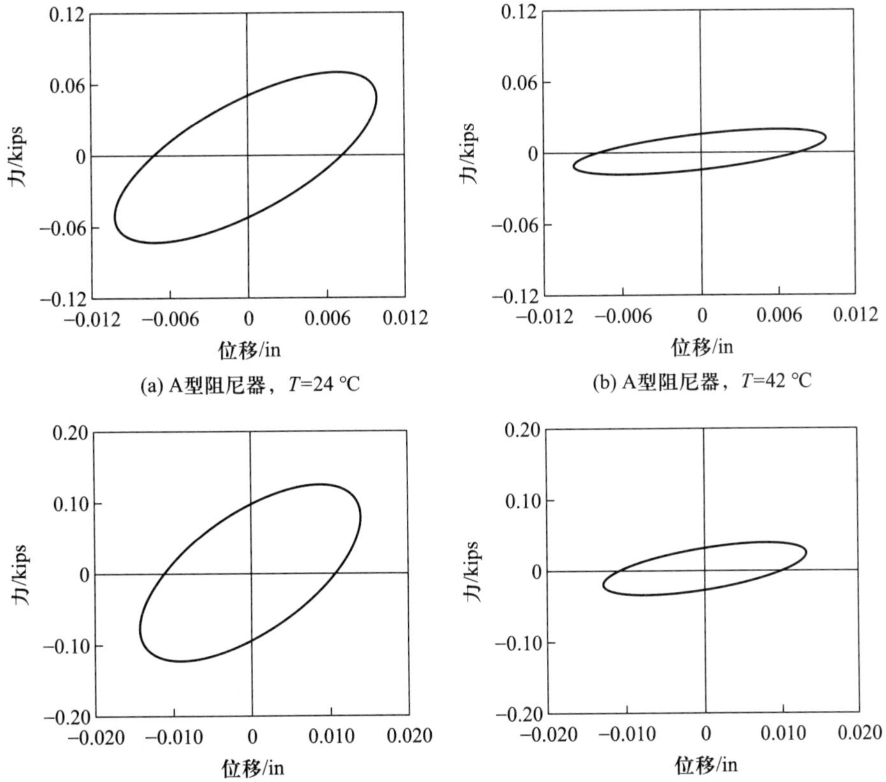

(a) A型阻尼器，T=24 ℃　(b) A型阻尼器，T=42 ℃

(c) B型阻尼器，T=24 ℃　(d) B型阻尼器，T=42 ℃

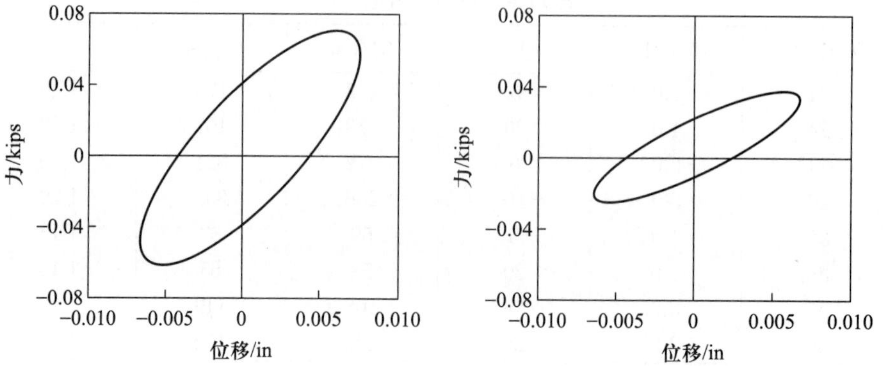

(e) C型阻尼器，T=24 ℃　　(f) C型阻尼器，T=42 ℃

图 11.14　3 种类型阻尼器在频率为 3.5 Hz 和应变为 5% 的正弦荷载激励下的阻尼力-位移关系曲线比较(1 kips = 4.448 22 kN,下同)

Soong 等[10]给出了剪力储存模量 $G'(\omega)$ 和损耗模量 $G''(\omega)$ 的计算公式:

$$G'(\omega)=G_e+(G_g-G_e)\Gamma(1-\alpha)(\omega t_0)^{\alpha}\cos\left(\frac{\alpha\pi}{2}+\omega t_0\right) \tag{11.11}$$

$$G''(\omega)=G_e+(G_g-G_e)\Gamma(1-\alpha)(\omega t_0)^{\alpha}\sin\left(\frac{\alpha\pi}{2}+\omega t_0\right) \tag{11.12}$$

式中,G_g 和 G_e 分别表示橡胶的模量和玻璃丝的模量;$\Gamma(\cdot)$ 表示伽马函数;t_0 表示松弛时间;α 表示在玻璃丝和橡胶间过度区域松弛曲线的斜率,是常数。试验表明,式(11.11)和式(11.12)在频率 1.0~3.0 Hz 之间吻合得很好,如图 11.15所示。从图中可以进一步看出,随着频率的增大,$G'(\omega)$ 和 $G''(\omega)$ 逐渐增大。

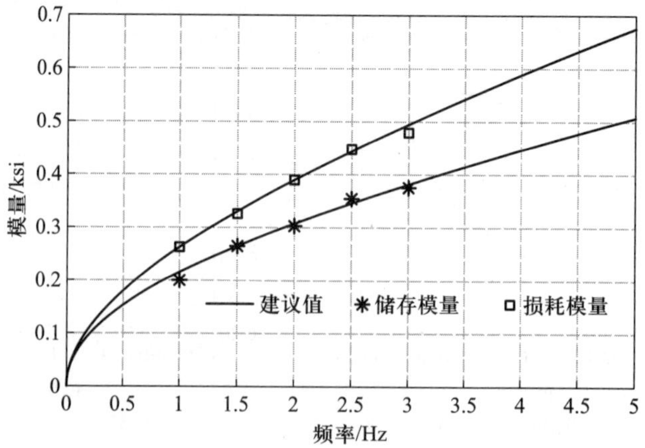

图 11.15　剪力储存模量 $G'(\omega)$ 和损耗模量 $G''(\omega)$ 计算结果与试验结果比较(1 ksi = 6.894 8 N/mm^2,下同)

Soong 等还得出了 $G'(\omega)$ 和 $G''(\omega)$ 在不同温度下与 ω 的对数变化关系，两组曲线分别如图 11.16 和 11.17 所示。从图中可以看出，在频率为 0.5~8.0 Hz 范围内，$G'(\omega)$ 和 $G''(\omega)$ 随着温度的增长在降低，而且与 ω 的对数变化的关系均为直线。

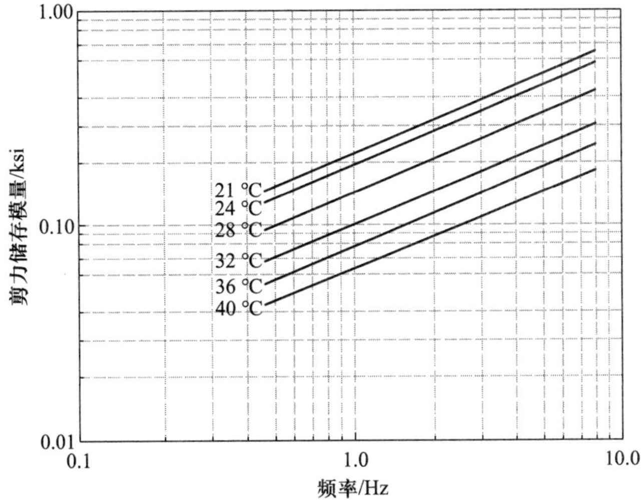

图 11.16 剪力储存模量随频率变化的简图

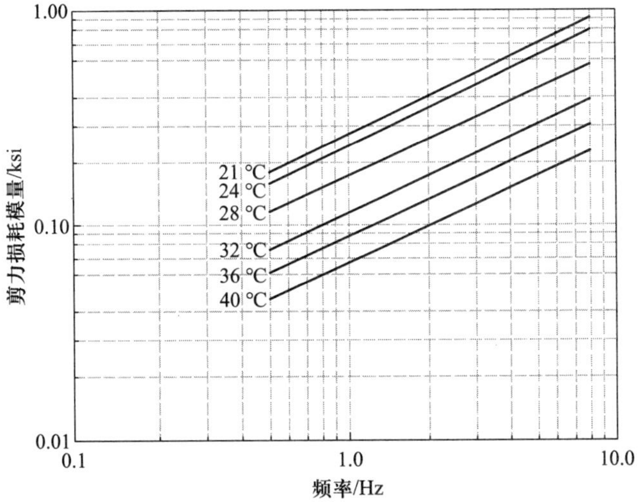

图 11.17 剪力损耗模量随频率变化的简图

一般来说，某种阻尼材料在循环往复的剪力作用下，材料内部温度会升高。这也是应用中人们所关心的问题之一。然而，现场观测、实验室试验和有限元分析均表明[11]，在每一个风荷载和地震作用循环下，这个瞬态升温一般小于 10 ℃，这对黏弹性阻尼器的性能影响很小。

综上所述，如果 VED 在承受适当应变（<20%）的情况下，剪力储存模量和损耗模量仅是关于激励频率 ω 和外部温度 T 的函数，且随 ω 的增大而增大，随着 T 的升高而减小；而内部温度的变化对 VED 的力学特性影响很小。这些结论对于实际工程应用具有重要意义。

11.3.4　黏弹性阻尼器的减震设计

安装有黏弹性阻尼器的结构与前几种阻尼器类似，需要在结构动力方程中增加一个由阻尼器产生的恢复力项。由式（11.7）可知，在给定温度和适当应变与应变速率的情况下，谐波激励 VED 的应力、应变和应变速率为线性关系，则对于总面积为 A、总厚度为 t_v 的黏弹性阻尼器，力与位移关系为

$$F(t)=\bar{k}(\omega)x(t)+\bar{c}(\omega)\dot{x}(t) \tag{11.13}$$

式中，$\bar{k}(\omega)=\dfrac{AG'(\omega)}{t_v}$；$\bar{c}(\omega)=\dfrac{AG''(\omega)}{\omega t_v}$。

对于装有 VED 的线弹性结构，仍然可以采用振型分解法进行结构的动力响应，但需要对振型阻尼和刚度进行一定的修正，而采用振型应变能进行修正是其中一种有效的方法。此时 VED 的第 i 振型的阻尼比为

$$\bar{\zeta}_i=\frac{\eta(\omega_i)}{2}\frac{E_v}{E_i} \tag{11.14}$$

式中，$\eta(\omega_i)$ 为黏弹性材料在结构频率为 ω_i 时的损耗因子；E_i 为带有 VED 体系的第 i 阶振型应变能；E_v 为储存在 VED 中的能量。E_i 与 E_v 可由式（11.15）计算得到

$$E_v=\boldsymbol{\phi}_i^{\mathrm{T}}\bar{\boldsymbol{K}}\boldsymbol{\phi}_i \tag{11.15a}$$

$$E_i=\boldsymbol{\phi}_i^{\mathrm{T}}(\boldsymbol{K}+\bar{\boldsymbol{K}})\boldsymbol{\phi}_i \tag{11.15b}$$

式中，$\boldsymbol{\phi}_i$ 为与 ω_i 有关的振型向量；$\boldsymbol{K}$ 和 $\bar{\boldsymbol{K}}$ 分别表示结构的刚度矩阵和 VED 的刚度矩阵。因此，式（11.14）可以写成

$$\bar{\zeta}_i=\frac{\eta(\omega_i)}{2}\left[\frac{\boldsymbol{\phi}_i^{\mathrm{T}}\bar{\boldsymbol{K}}\boldsymbol{\phi}_i}{\boldsymbol{\phi}_i^{\mathrm{T}}(\boldsymbol{K}+\bar{\boldsymbol{K}})\boldsymbol{\phi}_i}\right]=\frac{\eta(\omega_i)}{2}\left[1-\frac{\boldsymbol{\phi}_i^{\mathrm{T}}\boldsymbol{K}\boldsymbol{\phi}_i}{\boldsymbol{\phi}_i^{\mathrm{T}}(\boldsymbol{K}+\bar{\boldsymbol{K}})\boldsymbol{\phi}_i}\right] \tag{11.16}$$

修正的第 i 阶振型频率为

$$\bar{\omega}_i = \left[\frac{\boldsymbol{\phi}_i^{\mathrm{T}}(\boldsymbol{K}+\bar{\boldsymbol{K}})\boldsymbol{\phi}_i}{\boldsymbol{\phi}_i^{\mathrm{T}}\boldsymbol{M}\boldsymbol{\phi}_i}\right] \tag{11.17}$$

式中,$\boldsymbol{M}$ 为结构的质量矩阵。

忽略结构安装 VED 前后振型的变化,可将式(11.16)简化为

$$\bar{\zeta}_i = \frac{\eta(\omega_i)}{2}\left(1-\frac{\omega_i^2}{\bar{\omega}_i^2}\right) \tag{11.18}$$

利用上述公式可对安装有 VED 的结构进行动力响应计算。

迄今为止,已进行了较多的安装有 VED 结构的理论与试验研究。实践证明,这是一种非常有效的阻尼器。Chang 等[9]通过 DRAIN-2D 程序的理论计算及 2/5 比例尺的模型试验,对装有 VED 的 5 层钢框架结构(图 11.18)进行了研究。安装 VED 前结构基本振型的频率为 3.1 Hz,阻尼比为 1%;安装 VED 后基本振型的频率则在 3.2~3.7 Hz 之间,阻尼比变为 15%。可以看出,安装 VED 对于结构频率的影响很小,但却大幅增大了结构的阻尼比,从而有效地减小了结构的地震响应。在 0.6g 峰值 El Centro 地震输入下安装 VED 前后的模型楼层位移、层间位移、楼层剪力和倾覆力矩包络线的对比如图 11.19 所示。由图 11.19可知,安装 VED 能够显著降低结构的位移、剪力和弯矩,使原本会进入非弹性状态的结构仍处于弹性状态。

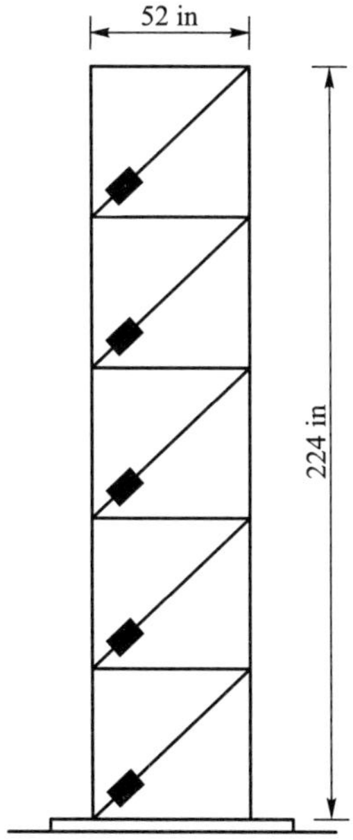

图 11.18 5 层安装有 VED 的钢框架结构试验模型

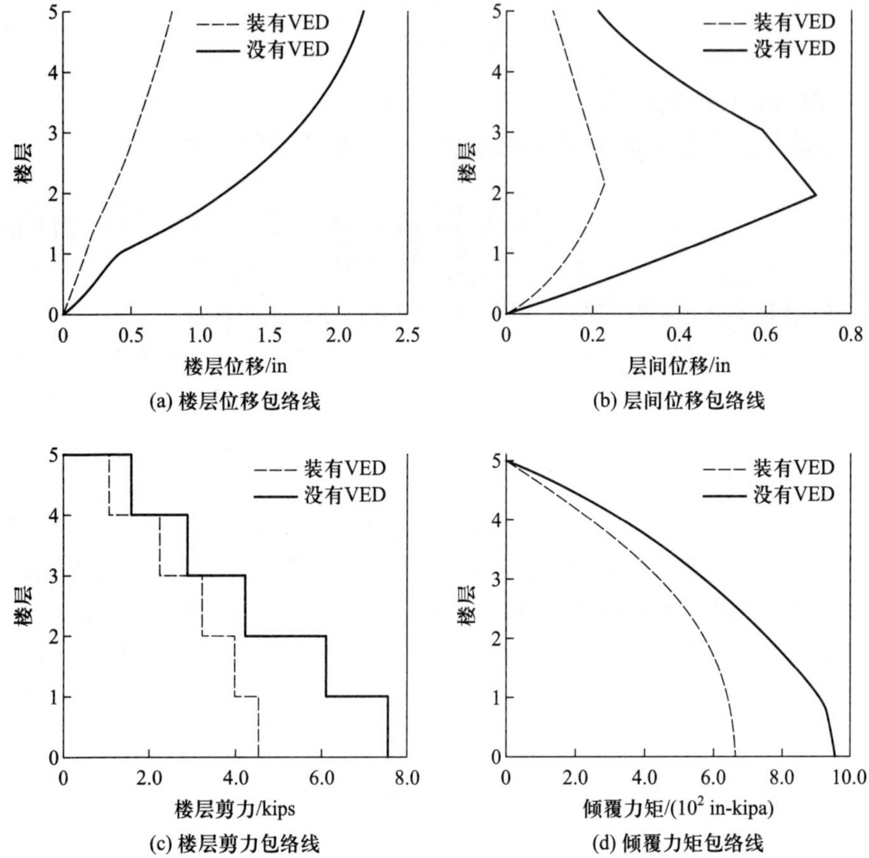

图 11.19　钢框架结构模型安装 VED 前后的响应包络线

在装有 VED 的结构中,最为重要的设计参数是阻尼比。通过应用振型应变能法,即可完成带有 VED 结构的设计流程(图 11.20)。根据设计流程图,可以给出如下主要步骤。

(1) 设计不带有 VED 的结构,并进行结构分析。

(2) 确定预期的阻尼比。

(3) 在原结构中选择合适的安装 VED 的位置。

(4) 选择阻尼器刚度 $\overline{k}_i$ 和损耗因子 η,它们可以根据安装阻尼器后增加的刚度与原结构楼层刚度成比例的原则来确定。对每一楼层,应用修正振型应变能方法可得

$$\overline{k}_i = \frac{2\zeta_i}{\eta - 2\zeta_i} k_i \tag{11.19}$$

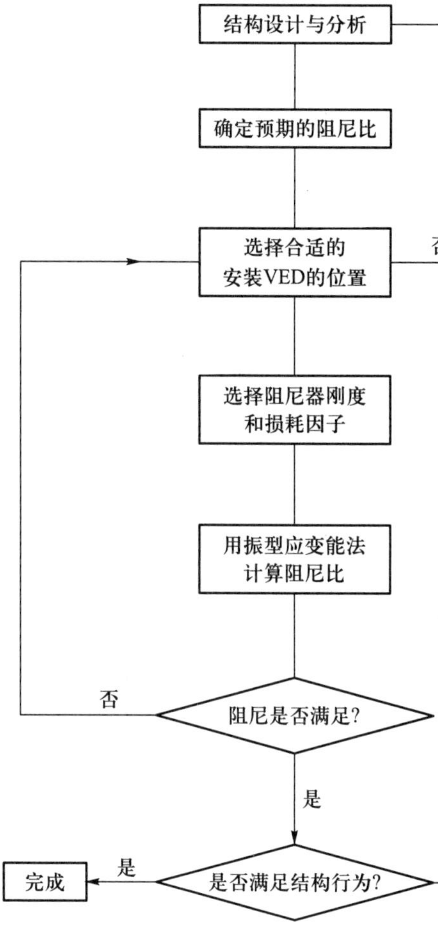

图 11.20　VED 结构设计流程图

式中，ζ_i 为目标阻尼比；$\bar{k}_i$ 和 k_i 分别为每层 VED 的刚度和原结构楼层的刚度。

(5) 应用振型应变能方法计算等效阻尼比。

(6) 应用设计的阻尼比进行结构分析。

当步骤 (5) 和 (6) 满足期望的阻尼比和结构设计准则时，设计完成；否则，重新回到步骤(1)，进行新一轮设计，直到满足设计要求为止。

阻尼器一般设置在楼层变形最大处，但由于结构形式的不同，设置方案也会有相应变化。图 11.21 展示出几种常见的安装位置方案[10]，图 11.22 则是美国原世界贸易中心大楼所采用的黏弹性阻尼器形式及安装位置。

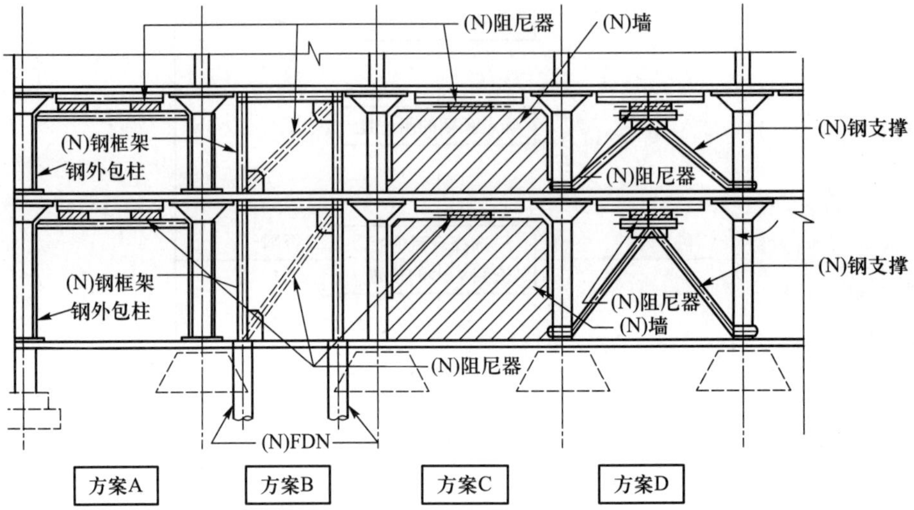

图 11.21　几种常见的 VED 安装位置方案

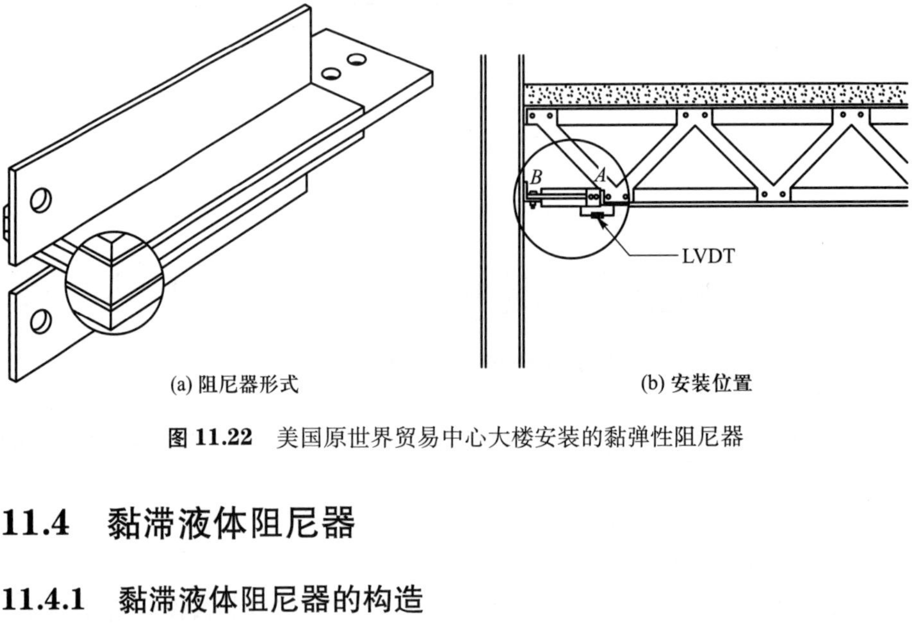

图 11.22　美国原世界贸易中心大楼安装的黏弹性阻尼器

11.4　黏滞液体阻尼器

11.4.1　黏滞液体阻尼器的构造

黏滞液体阻尼器(viscous fluid damper, VFD)是利用液体的黏性提供阻尼来耗散振动能量的。它很早就在机械、车辆、航天和军事工业系统等领域中得到应用。20 世纪 80 年代末,有学者开始研究该类阻尼器在建筑结构和桥梁工程中的应用。国内外已有大量的实际工程中使用了黏滞液体阻尼器,包括高层建筑、高耸结构、大跨度桥梁、体育馆、海洋平台、卫星发射塔等不同类型的结构。

VFD 的种类众多,归纳起来可分为两类。

第一类是黏滞液体通过在封闭的容器中产生一定的流速来进行耗能的阻尼器,一般由缸体、活塞和黏滞液体组成。活塞在缸筒内可以做往复运动,是一种缸筒式阻尼器,活塞上有小孔或活塞与缸壁间留有间隙,或既有小孔又有间隙。其减震机理是将结构的部分振动能量通过阻尼材料的黏滞特性和孔缩效应(由于管径截面突然变小而使液体能量消耗的现象)耗散掉。这种阻尼器要求高质量的密封材料和工艺。图 11.23(a)所示的 Taylor 液体阻尼器便是其典型代表,这种圆筒形容器内装有可压缩的硅油,在活塞的作用下迫使硅油流过合金头上的小孔。图 11.23(b)所示的阻尼器与典型 Taylor 液体阻尼器相类似,也是利用液体在外力作用下流过小孔洞来进行耗能的,它是通过基于预加有压力的可压缩硅酮的合成胶来提供附加阻尼器的刚度和阻尼。

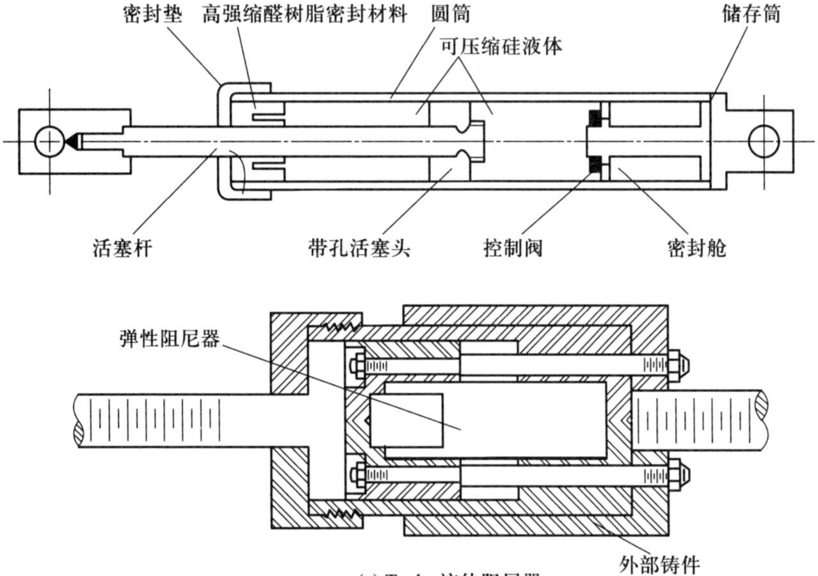

(a) Taylor液体阻尼器

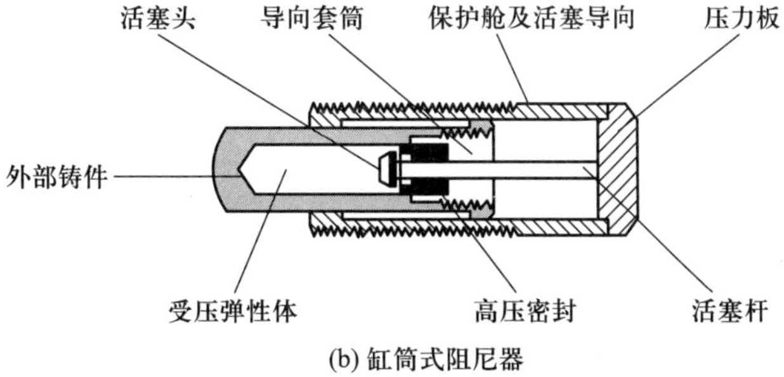

(b) 缸筒式阻尼器

图 11.23　第一类黏滞液体阻尼器

第二类是黏滞液体通过在敞开的容器中产生一定的位移来进行耗能的阻尼器,是一种圆缸式液体阻尼器,如图 11.24 所示。这种阻尼器对液体材料的选择比较关键,它是通过黏滞液体的黏稠特性来获得较大阻尼的。图 11.24(a)所示的这种阻尼器通过活塞在诸如硅凝胶体等高浓度、高黏滞性的流体内运动并使之变形,进而耗散地震输入结构的能量,从而达到减震的目的。图 11.24(b)是一种黏滞阻尼墙(viscous damping wall,VDW),它是一种新型建筑结构减震装置。它由固定于楼地面的箱式薄墙片和固定于墙顶楼面梁且插入箱式薄墙内的内钢板组成,箱式薄墙内灌注黏滞液体,当楼层发生相对剪切位移或速度时,钢板在箱式薄墙内运动,造成黏滞液体发生剪切变形产生阻尼力。

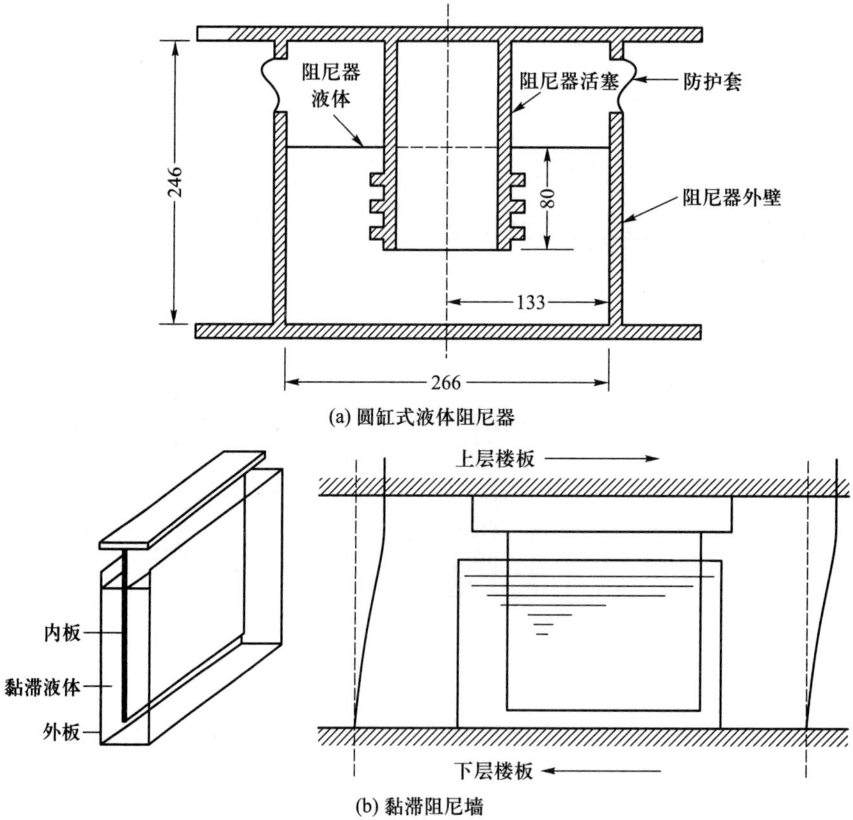

(a) 圆缸式液体阻尼器

(b) 黏滞阻尼墙

图 11.24　第二类黏滞液体阻尼器

11.4.2　黏滞液体阻尼器的受力特性

1. 第一类黏滞液体阻尼器

图 11.23(a)所示的 Taylor 黏滞液体阻尼器的简化图形如图 11.25 所示,其

力-位移的滞回曲线试验结果如图 11.26 所示[12]。由图 11.26 可知,温度对 VFD 的影响不大,所以可用经典的 Maxwell 模型来描述它,即

$$P(t)+t_{\mathrm{rel}}\frac{\mathrm{d}P(t)}{\mathrm{d}t}=C_0\frac{\mathrm{d}x(t)}{\mathrm{d}t} \tag{11.20}$$

式中,$P(t)$和$x(t)$分别表示施加于活塞上的力和它产生的位移;t_{rel}表示松弛时间;C_0表示零频阻尼系数。通过试验可知,t_{rel}是很小的,故式(11.20)可进一步简化为

$$P(t)=C_0\frac{\mathrm{d}x(t)}{\mathrm{d}t} \tag{11.21}$$

这样,式(11.21)就变成了标准的黏滞阻尼形式。

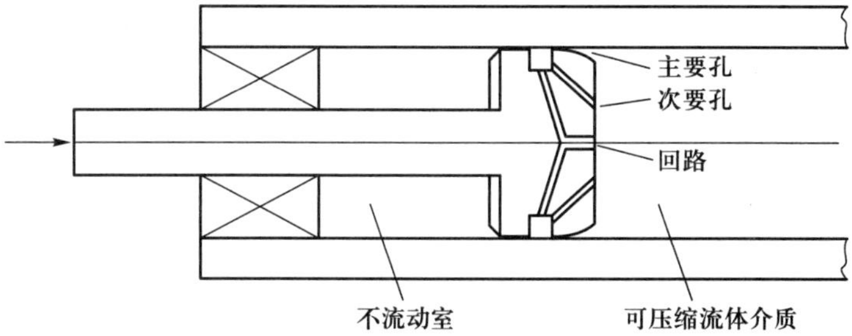

图 11.25 Taylor 黏滞液体阻尼器的简化图形

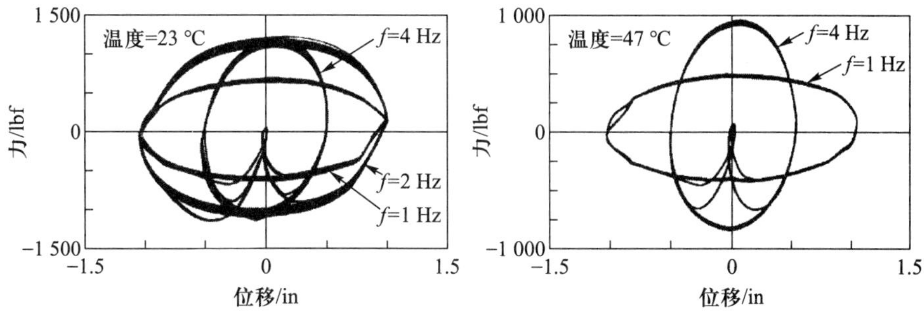

图 11.26 Taylor 黏滞液体阻尼器的力-位移滞回曲线(1 lbf=4.448 22 N,下同)

关于图 11.23(b)所示的黏滞液体阻尼器,Pekcan 等[13]通过试验得到的典型的力-位移滞回曲线如图 11.27 所示。外荷载没有超过容器预加荷载前,阻尼器只提供刚度,活塞杆不会产生位移;但当超出预加荷载时,阻尼器会提供刚度和阻尼;当外荷载除去后,阻尼器又恢复到初始状态。根据试验结果,可以得到以下数学模型

$$P=K_2x+\frac{(K_1-K_2)x}{\left[1+\left(\dfrac{K_1x}{P_y}\right)^2\right]^{1/2}}+C\mathrm{sgn}(\dot{x})\left|\frac{\dot{x}x}{x_{\max}}\right|^{\alpha} \tag{11.22}$$

式中，P_y、K_1 和 K_2 分别表示阻尼器的静预压力、初始阻尼刚度和合成胶的阻尼刚度；C、$x_{\max}$、α 分别表示阻尼系数、阻尼器最大位移和速度指数。式(11.22)给出的结果与试验结果吻合得较好。

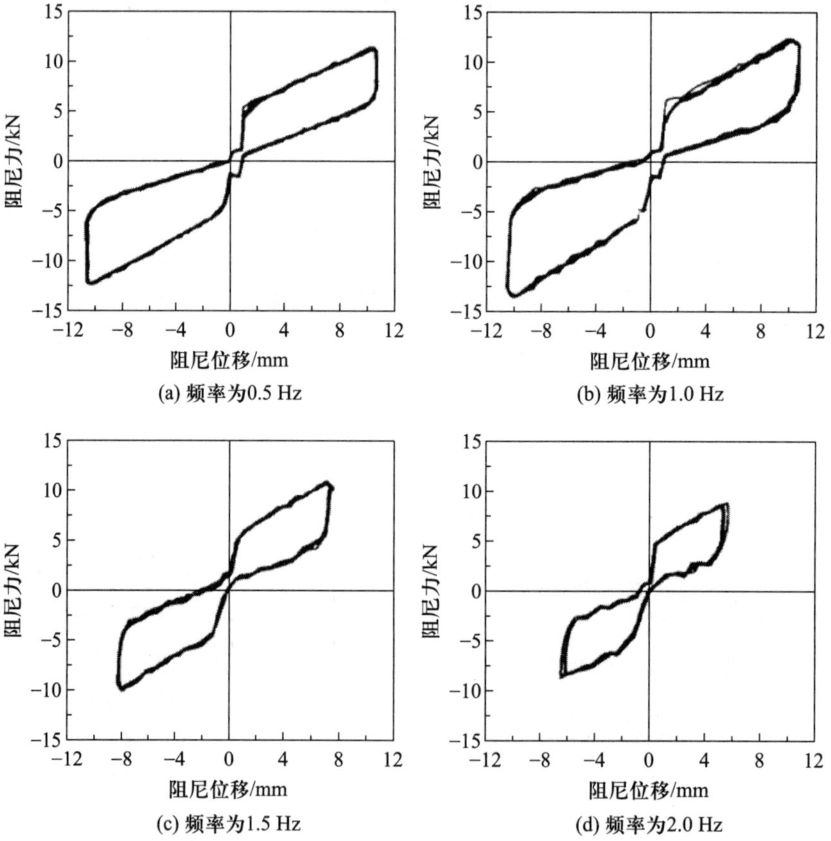

图 11.27　图 11.23(b)所示的黏滞液体阻尼器的力-位移滞回曲线

2. 第二类黏滞液体阻尼器

圆缸式黏滞液体阻尼器的简图如图 11.28 所示。该阻尼器由半径为 r_3 的内圆筒、半径为 r_2 的外圆筒以及一个半径为 r_1 的可移动空心圆柱形活塞组成，其中装有黏滞液体。在简谐荷载激励下，阻尼器的动力刚度是力的幅值 P_0 与位移的比值，即

$$\frac{P_0}{x_0}=K_1+\mathrm{i}K_2 \tag{11.23}$$

式中，K_1 和 K_2 分别表示储存刚度和损耗刚度，它们是频率的函数。

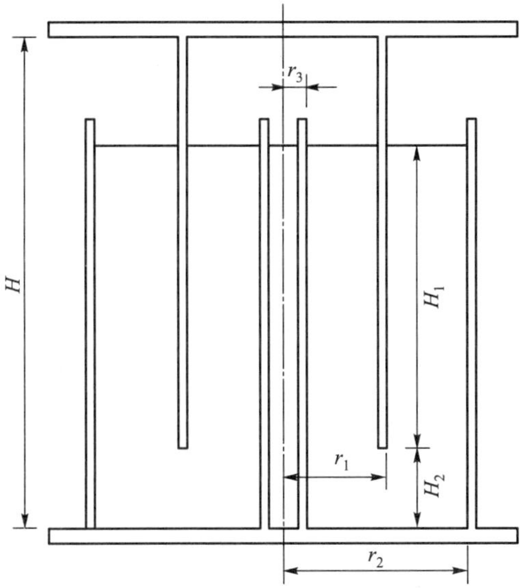

图 11.28　圆缸式黏滞液体阻尼器简图

Makris 等[14]对圆缸式黏滞液体阻尼器进行了一系列的试验和理论分析。在每个试验中，让阻尼器的活塞以特定的频率和幅值进行轴向和侧向运动，得出了阻尼器的力-位移滞回曲线(图 11.29)，相应的轴向和侧向响应的储存刚度和损耗刚度如图 11.30 所示。由图可以看出，储存刚度试验值与理论分析的结构吻合得较好；但损耗刚度理论值超过了试验值，最大超过试验值的 20%。

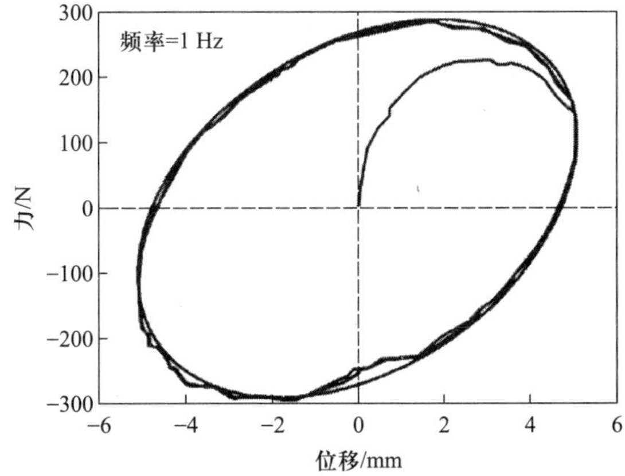

图 11.29　圆缸式黏滞液体阻尼器的力-位移滞回曲线

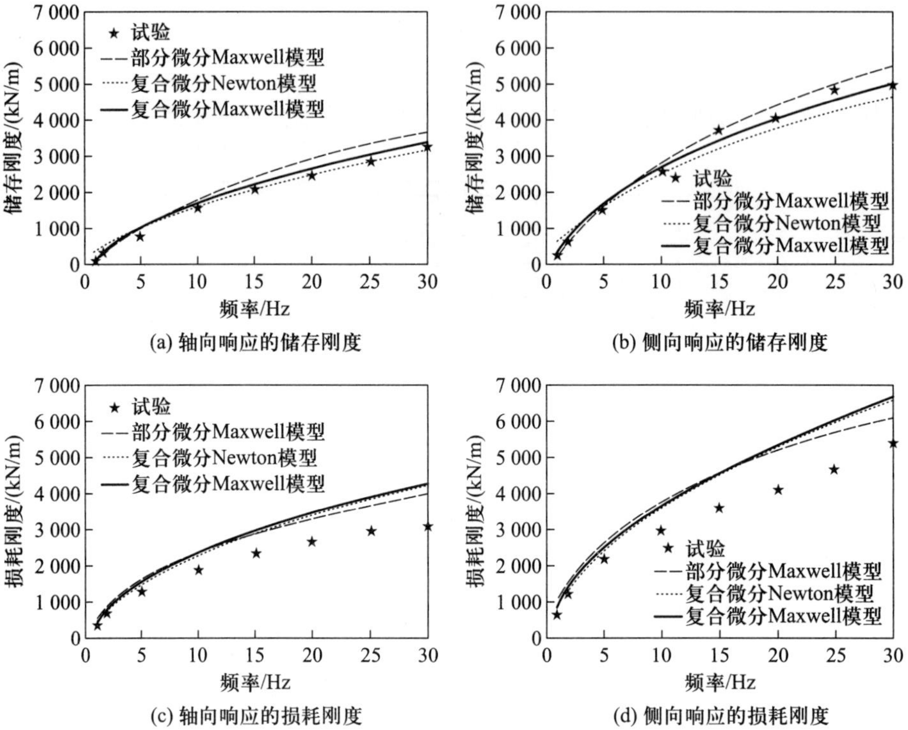

图 11.30　圆缸式黏滞液体阻尼器的轴向和侧向响应的储存刚度和损耗刚度

Makris 和 Constantinou[15] 采用了一般的 Maxwell 的力-位移模型来描述该种阻尼器的力学特性

$$P(t)+t_{\text{rel}}^{r}\frac{\mathrm{d}^{(r)}P(t)}{\mathrm{d}t^{n}}=C_{0}\frac{\mathrm{d}x(t)}{\mathrm{d}t} \tag{11.24}$$

式中，$P(t)$ 和 $x(t)$ 分别表示施加给活塞的力和活塞产生的位移；C_0 和 t_{rel} 分别表示零频阻尼系数和松弛时间；r 为微分的阶数。从试验和简化的分析模型可以获得上述参数，图 11.31 所示为一组典型的曲线及参数。

关于图 11.24(b) 所示的黏滞阻尼墙(VDW)，它的简化图如图 11.32 所示。Arima 等[16] 对黏滞阻尼墙进行了系统的研究，得出了板长 L、高度为 H 和间隙为 h 的 VDW 在频域内的力-位移关系式：

$$P(\omega)=\frac{2\mathrm{i}\omega\mu^{*}LH}{h}x_{0}(\omega) \tag{11.25}$$

式中，μ^{*} 为由试验确定的常数；$x_0(\omega)=-\mathrm{i}u_{\text{in}}/\omega$，这里 u_{in} 为激励的幅值。图 11.33比较了式(11.25)的计算值和试验值。由图 11.33 可知，式(11.25)的计

算值与图 11.33 示出的试验结果吻合得较好。

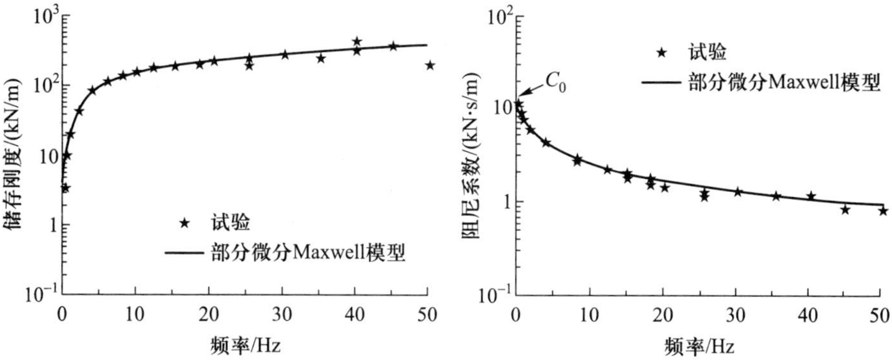

图 11.31 圆缸式阻尼器响应的宏观模型

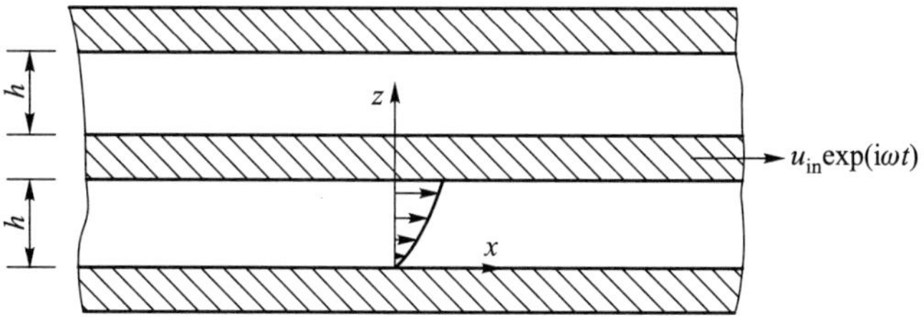

图 11.32 VDW 液体流动简图

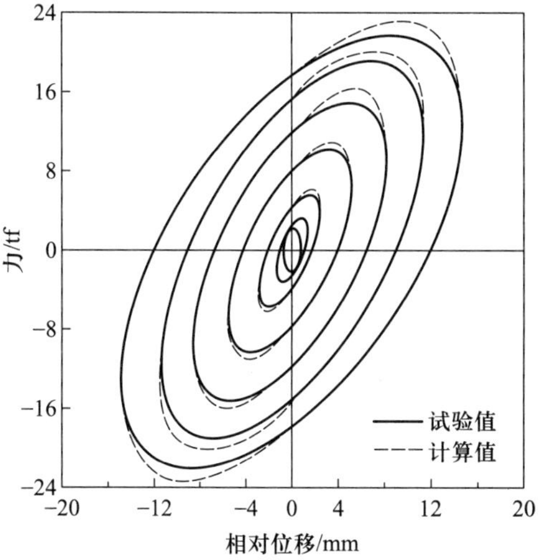

图 11.33 VDW 的滞回曲线(频率 f=0.98 Hz,1 tf=9.806 65 kN)

11.4.3　黏滞液体阻尼器的减震设计

本节将 11.4.2 节讨论的黏滞阻尼器的力学模型应用到结构中,并探讨 VFD 的减震效果等问题。包含黏滞阻尼器的结构体系的运动方程可以表示为

$$\boldsymbol{M}\ddot{\boldsymbol{x}}+\boldsymbol{C}\dot{\boldsymbol{x}}+\boldsymbol{K}\boldsymbol{x}+\boldsymbol{P}=-\boldsymbol{M}\boldsymbol{I}\ddot{x}_{\mathrm{g}} \tag{11.26}$$

式中,$\boldsymbol{P}$ 为 VFD 产生的阻尼力向量。

根据式(11.26)可求解出结构的动力响应。例如,对于集中质量模型的多自由度结构,作用在每层楼板上的阻尼力向量的水平分量为

$$\boldsymbol{P}=\begin{bmatrix} n_1P_1-n_2P_2 \\ n_2P_2-n_3P_3 \\ \cdots \\ n_jP_j-n_{j+1}P_{j+1} \\ \cdots \\ n_NP_N \end{bmatrix} \tag{11.27}$$

式中,n_j 表示安装在第 j 楼层相同阻尼器的数量;P_j 表示相应单个阻尼器产生力的水平分量。对于式(11.20)的 Maxwell 模型,有

$$P_j+t_{\mathrm{rel}}\frac{\mathrm{d}P_j}{\mathrm{d}t}=C_0\cos^2\theta_j\left(\frac{\mathrm{d}x_j}{\mathrm{d}t}-\frac{\mathrm{d}x_{j-1}}{\mathrm{d}t}\right) \tag{11.28}$$

式中,θ_j 为第 j 楼层阻尼器产生的阻尼力与水平分量间的夹角。利用频域法进行分析时,将式(11.28)进行傅里叶变换,可得

$$\widetilde{P}_j(\omega)=\frac{\mathrm{i}\omega C_0\cos^2\theta_j}{1+\mathrm{i}\omega t_{\mathrm{rel}}}\left[\widetilde{X}_j(\omega)-\widetilde{X}_{j-1}(\omega)\right] \tag{11.29}$$

对式(11.26)进行傅里叶变换可得

$$-\omega^2\boldsymbol{M}\widetilde{\boldsymbol{X}}(\omega)+\mathrm{i}\omega\boldsymbol{C}\widetilde{\boldsymbol{X}}(\omega)+\boldsymbol{K}\widetilde{\boldsymbol{X}}(\omega)+\widetilde{\boldsymbol{P}}(\omega)=-\boldsymbol{M}\boldsymbol{I}\widetilde{X}_{\mathrm{g}}(\omega) \tag{11.30}$$

由式(11.29)可知,阻尼力 $\widetilde{P}_j(\omega)$ 是与位移响应 $\widetilde{X}$ 相关的,因此可以令

$$\widetilde{\boldsymbol{P}}(\omega)=\boldsymbol{K}'\boldsymbol{X}(\omega) \tag{11.31}$$

则式(11.30)可以简化为

$$\widetilde{\boldsymbol{K}}(\omega)\widetilde{\boldsymbol{X}}(\omega)=-\boldsymbol{M}\boldsymbol{I}\widetilde{X}_{\mathrm{g}}(\omega) \tag{11.32}$$

式中,$\widetilde{\boldsymbol{K}}(\omega)=-\omega^2\boldsymbol{M}+\mathrm{i}\omega\boldsymbol{C}+\boldsymbol{K}+\boldsymbol{K}'$ 为结构的动力刚度。由式(11.32)求出 $\widetilde{\boldsymbol{X}}(\omega)$

后，再通过傅里叶逆变换即可以得到结构的位移响应 $\boldsymbol{x}(t)$ 或其他响应量。

关于 VFD 的结构动力分析及减震效果，到目前为止已进行了不少的研究。Constantinou 和 Symans[12] 采用了不同的 VFD 设置方案（图 11.34），对一个比例尺为 1∶4 的 3 层钢框架结构进行了地震响应计算和振动台试验。每个阻尼器重 10 N、长 280 mm、行程 ±51 cm。在室温下，测得的 Maxwell 模型［式(11.29)］中的阻尼常数 $C_0=15.5\ \mathrm{N\cdot s/m}$，松弛时间 $t_{\mathrm{rel}}=0.006\ \mathrm{s}$。图 11.35 为模型振动台试验结果。由理论计算和试验结果可知，安装 VFD 能够有效地减小结构的响应，一般来说位移可减少 30% ~70%，楼层剪力可减小 40% ~70%。

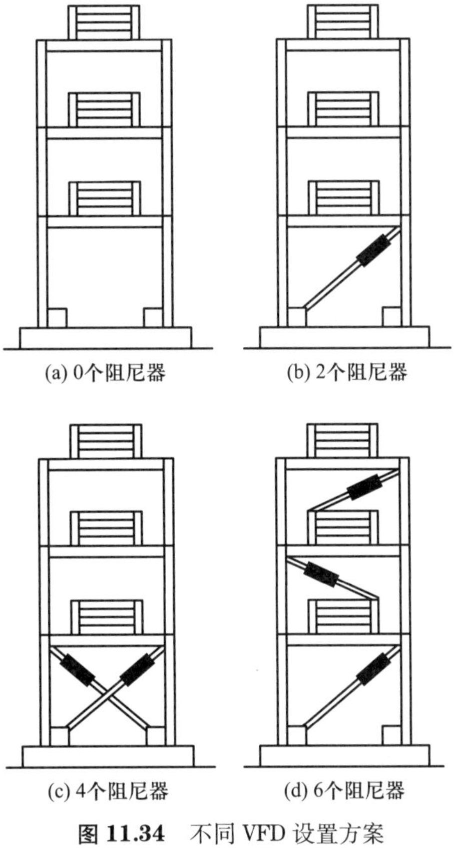

图 11.34　不同 VFD 设置方案

Pekcan[13] 等将图 11.23(b) 所示的 VFD 安装在 3 层钢筋混凝土框架结构中进行了研究（如图 11.36 所示）。表 11.5 列出了不同 VFD 设置方案结构体系的动力特性，结构模型的第 1 层位移响应时程曲线如图 11.37 所示。由表 11.5 和图 11.37 可知，安装 VFD 能够使结构的阻尼比显著增加，从而有效地减小结构的地震响应。

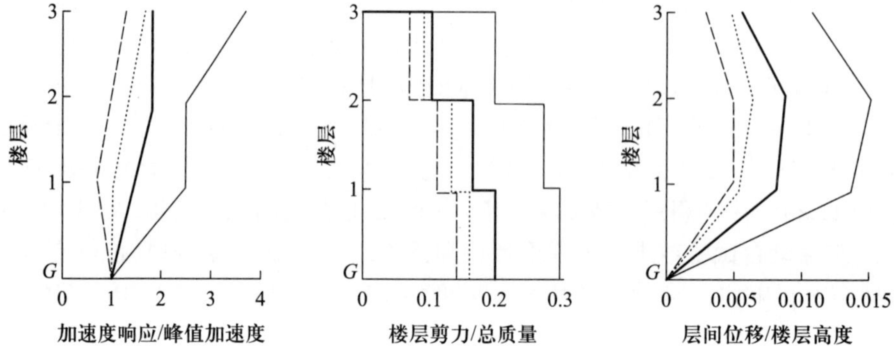

(a) El Centro

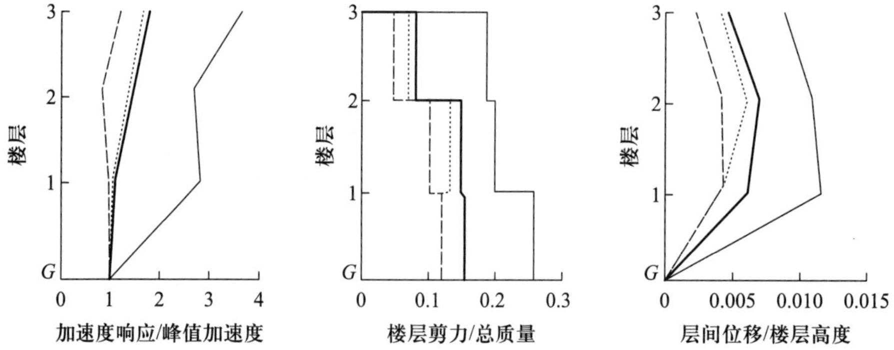

(b) Taft

图 11.35　3 层模型振动台试验结果

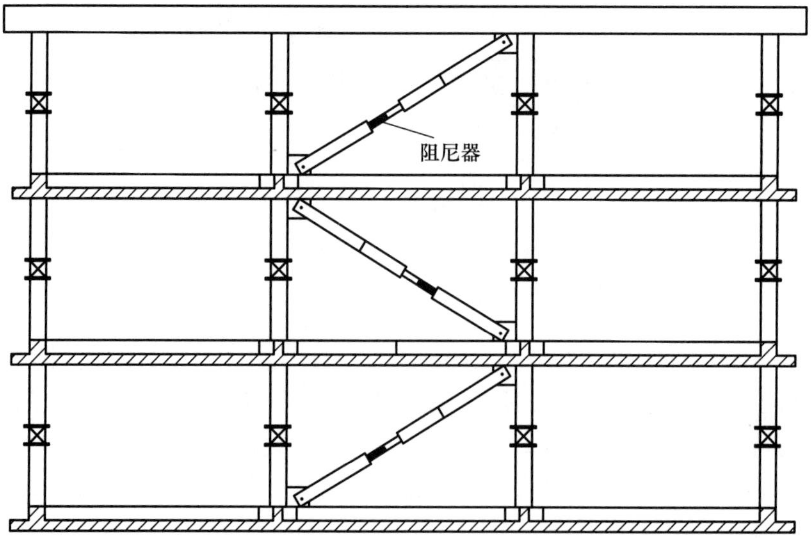

图 11.36　安装有第一类 VFD 的钢筋混凝土框架结构模型

表 11.5 安装 VFD 结构体系的动力特性

方案	结构的频率/Hz	阻尼比/%
无阻尼情况	1.42	8.9
第 1 层设阻尼	2.02	17.0
第 1 和第 2 层设阻尼	2.71	22.0
所有楼层均设阻尼	2.76	23.0

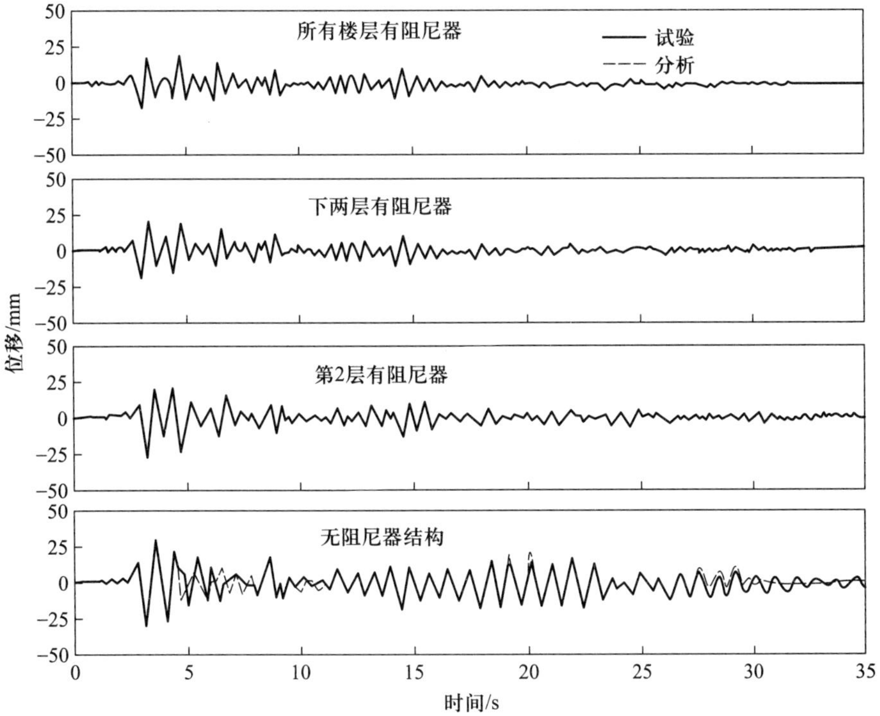

图 11.37 结构模型的第 1 层位移响应时程曲线

11.5 金属屈服阻尼器

11.5.1 金属屈服阻尼器的构造

很多金属材料具有优良的塑性变形能力，可以在超过屈服应变几十倍的塑性应变下往复变形数百次而不断裂，利用金属的这种特性可以研制出各种形式的阻尼器。软钢阻尼器作为目前应用十分普遍的一类金属阻尼器，它的滞回特性稳定、低周疲劳特性良好，且不受环境温度影响。除此之外，软钢阻尼器构造简单、震后更换方便、减震机理明确、减震效果显著。软钢阻尼器的形状各式各样，如图 11.38 所示；而不同受力形式的软钢阻尼器构造也会有所不同，如图 11.39所示。

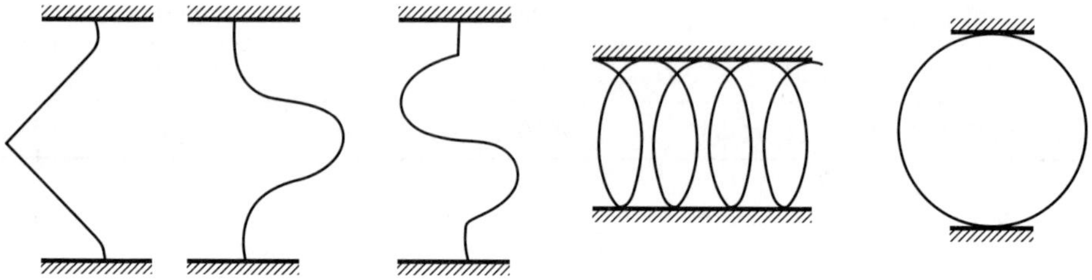

图 11.38　各种形式的软钢阻尼器

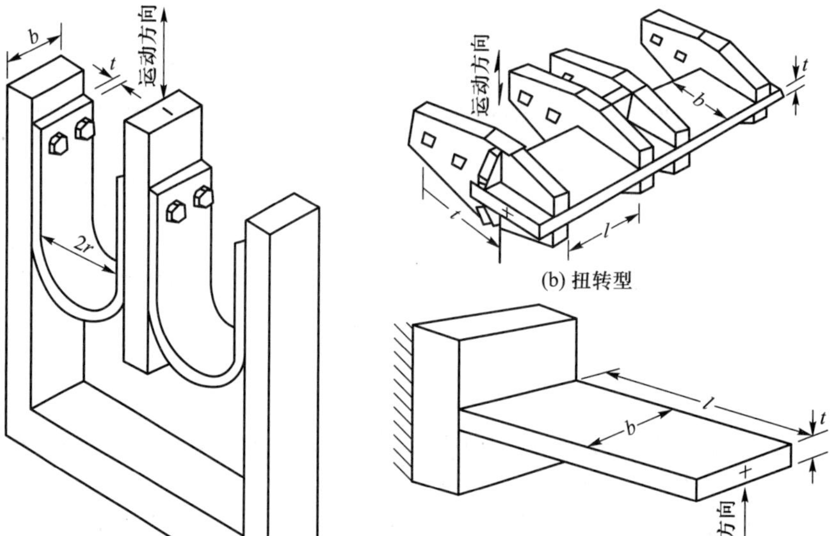

(a) 拉伸型　(b) 扭转型　(c) 弯曲型

图 11.39　各种受力形式的软钢阻尼器

11.5.2　金属屈服阻尼器的受力特性

首先以图 11.40 所示的受弯钢棒为例来说明金属阻尼器的工作原理。它是一种构造简单的软钢阻尼器，主要利用受弯钢棒往复弯曲时产生的弹塑性变形来耗能。钢棒上端固定于结构中，下端与地基基础相连，整根钢棒利用球面轴承加以支撑。由于支点附近的钢棒在大变形时能够进行轴向滑动，所以不会发生应力集中的现象。这种钢棒阻尼器可以为橡胶垫隔震器提供阻尼。

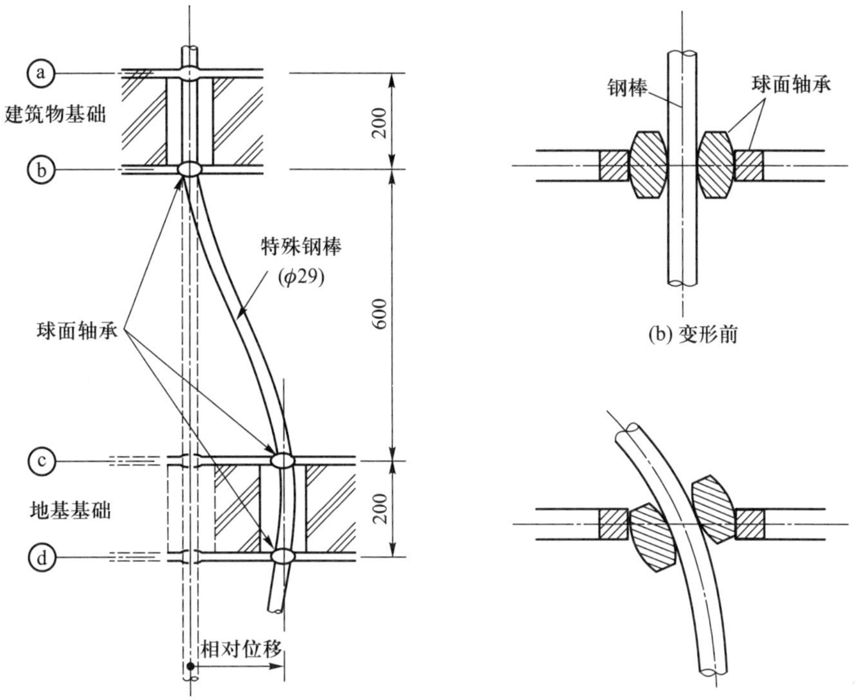

(a) 钢棒阻尼器 (b) 变形前 (c) 变形后

图 11.40 受弯钢棒阻尼器

图 11.41 所示为两根钢棒阻尼器在拟静力试验时的水平荷载-位移关系滞回曲线,其中每一根钢棒的弹性刚度为 23 kN/mm,截面进入塑性状态时的屈服荷载为 11 kN,这时屈服位移为 53 mm。

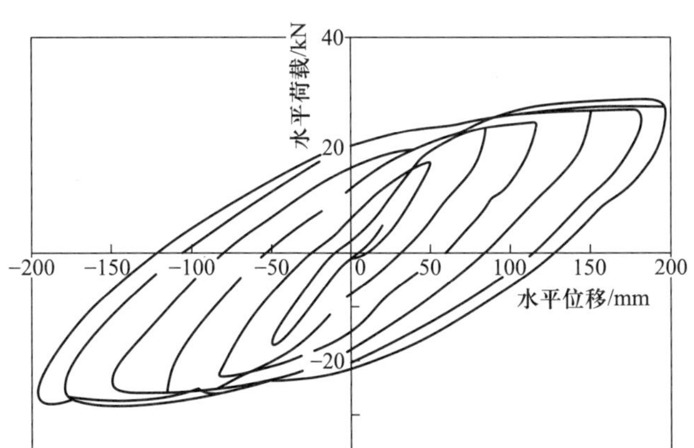

图 11.41 两根钢棒阻尼器在拟静力试验时的水平荷载-位移关系滞回曲线(拟静力加载)

图 11.42 所示为两根钢棒阻尼器在动力加载试验时的水平荷载-位移关系滞回曲线。其中，Q_y是屈服荷载。对比图 11.41 和图 11.42 可以发现，无论是在拟静力加载或是动力加载作用下，钢棒阻尼器的滞回曲线均为梭形，且形状相似，在大变形阶段曲线形状也是稳定的。

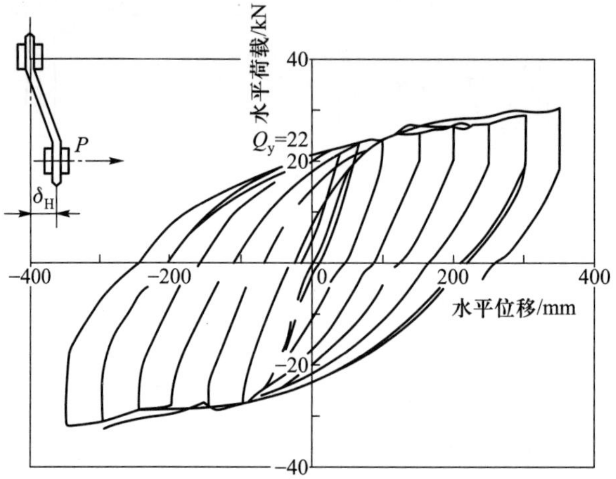

图 11.42　两根钢棒阻尼器在动力加载作用下的水平荷载-位移关系滞回曲线(动力加载)

图 11.43 所示为每根阻尼器在不同位移幅值下，一个周期内吸收的能量(即滞回环的面积)。由图可以看到，拟静力加载和动力加载的试验结果相似，都表现出了大致相同的衰减特性(其中 δ_y 表示屈服位移)。

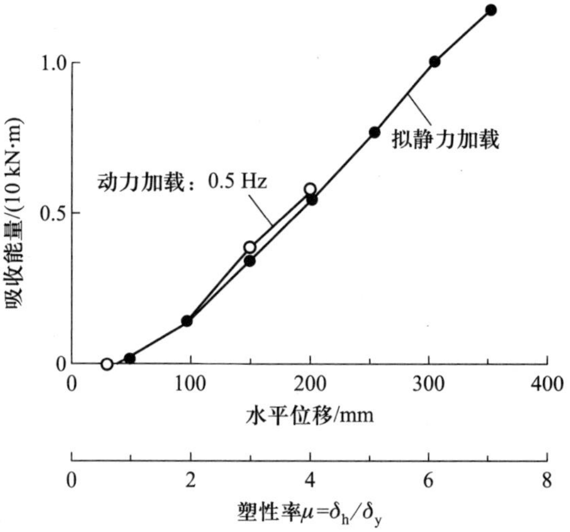

图 11.43　钢棒阻尼器的能量吸收

图 11.44(a)所示为一个单质点体系计算模型。它与钢棒阻尼器和叠层橡胶支座相连,钢棒阻尼器的滞回曲线可以简化为双线型,而叠层橡胶支座的滞回曲线为直线型,两者的叠加结果如图 11.44(b)所示,其中 K_1 和 K_2 分别为体系的两个线刚度。在进行地震响应分析时,输入的地震波为日本 1986 年十滕冲地震时在八户港湾记录到的 Hachinoche NS 分量,并将速度调幅到50 cm/s,体系阻尼比取 0.02,由此可获得钢棒阻尼器在地震过程中吸收的总能量,如图 11.45所示。

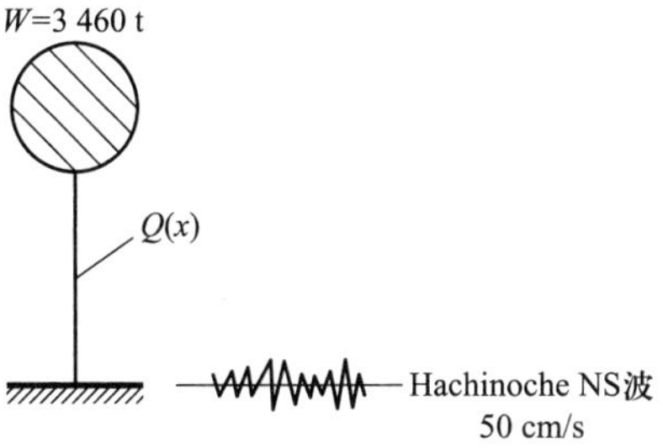

(a) 单质点体系计算模型

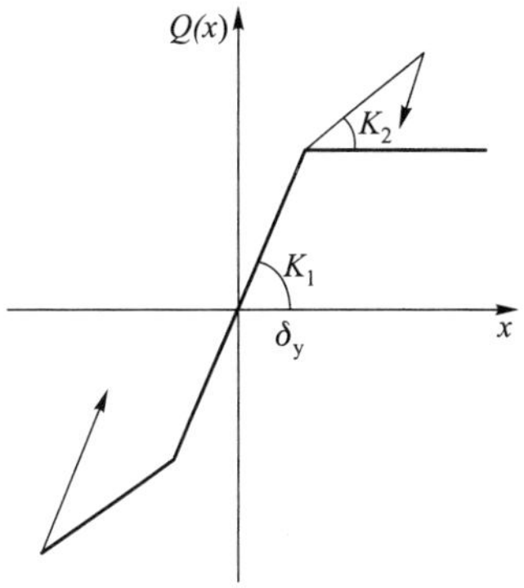

(b) 滞回曲线

图 11.44 单质点体系计算模型及与橡胶支座叠加的滞回曲线

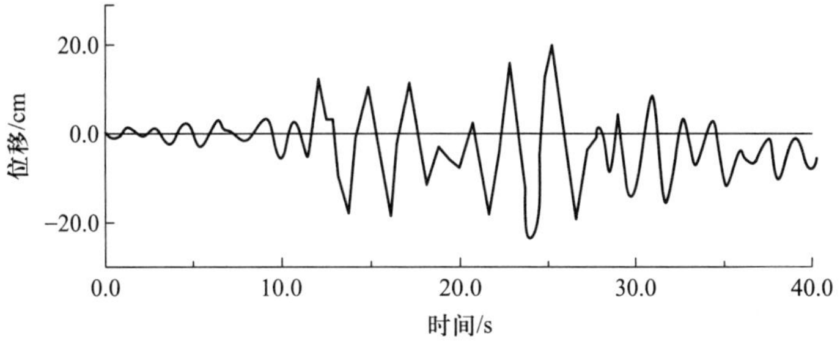

(a) 位移响应

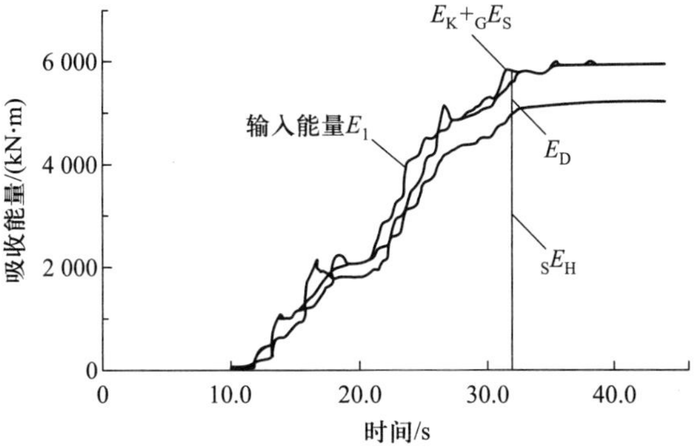

(b) 吸收能量

图 11.45 单质点体系分析结果

图 11.46 给出了单根钢棒吸能试验与计算结果对比曲线,可以看出,拟静力加载试验得到的累计吸收能量远超过了地震响应分析所求得的每根钢棒阻尼器吸收的总能量。尽管往复变形的形态不同,但钢棒阻尼器能够满足大地震作用下所需的耗能要求。

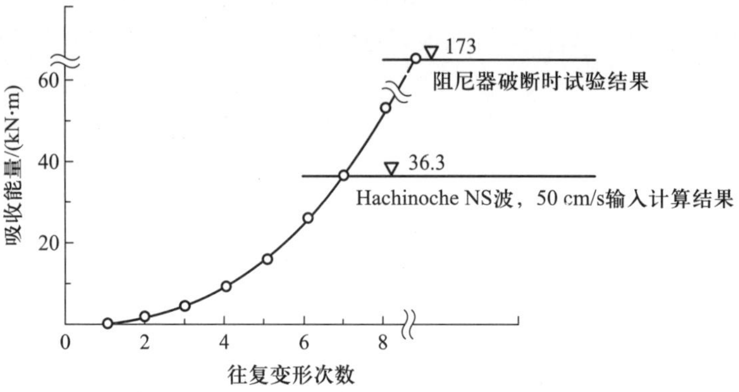

图 11.46　单根钢棒吸能试验与计算结果对比

X 形软钢阻尼器是另外一种常见的金属阻尼器,如图 11.47 所示。它是由多块 X 形的钢板叠加而成的,主要通过钢板的侧向弯曲屈服来进行耗能。这种阻尼器能够充分发挥钢材的塑性性能,极大地提高其耗能能力。

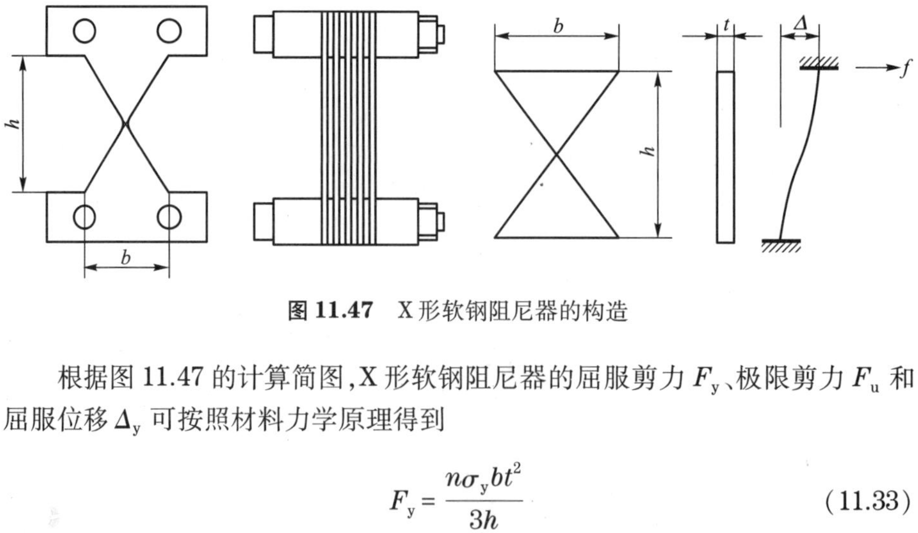

图 11.47　X 形软钢阻尼器的构造

根据图 11.47 的计算简图,X 形软钢阻尼器的屈服剪力 F_y、极限剪力 F_u 和屈服位移 Δ_y 可按照材料力学原理得到

$$F_y = \frac{n\sigma_y bt^2}{3h} \tag{11.33}$$

$$F_u = \frac{n\sigma_y bt^2}{2h} \tag{11.34}$$

$$\Delta_y = \frac{\sigma_y h^2}{2Et} \tag{11.35}$$

式中，b、h 和 t 分别为单片钢板的宽度、高度和厚度；n 为钢板的片数；E 和 σ_y 分别表示钢板材料的弹性模量和屈服应力。

通过对 X 形钢板进行拟静力试验，可得到典型的滞回曲线如图 11.48 所示。通过将理论计算[式(11.33)~式(11.35)]与试验结果的比较表明，两者阻尼器的屈服剪力和位移吻合较好，但极限剪力的试验值与理论值相差较大，这主要是由于钢材屈服后强度硬化的原因。

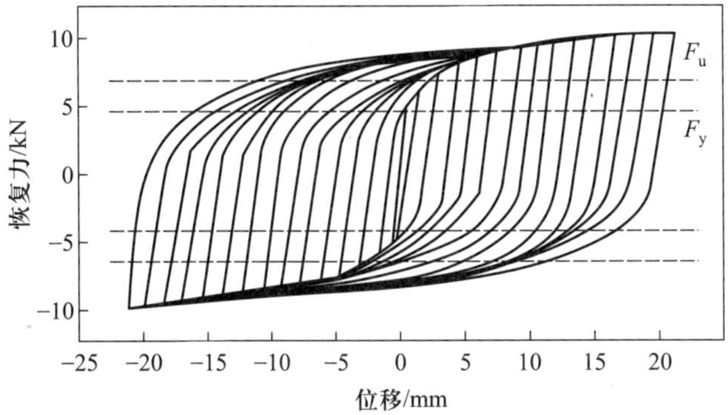

图 11.48 X 形软钢阻尼器典型滞回曲线

李宏男和李钢[17]提出与上述 X 形软钢阻尼器不同的思路，即利用阻尼器钢片在平面内提供一定的刚度，以达到建筑物在小震作用下作为支撑提供刚度、大震作用下作为耗能构件的目的。图 11.49~图 11.52 给出了两种耗能效果很好的阻尼器平面示意图及其滞回曲线。

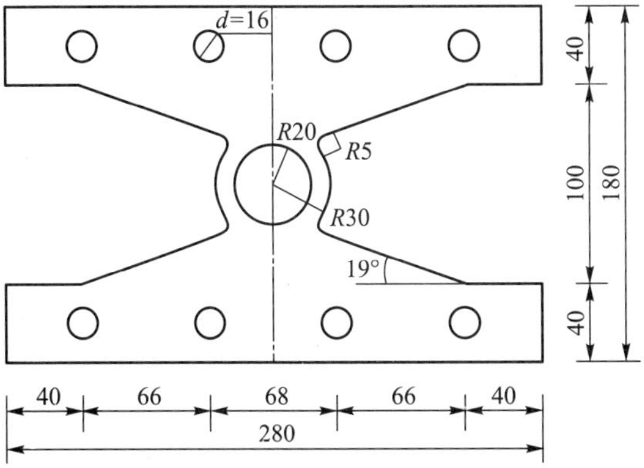

图 11.49 圆孔形阻尼器平面示意图(单位：mm)

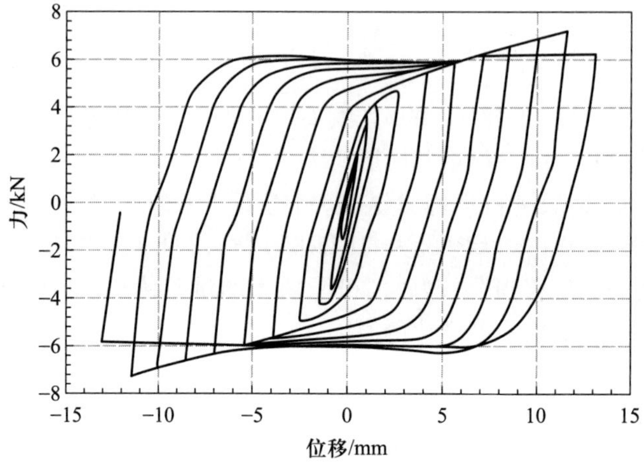

图 11.50　圆孔形阻尼器的滞回曲线图

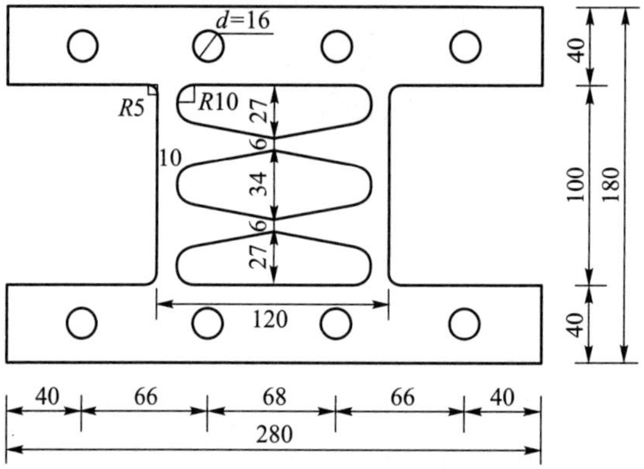

图 11.51　双 X 形阻尼器平面示意图(单位:mm)

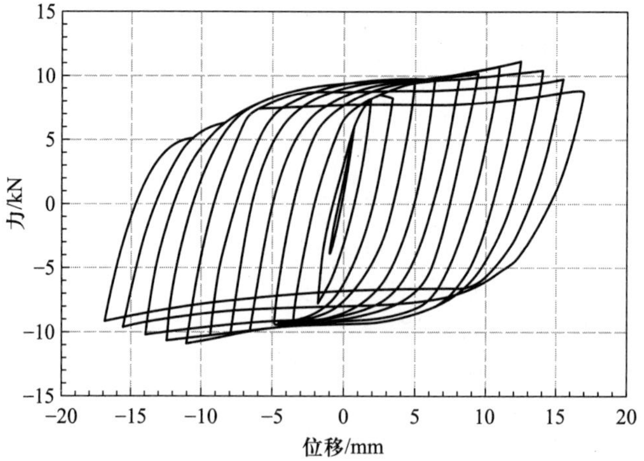

图 11.52　双 X 形阻尼器的滞回曲线图

11.5.3　金属屈服阻尼器的减震设计

金属屈服阻尼器在设计时,不仅需要考虑其使用阶段的工作特性,还要考虑其在结构安全阶段的工作特性。结构在遭受小震时,金属屈服阻尼器作为结构的一种刚度补强,不起耗能作用;而在大震作用下,阻尼器为结构增加阻尼,通过塑性变形来耗散结构振动的能量,从而减小主体结构的地震响应。

金属屈服阻尼器一般都安装在结构相对变形较大或斜支撑处,以更多地耗散地震能量。对于安装金属屈服阻尼器的单层框架结构(图 11.53),输入地震波为 $\ddot{x}_g(t)$时的振动方程为

$$m\ddot{x}+c\dot{x}+kx+F(x,\dot{x})=-m\ddot{x}_g(t) \tag{11.36}$$

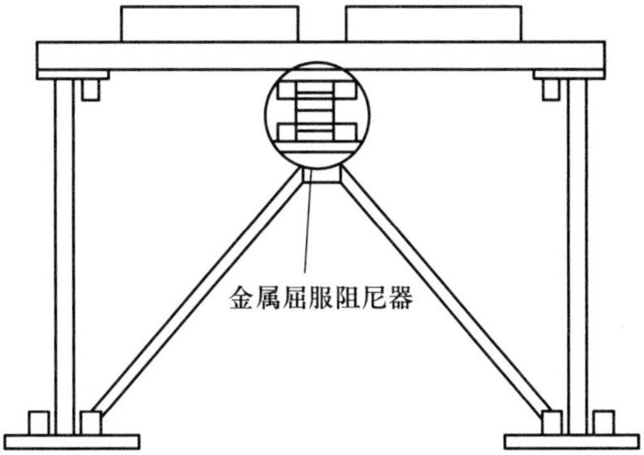

图 11.53　安装金属屈服阻尼器的单层框架结构

式中,m、c 和 k 分别为框架结构的质量、阻尼和刚度;x、$\dot{x}$ 和 $\ddot{x}$分别表示楼层的位移、速度和加速度;$F(x,\dot{x})$ 为耗能支撑的恢复力模型(包括阻尼器和固定阻尼器的支撑两部分构成),可以用双线型模型来描述,如图 11.54 所示。考虑到钢板屈服后强度的明显硬化效应,模型中的参数可取为

$$k=\frac{F_y}{\Delta_y} \tag{11.37}$$

$$F_y=F_u \tag{11.38}$$

式中,F_y、F_u 和 Δ_y 可分别由式(11.33)~式(11.35)计算得到。

利用金属屈服阻尼器进行结构减震设计时,可按以下 6 个步骤[18]进行。

(1) 根据场地条件确定设计地震动特性。

(2) 根据框架结构的基本周期,选择合适的刚度比 SR(SR $=K_a/K_f$,这里 K_a 为金属屈服阻尼器的刚度,K_f 为相应框架结构楼层的刚度)。

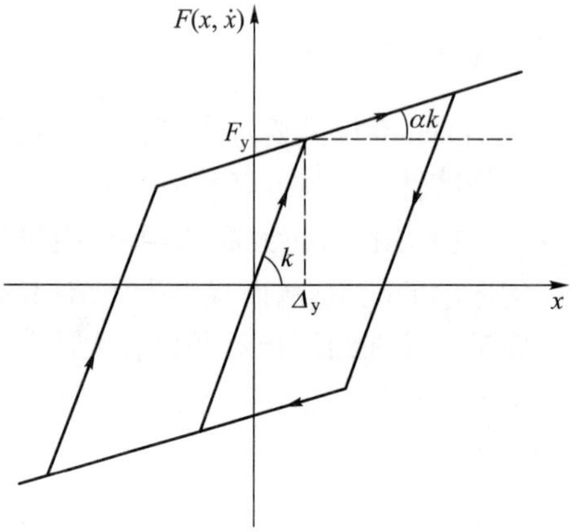

图 11.54　金属屈服阻尼器的恢复力模型

(3) 计算框架结构楼层的侧向刚度 K_f 和屈服位移 Δ_{yf}。

(4) 计算金属屈服阻尼器的刚度:

$$K_a = SR \cdot K_f \tag{11.39}$$

并计算金属屈服阻尼器的屈服位移:

$$\Delta_y = \frac{[1+\alpha \cdot SR]\Delta_{yf}}{1+\alpha \cdot SR+(1+SR)(U-1)} \tag{11.40}$$

式中,α 为强化系数,$U=\dfrac{F_{ys}}{F_y}$,具体含义如图 11.55 所示。选定 SR、α、Δ_{yf}和 U 的数值后,可设计每一楼层的金属屈服阻尼器。

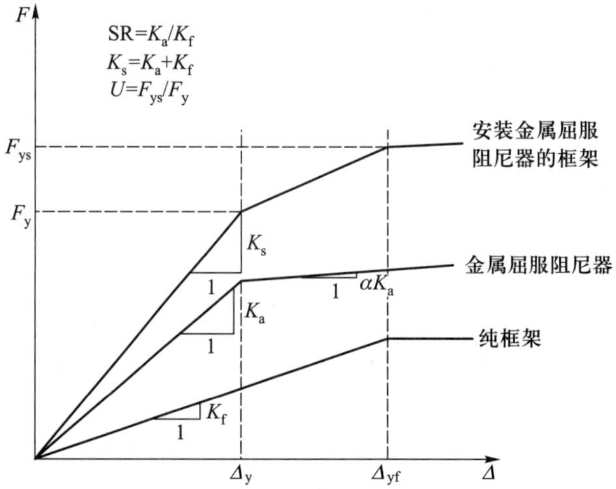

图 11.55　金属屈服阻尼器及框架结构的力学模型

(5) 对于给定地震动,进行安装金属屈服阻尼器的结构内力分析。如内力不满足要求,需要重复步骤(3)和(4),直至满足设计要求。

(6) 对于所有构件,进行承载力校核。

以某综合实验楼为例(图 11.56),说明金属屈服阻尼器的减震效果。该实验楼为 5 层钢筋混凝土框架结构,由于使用功能的要求,首层层高设计为7.5 m,因此形成明显的薄弱层,设计中可采用金属屈服阻尼器来解决薄弱层问题。

图 11.56 综合实验楼效果图

阻尼器的平面布置如图 11.57 所示,其中金属阻尼器 1 是指使用了如图 11.49所示的圆孔形阻尼器,金属阻尼器 2 是指使用了如图 11.51 所示的双 X 形阻尼器。安装阻尼器后的结构立面图如图 11.58 所示,阻尼器实物照片如图 11.59 所示。

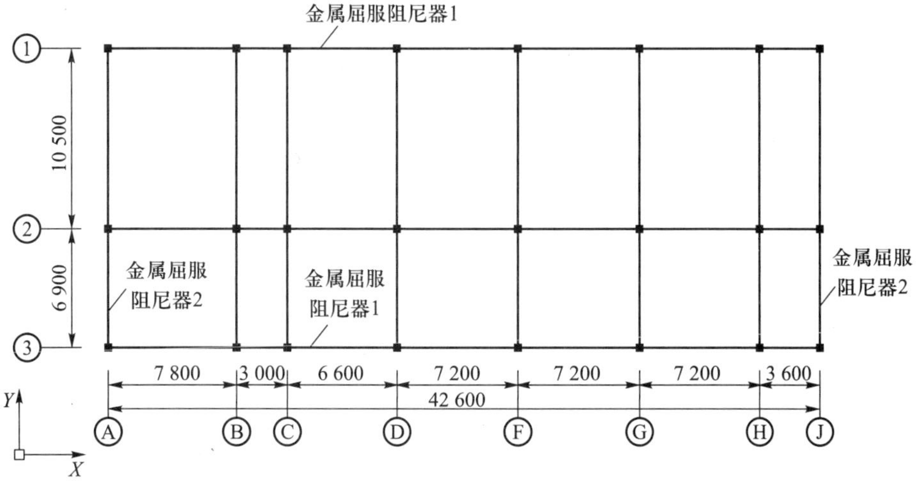

图 11.57 金属屈服阻尼器的布置图(单位:mm)

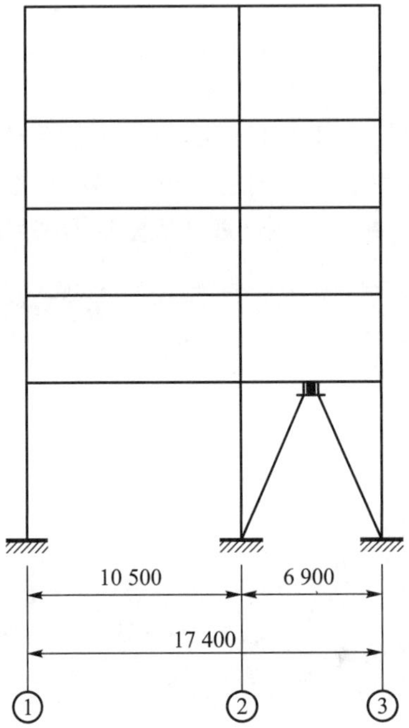

图 11.58　安装阻尼器的结构立面示意图(单位:mm)

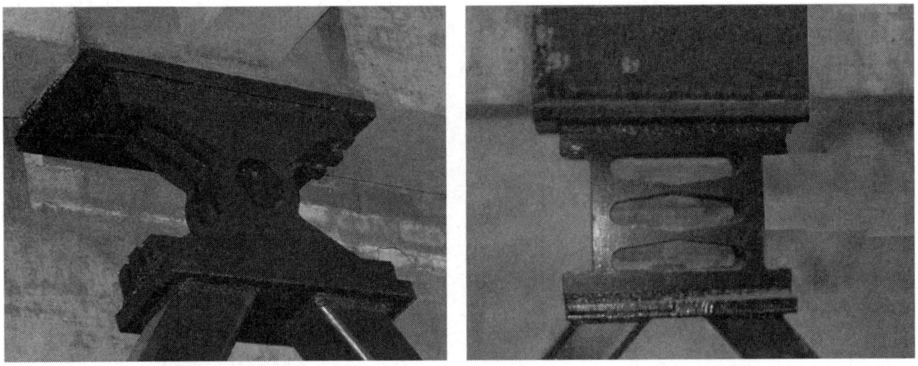

(a) 圆孔形阻尼器　　(b) 双X形阻尼器

图 11.59　金属屈服阻尼器的实物照片

图 11.60~图 11.63 给出了安装金属屈服阻尼器的耗能结构与无控结构的位移对比曲线图。从图中可以看出,金属屈服阻尼器对位移有很好的控制作用,首层位移的减震效果最大值达到了 88.2%。

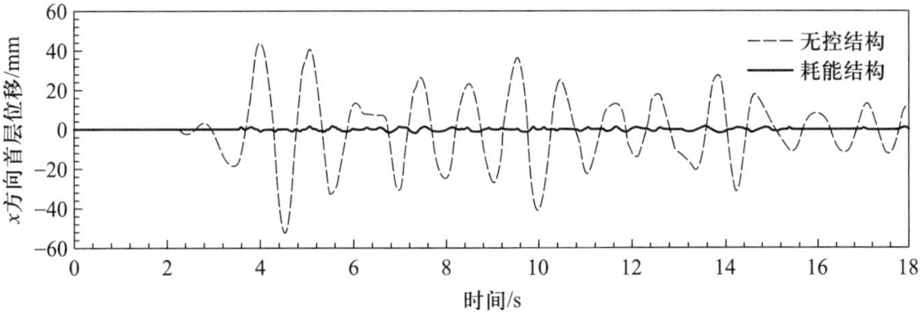

图 11.60 安装金属屈服阻尼器的耗能结构与无控结构在 x 方向首层的位移对比曲线图

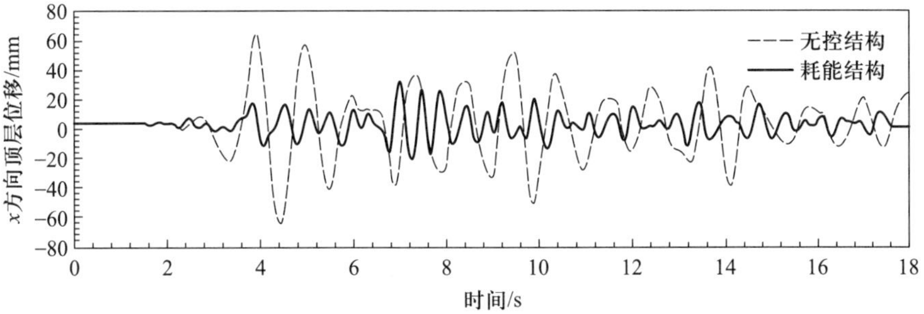

图 11.61 安装金属屈服阻尼器的耗能结构与无控结构在 x 方向顶层的位移对比曲线图

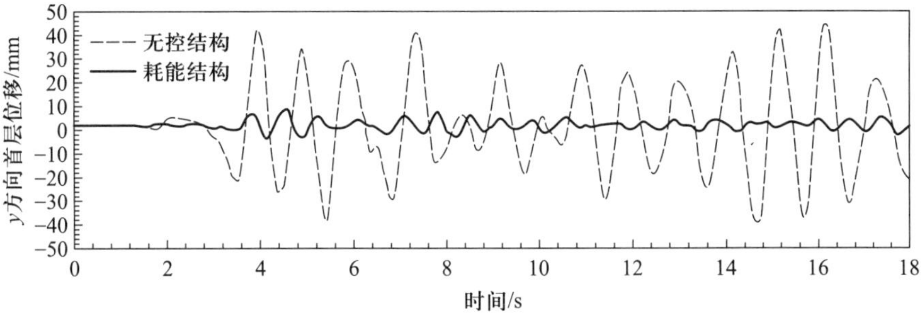

图 11.62 安装金属屈服阻尼器的耗能结构与无控结构在 y 方向首层的位移对比曲线图

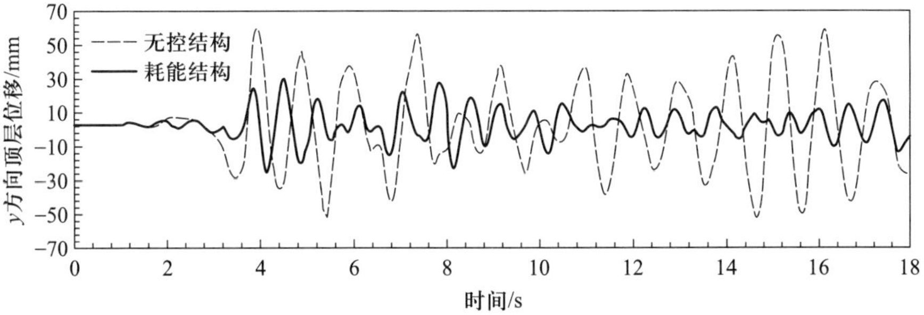

图 11.63 安装金属屈服阻尼器的耗能结构与无控结构在 y 方向顶层的位移对比曲线图

11.6　屈曲约束支撑

11.6.1　屈曲约束支撑的构造

屈曲约束支撑(buckling restrained brace,BRB)是针对普通支撑的受压易发生屈曲问题而提出的一种改进的耗能支撑,主要分为由钢材组成的全钢型和由钢管包裹混凝土制成的混凝土灌浆型屈曲约束支撑。屈曲约束支撑的构成通常包含 3 部分[图 11.64(a)和(b)],即核心单元(芯材)、无黏结材料与约束单元。其中核心单元[图 11.64(c)]是受力单元和耗能部件,它由 3 段组成:屈服段、加强段以及连接段。屈曲约束支撑在与主体结构进行连接时,将核心单元的连接段与主体结构的梁、柱或节点进行连接,因此外荷载由核心单元来承担。约束单元包络在核心单元的外围,对核心单元进行横向约束,使核心单元在受拉、压荷载时均能发生屈服而耗能。核心单元通常采用低屈服点钢制作,而约束单元由多种形式组成。对于混凝土灌浆型屈曲约束支撑来说,一般在钢管内填充混凝土,而全钢型屈曲约束支撑的约束单元一般是采用钢管。无黏结材料可采用橡胶、硅胶、乳胶和聚乙烯等,这些材料能够减小甚至消除核心单元与约束单元间的摩擦力和剪力,使外力只由核心单元承担。屈曲约束支撑制作时也可以不使用无黏结材料,但是需要在约束单元与内核间留置一定的间隙,以保证核心单元在约束单元中有一定的变形空间。

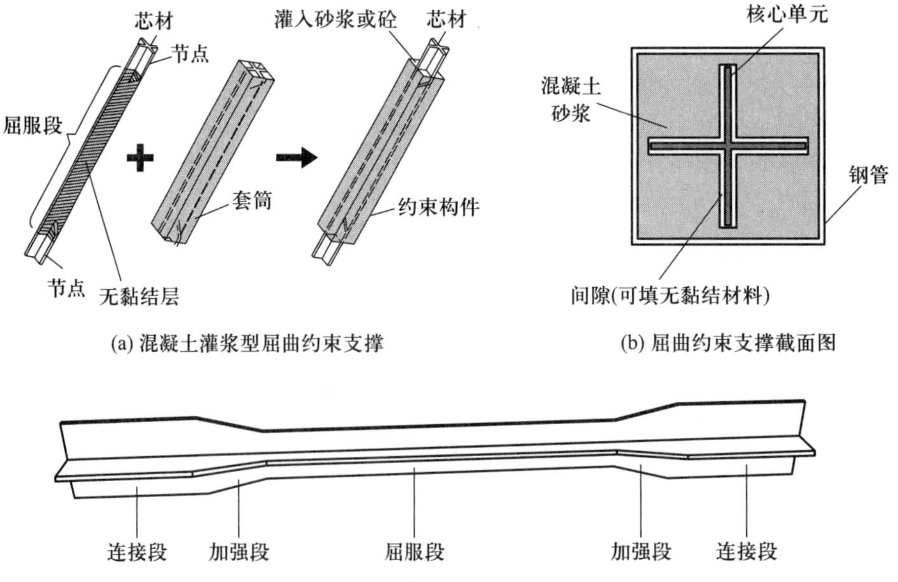

(a) 混凝土灌浆型屈曲约束支撑

(b) 屈曲约束支撑截面图

(c) 核心单元

图 11.64　屈曲约束支撑的基本构造

作为核心受力部分，屈曲约束支撑的核心单元的屈服段有多种截面形式，常见的有一字形、工字形、十字形等形状(图 11.65)。因为需要核心单元在外力荷载下发生屈服耗能，所以核心单元的材料一般采用低屈服点钢、中等强度钢或高强度合金钢。

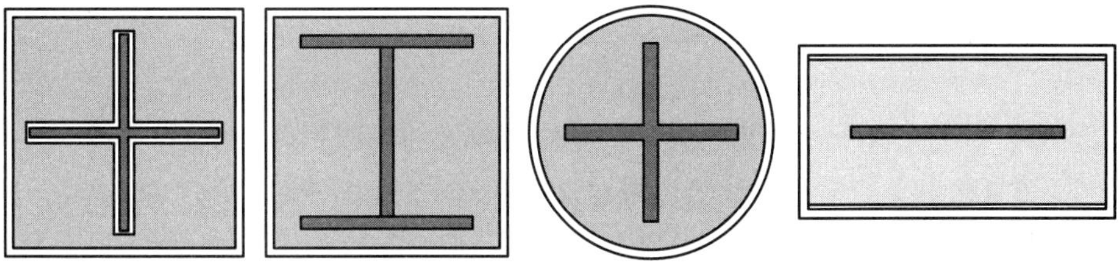

(a) 典型BRB构造(混凝土灌浆型)

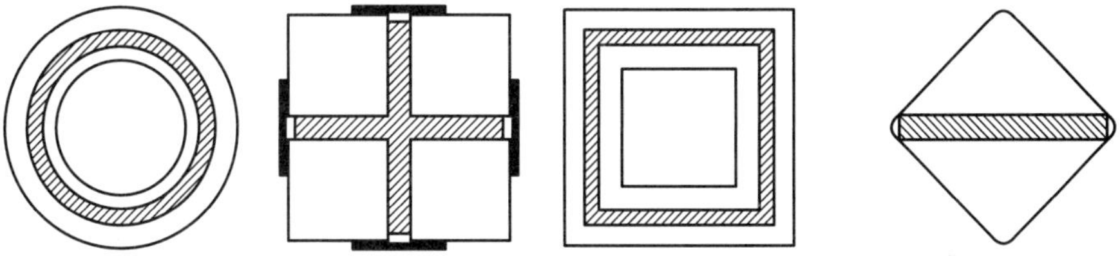

(b) 典型BRB构造(全钢型)

图 11.65 常见屈曲约束支撑的截面形式

屈曲约束支撑的截面形式虽各异，但工作原理却基本是一致的：支撑的核心单元承担所有的外部轴向荷载，约束单元不承担轴向荷载，只对核心单元提供侧向约束以防止核心单元发生屈曲失稳，而且通常核心单元与约束单元之间都会预留一定的间隙并通过填充无黏结材料来消除约束构件与核心单元之间的摩擦力。研究表明屈曲约束支撑在循环拉压荷载作用下显示出拉-压等强的滞回特性(图 11.66)，而普通支撑的滞回模型则通常是不对称的。

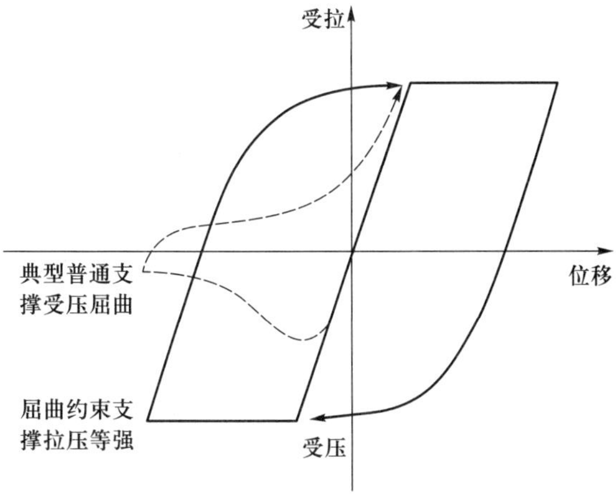

图 11.66 屈曲约束支撑与普通支撑的受力特性对比

11.6.2　屈曲约束支撑的受力特性

在设计屈曲约束支撑时,需要保证构件具有足够的强度,同时还需要考虑屈曲约束支撑受力时可能发生的整体失稳和内核构件的局部失稳情况。

核心单元的屈服荷载可由式(11.41)计算:

$$P_y = A_y f_y \tag{11.41}$$

式中,f_y 为核心单元的屈服强度;A_y 为核心单元约束屈服段的横截面积。

屈曲约束支撑核心单元的极限设计强度 P_u 如式(11.42)所示:

$$P_u = \beta_n \Omega_n P_y \tag{11.42}$$

式中,Ω_n 为材料的超强因子,对于 Q235 钢材一般取 1.5;β_n 为支撑压力的调整因子,一般取 1.3。

为了保证屈曲约束支撑端部的连接强度,则焊缝强度需满足:

$$\frac{p}{h_e \sum l_w} \leqslant f_f^w \tag{11.43}$$

式中,f_f^w 为焊缝强度设计值;p 为支撑所受轴向力;h_e 为焊缝有效高度;l_w 为焊缝的计算长度。

当约束单元无法给内核提供足够的约束刚度时,可能会导致屈曲约束支撑构件的整体失稳问题,因此在设计屈曲约束支撑时一定要确保约束单元能起到足够的约束作用,使核心单元能够发生全截面屈服。一般屈曲约束构件整体失稳时,其整体会沿着约束单元抗弯刚度较小处发生平面内弯曲。图 11.67(a)表示核心单元受约束单元的横向约束作用,图 11.67(b)则表示约束单元受反力作用。

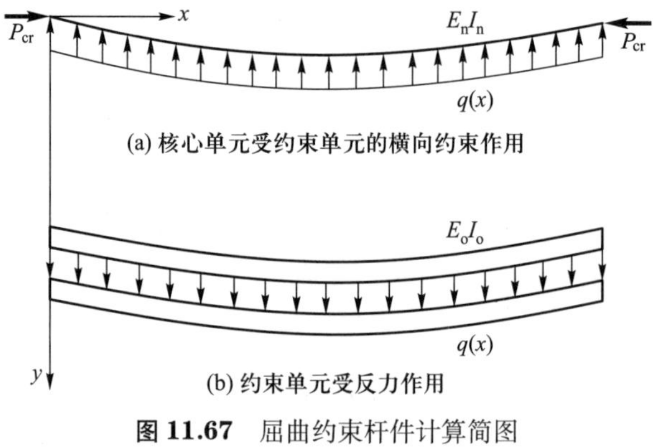

图 11.67　屈曲约束杆件计算简图

根据材料力学的理论,可获得核心单元的平衡方程

$$P\frac{\mathrm{d}^2y}{\mathrm{d}x^2}+E_nI_n\frac{\mathrm{d}^4y}{\mathrm{d}x^4}=-q(x) \tag{11.44}$$

式中,y 为核心单元的横向位移;P 为试件受到的轴向荷载;E_n 和 I_n 分别表示核心单元的弹性模量及截面抗弯惯性矩。

同样可推导出约束单元在力作用下的平衡方程:

$$E_oI_o\frac{\mathrm{d}^2y}{\mathrm{d}x^2}=q(x) \tag{11.45}$$

式中,E_o 和 I_o 分别表示约束单元的弹性模量及截面抗弯惯性矩。

联立式(11.44)和式(11.45)并求解,最终可得屈曲约束支撑在发生整体失稳时的临界荷载 P_{cr} 为

$$P_{cr}=\frac{\pi^2}{(\mu_1l)^2}(E_nI_n+E_oI_o) \tag{11.46}$$

式中,μ_1 为计算长度系数,由两端约束条件而定,两端铰支时取为1,两端固支时取0.5。

定义约束比 ξ 为屈曲约束支撑发生整体失稳时的临界荷载 P_{cr} 与全截面屈服时所受荷载 P_y 的比值:

$$\xi=\frac{P_{cr}}{P_y} \tag{11.47}$$

理想情况下,当 $\xi\geqslant1$ 时,可确保核心单元在屈曲约束支撑发生整体失稳前全截面屈服,因此临界荷载 P_{cr} 可由式(11.42)计算。但在实际工程应用中,需要考虑各种缺陷以及钢材强化等因素的影响,这时需引入系数 ψ_n 对极限设计荷载进行折减,则核心单元的临界荷载 P_{cr} 为

$$P_{cr}=\psi_nP_u=\psi_n\beta_n\Omega_nP_y \tag{11.48}$$

式中,ψ_n、Ω_n 和 β_n 的数值通常分别取为0.85、1.5和1.3。将式(11.48)代入式(11.47),可得

$$\xi=\psi_n\beta_n\Omega_n\approx1.66 \tag{11.49}$$

当约束单元的刚度足够大时,虽然不会发生整体失稳,但其核心受力单元可能在刚度较小处发生局部失稳(比如鼓曲),平衡方程为

$$E_nI_n\frac{\mathrm{d}y^4(x)}{\mathrm{d}x^4}+P\frac{\mathrm{d}y^2(x)}{\mathrm{d}x^2}+\beta_ny(x)=0 \tag{11.50}$$

式中，$\beta_n = E_o \dfrac{1-v}{(1+v)(1-2v)}$ 表示弹性约束刚度，其中，v 为约束单元的泊松比，E_o 为约束单元的弹性模量。

通过求解式(11.50)，可求得最小的屈曲荷载 P_{cr-1} 为

$$P_{cr-1} = 2\sqrt{\frac{\beta_n}{E_n I_n}} \tag{11.51}$$

为保证核心单元先屈服，必须使得最小屈曲荷载 P_{cr-1} 大于屈服荷载 P_y，因此有

$$P_{cr-1} = 2\sqrt{\frac{\beta_n}{E_n I_n}} \geqslant P_y = A_y f_y \tag{11.52}$$

11.6.3　屈曲约束支撑的减震设计

屈曲约束支撑结构体系的设计应体现利用屈曲约束支撑在大震下耗能减震的思想，其设计流程主要包括主体结构的设计和屈曲约束支撑的设计。其中，屈曲约束支撑的布置应根据结构在罕遇地震下的荷载分布和层间位移角的允许值进行确定，然后再校核结构在风荷载和多遇地震下的变形和内力。基本设计流程如下，其中，K_f 为框架结构的层间刚度，K_b 为屈曲约束支撑的刚度。

(1) 采用反应谱，在不考虑屈曲约束支撑耗能的情况下单独设计框架结构，初选主体框架结构的梁和柱的尺寸。

(2) 计算结构的层间刚度 K_f。

(3) 根据《建筑抗震设计规范》(GB 50011—2010)中规定的屈曲约束支撑体系的刚度与结构层间刚度的比值 SR 范围，计算所需屈曲约束支撑体系的初始刚度 K_b。

(4) 根据屈曲约束支撑耗能体系的初始刚度 K_b 及单根屈曲约束支撑的初始刚度 K_a，确定每层结构中屈曲约束支撑的数量 $n = K_b / K_a$。

(5) 验算屈曲约束支撑体系的弹性层间位移角，验算时结构的层间刚度需取为 $K = K_f + K_b$。

(6) 对结构进行罕遇地震作用下的动力非线性分析，考察其层间位移角是否满足《建筑抗震设计规范》的规定。屈曲约束支撑体系属于消能减震结构，按照规范要求，其层间弹塑性位移角限值宜比非消能减震结构适当减小。

(7) 对结构进行大地震作用下的动力非线性分析，验证特大地震作用下结构最大层间位移角是否超过了限值。若超过限值，则结构的损伤程度属于倒塌破坏等级，需要重新设计屈曲约束支撑的相关参数，以保证结构在大地震作用

下结构不发生倒塌破坏。

参考文献

[1] Pall A S, Marsh C. Friction-damped concrete shear-walls[J]. ACI Journal, 1981, 78(3): 187-193.

[2] Pall A S, Marsh C. Response of friction damped braced frames[J]. Journal of Structural Division, 1982, 108(6): 1313-1323.

[3] Aiken I D, Kelley J M. Earthquake simulator testing and analytical studies of two energy-absorbing systems for multistory structures: Report No. UCB/EERC-90/03[R].University of California, Berkeley, CA, 1990.

[4] Filiatrault A, Cherry S. Performance evaluation of friction damped braced frames under simulated earthquake loads[J]. Earthquake Spectra, 1987, 3(1): 57-78.

[5] Nims D K, Richter P J, Bachman R E. The use of the energy dissipating restraint for seismic hazard mitigation[J]. Earthquake Spectra, 1993, 9(3): 467-489.

[6] Filiatrault A, Cherry S. Seismic design spectra for friction-damped structures[J]. Journal of Structural Engineering, 1990, 116 (5): 1334-1355.

[7] Mahmoodi P. Structural dampers[J]. Journal of Structural Division, 1969, 95(8): 1661-1672.

[8] Crosby P, Kelly J, Singh J P. Utilizing visco-elastic dampers in the seismic retrofit of a thirteen story steel framed building[C]//Structures Congress Ⅻ. New York: ASCE, 2015: 1286-1291.

[9] Chang K C, Soong T T, Lai M L, et al. Viscoelastic dampersas dissipation energy devices for seismic applications[J]. Earthquake Spectra, 1993, 9(3): 371-388.

[10] Soong T T, Dargush G F. Passive energy dissipation systems in structural engineering[M]. New York: John Wiley and Sons, 1999.

[11] 吴波，李惠. 建筑结构被动控制的理论与应用[M]. 哈尔滨：哈尔滨工业大学出版社，1997.

[12] Constantinou M C, Symans M D. Experimental study of seismic response of buildings with supplemental fluid dampers[J]. Structural Design of Tall Buildings, 1993, 2(2): 93-132.

[13] Pekcan G, Mander J B, Chen S S. The seismic response of a 1∶3 scale model R.C. structure with elastomeric spring dampers[J]. Earthquake Spectra, 2012, 11(2): 249-267.

[14] Makris N, Dargush G F, Constantinou M C. Dynamic analysis of viscoelastic-fluid dampers[J]. Journal of Engineering Mechanics, 1995, 121(10): 1114-1121.

[15] Makris N, Constantinou M C. Fractional-derivative Maxwell model for viscous dampers[J]. Journal of Structural Engineering, 1991, 117(9): 2708-2724.

[16] Arima F, Miyazaki M, Tanaka H, et al. A study on buildings with large damping

using viscous damping walls[C]//Proceedings of the 9th World Conference on Earthquake Engineering, Tokyo, Japan, 1988: 821-826.
[17] Li H N, Li G. Experimental study of structure with "dual function" metallic dampers [J]. Engineering Structures, 2006, 28(10): 1-12.
[18] 欧进萍, 吴斌. 摩擦型与软钢屈服型耗能器的性能与减振效果的试验比较[J]. 地震工程与工程振动. 1995, 15(3): 75-89.

第 12 章
结构主动、半主动及智能控制

12.1 概述

基础隔震体系、调谐减震体系及耗能减震体系都不需要外部提供能量,其控制装置随结构一起振动,控制力是因控制装置的运动或变形而被动产生的,因此属于被动减震控制技术。被动减震控制装置是一种易于实现、较为经济的方法。

结构主动减震控制是一种外部能源直接向结构提供主动控制力,并达到减小结构动力响应的控制方式。结构主动控制一般是通过伺服加载装置自动调节对结构施加的控制力,从而达到减小结构动力响应的目的。目前,土木工程领域中广泛应用的主动控制系统是主动质量阻尼器(active mass damper, AMD)。

主动控制系统需要外部提供很大的能量,这在某种程度上限制了主动控制系统在土木工程结构中的普及。而结构半主动控制是一种可以通过利用少量能量来实现控制装置工作状态的转变,从而减小结构动力响应的控制方式。半主动控制系统中控制装置的参数依赖于结构的响应信息或外界激励信息,但是这种控制方式无需大量的外部能量输入,而减震效果又和主动控制系统的效果较为接近,因此备受关注。目前被广泛应用的半主动控制系统有半主动变刚度系统、半主动变阻尼系统、半主动调谐质量阻尼系统等。

智能控制系统是指采用智能控制算法或智能材料的控制系统。采用诸如神经网络算法、模糊算法、遗传算法等智能控制算法的长处是不需要建立精确的结构模型。采用磁流变液体、压电材料、形状记忆合金等智能材料等构成的智能控制系统具有外部提供能量少、响应速度快的优点,在土木工程结构的减震控制中有很大的应用前景。

12.2　主动控制

12.2.1　主动控制系统的组成

主动控制系统主要是由信息采集(传感器)、计算机控制系统(控制器)与主动驱动系统(作动器)三大部分组成,如图 12.1 所示。

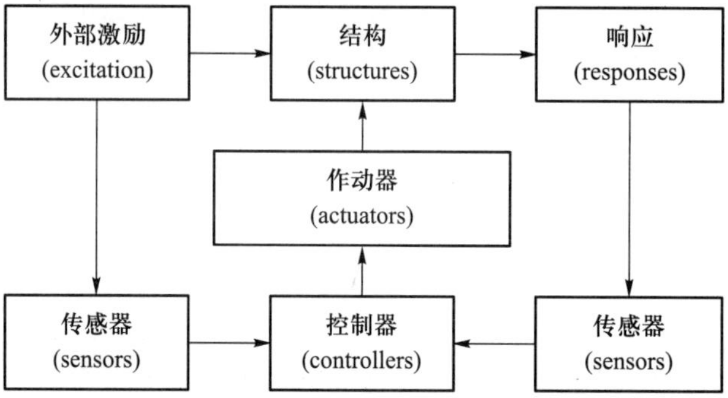

图 12.1　主动控制系统的组成

主动控制系统主要包括 3 种工作方式,分别为开环控制、闭环控制和开-闭环控制。开环控制是指控制器根据输入的外部激励来直接调整施加给结构的控制力,而不需要考虑系统的结构响应信息,如图 12.2(a)所示。闭环控制是指控制器根据结构的响应信息来调整作动器施加给结构的控制力,如图 12.2(b)所示。开闭环控制是指控制系统通过传感器同时感受外界荷载和结构响应的变化,据此来调整作动器施加给结构的控制力,如图 12.1 所示。

结构主动控制大部分情况下采用闭环控制方法,因为闭环控制系统可以实时跟踪结构的动力响应,在某些情况下也采用开-闭环控制系统。闭环控制系统的工作原理为:安装在结构上的传感器测得结构响应,同时控制器采用某种控制算法计算出所需的控制力,该控制力通过作动器施加给结构从而达到减小或抑制结构动力响应的目的。

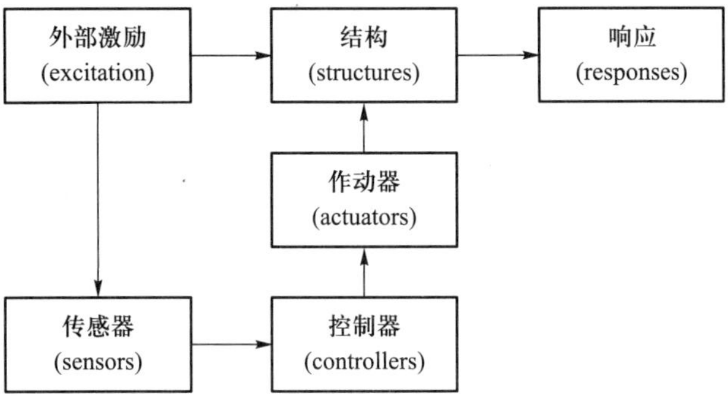

(a) 开环控制

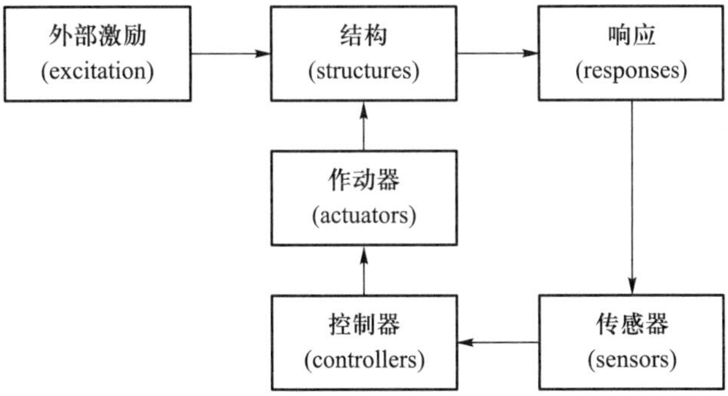

(b) 闭环控制

图 12.2 开环控制系统和闭环控制系统

对于不同的控制措施,控制系统的结构有所区别,但其基本原理和构成大致相同。以主动质量阻尼器(AMD)为例,除了被控制结构外,其主动控制系统主要由以下 3 部分组成。

(1) 质量阻尼刚度装置。包括质量块、弹簧和阻尼器。

(2) 驱动装置和液压源。包括伺服阀、驱动器、反馈传感器、液压源及管路。

(3) 计算机及控制系统。这是整个主动控制系统的核心部分,包括数据采集系统、滤波调节器(用于对采集的信号进行滤波、放大、调节)和模拟微分器(用于振动响应信号的计算分析,如对位移、速度、加速度等进行微分变换)。

12.2.2 主动控制的减震机理

以受地震激励的一个高层建筑结构安装有多个 AMD 控制系统为例,来阐述结构主动控制的机理,如图 12.3 所示[1]。

对于安装有 r 个 AMD 的 n 维多自由度结构体系,在地震的激励下,其运动

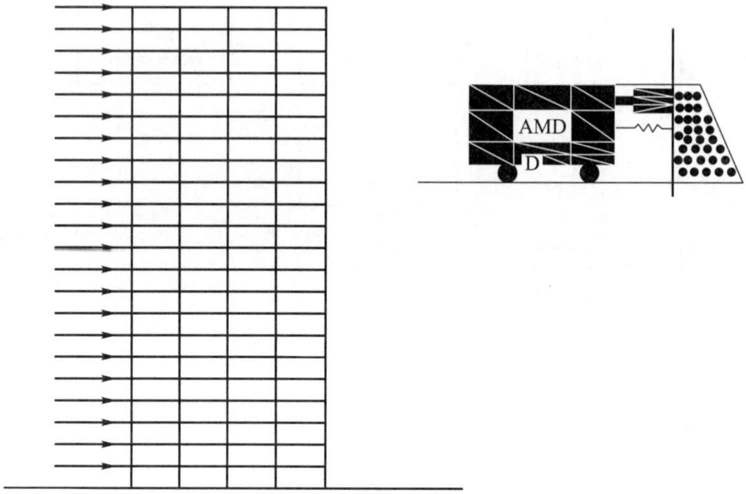

图 12.3　安装 AMD 控制系统的高层建筑

方程为

$$\boldsymbol{M}\ddot{\boldsymbol{x}}(t)+\boldsymbol{C}\dot{\boldsymbol{x}}(t)+\boldsymbol{K}\boldsymbol{x}(t)=-\boldsymbol{M}\boldsymbol{I}\ddot{x}_{\mathrm{g}}(t)+\boldsymbol{E}\boldsymbol{u}(t) \tag{12.1}$$

式中，$\boldsymbol{M}$、$\boldsymbol{C}$ 和 $\boldsymbol{K}$ 分别为结构的质量、阻尼和刚度矩阵；$\ddot{\boldsymbol{x}}$、$\dot{\boldsymbol{x}}$ 和 $\boldsymbol{x}$ 分别为结构的加速度、速度和位移响应向量；$\boldsymbol{I}$ 为单位列向量；$\ddot{x}_{\mathrm{g}}(t)$ 为地震时地面运动的加速度；$\boldsymbol{E}$ 为 $n\times r$ 维的控制力位置矩阵；$\boldsymbol{u}(t)$ 表示 r 维的主动控制力向量；r 为结构上安装 AMD 控制装置的数量。

对于开-闭环控制系统，主动控制力向量 $\boldsymbol{u}(t)$ 应由结构响应（包括 $\boldsymbol{x}$、$\dot{\boldsymbol{x}}$ 和 $\ddot{\boldsymbol{x}}$）和地震加速度输入（即 $\ddot{x}_{\mathrm{g}}$）所决定，即

$$\boldsymbol{u}(t)=\boldsymbol{K}_{\mathrm{b}}\boldsymbol{x}(t)+\boldsymbol{C}_{\mathrm{b}}\dot{\boldsymbol{x}}(t)+\boldsymbol{E}_{\mathrm{b}}\ddot{u}_{\mathrm{g}}(t) \tag{12.2}$$

式中，$\boldsymbol{K}_{\mathrm{b}}$ 和 $\boldsymbol{C}_{\mathrm{b}}$ 分别为结构位移和速度响应的增益矩阵；$\boldsymbol{E}_{\mathrm{b}}$ 为地震加速度的增益向量。

式(12.2)中，由于主动控制力向量 $\boldsymbol{u}(t)$ 中仅包含结构的位移和速度响应（即 $\boldsymbol{x}$ 和 $\dot{\boldsymbol{x}}$）的增益，因此，$\boldsymbol{K}_{\mathrm{b}}$ 和 $\boldsymbol{C}_{\mathrm{b}}$ 是反馈增益矩阵。式(12.2)表达的是部分反馈的主动控制力，即只有结构的位移响应和加速度响应的反馈。研究表明，如果对于结构的加速度响应要求不严格，式(12.2)所表达的主动控制力可以实现较为理想的控制效果，但如果对于结构的加速度响应要求严格，如强调结构上人的舒适度时，应采用全反馈的主动控制力，此时，主动控制力向量 $\boldsymbol{u}(t)$ 中应同时包含有结构位移、速度和加速度响应（即 $\boldsymbol{x}$、$\dot{\boldsymbol{x}}$ 和 $\ddot{\boldsymbol{x}}$）的增益，即

$$\boldsymbol{u}(t)=\boldsymbol{K}_{\mathrm{b}}\boldsymbol{x}(t)+\boldsymbol{C}_{\mathrm{b}}\dot{\boldsymbol{x}}(t)+\boldsymbol{M}_{\mathrm{b}}\ddot{\boldsymbol{x}}(t)+\boldsymbol{E}_{\mathrm{b}}\ddot{u}_{\mathrm{g}}(t) \tag{12.3}$$

式中，$\boldsymbol{M}_{\mathrm{b}}$为结构加速度响应的增益矩阵。

将式(12.2)代入式(12.1)，可得到地震激励下主动控制结构体系的运动方程为

$$\boldsymbol{M}\ddot{\boldsymbol{x}}(t)+(\boldsymbol{C}-\boldsymbol{E}\boldsymbol{C}_{\mathrm{b}})\dot{\boldsymbol{x}}(t)+(\boldsymbol{K}-\boldsymbol{E}\boldsymbol{K}_{\mathrm{b}})\boldsymbol{x}(t)=-(\boldsymbol{M}\boldsymbol{I}-\boldsymbol{E}\boldsymbol{E}_{\mathrm{b}})\ddot{u}_{\mathrm{g}}(t) \tag{12.4}$$

由式(12.4)可以看出，对于安装有主动质量阻尼器控制系统的结构体系，由于主动控制力的施加，结构体系的阻尼矩阵和刚度矩阵以及外激励向量都发生了改变，且开环控制的作用就是改变(减小或消除)外扰力，闭环控制的作用就是改变结构的参数(刚度和阻尼)。因此，如果选用合理的控制算法、增益矩阵$\boldsymbol{K}_{\mathrm{b}}$、$\boldsymbol{C}_{\mathrm{b}}$和增益向量$\boldsymbol{E}_{\mathrm{b}}$，并确定最优的主动控制力，则可以达到减小或抑制结构地震响应的目的。

基于上述减震机理，AMD 控制系统的工作流程如下：

(1) 数据采集，即通过传感器在线测量地震激励时，获取结构的位移、速度和加速度响应，以及地面运动的加速度信号。

(2) 数据处理和传输，即将传感器测得的振动响应的信号经滤波、放大、调节、模拟微分处理等传输至计算机系统的 A/D 转换器。

(3) A/D 转换，即将电压模拟信号转换为电压数字信号。

(4) 控制计算，即计算机将电压数字信号经过标量变换转换为结构的位移、速度。按预设的控制算法将结构控制增益矩阵与结构状态向量相乘，计算出控制力。

(5) D/A 转换，即把控制力的电压数字信号转换为电压模拟信号，并作为指令信号传输至伺服控制器。

(6) 伺服控制，即伺服控制器与驱动器的反馈传感器相连，伺服传感器通过把计算机传来的控制力的指令信号与反馈传感器传来的驱动器的驱动力信号进行比较(负反馈)，并将其差值传至电液伺服阀，伺服阀控制高压油从液压源输送至伺服驱动器的油缸，油缸的活塞随信号偏差而移动，直至信号等于 0。这样，通过负反馈，驱动器就按指令信号向结构施加设定的控制力，从而衰减和抑制结构的振动响应。

重复步骤(1)~(6)，直至结构的振动响应被减小或抑制到最小值。

12.2.3　主动控制系统的设计

为了介绍 AMD 主动控制系统的设计，仍以图 12.3 所示的 n 层剪切型高层建筑结构为例，在其顶层安装主动 AMD 系统，则结构控制体系在外部激励下的运动方程如下：

$$\boldsymbol{M}\ddot{\boldsymbol{x}}(t)+\boldsymbol{C}\dot{\boldsymbol{x}}(t)+\boldsymbol{K}\boldsymbol{x}(t)=\boldsymbol{D}\boldsymbol{F}(t)+\boldsymbol{E}_{\mathrm{u}}\boldsymbol{u}(t) \tag{12.5}$$

式中，$\boldsymbol{M}$、$\boldsymbol{C}$ 和 $\boldsymbol{K}$ 分别为安装 AMD 的结构体系的质量、阻尼和刚度矩阵，即

$$\boldsymbol{M}=\begin{bmatrix} m_1 & & & & \\ & m_2 & & & \\ & & \ddots & & \\ & & & m_n & \\ & & & & m_a \end{bmatrix},\quad \boldsymbol{C}=\begin{bmatrix} c_{11} & c_{12} & \cdots & c_{1n} & 0 \\ c_{21} & c_{22} & \cdots & c_{2n} & 0 \\ \vdots & \vdots & \vdots & \vdots & \vdots \\ c_{n1} & c_{n2} & \cdots & c_{nn}+c_a & -c_a \\ 0 & 0 & \cdots & -c_a & c_a \end{bmatrix},$$

$$\boldsymbol{K}=\begin{bmatrix} k_{11} & k_{12} & \cdots & k_{1n} & 0 \\ k_{21} & k_{22} & \cdots & k_{2n} & 0 \\ \vdots & \vdots & \vdots & \vdots & \vdots \\ k_{n1} & k_{n2} & \cdots & k_{nn}+k_a & -k_a \\ 0 & 0 & \cdots & -k_a & k_a \end{bmatrix}$$

其中，m_i 为结构第 i 层的质量；k_{ij} 和 c_{ij} 分别为结构的刚度和阻尼系数；m_a、k_a 和 c_a 分别为 AMD 的质量、刚度和阻尼；$\ddot{\boldsymbol{x}}(t)$、$\dot{\boldsymbol{x}}(t)$ 和 $\boldsymbol{x}(t)$ 分别表示结构-AMD 控制系统的加速度、速度和位移的响应向量；$\boldsymbol{I}$ 为单位列向量；$\ddot{x}_g(t)$ 为地震时地面运动的加速度；$\boldsymbol{E}_u$ 为控制力的位置矩阵；$\boldsymbol{u}(t)$ 为主动控制力向量；$\boldsymbol{D}$ 和 $\boldsymbol{F}(t)$ 分别为作用于结构上的外部荷载的位置向量和荷载向量。如果风荷载和地震荷载同时作用在结构上，则

$$\boldsymbol{DF}(t)=\boldsymbol{EF}_w(t)-\boldsymbol{MI}\ddot{x}_g \tag{12.6}$$

式中，$\boldsymbol{F}_w(t)$ 为作用于结构的风荷载向量；$\boldsymbol{E}$ 为单位对角矩阵。

式(12.5)所示的运动方程可以表示为以下的状态方程：

$$\begin{cases} \dot{\boldsymbol{y}}=\boldsymbol{Ay}+\boldsymbol{Bu}+\boldsymbol{D}_w\boldsymbol{F}_w+\boldsymbol{D}_g\ddot{x}_g \\ \boldsymbol{z}=\boldsymbol{Hy} \end{cases} \tag{12.7}$$

式中，$\boldsymbol{H}$ 为观测矩阵；$\boldsymbol{z}$ 为观测向量；$\boldsymbol{y}=\begin{bmatrix}\boldsymbol{x}\\ \dot{\boldsymbol{x}}\end{bmatrix}$；$\boldsymbol{A}=\begin{bmatrix}\boldsymbol{0} & \boldsymbol{E}\\ -\boldsymbol{M}^{-1}\boldsymbol{K} & -\boldsymbol{M}^{-1}\boldsymbol{C}\end{bmatrix}$；$\boldsymbol{B}=\begin{bmatrix}\boldsymbol{0}\\ \boldsymbol{M}^{-1}\boldsymbol{E}_u\end{bmatrix}$；$\boldsymbol{D}_w=\begin{bmatrix}\boldsymbol{0}\\ \boldsymbol{M}^{-1}\boldsymbol{E}\end{bmatrix}$；$\boldsymbol{D}_g=\begin{bmatrix}\boldsymbol{0}\\ -\boldsymbol{I}\end{bmatrix}$。

在式(12.7)中，$\boldsymbol{u}$ 是 AMD 系统作动器的驱动力。由于在实际控制系统中，只有驱动力可以主动可调，因此，设计 AMD 主动控制力的过程就是设计驱动力的过程。下面以线性二次型调节器(linear quadratic regulator，LQR)算法为例，说明驱动力 $\boldsymbol{u}$ 的确定方法。它是把结构体系近似为线性系统，选取系统的状态和控制输入的二次型函数的积分作为性能指标函数，从而进行最优控制。

首先，假定全部状态均能观测到，选取以下的性能指标：

$$J=\frac{1}{2}\int_{0}^{t_f}(\boldsymbol{y}^{\mathrm{T}}\boldsymbol{Q}\boldsymbol{y}+\boldsymbol{U}^{\mathrm{T}}\boldsymbol{R}\boldsymbol{U})\mathrm{d}t \tag{12.8}$$

式中,$\boldsymbol{Q}$ 和 $\boldsymbol{R}$ 分别为半正定和正定的加权矩阵,是 AMD 控制系统设计中的控制参数。由 LQR 算法可知,使上述性能目标取得最小的最优驱动力为

$$\boldsymbol{u}(t)=-\boldsymbol{G}\boldsymbol{y}(t) \tag{12.9}$$

其中,增益矩阵 $\boldsymbol{G}$ 为

$$\boldsymbol{G}=\boldsymbol{R}^{-1}\boldsymbol{B}^{\mathrm{T}}\boldsymbol{P} \tag{12.10}$$

式中,$\boldsymbol{P}$ 满足如下的 Riccati 矩阵方程:

$$\boldsymbol{P}\boldsymbol{A}+\boldsymbol{A}^{\mathrm{T}}\boldsymbol{P}-\boldsymbol{P}\boldsymbol{B}\boldsymbol{R}^{-1}\boldsymbol{B}^{\mathrm{T}}\boldsymbol{P}+\boldsymbol{Q}=\boldsymbol{0} \tag{12.11}$$

于是,结构 AMD 控制系统的状态方程式(12.7)转变为

$$\dot{\boldsymbol{y}}=(\boldsymbol{A}-\boldsymbol{B}\boldsymbol{G})\boldsymbol{y}+\boldsymbol{D}_{\mathrm{w}}\boldsymbol{F}_{\mathrm{w}}+\boldsymbol{D}_{\mathrm{g}}\ddot{x}_{\mathrm{g}} \tag{12.12}$$

若结构-AMD 控制系统中仅有部分状态能够观测到,则 AMD 的驱动力可以采用线性二次型高斯(linear quadratic Gaussian,LQG)算法进行计算。此时,结构-AMD 控制系统的状态方程应重新写成以下形式:

$$\begin{aligned}&\dot{\boldsymbol{y}}=\boldsymbol{A}\boldsymbol{y}+\boldsymbol{B}\boldsymbol{u}+\boldsymbol{D}_{\mathrm{w}}\boldsymbol{F}_{\mathrm{w}}+\boldsymbol{D}_{\mathrm{g}}\ddot{x}_{\mathrm{g}}+\boldsymbol{\varepsilon}_1(t)\\&\boldsymbol{z}=\boldsymbol{H}\boldsymbol{y}+\boldsymbol{\varepsilon}_2(t)\end{aligned} \tag{12.13}$$

式中,$\boldsymbol{\varepsilon}_1(t)$ 和 $\boldsymbol{\varepsilon}_2(t)$ 均为白噪声信号,分别是对状态变量和输出变量测量时的随机扰动,它们的协方差矩阵分别为

$$E[\boldsymbol{\varepsilon}_1^{\mathrm{T}}(t)\boldsymbol{\varepsilon}_1(t)]=Q_{\mathrm{e}}\geqslant 0,\quad E[\boldsymbol{\varepsilon}_2^{\mathrm{T}}(t)\boldsymbol{\varepsilon}_2(t)]=R_{\mathrm{e}}\geqslant 0 \tag{12.14}$$

式中,$E[\cdot]$表示数学期望。

式(12.13)的状态变量可以首先由 Kalman 滤波器 $\boldsymbol{K}_{\mathrm{e}}$ 估计,由此得到 Kalman 滤波器的增益矩阵 $\boldsymbol{K}_{\mathrm{e}}$ 为

$$\boldsymbol{K}_{\mathrm{e}}=\boldsymbol{P}_{\mathrm{e}}\boldsymbol{C}_0^{\mathrm{T}}\boldsymbol{R}_{\mathrm{e}}^{-1} \tag{12.15}$$

其中,$\boldsymbol{P}_{\mathrm{e}}$满足下面的代数 Riccati 方程:

$$\boldsymbol{P}_{\mathrm{e}}\boldsymbol{A}^{\mathrm{T}}+\boldsymbol{A}\boldsymbol{P}_{\mathrm{e}}-\boldsymbol{P}_{\mathrm{e}}\boldsymbol{C}_0^{\mathrm{T}}\boldsymbol{R}_{\mathrm{e}}^{-1}\boldsymbol{C}\boldsymbol{P}_{\mathrm{e}}+\boldsymbol{Q}_{\mathrm{e}}^{\mathrm{T}}=\boldsymbol{0} \tag{12.16}$$

于是结构-AMD 控制系统的状态可以由下述状态方程估计:

$$\dot{\tilde{\boldsymbol{y}}}=\boldsymbol{A}\tilde{\boldsymbol{y}}+\boldsymbol{B}\tilde{\boldsymbol{u}}+\boldsymbol{D}_{\mathrm{w}}\boldsymbol{F}_{\mathrm{w}}+\boldsymbol{D}_{\mathrm{g}}\ddot{x}_{\mathrm{g}}+\boldsymbol{K}_{\mathrm{e}}(\boldsymbol{z}-\boldsymbol{H}\tilde{\boldsymbol{y}}) \tag{12.17}$$

用状态估计值 $\tilde{\boldsymbol{y}}$ 代替式(12.9)的结构状态 $\boldsymbol{y}(t)$,则最优控制力可以表

示为

$$\tilde{\boldsymbol{u}}(t)=-\boldsymbol{G}\,\tilde{\boldsymbol{y}}(t) \tag{12.18}$$

于是,带有观测器的结构-AMD 控制系统的状态方程为

$$\dot{\tilde{\boldsymbol{y}}}=(\boldsymbol{A}-\boldsymbol{B}\boldsymbol{G}-\boldsymbol{K}_{\mathrm{e}}\boldsymbol{H})\,\tilde{\boldsymbol{y}}+\boldsymbol{D}_{\mathrm{w}}\boldsymbol{F}_{\mathrm{w}}+\boldsymbol{D}_{\mathrm{g}}\ddot{x}_{\mathrm{g}}+\boldsymbol{K}_{\mathrm{e}}\boldsymbol{z} \tag{12.19}$$

式(12.12)和式(12.19)可以采用任何一种求解线性微分方程的数值方法求解相应的状态向量,如 Wilson-θ 法等。将式(12.18)展开,控制力 $\boldsymbol{u}$ 可以写为

$$\boldsymbol{u}(t)=-\boldsymbol{G}\,\tilde{\boldsymbol{y}}(t)=-\boldsymbol{K}_G\boldsymbol{z}-\boldsymbol{C}_G\dot{\boldsymbol{z}} \tag{12.20}$$

式中,$\boldsymbol{K}_G$和 $\boldsymbol{C}_G$分别为增益矩阵 $\boldsymbol{G}$ 的子矩阵。由式(12.20)可以看出,AMD 控制系统实质上是给结构施加了弹性力和阻尼力,也就是说,AMD 控制系统是通过改变受控结构的刚度和阻尼来减小结构的动力响应。

为了说明结构主动控制系统的设计步骤,以顶层安装有 AMD 控制装置的 3 层 Benchmark 模型结构为例进行系统算法设计,并对结构模型参数和动态稳定问题分析比较,以便使读者能够更深入地了解和掌握结构主动控制设计方法。考虑到结构只遭受地震作用,而无风荷载,即式(12.6)中 $\boldsymbol{F}_{\mathrm{w}}=\boldsymbol{0}$。

该 Benchmark 模型取自美国 Notre Dame 大学 Structural Dynamics Control/Earthquake Engineering Laboratory 的 AMD 控制 3 层框架钢结构[2]。模型参数直接来源于实验数据,考虑了作动器和传感器与结构的动力相互作用的影响,能够真实地反映研究对象的动力特性。该模型高 188 cm,各层楼板总重 227 kg 并平均分配于每层,框架自重 77 kg。模型前 3 阶频率分别为 5.81 Hz、17.68 Hz 和 28.53 Hz,相应的阻尼比分别为 0.33%、0.23% 和 0.30%。在模型的顶层安装一个小型 AMD,AMD 由一个液压作动器和一个钢制质量块组成。作动器直径为 3.8 cm,最大行程为 30.5 cm。AMD 活塞、缸体和附加质量共计 5.2 kg。安装 AMD 后的模型总质量为 309 kg,其中 AMD 与模型结构质量比为 1.7%。为提高 AMD 系统的闭环稳定性,在 AMD 运动部件与模型第 3 层楼板之间安装了一个线性可变差动变压器(linear variable differential transformer, LVDT)位移传感器,以提供 AMD 位移状态的反馈信号。模型底座、AMD 端部和每层楼板处分别安装了加速度传感器和位移传感器,它们共同组成模型结构响应的量测系统。Spencer 等[2]根据带有 AMD 和传感器的模型试验数据建立了含有 28 个状态向量的 Benchmark 分析模型,其中 6 个是传感器直接观测量,9 个是结构被控的状态响应(模型各层的位移、速度和加速度)。

图 12.4 和图 12.5 分别给出了该 3 层 Benchmark 模型在无控、TMD 控制和 AMD 控制情况下结构顶层的位移和加速度响应时程,由此可以看出 AMD 对结

构的减震效果要比被动 TMD 减震系统的好得多[3]。

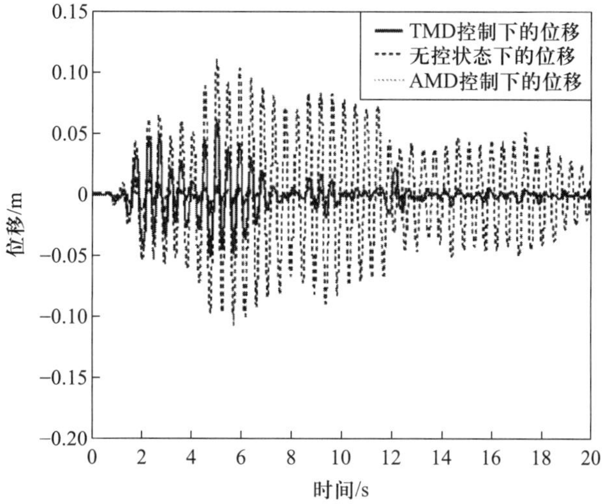

图 12.4 Benchmark 模型在 3 种控制情况下结构顶层的位移响应时程

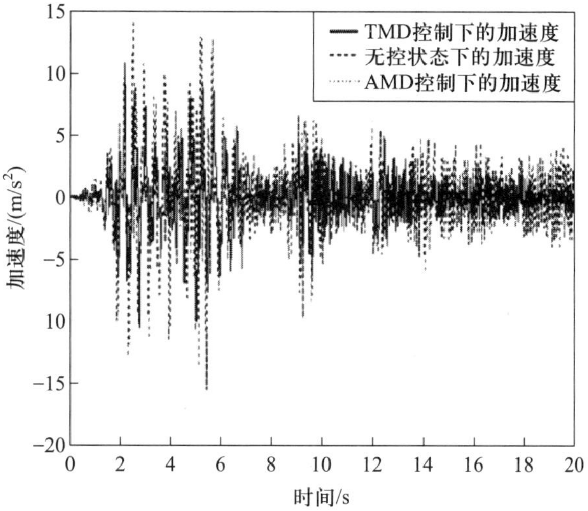

图 12.5 Benchmark 模型在 3 种控制情况下结构顶层的加速度响应时程

12.3 半主动控制

12.3.1 半主动变刚度控制系统

半主动变刚度系统由控制器、可变刚度部件和机械装置 3 部分组成，如图

12.6 所示[4]。一般情况下，可变刚度部件有附件刚度部件 Δk_i 和附加阻尼部件 Δc_i 两部分。当附加刚度部件 Δk_i 的 B_1点与结构的 A 点连接时，Δk_i 成为结构的一个刚度部件，此时半主动变刚度系统处于“ON”状态。当附加阻尼部件 Δc_i 的 B_2点与结构的 A 连接时，由于 Δk_i 的变形将导致附加阻尼 Δc_i 的运动，此时，称半主动变刚度系统处于“OFF”状态。

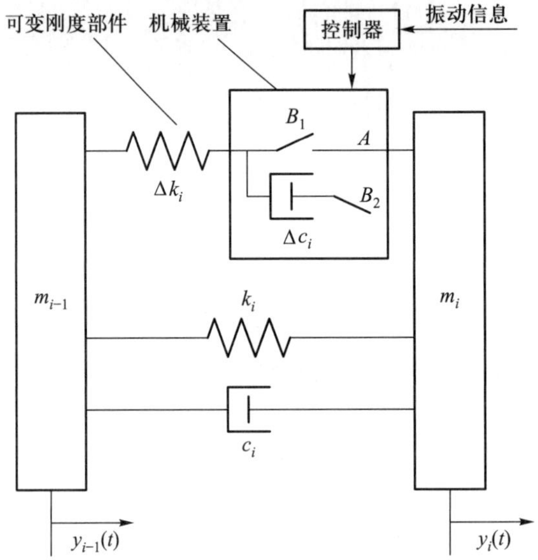

图 12.6　半主动变刚度系统示意图

半主动变刚度振动控制就是通过控制器接收由传感器测得的结构和外荷载的振动信息，根据事先设计的控制算法进行运算，输出控制命令（即让可变刚度系统处于 ON 或 OFF 状态）给机械装置，从而实现对结构动力响应的有效抑制。

以图 12.7 所示的单自由度体系为例来说明半主动变刚度系统的减震机理。假设半主动变刚度系统只有一个附加刚度构件，称之为 Δk。考察半主动变刚度系统处于 ON 状态时对结构所做的功。设当 $t=t_i$ 时，可变刚度切换为 ON 状态，并且在 $t_i \leqslant t \leqslant t_f$ 时间段内，一直保持 ON 状态，则在该段时间内 Δk 所做的功 W 为

$$W = \int_{t_i}^{t_f} - \Delta k[y(t) - y(t_i)]\dot{y}(t)\mathrm{d}t \tag{12.21}$$

式中，$y(t)$ 为质点在 t 时刻的位移；$y(t_i)$ 为质点在 t_i 时刻的位移；$\dot{y}(t)$ 为质点在 t 时刻的速度。

由式(12.21)可知，当$[y(t)-y(t_i)]\dot{y}(t)>0$ 时，$W<0$，即可变刚度做负功，

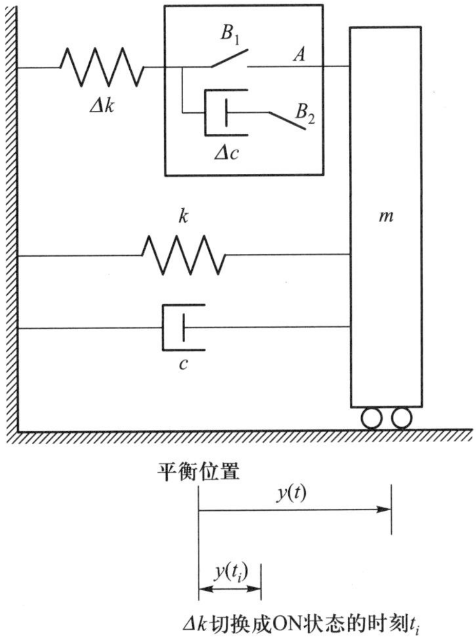

图 12.7 单自由度-半主动变刚度系统示意图

结构的振动能量减小；此状态对应质点从平衡位置运动到最大位移的过程；在此时间段内，质点的位移与速度满足关系式 $y(t)\dot{y}(t)>0$。当 $[y(t)-y(t_i)]\dot{y}(t)<0$ 时，$W>0$，即可变刚度做正功，结构的振动能量增加；此状态对应质点从最大位移位置运动到平衡位置的过程；在此时间段内，质点的位移与速度满足关系 $y(t)\dot{y}(t)<0$。

为了减小结构的振动能量，实现降低结构振动响应的目的，将半主动变刚度振动控制的控制算法设定为

$$\begin{cases}\text{可变刚度处于 ON 状态，当 } y(t)\dot{y}(t)>0\\ \text{可变刚度处于 OFF 状态，当 } y(t)\dot{y}(t)<0\end{cases} \tag{12.22}$$

该控制算法表明，半主动变刚度系统将在平衡位置由 OFF 状态切换为 ON 状态。此时，$y(t_i)=0$。

采用式(12.22)控制算法时，式(12.21)变为

$$\begin{aligned}W&=-\Delta k\int_{t_i}^{t_f}y(t)\dot{y}(t)\,\mathrm{d}t+\Delta k y(t_i)\int_{t_i}^{t_f}\dot{y}(t)\,\mathrm{d}t\\&=-\Delta k\int_{t_i}^{t_f}y(t)\dot{y}(t)\,\mathrm{d}t\end{aligned} \tag{12.23}$$

式(12.23)表明，当 $y(t)\dot{y}(t)>0$ 时，可变刚度处于 ON 状态，可变刚度做负功，

吸收结构的振动能量；当 $y(t)\dot{y}(t)<0$ 时，可变刚度处于 OFF 状态，Δk 与机械装置的附加阻尼器连接，将可变刚度吸收的能量释放给附加阻尼器消耗掉，因此，半主动变刚度系统的减震机理在于，吸收结构振动能量并将其释放给附加阻尼器，从而达到减小结构振动响应的目的。

考虑一个 8 层剪切型结构，各层的层高、质量、刚度和黏滞阻尼系统均相同。结构每层的层高 $h=3$ m，每层的质量、刚度和阻尼分别为 $m_i=345.6$ t，$k_i=6.8\times10^5$ kN/m，$c_i=734$ kN · s/m，$i=1,2,3,\cdots,8$。每层均安装半主动变刚度系统，$\Delta k=6.8\times10^5$ kN/m。分别输入 El Centro 和 Mexico City 地震波，地震波的峰值加速度按比例调整到 0.3 g。表 12.1 列出了各层层间位移相对于地面的加速度峰值。表中的“被动”表示所有的半主动变刚度系统都锁定的情况。可以看出，半主动变刚度系统能够使层间位移得到显著的降低，但是结构下部各层的加速度却明显地增加了。大量的模拟结果显示了同样的规律。这些结果进一步显示出半主动变刚度系统的性能依赖于与地震动及结构设计的有关参数。因此，实际工程中，通过大量的数值模拟，深入研究地震动和结构设计参数对于半主动变刚度系统的敏感性是十分必要的。

表 12.1　8 层剪切型结构峰值响应

楼层号	El Centro 波 (0.3 g)						Mexico City 波(0.3 g)					
	无控		半主动变刚度		被动系统		无控		半主动变刚度		被动系统	
	x_i/cm	$\ddot{x}_i$/g	x_i/cm	$\ddot{x}_i$/g	x_i/cm	$\ddot{x}_i$/g	x_i/cm	$\ddot{x}_i$/g	x_i/cm	$\ddot{x}_i$/g	x_i/cm	$\ddot{x}_i$/g
1	0.70	0.37	0.41	2.38	0.92	0.65	0.88	0.42	0.33	2.11	0.49	0.42
2	0.67	0.57	0.42	2.54	0.88	0.86	0.82	0.50	0.31	1.94	0.46	0.53
3	0.63	0.68	0.39	2.11	0.81	1.12	0.74	0.57	0.27	1.79	0.42	0.64
4	0.59	0.76	0.37	2.44	0.72	1.38	0.64	0.66	0.23	1.59	0.36	0.75
5	0.54	0.73	0.32	2.08	0.60	1.58	0.54	0.73	0.18	1.38	0.30	0.84
6	0.46	0.82	0.25	1.94	0.47	1.75	0.42	0.79	0.14	1.03	023	0.90
7	0.35	0.96	0.17	1.52	0.33	1.94	0.29	0.85	0.09	0.78	0.16	0.94
8	0.20	1.20	0.09	1.10	0.17	2.05	0.15	0.88	0.05	0.63	0.08	0.96

12.3.2　半主动变阻尼控制系统

半主动变阻尼控制系统通常由旁通管路、液压油缸和电液比例伺服阀等组成。如图 12.8 所示[5]。应用时,分别将变阻尼控制器的活塞杆和缸体支座连接在结构的两个不同构件上,在地震和风等外界荷载作用下,结构产生振动,变阻尼控制器中的活塞和缸体就会在结构的带动下产生相对运动。

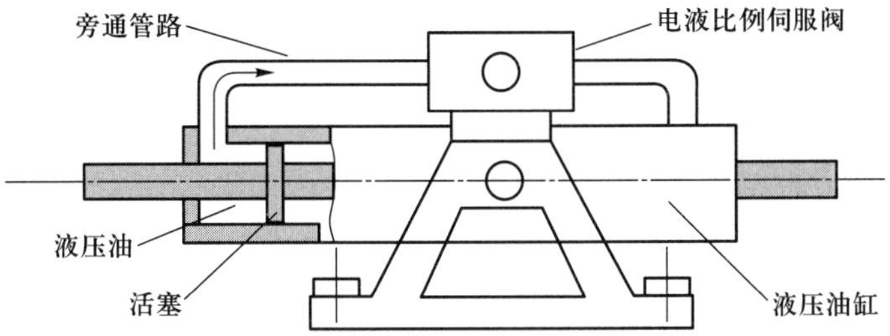

图 12.8 半主动变阻尼控制器

当半主动变阻尼控制器中的活塞和缸体发生相对运动时,液压油在活塞的作用下,由液压油缸的一腔通过旁通管路和电液比例伺服阀流入另一腔,由于液压油在流经旁通管路和电液比例伺服阀时有压力损失,因而会在活塞两侧产生压力差,此压力差即为半主动变阻尼控制器对结构施加的控制力,也就是油液在管路中流动时的阻尼力,该阻尼力的大小主要取决于电液比例伺服阀处节流口开口的大小。

半主动变阻尼控制就是通过控制器接收传感器测得的结构和外荷载的振动信息,根据事先设计好的控制算法进行运算,再输出控制命令给电液比例伺服阀,进而控制阻尼力的大小,从而实现对结构动力响应的有效抑制。

如果忽略半主动变阻尼系统中活塞和活塞杆的质量,则阻尼力等于活塞的有效面积与液压两腔油压差的乘积

$$F_d = A_s \Delta P \tag{12.24}$$

式中,F_d 为阻尼力;A_s 为阻尼器活塞的有效受压面积;ΔP 为可变阻尼器油缸中活塞两侧的压差。

半主动变阻尼器中控制力的大小与可变阻尼器活塞和缸体的相对运动速度以及节流口的大小有关。电液比例伺服阀是控制器的核心部件,它的性能好坏直接决定了控制系统的性能。对于一个选定的电流比例伺服阀来说,通流面积只能在一定范围内变化,即 $A_s \in [A_{min}, A_{max}]$,$A_{max}$ 和 A_{min} 分别表示伺服阀的最大和最小通流面积。

采用半主动变阻尼控制器对一个结构模型实施半主动控制,结构的有关参数如下:结构共有 8 层,各层的质量均为 3.456×10^5 kg;1~8 层的刚度依次为:3.404×10^8 N/m、3.257×10^8 N/m、2.849×10^8 N/m、2.686×10^8 N/m、$2.43\times$

10^8 N/m、2.073×10^8 N/m、1.687×10^8 N/m、1.366×10^8 N/m；1~8层的阻尼依次为：4.9×10^5 N·s/m、4.67×10^5 N·s/m、4.1×10^5 N·s/m、3.86×10^5 N·s/m、3.48×10^5 N·s/m、2.98×10^5 N·s/m、2.43×10^5 N·s/m、1.96×10^5 N·s/m。在结构的下面设有隔震层，其质量为 4.5×10^5 kg，刚度为 1.805×10^7 N/m，阻尼为2.617×10^4 N·s/m。由于设有隔震层，因而结构的总自由度数为 9。输入的地震波为 El Centro 波，加速度峰值调为 $0.3g$。分别计算无控、主动控制和半主动控制 3 种情况，这里所说的无控是指不施加控制力的情况，即仅有底层隔震系统减震的情况。主动控制和半主动控制时均采用一个控制器，并作用在隔震层上，电液比例节流阀式变阻尼控制器的参数为$A_s=0.046\ 26\ \text{m}^2$，$A_{max}=3.141\ 6\times10^{-4}\ \text{m}^2$，$A_{min}=3.141\ 6\times10^{-6}\ \text{m}^2$，$P_{max}=16$ MPa，$\rho=880\ \text{kg/m}^3$。其中 P_{max}为阻尼器工作时的最大压力，ρ 为阻尼器中液体的密度。

计算得到的各层响应的最大值列于表 12.2 中。由表 12.2 中的数据可以看出，半主动控制时地震响应效果明显优于底层隔震的控制效果，与主动控制效果非常接近。图 12.9 给出了主动及半主动控制时控制力的时程曲线图，可以看出，半主动控制不需要外部提供能量，却可以提供与主动控制相当的控制力并达到相近的减震效果。

表 12.2　无控、主动及半主动控制时结构的响应

	层间相对位移/mm			绝对加速度/(m/s^2)		
层号	无控	主动	半主动	无控	主动	半主动
隔震层	286.3	167.9	168.4	2.101	1.911	1.763
1	14.03	7.721	7.788	2.082	1.961	1.718
2	12.92	7.894	7.947	2.014	1.932	1.526
3	14.92	8.539	8.590	2.048	1.857	1.408
4	14.42	8.260	8.307	2.057	1.927	1.288
5	12.88	8.454	8.527	2.003	1.841	1.378
6	12.19	8.658	8.765	2.336	1.549	1.428
7	11.58	8.098	8.174	2.729	1.845	1.736
8	7.55	5.729	5.785	3.029	2.331	2.288

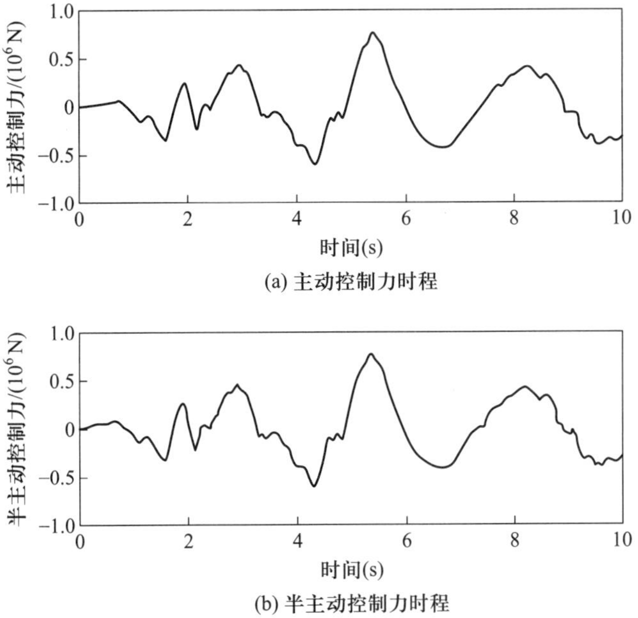

图 12.9 主动及半主动控制力时程曲线图

12.4 智能控制

12.4.1 磁流变阻尼器控制系统

磁流变液体(magnetorheological fluid,MRF)是由高磁导率、低磁滞性的微小软磁性颗粒和非导磁性液体混合而成的悬浮体。这种悬浮体在零磁场条件下呈现出低黏度的牛顿流体特性;而在强磁场作用下,则呈现出高黏度、低流动性的 Bingham 体特性。在无磁场的作用时,MRF 是一种黏度较低的牛顿体,可以随意流动,磁性颗粒自由排列[图 12.10(a)];在强磁场作用下,磁性颗粒被磁化而相互作用,沿磁场方向相互吸引,而在垂直磁场方向上相互排斥,形成沿磁场方向相对比较规则的类似纤维的链状结构,进而转化成宏观的柱状结构,横架于极板之间[图 12.10(b)],此时 MRF 的表观黏度可以增加两个数量级之上,并呈现类似固体的力学性质,其强度由剪切屈服应力表示。随着磁场强度的增加,剪切屈服应力相应增大;当外加磁场撤掉后,MRF 又变成流动性良好的液体。MRF 的这个特性称为磁流变效应。

总的来说,磁流变液体具有如下 4 个特点。

(1) 连续性:MRF 的屈服应力可随磁场强度的变化而连续变化。

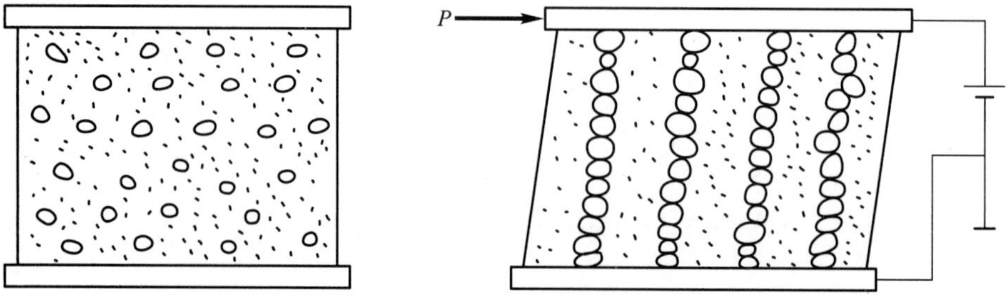

(a) 未加磁场　　(b) 加磁场

图 12.10　磁流变效应示意图

(2) 可逆性:MRF 可随磁场强度增加而“变硬”,也可随磁场强度减小而“变软”。

(3) 频响时间短:MRF 屈服剪应力随场强正逆向变化所需时间仅在 10^{-3} s 数量级内。

(4) 能耗小:一般只需要数十瓦功率的直流电源就能满足工程应用的需要。

磁流变阻尼器(magnetorheological damper,MRD)是利用 MRF 的磁流变效应而制成的阻尼器。磁流变阻尼器按其受力模式可分为流动模式、剪切模式和挤压模式。流动模式 MRD[图 12.11(a)]的上下极板固定不动,在压差作用下,MRF 流动由磁场强度来控制其流动阻力;这种工作模式适于流体控制、伺服控制阀、阻尼器和减振器等。剪切模式 MRD[图 12.11(b)]的两极板间有相对移动,从而产生剪切阻力,磁场的改变可使 MRF 的剪切性质发生变化;此模式可用于制作制动器、离合器、锁紧装置和阻尼器等。挤压模式 MRD[图 12.11(c)]的两极板在与磁场几乎平行的方向上移动,使 MRF 处于交替拉伸、压缩状态,并发生剪切;该类 MRD 磁路设计较为复杂,适用于需要小位移、大阻尼力的器件。

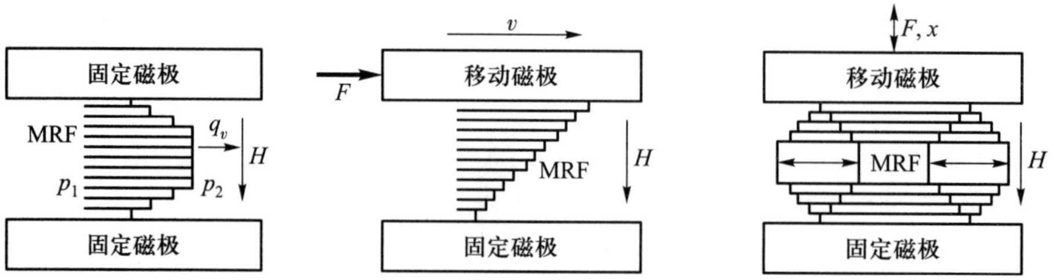

(a) 流动模式　　(b) 剪切模式　　(c) 挤压模式

图 12.11　磁流变阻尼器的工作模式

国内外学者在充分考虑 MRF 屈服过程不同阶段的特点和 MRD 结构特点的基础上,建立了许多 MRD 模型,这些模型可分为两类:非参数化模型和参数化模型。参数化模型也称为半物理方法模型,模型中包含 MRD 结构部分参数,这类模型主要有 Bingham 模型、Bouc-Wen 模型和现象模等。而非参数化模型分为半几何方法和智能化模型,其中半几何方法通过拟合试验曲线,并采用解析表达式建立 MRD 的动力学模型,如利用多项式或 sigmoid 函数建立的模型都属于半几何方法;智能化模型主要是利用黑箱理论或神经网络等智能化理论建立的模型。李秀领[6]等提出了双 sigmoid 模型,该模型的突出优点是考虑了施加电流、激励性质等因素的影响,且参数识别相对容易、物理概念清晰。与试验数据相比,在不同激励和控制电流下,该模型均能较好地描述 MRD 的滞回非线性特征,拟合精度较高。

MRD 的阻尼力-速度关系曲线的一般形状如图 12.12 所示,由上行与下行两条单值型曲线组成。当速度变化率大于 0 时,阻尼力-速度曲线走下分支曲线;当速度变化率小于 0 时,阻尼力-速度曲线走上分支曲线;当速度变化率接近 0 时,两分支曲线几乎重合。可以看出,单分支曲线的形状符合 sigmoid 函数曲线形式(如图 12.13 所示)。

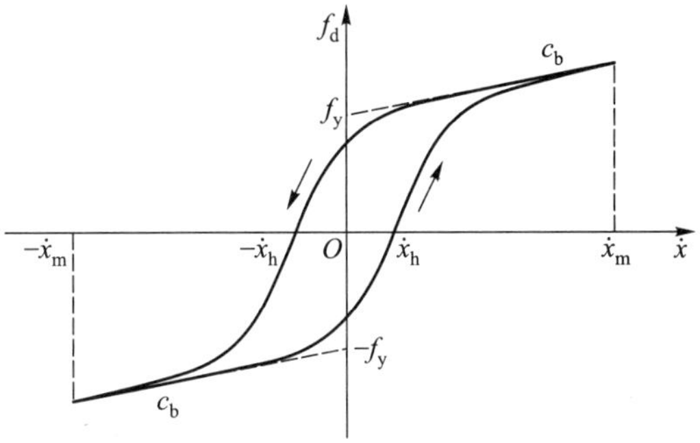

图 12.12 MRD 的阻尼力-速度关系曲线

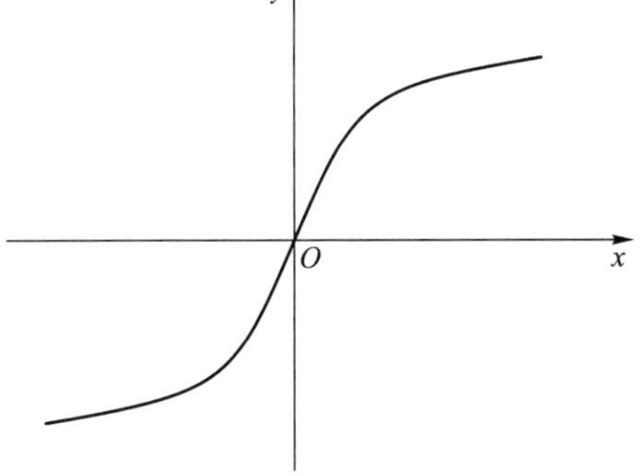

图 12.13 sigmoid 函数

假定 MRF 在屈服前为非线性塑性流动，屈服后为线性黏性流动，利用 sigmoid函数来构建 MRD 的力学模型，可建立如下双 sigmoid 模型：

$$f_d = f_y \frac{1-e^{-k(\dot{x}+\dot{x}_h)}}{1+e^{-k(\dot{x}+\dot{x}_h)}} + c_b \cdot \dot{x} \tag{12.25}$$

式中，f_d 为 MRD 的阻尼力；f_y 为 MRD 的屈服力；k 为常数；$\dot{x}$ 为任意时刻 MRD 活塞杆的速度；c_b 为 MRD 的阻尼系数；$\dot{x}_h$ 为阻尼力-速度关系曲线的穿越速度。

为了验证双 sigmoid 模型的有效性和一般性，以 MRD 力学性能试验数据为基础，进行不同电流和不同激励性质组合下模拟值与试验值的对比分析。实验中阻尼器受简谐荷载 $x=A\sin(2\pi ft)$ 的激励，活塞杆的最大速度响应可由式(12.26)来确定：

$$\dot{x}_m = A \cdot 2\pi f = \sqrt{(\dot{x})^2 - \ddot{x} \cdot x} \tag{12.26}$$

式中，$\dot{x}_m$ 为表征激励性质的参数量；A 和 f 分别为激励的振幅和频率；$\ddot{x}$ 为 MRD 活塞杆的加速度。

图 12.14(a)和(b)分别为 3 种 MRD 计算模型的阻尼力-位移与阻尼力-速度曲线模拟值与试验值的对比图，其中，激励的振幅为 10 mm，频率为 2 Hz。从图 12.14 (a)可以看出，3 种计算模型均能较好地预测阻尼力-位移曲线，但双 sigmoid 模型所预测的阻尼力要比 Bingham 模型和 sigmoid 模型的更为精确；在图 12.14(b)中，3 种模型均能预测出阻尼力-速度曲线的变化趋势，但 Bingham 模型在速度接近 0 时出现跳跃现象，且 Bingham 模型和 sigmoid 模型不能模拟阻尼力-速度曲线的滞回特性，而双 sigmoid 模型能较准确地反映出 MRD 的滞回性能。

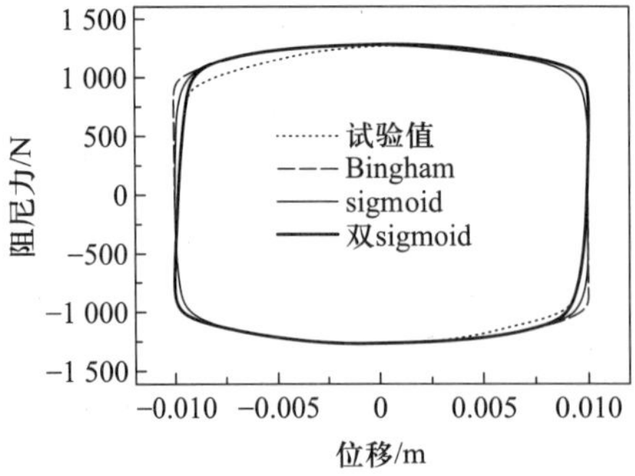

(a) 阻尼力-位移曲线

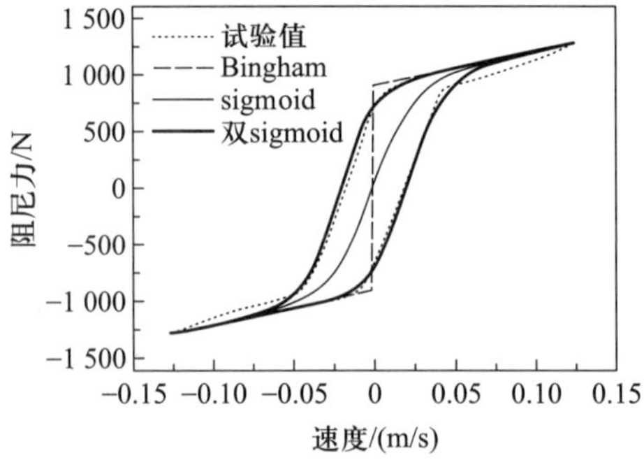

(b) 阻尼力-速度曲线

图 12.14　不同模型的计算结果与试验结果的比较

MRD 既可以作为被动耗能阻尼器,也可以作为半主动控制作动器。由于 MRD 是通过调节磁场强度来调整产生的阻尼力,它不可能在任意瞬时都能达到最优控制算法计算出的最优主动控制力,而只能通过调整阻尼器的参数使其阻尼力趋于最优控制力。而控制系统性能的好坏依赖于所选择的控制策略,因此如何设计 MRD 的加压方式,即控制策略问题是关系到 MRD 能否充分发挥其优点的关键。到目前为止,国内外的学者提出了许多针对 MRD 的控制策略,其中双态开关控制是一种比较常用的控制策略,但这种控制策略易引起小震及地震动初期和末期时作动器参数超调,从而导致结构的加速度响应局部放大。针对此问题,李宏男[7]提出以速度响应作为状态控制参数的多态控制策略。当 MRD 的活塞速度增加并超过一定值时,给阻尼器施加最大电流;当速度小于这一定值时,给阻尼器施加中等电流;当 MRD 活塞速度减小时,不给阻尼器施加电流。多态控制策略的具体表达式为

$$I_i=\begin{cases}I_{\max}, & \dot{x}\cdot\ddot{x}\geqslant 0 \text{ 且 } |\dot{x}|\geqslant[\dot{x}_{\mathrm{t}}] \\ \alpha\cdot I_{\max}, & \dot{x}\cdot\ddot{x}\geqslant 0 \text{ 且 } |\dot{x}|<[\dot{x}_{\mathrm{t}}] \\ 0, & \dot{x}\cdot\ddot{x}<0\end{cases} \tag{12.27}$$

式中,$\dot{x}$ 为 MRD 的活塞相对于缸体的速度;$[\dot{x}_{\mathrm{t}}]$ 为所设定的速度阈值;$I_{\max}$ 为最大电流;α 为控制电流调节系数,大量计算表明此值在 0.4~0.6 之间比较合适,这里建议取值 0.5。

多态控制策略可以避免双态控制中较小扰动引起参数改变过大的问题,只有当速度超过一定阈值时,才有可能给 MRD 施加最大电流;当小于这一阈值时,将给 MRD 施加中等大小电流,因此多态控制能够避免在小震及地震动的初期和末期受控结构加速度产生局部放大的问题。下面结合一个数值算例,验证 MRD 多态控制策略的有效性。

某 3 层钢筋混凝土结构,第 1~3 层的质量分别为 343.61 kg、343.61 kg 和 298.21 kg,第 1~3 层的刚度分别为 3 517 800 N/m、2 983 400 N/m 和 2 983 400 N/m。地震动采用 El Centro 记录(幅值调整为 1 g),时间步长为 0.01 s。MRD 安置在结构的底层,以双 sigmoid 模型作为 MRD 的计算模型。

对无控结构和装有 MRD 的结构的多态控制下的结构响应进行计算分析,结果如图 12.15 所示。从图中可以看出,多态控制策略对于减小结构位移和加速度十分有效,在地震动的初期和末期均没有出现放大现象。多态控制策略避免了在小扰动的情况下向结构输入过大控制力的可能性,因此,减震效果优于双态控制。

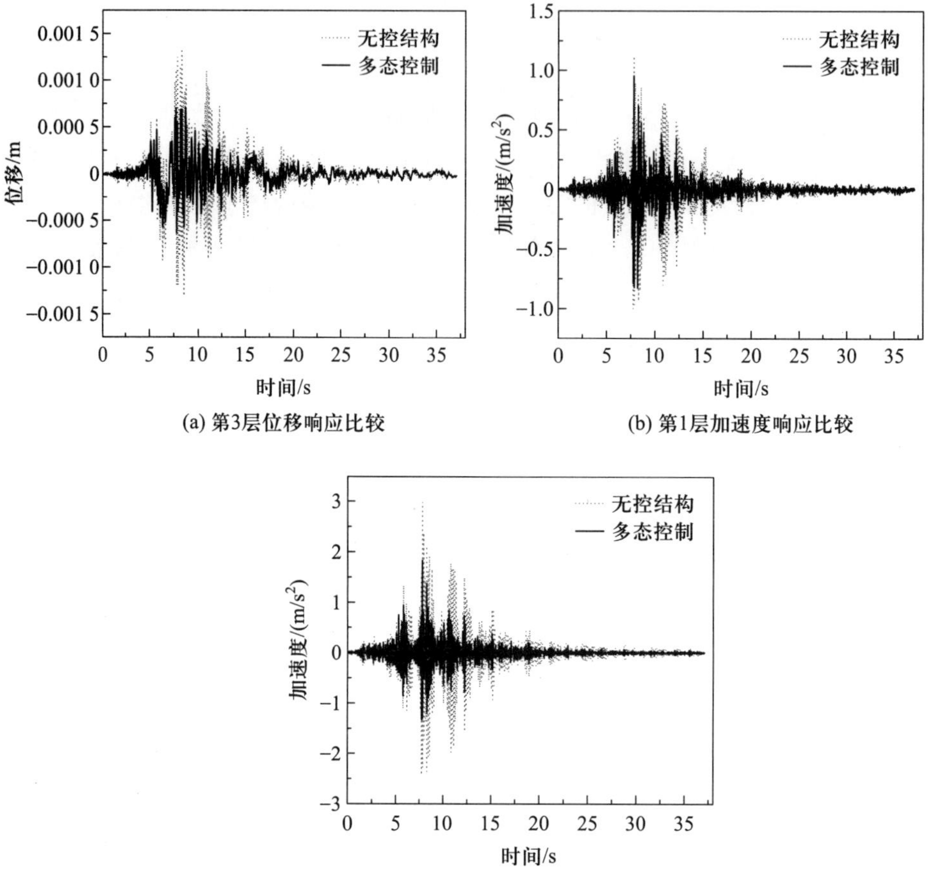

(a) 第3层位移响应比较　(b) 第1层加速度响应比较

(c) 第3层加速度响应比较

图 12.15　多态控制与无控结构的动力响应

12.4.2　压电摩擦阻尼器控制系统

压电材料在一定温度环境下被电场极化后，材料中的晶体主要是电场极化方向的晶粒，但有些晶粒仍然偏离电场极化方向，因此存在残余极化强度，并会以偶极矩的形式表现出来。当对压电材料施加机械变形时，残余极化强度将因材料的变形而发生变化，并引起材料内部正负电荷中心发生相对移动产生电极化，从而导致材料在表面上出现两个符号相反的束缚电荷，且电荷密度与外力成正比，这种现象称为正压电效应(如图 12.16 所示)。正压电效应反映了压电材料具有将机械能转换为电能的能力。检测出压电元件上电荷的变化即可得知压电元件的变形量，利用压电材料的正压电效应，可将其制成结构振动控制或结构健康监测中的智能传感器。与此相反，当在压电材料的两个表面上施加电压时,所有晶粒的极化方向趋于电场方向,造成压电元件内正负电荷中心的相对位移,从而导致压电材料的变形,这种现象称为逆压电效应(如图 12.17 所示)。逆压电效应反映了压电材料具有将电能转变为机械能的能力。利用压电材料的逆压电效应,可将其制成结构振动控制中的智能驱动器。

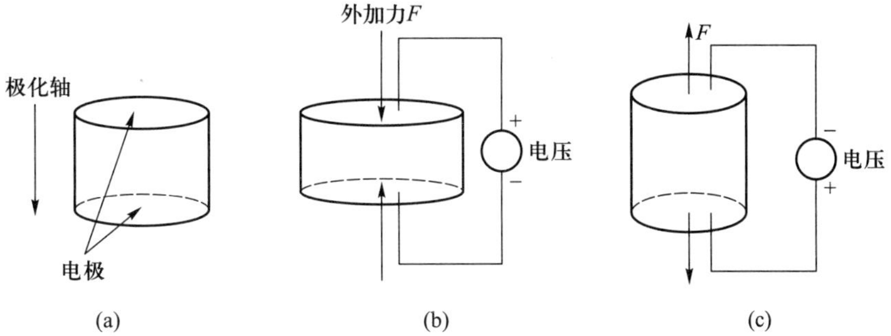

图 12.16 正压电效应

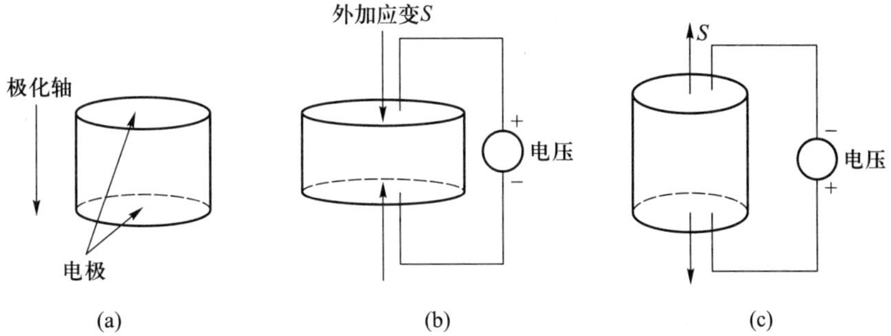

图 12.17 逆压电效应

在土木工程领域,常见的一种方式是将叠堆式压电驱动器与摩擦阻尼器相结合而形成压电摩擦阻尼器控制系统。压电摩擦阻尼器的构造如图 12.18 所示,主要由管状压电陶瓷驱动器、力传感器、上钢板、滑动钢板、摩擦片,下钢板、高强螺栓和弹簧垫圈组成。紧固螺栓穿过压电驱动器的内孔,并通过紧固螺栓施加预压力约束其变形,使驱动器能够提供可调节的正压力。可见,阻尼器的螺栓紧固力由不可调节的预紧固力和可调节的紧固力两部分组成。其中,不可调的预紧固力是压电陶瓷驱动器在零电场时的紧固力,它的大小可以根据结构设计和抗震设防标准的需要来确定;可调节的紧固力则可以通过对压电陶瓷驱动器施加可变电场来调节。压电陶瓷驱动器和压电摩擦阻尼器的实际原型分别如图 12.19(a)和 12.19(b)所示。

紧固螺栓与压电陶瓷驱动器可视为串联的力学模型,则可根据紧固螺栓的

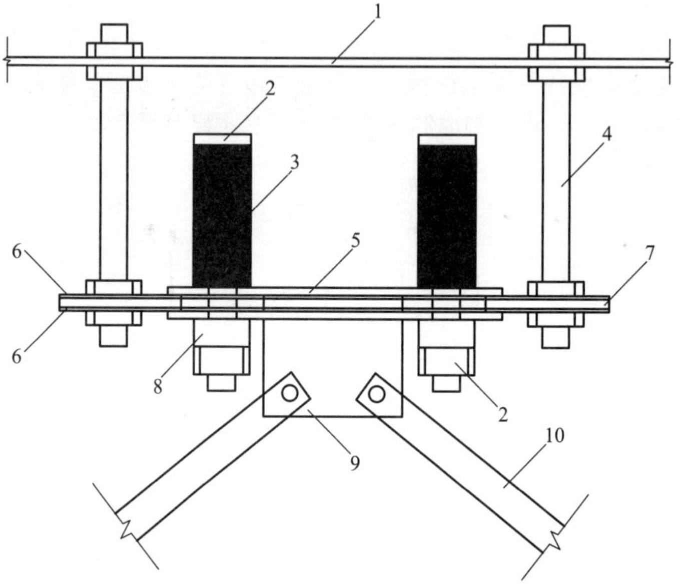

1—结构的梁或楼板；2—紧固螺栓；3—压电陶瓷驱动器；4—高强螺栓；
5—上钢板；6—摩擦片；7—滑动钢板；8—力传感器；9—下钢板；10—连接支撑

图 12.18　压电摩擦阻尼器构造示意图

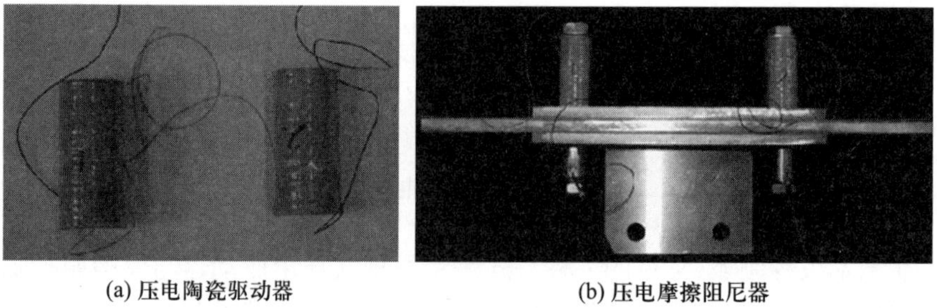

(a) 压电陶瓷驱动器　　(b) 压电摩擦阻尼器

图 12.19　压电陶瓷驱动器与压电摩擦阻尼器的原型

刚度和力学关系，导出驱动器提供的实际正压力与所施加的电压的关系式(12.28)：

$$F_a = \frac{d_{33}E_aA_aV_aK}{KL_a+E_aA_a} = \frac{d_{33}E_aA_aV_a}{L_a+E_aA_a/K} \tag{12.28}$$

式中，F_a 为压电摩擦阻尼器中的正压力；d_{33} 为压电应变常数；V_a 为施加给压电陶瓷驱动器的电压；L_a 为压电陶瓷驱动器的轴向高度；A_a 为压电陶瓷驱动器的横截面积；E_a 为压电陶瓷驱动器的弹性模量；K 为紧固螺栓的轴向有效刚度。

从式(12.28)可以看出,阻尼器所能提供的最大阻尼力主要是由压电陶瓷驱动器的轴向压电应变常数 d_{33} 和弹性模量 E_a,以及螺栓的刚度 K 决定的。

施加给压电陶瓷驱动器的电压 V_a 与阻尼器滑动钢板的相对位移 $x(t)$ 和相对运动速度 $\dot{x}(t)$ 相关,可以表示为

$$V_a(t)=\frac{1}{2}V_{\max}\left[\left|\frac{x(t)}{x_{\max}}\right|^n+\left|\frac{\dot{x}(t)}{\dot{x}_{\max}}\right|^m\right] \tag{12.29}$$

式中,$V_{\max}$ 为电源施加给驱动器的最大电压;$x(t)$ 和 $\dot{x}(t)$ 分别表示阻尼器滑动钢板的相对位移和相对速度;$x_{\max}$ 和 $\dot{x}_{\max}$ 分别表示阻尼器滑动钢板的最大相对位移和最大相对运动速度;n 和 m 是待定的常数。

对压电摩擦阻尼器施加一定的预压力后,当 n 和 m 为表 12.3 所列的组合时,其滞回曲线的大致形状分别如图 12.20 所示。

表 12.3 n 与 m 组合值

组合	n	m
C1	1	0
C2	2	0
C3	0	1
C4	0	2
C5	1	1
C6	2	1
C7	1	2
C8	2	2

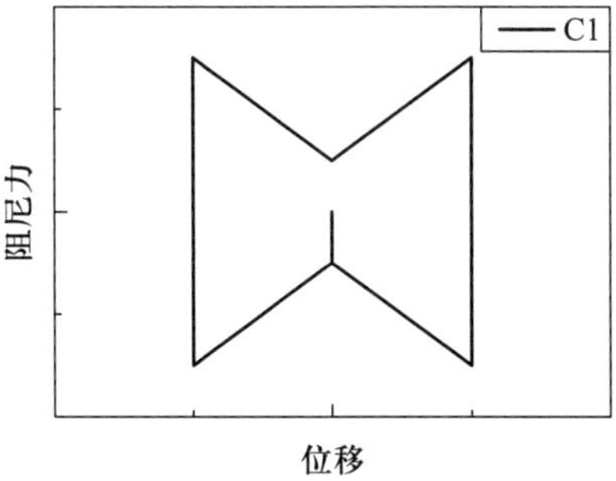

(a) n=1, m=0

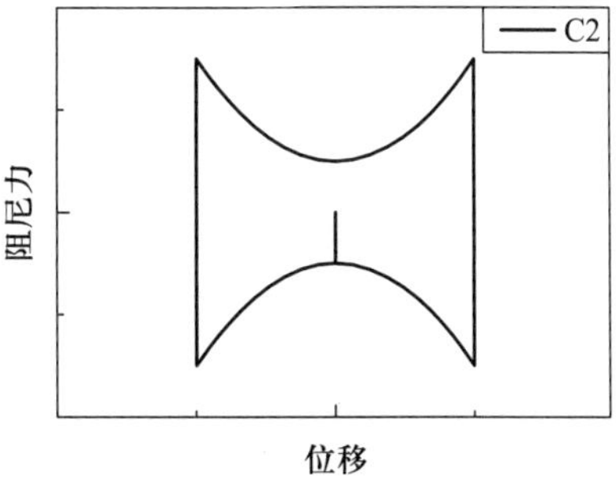

(b) n=2, m=0

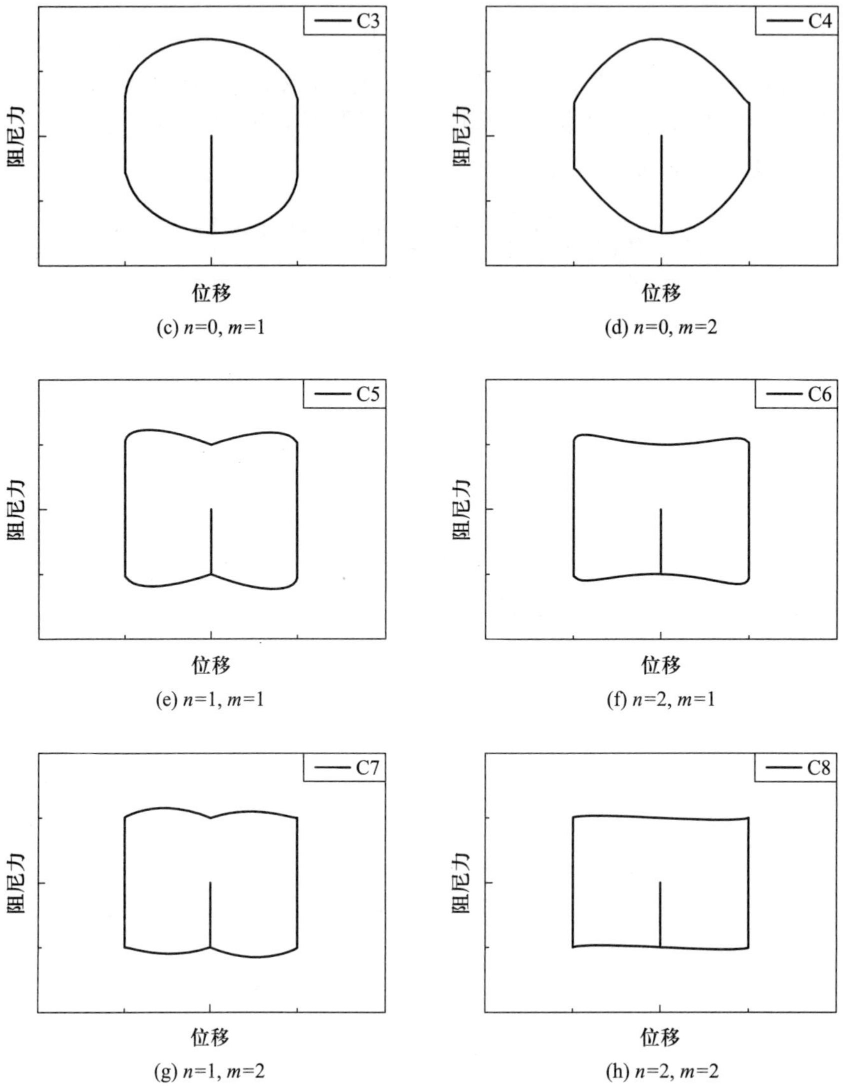

图 12.20　不同 n、m 组合下压电摩擦阻尼器施加一定预压力后的滞回曲线

可见，当选取 n 与 m 的不同值时，通过控制施加给压电摩擦阻尼器的电压，可以实现不同的阻尼力模型。下面以一算例来说明压电摩擦阻尼器的减震性能。

某 3 层框架结构，其质量、层间刚度和阻尼均沿高度均匀分布，每层质量 $m_i=10^3$ kg，刚度 $k_i=980$ kN/m，阻尼系数 $c_i=1.407$ kN · s/m，$i=1,2,3$。压电摩擦阻尼器布置在该结构的首层。该结构所受的外部激励为加速度峰值为 0.22 g的 Imperial Valley 地震动，在有压电摩擦阻尼器控制系统和没有控制系统时，结构各层的相对加速度和层间位移的响应对比如图 12.21 所示。

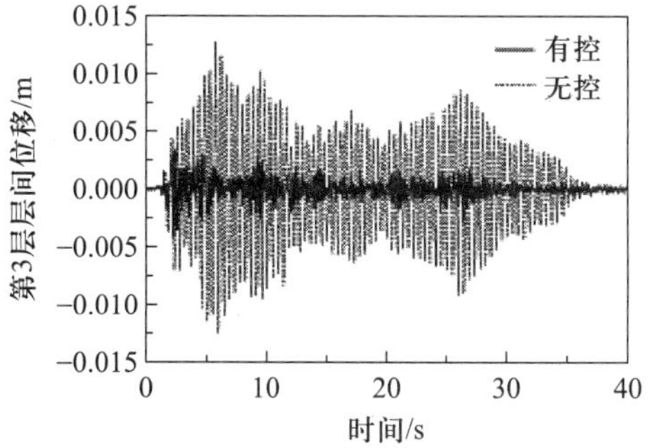

(a) 第3层层间位移时程曲线

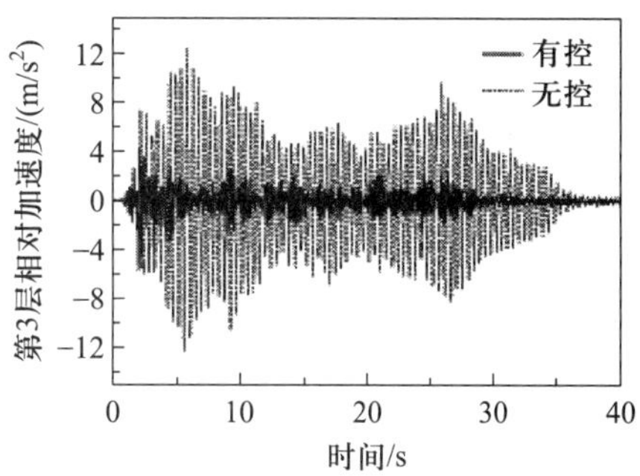

(b) 第3层相对加速度时程曲线

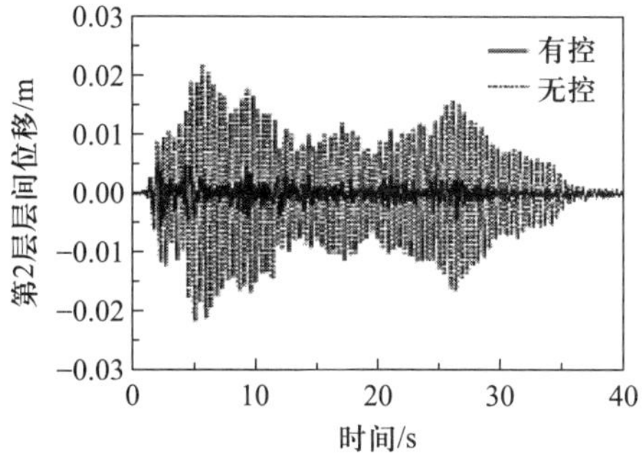

(c) 第2层层间位移时程曲线

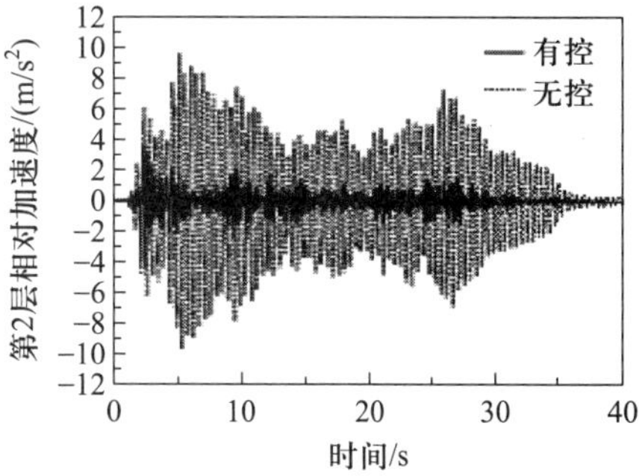

(d) 第2层相对加速度时程曲线

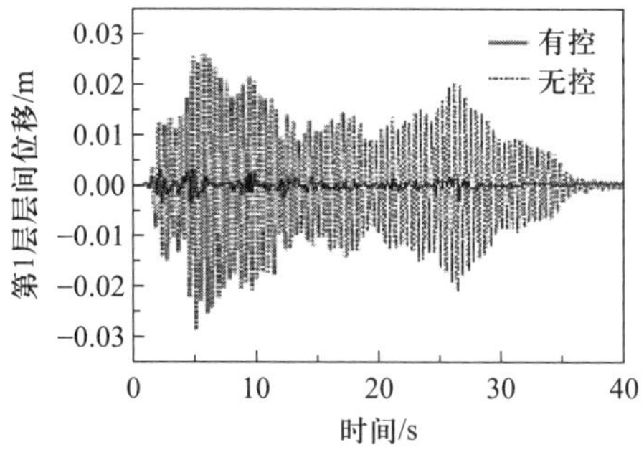

(e) 第1层层间位移时程曲线

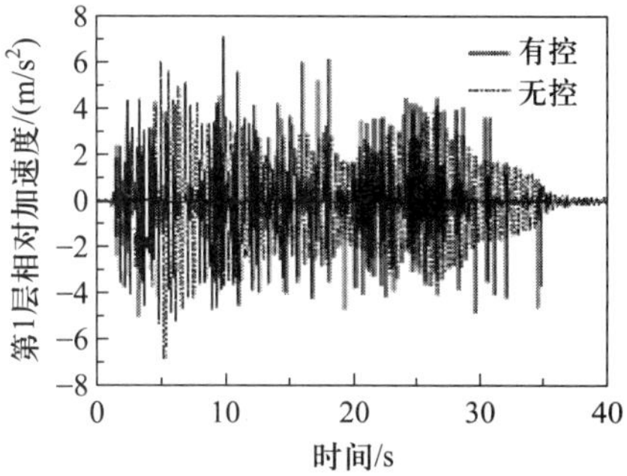

(f) 第1层相对加速度时程曲线

图 12.21 有压电摩擦阻尼器控制系统和没有控制系统情况下的结构各层相对加速度和层间位移的响应对比

从上述计算结果可以看出，当压电摩擦阻尼器安装在该结构上之后，结构的地震响应得到了有效抑制。

12.4.3 形状记忆合金阻尼器控制系统

一般金属材料在受外力作用时，首先发生弹性变形，达到屈服点后开始产生塑性变形，应力消除会留下永久变形；但有些材料发生塑性变形后，经过适当的热处理，能够恢复到变形前的形状，这种现象称为形状记忆效应。具有形状记忆效应的金属通常是两种以上金属元素组成的合金，称为形状记忆合金(shape memory alloy，SMA)[8, 9]。

SMA 在不同的温度下会存在两种状态，在高温状态下称为母相或奥氏体相，是一种立方晶体结构；在低温状态下称为马氏体相，是一种低对称的单斜晶体结构。其中，马氏体根据其在生成时的取向可能，又分为孪晶马氏体(twinned martensitic)和去孪晶马氏体(detwinned martensitic)。从奥氏体到马氏体的相变称为马氏体正相变或马氏体相变，从马氏体到奥氏体的相变称为马氏体逆相变或奥氏体相变。

SMA 材料在无应力状态下一般包含 4 个相变温度：M_s、M_f、A_s、A_f，它们分别表示马氏体相变开始温度和结束温度，以及奥氏体相变开始温度和结束温度。SMA 材料的形状记忆功能源于材料的热弹性马氏体相变，只要温度下降到 M_s，SMA 材料内部就开始产生马氏体相变，生成马氏体晶核并且快速增长；随着温度的进一步下降，已生成的马氏体晶核会继续长大，同时还可有新的马氏体成核并长大；温度下降到 M_f 时达到完全马氏体相，马氏体晶核长到最终尺寸，即使再继续冷却，马氏体晶核也不再长大。反之，当试样处于完全马氏体相时，对其进行加热，温度上升到 A_s 时，马氏体晶核开始收缩，温度继续上升到 A_f，马氏体晶核完全消失。图 12.22 给出了马氏体体积分数和温度的关系曲线。当马氏体随着温度的变化而发生马氏体晶核大小和数量的变化时，宏观上则表现为 SMA 的形状变化。

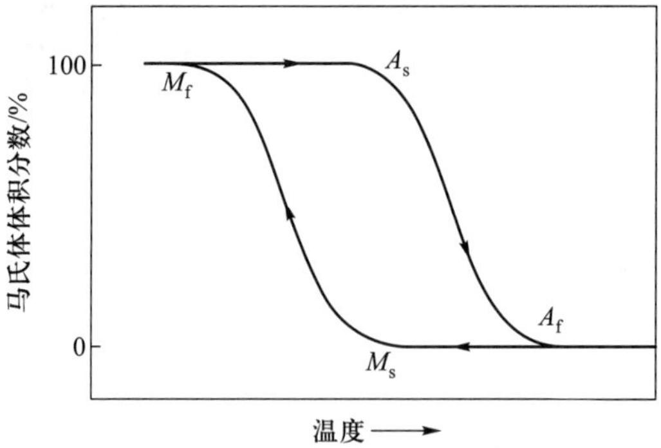

图 12.22　马氏体体积分数与温度的关系曲线

SMA 材料在外部应力作用下也会产生相变，这种由外部应力诱发产生的马氏体相变叫应力诱发马氏体相变(stress-induced martensitic transformation)。当 SMA 材料受到的剪切分应力大于滑移变形或孪生变形的临界应力时,即使温度在 M_s 之上也会发生应力诱发马氏体相变。当 SMA 的温度在 A_f 以上时,产生的应力诱发马氏体会随着应力的消失而消失,即使不加热也会产生马氏体逆相变而恢复到原来的母相状态,应力作用下产生的宏观变形也将随着逆相变的进行而完全消失,这种特性在工程领域称为 SMA 的超弹性。

采用 SMA 超弹性和高阻尼特性开发的被动耗能阻尼器具有以下功能:

(1) 能量耗散功能,可以降低结构在地震作用下的响应;

(2) 自复位功能,地震后结束后可以让结构返回到的初始平衡位置;

(3) 较大的初始刚度可以限制结构在中小地震作用下的位移;

(4) 大位移时的刚度硬化可以恢复结构在大地震作用下的残余变形;

(5) 良好的抗疲劳和抗腐蚀能力。

国内外专家根据 SMA 特性研究开发了各种类型的阻尼器,并已应用于一些实际工程中。一种筒式拉伸型 SMA 阻尼器[7],模型如图 12.23 所示,由外筒、内筒、左右拉板、奥氏体 SMA 丝、固定板、预应力调节板、调节螺钉、夹具、固定螺钉、推拉杆、前后盖和连接件组成。阻尼器内筒的两头分别设计了左拉板、右拉板和固定板,左拉板的外侧安装了预应力调节板;4 组 SMA 丝穿过预应力调节板、左拉板、固定板和右拉板,两端分别用夹具拉紧固定;用 4 个调节螺钉来调节预应力调节板和左拉板之间的距离,以达到调节 SMA 丝的初始应变的目的;固定板和内筒焊接,然后通过固定螺钉和外筒连接;前盖、后盖和连接件通过螺栓或者焊接方式和外筒连接在一起。组装前,可根据实际施工要求调整螺钉,调整 SMA 线的初始应变。

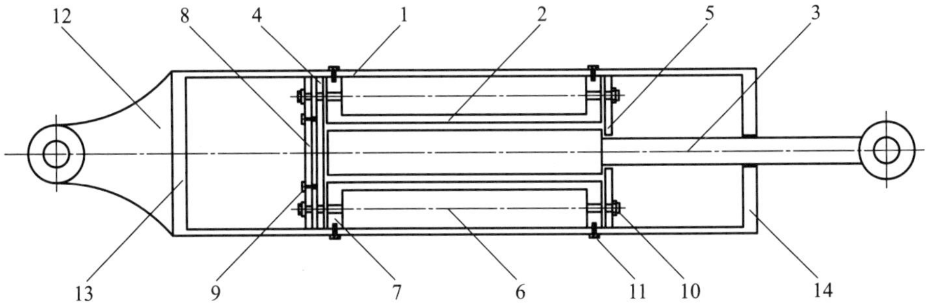

1—外筒;2—内筒;3—推拉杆;4—左拉板;5—右拉板;6—奥氏体SMA丝;7—固定板;
8—预应力调节板;9—调节螺钉;10—夹具;11—固定螺钉;12—连接件;13—前盖;14—后盖

图 12.23 筒式拉伸型 SMA 阻尼器模型结构图

筒式拉伸型 SMA 阻尼器的工作原理为:推拉杆与阻尼器所处结构层上部的梁或板等构件连接,连接件与结构层下部的支撑或梁柱接头连接。当结构上下层之间存在相对位移时，拉杆由外力作用带动拉板运动，而另一端拉板被内筒端部阻挡，从而使 SMA 丝拉伸；外力去除后，SMA 线的过度弹性恢复力带动拉板恢复到初始位置。形状记忆合金丝在往复拉伸和恢复过程中消耗能量，从而实现对结构减震的目的。

筒式拉伸型 SMA 阻尼器的力学模型可表示为

$$\dot{F}=K_0\left[\dot{x}-|\dot{x}|\left|\frac{F-B}{B_c}\right|^{(n-1)}\left(\frac{F-B}{B_c}\right)\right] \tag{12.30}$$

$$\begin{aligned}B=&K_0\alpha\{x_{in}+f_T\ |x|^c\mathrm{erf}(ax)[h(-x\dot{x})]+\\&f_M\ [x-x_{Mf}\mathrm{sign}(x)]^m[h(x\dot{x})][h(|x|-x_{Mf})]\}\end{aligned} \tag{12.31}$$

式中，F 为筒式拉伸型 SMA 阻尼器的恢复力；x 为位移；B 表示背力（back force）；K_0 为阻尼器的初始刚度；B_c 为 SMA 发生马氏体相变时的临界力；α、f_T、n、a 和 c 均是阻尼器常数；x_{Mf} 为 SMA 马氏体相变完成时对应的位移；f_M 和 m 是控制马氏体硬化曲线形状的参数；$x_{in}=x-F/K_0$ 为非弹性位移；$\mathrm{erf}(x)$、$h(x)$、$\mathrm{sign}(x)$ 分别为误差函数、单位阶跃函数和符号函数，其表达式为

$$\mathrm{erf}(x)=\frac{2}{\sqrt{\pi}}\int_0^{\pi}\mathrm{e}^{-t^2}\mathrm{d}t \tag{12.32}$$

$$h(x)=\begin{cases}+1, & x\geqslant 0\\ 0, & x<0\end{cases} \tag{12.33}$$

$$\mathrm{sign}(x)=\begin{cases}+1, & x>0\\ 0, & x=0\\ -1, & x<0\end{cases} \tag{12.34}$$

考虑一个 10 层剪切型钢框架结构，结构层高均为 4 m，每一层的质量均为 64×10^3 kg，层间刚度为 40 kN/mm，层间屈服剪力为 400 kN（相应的层间屈服位移为 10 mm），结构各振型阻尼比为 2%。设计工况为Ⅱ类场地、抗震设防烈度为 8 度、设计地震动为第一组。根据《建筑抗震设计规范》（GB 50011—2010），设防烈度为 8 度时，相应的小震、中震和大震的地面运动峰值加速度（peak ground acceleration，PGA）分别为 0.07 g、0.2 g 和 0.4 g。为探究阻尼器放置方式对减震性能的影响，给出了 5 种阻尼器放置方式，如图 12.24 所示。地震波选取 El Centro 波、Taft 波和唐山地震中北京饭店记录的地震波。小震、中震和大震时的峰值加速度分别调整为 0.07 g、0.2 g 和 0.4 g。

经过时程分析，结构在小震作用下的最大层间位移为 8.54 mm，即处于弹性状态。而形状记忆合金阻尼器控制系统的阻尼特性主要体现在中震及大震的情况下，因此，下面仅给出了消能体系在基本烈度地震（中震）和罕遇地震（大

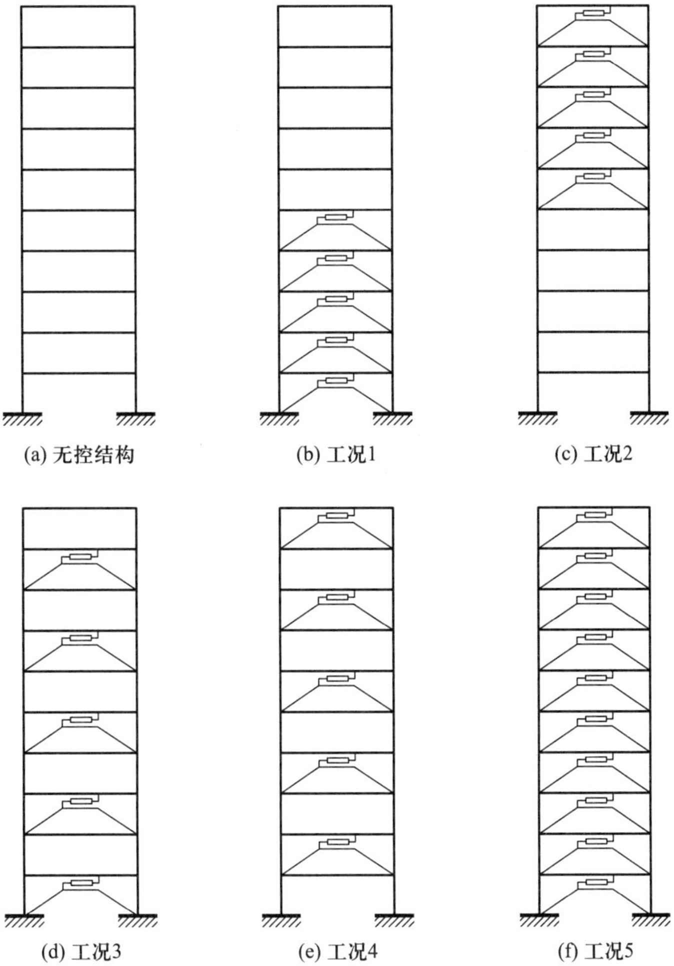

图 12.24 10 层框架结构中阻尼器的不同放置方式

震)作用下的减震结果。

从图 12.25 和图 12.26 的位移包络图中可以看出,形状记忆合金阻尼器控制系统对结构的位移响应有显著的减震作用。但是,阻尼器的位置和数量对减震效果有重要影响:在各层均匀分布的条件下,工况 5 对结构位移减震的总体效果最好;而对于阻尼器数量恒定的前 4 种工况中,隔层布置的工况 3 和工况 4 优于集中布置的工况 1 和工况 2,其中工况 3 相对于工况 4 更优;工况 1 由于底部刚度比上部刚度大得多而形成鞭梢效应,减震效果较差;工况 2 因上部刚度的增大使下部几层变得相对薄弱,效果最差,甚至局部放大。图 12.25 和图 12.26同时给出了每层均匀布置阻尼器(工况 5)时各地震波作用下的顶层位移时程曲线。

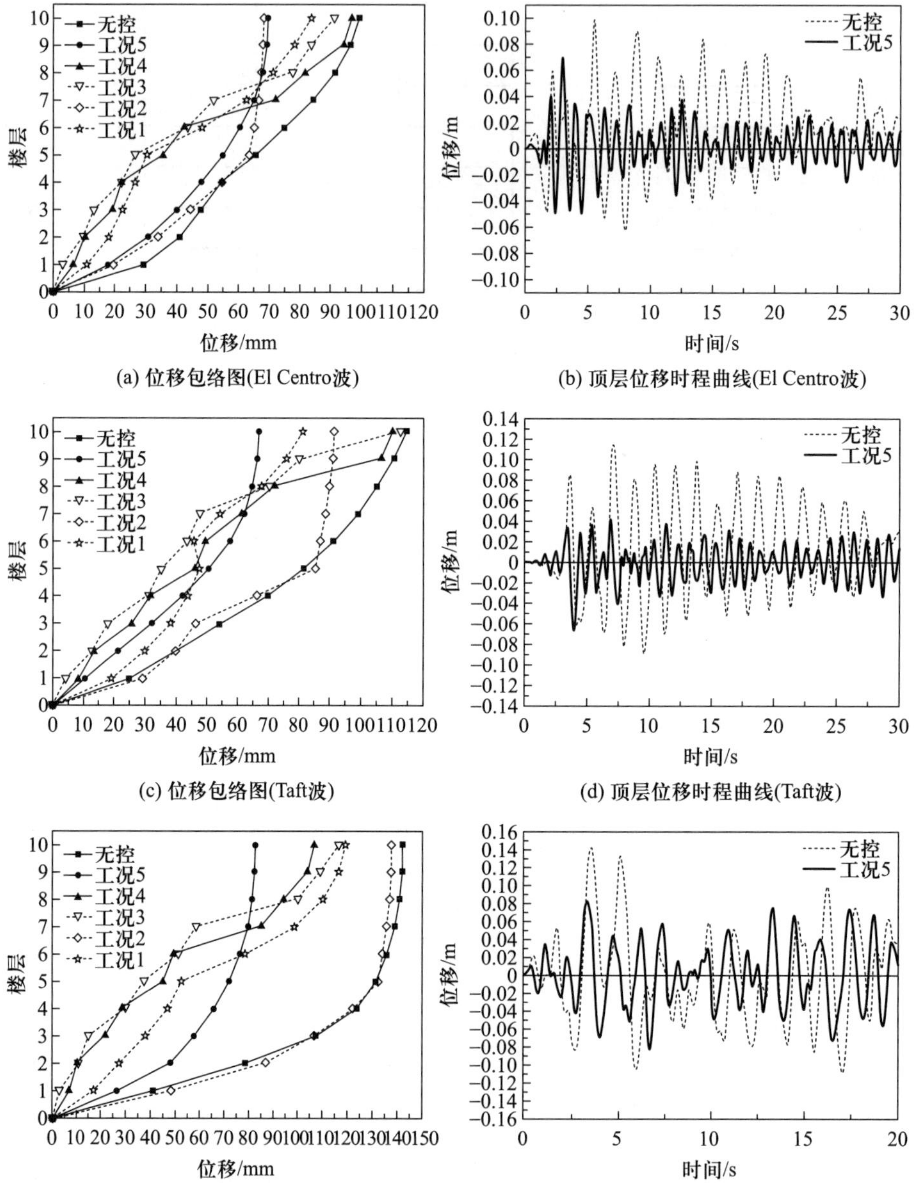

(a) 位移包络图(El Centro波)　(b) 顶层位移时程曲线(El Centro波)

(c) 位移包络图(Taft波)　(d) 顶层位移时程曲线(Taft波)

(e) 位移包络图(唐山地震北京饭店波)　(f) 顶层位移时程曲线(唐山地震北京饭店波)

图 12.25　基本烈度地震(中震)作用下的位移包络图及顶层位移时程曲线(PGA=0.2 g)

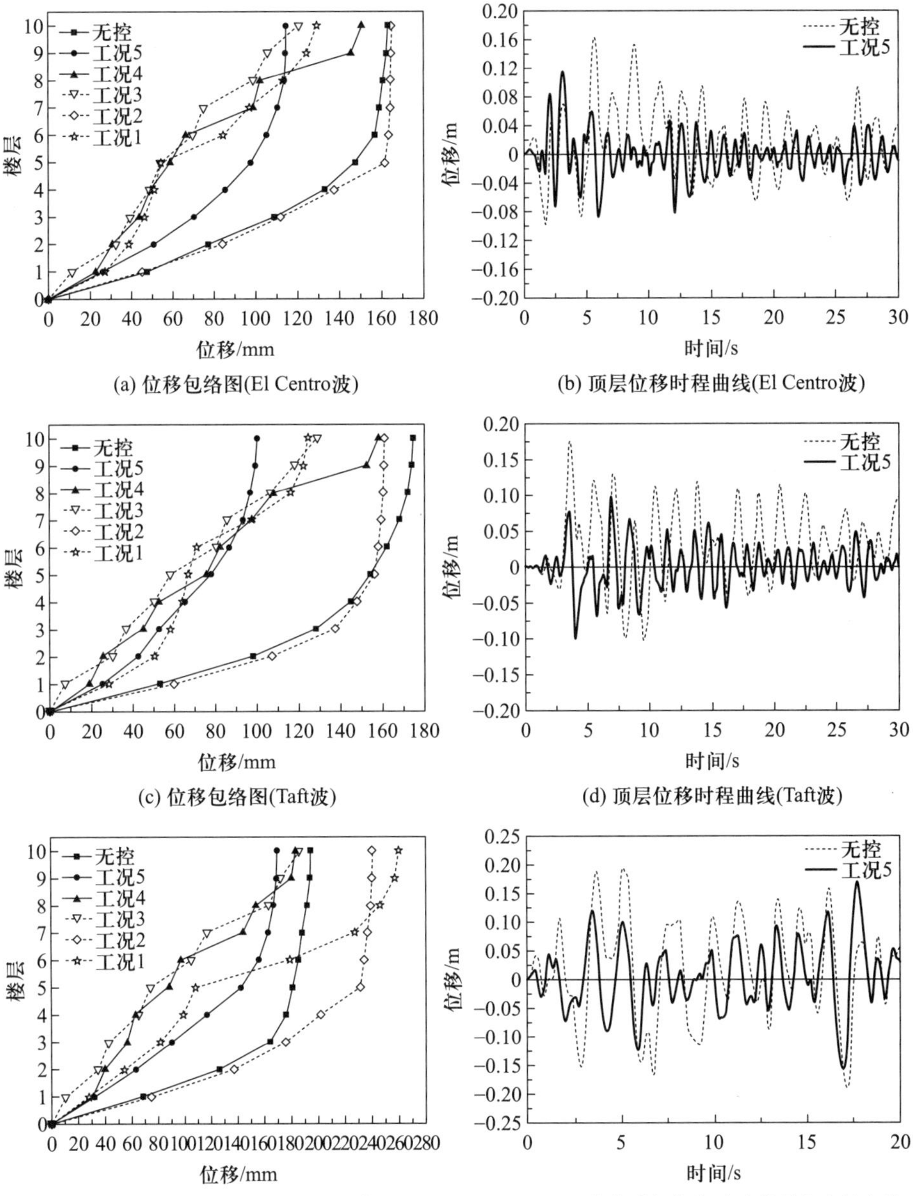

(a) 位移包络图(El Centro波)　(b) 顶层位移时程曲线(El Centro波)

(c) 位移包络图(Taft波)　(d) 顶层位移时程曲线(Taft波)

(e) 位移包络图(唐山地震北京饭店波)　(f) 顶层位移时程曲线(唐山地震北京饭店波)

图 12.26　罕遇地震(大震)作用下的位移包络图及顶层位移时程曲线(PGA=0.4 g)

参考文献

[1] 欧进萍. 结构振动控制——主动、半主动和智能控制[M]. 北京：科学出版社，2003.

[2] Spencer B F, Dyke S J, Deoskar H S. Benchmark problems in structural control-part Ⅰ: Active mass driver system; part Ⅱ: Active tendon system[J]. Earthquake Engineering and Structural Dynamics, 1998, 27(11): 1127-1147.

[3] 李忠献, 张伟, 姜忻良. 高层建筑地震反应全反馈主动 TMD 控制理论研究[J]. 地震工程与工程振动, 1997, 17(3): 60-65.

[4] 李宏男, 李忠献, 祁皑, 等. 结构振动与控制[M]. 北京: 中国建筑工业出版社, 2005.

[5] 孙作玉, 刘季. 可变阻尼器性能及半主动控制律研究[J]. 哈尔滨建筑大学学报, 1998, 31(4): 9-13.

[6] 李秀领, 李宏男. 磁流变阻尼器的双 sigmoid 模型及试验验证[J]. 振动工程学报, 2006, 19(2): 168-172.

[7] 李宏男, 霍林生. 结构多维减震控制[M]. 北京: 科学出版社, 2008.

[8] 陶宝祺. 智能材料结构[M]. 北京: 国防工业出版社, 1997.

[9] 钱辉. 形状记忆合金阻尼器消能减震结构体系研究[D]. 大连: 大连理工大学, 2008.

索引